U0886249

出 版 说 明

1.《中国国家标准汇编》是一部大型综合性国家标准全集。自1983年起，按国家标准顺序号以精装本、平装本两种装帧形式陆续分册汇编出版。它在一定程度上反映了我国建国以来标准化事业发展的基本情况和主要成就，是各级标准化管理机构，工矿企事业单位，农林牧副渔系统，科研、设计、教学等部门必不可少的工具书。

2.《中国国家标准汇编》收入我国每年正式发布的全部国家标准，分为"制定"卷和"修订"卷两种编辑版本。

"制定"卷收入上一年度我国发布的、新制定的国家标准，顺延前年度标准编号分成若干分册，封面和书脊上注明"20××年制定"字样及分册号，分册号一直连续。各分册中的标准是按照标准编号顺序连续排列的，如有标准顺序号缺号的，除特殊情况注明外，暂为空号。

"修订"卷收入上一年度我国发布的、被修订的国家标准，视篇幅分设若干分册，但与"制定"卷分册号无关联，仅在封面和书脊上注明"20××年修订-1,-2,-3,……"字样。"修订"卷各分册中的标准，仍按标准编号顺序排列(但不连续)；如有遗漏的，均在当年最后一分册中补齐。需提请读者注意的是，个别非顺延前年度标准编号的新制定的国家标准没有收入在"制定"卷中，而是收入在"修订"卷中。

读者配套购买《中国国家标准汇编》"制定"卷和"修订"卷则可收齐由我社出版的上一年度我国制定和修订的全部国家标准。

3. 由于读者需求的变化，自1996年起，《中国国家标准汇编》仅出版精装本。

4. 2012年我国制修订国家标准共2 101项。本分册为"2012年修订-1"，收入新制修订的国家标准35项。

中国标准出版社

2013年7月

目　　录

ICS 77.080.01
H 11

中华人民共和国国家标准

GB/T 223.65—2012
代替 GB/T 223.65—1988

钢铁及合金 钴含量的测定 火焰原子吸收光谱法

Steel, iron and alloy—Determination of cobalt content—Flame atomic absorption spectrometric method

(ISO 11652:1997, MOD)

2012-12-31 发布 2013-10-01 实施

中华人民共和国国家质量监督检验检疫总局
中国国家标准化管理委员会 发布

前　言

本部分按照 GB/T 1.1—2009 给出的规则起草。

本部分修改采用 ISO 11652《钢铁　钴含量测定　火焰原子吸收光谱法》，结构和技术内容(除部分规范性引用文件外)与其一致。

为便于使用，本部分做了下列编辑性修改：

a)　删除国际标准的前言；

b)　引用标准中用国家标准代替相应的国际标准。

本部分与 GB/T 223.65—1988 相比较，主要做了以下修改：

——测定范围由 0.01%～0.5%调整为 0.003%～5.0%；

——试料处理由根据不同试料加入不同的酸改为统一由盐酸、硝酸溶解，高氯酸冒烟；

——由统一的校准曲线改为分段绘制校准曲线。

本部分由中国钢铁工业协会提出。

本部分由全国钢铁标准化技术委员会(SAC/TC 183)归口。

本部分主要起草单位：国家不锈钢制品质量监督检验中心、国家钢铁及制品质量监督检验中心、钢铁研究总院。

本部分主要起草人：陈安源、马园园、甘正斌、姚成虎、罗倩华、崔秋红。

本部分所代替标准的历次版本发布情况为：

GB/T 223.65—1988。

钢铁及合金 钴含量的测定 火焰原子吸收光谱法

警告:使用本部分的人员应有正规实验室工作的实践经验。本部分并未指出所有可能的安全问题。使用者有责任采取适当的安全和健康措施,并保证符合国家有关法规规定的条件。

1 范围

GB/T 223 的本部分规定了用火焰原子吸收光谱法测定钢铁中钴含量。

本部分适用于钢铁及合金中质量分数为 0.003%~5.0%钴含量的测定。

2 规范性引用文件

下列文件对于本文件的应用是必不可少的。凡是注日期的引用文件,仅注日期的版本适用于本文件。凡是不注日期的引用文件,其最新版本(包括所有的修改单)适用于本文件。

GB/T 6379.1 测量方法与结果的准确度(正确度与精密度) 第1部分:总则与定义(GB/T 6379.1—2004,ISO 5725-1:1994,IDT)

GB/T 6379.2 测量方法与结果的准确度(正确度与精密度) 第2部分:确定标准测量方法重复性与再现性的基本方法(GB/T 6379.2—2004,ISO 5725-2:1994, IDT)

GB/T 6682 分析实验室用水规格和试验方法

GB/T 12805 实验室玻璃仪器 滴定管

GB/T 12806 实验室玻璃仪器 单标线容量瓶

GB/T 12808 实验室玻璃仪器 单标线吸量管

GB/T 20066 钢和铁 化学成分测定用试样的取样和制样方法(GB/T 20066—2006,ISO 14284:1996,IDT)

ISO 5725-3 测量方法与结果的准确度(正确度与精密度)第3部分:标准测量方法精密度的中间度量

3 原理

试料用盐酸和硝酸分解,加高氯酸蒸发至冒白烟。将溶液喷入空气-乙炔火焰,用钴空心阴极灯作光源,于原子吸收光谱仪波长 240.7 nm 处,进行原子吸收光谱测量。

4 试剂

分析中除另有说明外,仅使用认可的分析纯试剂和 GB/T 6682 所规定的二级水。

4.1 纯铁,钴含量(质量分数)小于 0.000 3%。

4.2 纯镍,钴含量(质量分数)小于 0.000 3%。

4.3 盐酸,ρ 约 1.19 g/mL。

4.4 硝酸,ρ 约 1.42 g/mL。

4.5 高氯酸,ρ 约 1.67 g/mL。

4.6 钴标准溶液

4.6.1 钴贮备液A，每升相当于1.0 g钴。称取1.000 g金属钴[纯度＞99.9%(质量分数)]，精确至0.1 mg，置于250 mL烧杯中，加15 mL水，15 mL硝酸(4.4)，盖上表面皿，缓慢加热，直到完全分解，煮沸除去氮氧化物。冷却至室温，将溶液定量移入1 000 mL单标线容量瓶中，用水稀释至刻度，混匀。此标准溶液1 mL含1.00 mg钴。

4.6.2 钴标准溶液B，每升相当于0.200 g钴。移取20.00 mL贮备液(4.6.1)于100 mL单标线容量瓶中，用水稀释至刻度，混匀。此标准溶液1mL含0.200 mg钴。

4.6.3 钴标准溶液C，每升相当于0.080 g钴。移取8.00 mL贮备液(4.6.1)于100 mL单标线容量瓶中，用水稀释至刻度，混匀。

用前配制。此标准溶液1 mL含0.080 mg钴。

5 仪器

所有玻璃量器均应符合GB/T 12805、GB/T 12806或GB/T 12808规定的A级。

5.1 原子吸收光谱仪，配备钴空心阴极灯，供给的空气-乙炔气体要足够纯净，不含水、油以及钴，以提供稳定清澈的贫燃火焰。

原子吸收光谱仪按照7.3.4优化后，检出限和特征浓度应与仪器制造商提供的参数一致，并满足5.1.1～5.1.3中的精密度指标。

仪器还应达到5.1.4给出的附加性能要求。

5.1.1 最低精密度(见A.1)

用最高浓度的校准溶液，测量10次吸光度，计算其标准偏差，此标准偏差不得超过此溶液吸光度平均值的1.5%。

用最低浓度校准溶液(不是零校准溶液)，测量10次吸光度，计算其标准偏差，此标准偏差不得超过最高浓度校准溶液吸光度平均值的0.5%。

5.1.2 检出限(见A.2)

检出限定义为浓度水平略高于零校准溶液的溶液中分析元素的10次吸光度测量值的标准偏差的2倍。

在与最终试料溶液基体相似的溶液中，对波长240.7 nm，钴的检出限应小于0.05 μg/mL。

5.1.3 校准曲线的线性(见A.3)

用同样的方法测定时，校准曲线上部20%浓度范围的斜率值(表示为吸光度的变化)与下部20%浓度范围的斜率值之比应不小于0.7。

对于用2个或更多标准样品自动校准的仪器，应在分析之前，用获得的吸光度读数建立曲线线性满足上述要求的校准曲线。

5.1.4 特征浓度(见A.4)

在与最终试料溶液基体相似的溶液中，对波长240.7 nm，钴的特征浓度应当小于0.3 μg/mL。

5.2 辅助装置

建议使用合适的记录仪或数字读数装置来评价5.1.1～5.1.3中的指标和进行以后的测量。

可放大刻度，直到观察到的噪声大于读数误差，并推荐吸光度低于 0.1。如果不得不用到刻度放大，而又无法读取放大倍数时，可用下述方法得到放大倍数：分别在使用和不使用刻度放大的情况下测量合适溶液的吸光度，计算所测信号之比。

为了减少 FeO 分子吸收带对钴的干扰，分析高合金钢时，建议采用配有氘灯的背景校正器。

6 制样

根据 GB/T 20066 或适当的钢铁国家标准进行制样。

7 分析步骤

警告：通常在有氨、亚硝酸烟雾或有机物存在时，冒高氯酸烟可能会引起爆炸。

7.1 试料

根据钴含量，称取试料量如下：

a) 钴含量(质量分数)小于 2.0%时，称取约 1.0 g 试料，精确至 0.001 g。

b) 钴含量(质量分数)为 2.0%～5.0%时，称取约 0.50 g 试料，精确至 0.000 5 g。

7.2 空白试验

按照相同的步骤，随同试料做空白试验。对每个含量范围(见 7.1)使用相同的试剂，包括纯铁(4.1)的使用量也应相同，但不含试料。

7.3 测定

7.3.1 试液的制备

7.3.1.1 试料溶解

将试料(7.1)置于 250 mL 烧杯，加入 10 mL 盐酸(4.3)，4 mL 硝酸(4.4)，盖上表面皿，低温加热溶解到反应停止。加入 10 mL 高氯酸(4.5)，高温加热，直至高氯酸烟在烧杯壁上形成稳定的回流。

冷却，加入 30 mL 水，微热溶解盐类，再次冷却，定量移入 100 mL 单标线容量瓶中，用水稀释至刻度，混匀。

用中速滤纸干过滤，滤掉残渣或沉淀，如石墨碳、硅酸、或钨酸，弃去最初的部分后，将滤液收集在干燥的烧杯中。

7.3.1.2 试液的稀释

根据试料中钴的含量，按下列 a)～d)准备试液。

a) 钴含量(质量分数)在 0.08%以下，用滤液(见 7.3.1.1)，不稀释。

b) 钴含量(质量分数)在 0.08%～0.40%(质量分数)，按下述方法稀释滤液。
   移取 20.00 mL 滤液于 100 mL 的单标线容量瓶中，用水稀释至刻度，混匀(见注 1)。

c) 钴含量(质量分数)在 0.40%～2.0%，按下述方法稀释滤液。
   移取 10.00 mL 滤液于 250 mL 的单标线容量瓶中，用水稀释至刻度，混匀(见注 1)。

d) 钴含量(质量分数)在 2.0%～5.0%，按下述方法稀释滤液。
   移取 5.00 mL 滤液于 250 mL 的单标线容量瓶中，用水稀释至刻度，混匀(见注 1)。

注 1：如果试液应稀释，相应的空白也应以同样的方式稀释。

7.3.2 校准溶液的制备

7.3.2.1 钴含量(质量分数)在0.08%以下

将(1.00±0.001)g纯铁(4.1)分别加入6个250 mL烧杯中,加入10 mL盐酸(4.3),5mL硝酸(4.4),盖上表面皿,低温加热溶解到反应停止。冷却,按表1用滴定管分别加入钴标准溶液C(4.6.3)。

按7.3.1.1规定的步骤从"加10 mL高氯酸(4.5)……"(省略过滤步骤)到7.3.1.2的a)。

表1 钴含量在0.08%(质量分数)以下的校准溶液

钴标准溶液C(4.6.3)体积 mL	相当于最终试液中钴的浓度 μg/mL	相当于试样中的钴含量(质量分数) %
0[a]	0	0
2.00	1.6	0.016
4.00	3.2	0.032
6.00	4.8	0.048
8.00	6.4	0.064
10.00	8.0	0.080
[a] 零校准溶液。		

7.3.2.2 钴含量(质量分数)为0.08%~0.40%

将1.00 g±0.001 g纯铁(4.1)分别加入6个250 mL烧杯中,加入10 mL盐酸(4.3),5 mL硝酸(4.4),盖上表面皿,低温加热溶解到反应停止。冷却,按表2用滴定管分别加入钴标准溶液B(4.6.2)。

按7.3.1.1规定的步骤从"加10 mL高氯酸(4.5)……"(省略过滤步骤)到7.3.1.2的b)。

表2 钴含量(质量分数)在0.08%~0.40%的校准溶液

钴标准溶液B(4.6.2)体积 mL	相当于最终试液中钴的浓度 μg/mL	相当于试样中的钴含量(质量分数) %
0[a]	0	0
4.00	1.6	0.080
8.00	3.2	0.160
12.00	4.8	0.240
16.00	6.4	0.320
20.00	8.0	0.400
[a] 零校准溶液。		

7.3.2.3 钴含量(质量分数)为0.40%~2.0%

将(1.00±0.001)g纯铁(4.1)分别加入6个250 mL烧杯中,加入10 mL盐酸(4.3),5 mL硝酸(4.4),盖上表面皿,低温加热溶解到反应停止。冷却,按表3用滴定管分别加入钴贮备液A(4.6.1)。

按7.3.1.1规定的步骤从"加10 mL高氯酸(4.5)……"(省略过滤步骤)到7.3.1.2的c)。

表 3 钴含量(质量分数)在 0.40%～2.0%的校准溶液

钴贮备液 A(4.6.1)体积 mL	相当于最终试液中钴的浓度 μg/mL	相当于试样中的钴含量(质量分数) %
0[a]	0	0
4.00	1.6	0.40
8.00	3.2	0.80
12.00	4.8	1.20
16.00	6.4	1.60
20.00	8.0	2.00
[a] 零校准溶液。		

7.3.2.4 钴含量(质量分数)为 2.0%～5.0%

将(0.50±0.000 1)g 纯铁(4.1)分别加入 6 个 250 mL 烧杯中,加入 10 mL 盐酸(4.3),5mL 硝酸(4.4),盖上表面皿,低温加热溶解到反应停止。冷却,按表 4 用滴定管分别加入钴贮备液 A(4.6.1)。

按 7.3.1.1 规定的步骤从"加 10 mL 高氯酸(4.5)……"(省略过滤步骤)到 7.3.1.2 的 d)。

表 4 钴含量(质量分数)在 2.0%～5.0%的校准溶液

钴贮备液 A(4.6.1)体积 mL	相当于最终试液中钴的浓度 μg/mL	相当于试样中的钴含量(质量分数) %
0[a]	0	0
5.00	1.0	1.00
10.00	2.0	2.00
15.00	3.0	3.00
20.00	4.0	4.00
25.00	5.0	5.00
[a] 零校准溶液。		

7.3.3 原子吸收光谱仪的调整

仪器的调整见表 5。

表 5 仪器的调整

要　　素	特　　性
灯的类型	钴空心阴极灯
波长	240.7 nm
火焰	具有最大钴响应的空气-乙炔贫燃火焰
灯电流	按照制造厂家的建议
带宽	按照制造厂家的建议
警告:应严格按照制造厂家的建议,尤其应注意以下安全要点: a) 乙炔具有爆炸性,使用时应时常关注; b) 需戴有色眼镜保护操作者眼睛不受紫外辐射的伤害; c) 应保持燃烧头清洁,不结盐,燃烧头堵塞可能会导致回火; d) 应保证液体阱中充满水; e) 在喷入试液、空白溶液和/或校准溶液之间,应喷入水。	

7.3.4 原子吸收装置的最优化

按照仪器制造厂家的说明书准备仪器。

调节灯电流、波长、气体流量，点燃火焰，喷入水，直到装置显示已达到稳定状态。

用水调节吸光度为零。

选择衰减设定或积分时间，使仪器信号足够稳定，达到5.1.1～5.1.3中的指标。

将火焰调整为贫燃，将燃烧头高度调整在光路以下10 mm处，交替喷入最高浓度校准溶液和零校准溶液。调节气体流量和燃烧头位置（水平、垂直和旋转），直至校准溶液之间的吸光度之差达到最大值。检查光谱仪，使光谱仪设定在要求波长的准确位置。

合金元素（尤其是镍和铬）的存在可能在火焰中产生化学干扰，为避免这种干扰，应按照预试验结果调整火焰条件。预试验步骤如下：

按7.3.2.1的方法制备钴含量（质量分数）不大于0.08%的系列校准溶液，但是，用0.700 g纯铁(4.1)和0.300 g纯镍(4.2)代替1.00 g±0.001 g纯铁(4.1)。

记录每个钴含量得到相同吸光值的流速，并计算平均流速。此流速应用于光谱测量中。

评价5.1.1～5.1.3指标，以及附加特性要求5.1.4，保证仪器适用于钴的测定。

7.3.5 光谱测量

设置刻度放大，使最高浓度校准溶液的吸光度接近满刻度。按照5.1.1给出的精密度规定，仪器达到稳定后，选取两个校准溶液，一个略低于试液的吸光度，另一个略高于试液的吸光度，先按浓度递增顺序，然后按递减顺序喷入校准溶液，试液夹在中间测量，每次均测量相对于水的吸光度。再按递增和递减顺序测量校准范围内的所有校准溶液，包括零校准溶液，最后将校准溶液递增与递减吸光度的平均值用于绘制校准曲线。

应当指出，这些步骤不适用于只用两个校准溶液的自动原子吸收光谱仪，在这种情况下，建议不要将两个“夹层”溶液用于绘制校准曲线，而应与试液交替分析。

在成批样品的测定过程中，过一段时间就喷一下校准溶液。如果结果显示因堵塞而导致精度降低，应清理燃烧头。

得到各校准溶液的平均吸光度。

得到试液和空白溶液的平均吸光度。

注2：测量结束后，应喷水除去残留的高氯酸盐（见7中警告）。

7.4 校准曲线的绘制

对于每个测量系列和待测钴含量范围，都需要制作新的校准曲线。

如果零校准溶液有显著的吸收，则需要按式(1)计算零校准溶液中钴的浓度：

$$\rho_{\mathrm{Co,z}} = \rho_{\mathrm{Co,C1}} \times \frac{A_{\mathrm{z}}}{A_{\mathrm{Co,C1}} - A_{\mathrm{z}}} \qquad \cdots\cdots (1)$$

式中：

$\rho_{\mathrm{Co,C1}}$——加到第一份校准溶液的钴浓度，μg/mL；

A_{z}——零校准溶液的吸光度；

$A_{\mathrm{Co,C1}}$——第一份校准溶液的吸光度。

将计算出的ρ值加到各校准浓度中去，使校准曲线通过坐标原点。

以每个校准溶液的平均吸光度值对钴含量(μg/mL)作图，建立校准曲线。

8 结果表示

8.1 计算方法

用校准曲线(7.4)将试液和空白试液的吸光度转换成钴含量,以 μg/mL 计。

按下式计算钴含量 w_{Co},以质量分数表示:

$$w_{Co}=\frac{(\rho_{Co,1}-\rho_{Co,0})\times 100}{10^6}\times\frac{100}{m}\times D$$
$$=\frac{(\rho_{Co,1}-\rho_{Co,0})\times D}{10^2 m} \qquad \cdots\cdots(2)$$

式中:

$\rho_{Co,0}$——空白试验(7.2)中的钴浓度,μg/mL;

$\rho_{Co,1}$——试液(7.3.1)中的钴浓度,μg/mL;

m ——试料量,g;

D ——稀释因子;

D=1　用于钴含量(质量分数)低于 0.08%;

D=5　用于钴含量(质量分数)在 0.08%~0.40%;

D=25　用于钴含量(质量分数)在 0.40%~2.0%;

D=50　用于钴含量(质量分数)在 2.0%~5.0%。

8.2 精密度

本部分精密度试验是由在 13 个实验室对 13 个水平的钴含量进行测定,每个实验室对每个水平钴含量测定 3 次(见注 3 和注 4)。

注 3:三次测定中的两次是在 GB/T 6379.1 规定的重复性条件下进行的,即由同一实验员、用同一仪器、相同的实验条件、同一校准,在最短的时间内进行测定。

注 4:第三次测定由注 3 中的实验员,用同一台仪器,在不同的时间(不同天),用新的校准进行。

所用试样的详细信息和得到的平均结果列于 B.1 和 B.2。

根据 GB/T 6379.1、GB/T 6379.2 和 ISO 5725.3,对得到的结果进行统计处理。

结果表明,钴含量与试验结果(见注 5)的重复性限(r)和再现性限(R 和 R_w)间呈对数关系,汇总于表 6,数据图示由图 C.1 给出。

注 5:由第一天所得结果,按 GB/T 6379.2 规定的方法计算重复性限(r)和再现性界限(R)。由第一天所得的第一个结果和第二天所得的结果,按 ISO 5725-3 规定的方法计算实验室内的再现性限(R_w)。

表 6　精密度

钴含量(质量分数)/%	重复性限	再现性限	
	r	R	R_w
0.003	0.000 19	0.000 58	0.000 43
0.005	0.000 28	0.000 87	0.000 65
0.010	0.000 50	0.001 5	0.001 1
0.020	0.000 88	0.002 6	0.001 9
0.050	0.001 9	0.005 4	0.004 0
0.100	0.003 3	0.009 3	0.006 9

表 6（续）

钴含量(质量分数)/%	重复性限	再现性限	
	r	R	R_w
0.20	0.005 8	0.016	0.012
0.50	0.012	0.033	0.024
1.00	0.022	0.057	0.042
2.00	0.038	0.099	0.073
5.00	0.081	0.204	0.150

9 试验报告

试验报告应包括下列内容：

a) 鉴别样品、实验室和分析日期所需的所有资料；

b) 引用本部分所用的方法；

c) 结果及其表达形式；

d) 测定中观察到的异常现象；

e) 任何本部分中未规定的操作，或任何可能影响结果的操作。

附　录　A
（规范性附录）
仪器指标的测量步骤

要建立火焰原子吸收光谱分析标准方法，应由工作组根据实验室间测量结果确定仪器指标的数值。

A.1　最低精密度的测定

测量10次最高浓度校准溶液，得到10个吸光度读数 A_{Ai}，并计算平均值 $\overline{A}_A$。

测量10次最低浓度校准溶液（不包括零浓度），得到10个吸光度读数 A_{Bi}，并计算平均值 $\overline{A}_B$。

最高和最低浓度校准溶液测量值的标准偏差 s_A 和 s_B 分别由式(A.1)、式(A.2)得出：

$$s_A = \sqrt{\frac{\sum (A_{Ai} - \overline{A}_A)^2}{9}} \qquad \cdots\cdots\cdots\cdots (A.1)$$

$$s_B = \sqrt{\frac{\sum (A_{Bi} - \overline{A}_B)^2}{9}} \qquad \cdots\cdots\cdots\cdots (A.2)$$

最高和最低浓度校准溶液的最低精度分别为 $s_A \times 100/\overline{A}_A$ 和 $s_B \times 100/\overline{A}_A$。

A.2　检出限的测定，$\rho_{Co,min}$

制取2份与样品溶液基体一致的溶液，但是，测定元素的浓度为下述已知浓度：

——ρ'_{Co}(μg/mL)的溶液所产生的吸光度 A' 约为0.01；

——基体空白溶液的吸光度为 A_0。

测量 ρ'_{Co} 溶液和空白溶液各10次，每次读数时间约为10 s，应使用足够大的标尺，以便能清楚地看到信号波动。得到吸光度平均值 $\overline{A}'$ 和 $\overline{A}_0$。

用式(A.3)计算标准偏差 $s_{A'}$：

$$s_{A'} = \sqrt{\frac{\sum (A'_i - \overline{A}')^2}{9}} \qquad \cdots\cdots\cdots\cdots (A.3)$$

式中：

A'_i——单次测量吸光度读数；

$\overline{A}'$——A'_i 的平均值。

由式(A.4)计算检出限 $\rho_{Co,min}$：

$$\rho_{Co,min} = \frac{\rho'_{Co} \times s_{A'} \times k}{\overline{A}' - \overline{A}_0} \qquad \cdots\cdots\cdots\cdots (A.4)$$

（k 通常取2）

A.3　校准曲线线性判据

对绘制的校准曲线（见图A.1）进行任何校直处理之前，得到校准浓度范围上端20%的净吸光度值 A_A，以及校准浓度范围下端20%的净吸光度值 A_B，计算 A_A/A_B，该值应不小于0.7。

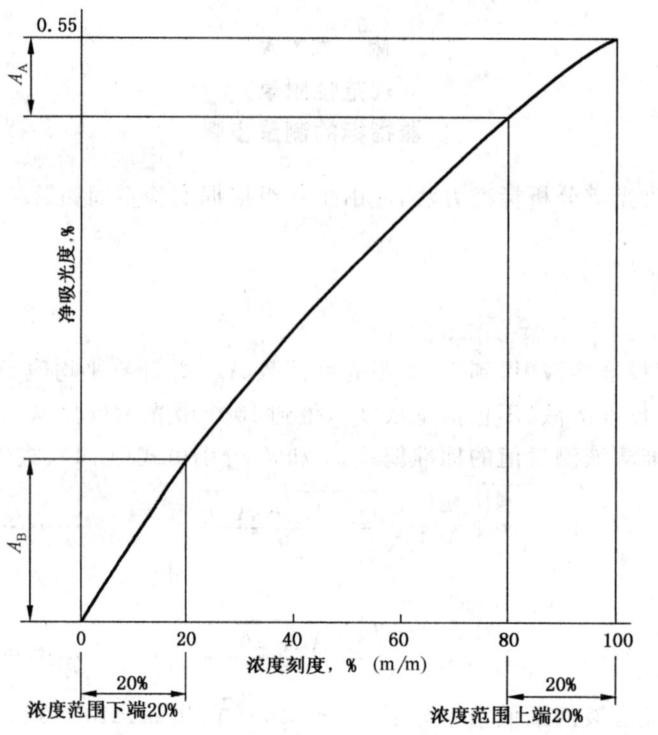

图 A.1 校准曲线

A.4 特征浓度的测定,$\rho_{Co,k}$

制备1份与样品溶液基体一致的溶液,但是,被测元素的浓度为下述已知浓度:

ρ_{Co}(μg/mL)溶液所产生的吸光度A约为0.1。

在不放大标尺的条件下,测量ρ_{Co}溶液与空白溶液,分别得到吸光度A和A_0,由式(A.5)计算特征浓度$\rho_{Co,k}$:

$$\rho_{Co,k}=\frac{\rho_{Co}\times 0.0044}{A-A_0} \quad \cdots\cdots(A.5)$$

附 录 B
（资料性附录）
国际合作试验附加资料

1993年由8个国家的13个实验室对11个钢样和2个铸铁样进行国际合作分析试验结果得到表6。

试验结果在1994年3月ISO/TC 17/SC 1 N 1021文件报出，见表B.2。精密度数据的图示见附录C。

所用试样列于表B.1。

表 B.1 国际合作试验所用样品

样品	化学成分(质量分数)/%						
	Co	C	Si	Mn	Ni	Cr	其他
JSS 002-2（纯铁）	0.002 9	< 0.01	< 0.01	痕量	痕量	痕量	
CMSI 1527（铸铁）	0.005 0	3.66	2.52	0.71			
CMSI1529（铸铁）	0.020	3.58	2.72	0.50			
JSS 172-5（低碳钢）	0.052	0.05					Nb 0.054
BCS 287-1（不锈钢）	0.148	0.02	0.57	1.48	10.35	18.61	Mo 0.25 B 0.9
BCS 475（不锈钢）	0.22	0.05	0.21	0.89	5.66	14.14	Mo 1.6 Cu 1.9
BCS 494（锰钢）	0.43[a]	1.24	0.26	13.55	0.69	0.56	Cu 0.4
JSS 611-9（工具钢）	0.53	0.87	0.33	0.30	0.12	4.09	Mo 4.9 W 6.2
ARMCO A-32（不锈钢）	1.09[a]	0.04	0.48	1.67	12	17	Mo 2.3
BCS 483（高合金钢）	1.94	0.67	0.11	0.29		3.21	W 10.8
DAIDO（高合金钢）	3.0[a]	0.01		0.21	0.04	14.2	Mo 6.0
ECRM 251-1（高合金钢）	5.70	0.84	0.21	0.27	0.15	5.35	W 19.9
BCS 487-1（高合金钢）	7.95	1.02	0.18	0.26	0.14	3.91	W 1.8 Mo 9.4

[a] 非标准值。

表 B.2 国际合作试验所得结果

试样	钴含量(质量分数)/%			精密度数据		
	认可值	测定值		重复性值	再现性值	
		$\overline{w}_{Co,1}$	$\overline{w}_{Co,2}$	r	R	R_W
JSS002-2 (纯铁)	0.002 9	0.003 11	0.003 03	0.000 47	0.000 75	0.000 69
CMSI1527 (铸铁)	0.005 0	0.005 13	0.005 04	0.00 034	0.001 08	0.000 94
CMSI1529 (铸铁)	0.020	0.019 7	0.019 7	0.000 50	0.002 10	0.000 94
JSS172-5 (低碳钢)	0.052	0.052 3	0.052 3	0.001 1	0.003 1	0.001 8
BCS287-1 (不锈钢)	0.148	0.152	0.153	0.002 7	0.012 3	0. 010 6
BCS475 (不锈钢)	0.22	0.216	0.216	0.003 6	0.017 8	0.015 4
BCS494 (锰钢)	0.43[a]	0.406	0.407	0.012 1	0.023 3	0.020 6
JSS611-9 (工具钢)	0.53	0.533	0.536	0.018 1	0.042 9	0.036 7
ARMCO A-32 (不锈钢)	1.09[a]	1.108	1.104	0.025 6	0.077 6	0.052 7
BCS483 (高合金钢)	1.94	1.94	1.93	0.057 9	0.135	0.058 0
DAIDO (高合金钢)	3.0[a]	2.98	2.99	0.048 8	0.121	0.123
ECRM251-1 (高合金钢)	5.70	5.75	5.74	0.113	0.272	0.151
BCS 487-1 (高合金钢)	7.95	7.95	7.95	0.121	0.219	0.224

$\overline{w}_{Co,1}$ 为同一天测定数据的平均值。

$\overline{w}_{Co,2}$ 为不同天测定数据的平均值。

[a] 非标准值。

附 录 C
（资料性附录）
精密度数据图示

图C.1表明，钴含量与试验结果（见注5）的重复性限（r）和再现性限（R和R_w）间呈对数关系。

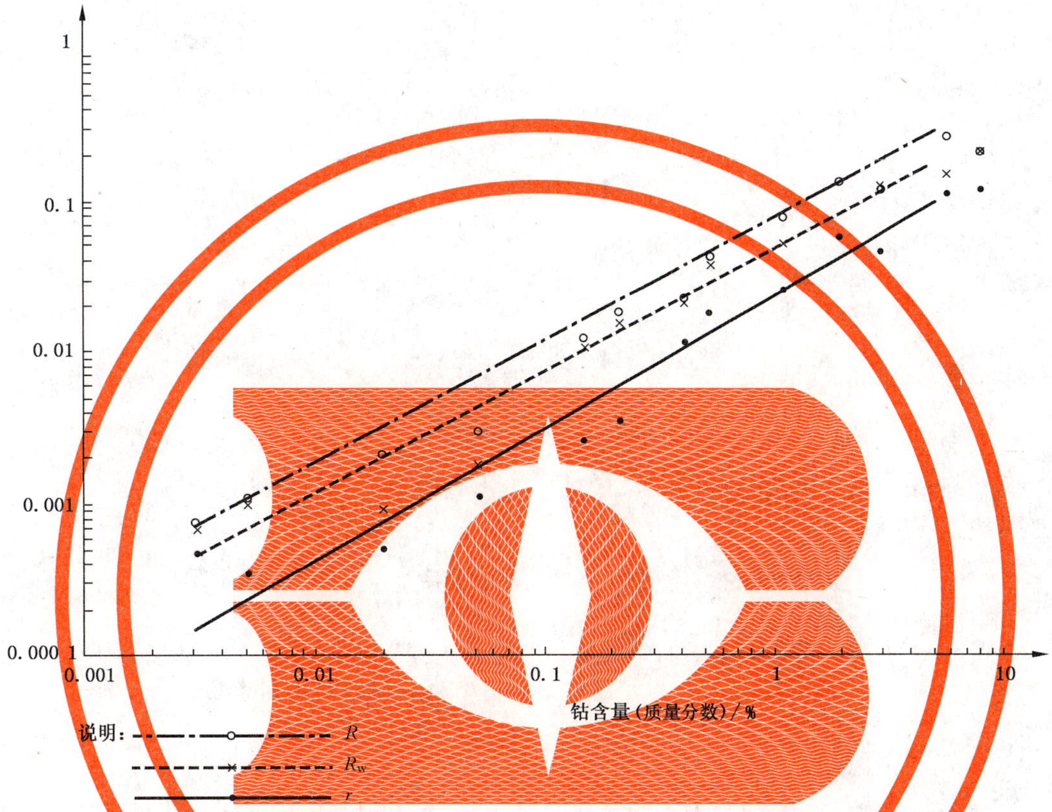

$$\lg r = 0.820\ 2\lg \overline{w}_{Co,1} - 1.663\ 8$$

$$\lg R_w = 0.787\ 3\lg \overline{w}_{Co,2} - 1.374\ 9$$

$$\lg R = 0.790\ 0\lg \overline{w}_{Co,1} - 1.243\ 0$$

式中：$\overline{w}_{Co,1}$——同一天所得钴含量（质量分数）的平均值，单位为百分数（%）；

$\overline{w}_{Co,2}$——不同天所得钴含量（质量分数）的平均值，单位为百分数（%）。

图C.1 钴含量（w_{Co}）与重复性限（r）及再现性限（R和R_w）间的对数关系

ICS 19.060;77.040.10
N 71

中华人民共和国国家标准

GB/T 230.2—2012
代替 GB/T 230.2—2002

金属材料　洛氏硬度试验 第2部分：硬度计（A、B、C、D、E、F、G、H、K、N、T 标尺）的检验与校准

**Metallic materials—Rockwell hardness test—
Part 2: Verification and calibration of testing machines
(scales A,B,C,D,E,F,G,H,K,N,T)**

(ISO 6508-2:2005,MOD)

2012-12-31 发布　　2013-06-01 实施

中华人民共和国国家质量监督检验检疫总局
中国国家标准化管理委员会　发布

前　言

GB/T 230《金属材料　洛氏硬度试验》分为如下三个部分：

——第1部分：试验方法(A、B、C、D、E、F、G、H、K、N、T标尺)；

——第2部分：硬度计(A、B、C、D、E、F、G、H、K、N、T标尺)的检验与校准；

——第3部分：标准硬度块(A、B、C、D、E、F、G、H、K、N、T标尺)的标定。

本部分为GB/T 230的第2部分。

本部分按照GB/T 1.1—2009给出的规则起草。

本部分代替GB/T 230.2—2002《金属洛氏硬度试验　第2部分：硬度计(A、B、C、D、E、F、G、H、K、N、T标尺)的检验与校准》，与GB/T 230.2—2002相比，主要技术变化如下：

——修改了名称；

——修改了引言(见引言，2002年版的引言)；

——明确规定硬质合金球为压头用标准用球(见引言)；

——删除了第2章规范性引用文件清单中引用的国家标准GB/T 7997—1987《硬质合金维氏硬度试验方法》(见2002年版的第2章)；

——修改了表1的内容，并规范了表中1所列"标尺"和"洛氏硬度单位"的表示方式；修改了表5中、图A.1和图A.2的曲线上"示值相对重复性指标"的表示方式(见4.3.1.2、表5和附录A，2002年版的4.3.1.2、表5和附录A)；

——增加了公式(3)、符号"r_{rel}"和"c"以及有关这些符号的说明(见5.3.1和5.4.1)；

——增加了资料性附录"硬度计校准结果的测量不确定度"(见附录B)。

本部分使用重新起草法修改采用国际标准ISO 6508-2:2005《金属材料　洛氏硬度试验　第2部分：硬度计(A、B、C、D、E、F、G、H、K、N、T标尺)的检验与校准》(第二版)，在文本结构和技术内容方面与ISO 6508-2:2005一致。

本部分与ISO 6508-2:2005的技术性差异及其原因如下：

——删除了ISO 6508-2:2005的前言，重新编写了前言；

——关于规范性引用文件，本部分做了具有技术性差异的调整，以适应我国的技术条件，调整的内容集中反映在第2章"规范性引用文件"中，具体调整如下：

- 用修改采用国际标准的GB/T 230.1代替ISO 6508-1(见第1章、4.3.1.2、4.5、5.2.2和B.1.1)；
- 用修改采用国际标准的GB/T 230.3—2012代替ISO 6508-3:2005(见4.3.1.2和5.1)；
- 用修改采用国际标准的GB/T 4340.1代替ISO 6507-1(见4.3.2.3.2和4.3.2.3.3)；
- 用等同采用国际标准的GB/T 13634代替ISO 376(见4.2.3)。

——修改了表1的内容，并规范了表中所列"标尺"和"洛氏硬度单位"的表示方式；修改了表5中、图A.1和图A.2的曲线上"示值相对重复性指标"的表示方式；

——增加了公式(3)、符号"r_{rel}"和"c"以及有关这些符号的说明；原公式(3)的序号改为公式(4)；

——改正了附录B中及表B.1、表B.5、表B.6、表B.8和表B.9中一些错误的符号、计算结果和数据，并在做过改正的地方用下划线注明；

——规范了附录B中向公式里代入数值的一些计算式的表达方法；

——将附录B的公式(B.10)、公式(B.12)和表B.9中的符号"$\bar{b}$"用符号"E"替换；

——删除了参考文献。

本部分与 ISO 6508-2:2005 相比存在技术性差异，这些差异涉及的条款已通过在其外侧页边空白位置的垂直单线(|)进行了标示。

本部分还做了下列编辑性修改：

——将“ISO 6508 的本部分”一词改为“本部分”；

——用中文的小数点符号“.”代替英文的小数点符号“,”。

请注意本文件的某些内容可能涉及专利。本文件的发布机构不承担识别这些专利的责任。

本部分由中国机械工业联合会提出。

本部分由全国试验机标准化技术委员会(SAC/TC 122)归口。

本部分起草单位：长春机械科学研究院有限公司、莱州华银试验仪器有限公司、上海市计量测试技术研究院、上海尚材试验机有限公司、上海联尔试验设备有限公司、宝禾测量仪器(上海)有限公司。

本部分主要起草人：王学智、杨凤鸣、虞伟良、寇钟夏、杨琼、盛耀兴、贺定弘。

本部分所代替标准的历次版本发布情况：

——GB 2848—1981、GB/T 2849—1981、GB/T 2848—1992；

——GB 3773—1983、GB/T 3773—1993；

——GB/T 230.2—2002。

引　言

GB/T 230 的本部分规定硬质合金球作为洛氏球压头的标准型式的压头用球。如果在产品规范或专门的协议中另有规定，可继续将钢球作为压头用球。

金属材料 洛氏硬度试验 第2部分:硬度计(A、B、C、D、E、F、G、H、K、N、T标尺)的检验与校准

1 范围

GB/T 230的本部分规定了按GB/T 230.1测定洛氏硬度(A、B、C、D、E、F、G、H、K、N、T标尺)用的洛氏硬度计(以下简称硬度计)的检验方法。

本部分适用于检查硬度计工作基本功能的直接检验法和对硬度计综合检查的间接检验法。间接检验法可独立地用于使用中硬度计的定期常规检查。

如果硬度计还可用于其他方法的硬度试验,则应分别按每一种方法单独地对硬度计进行检验。

本部分也适用于便携式硬度计。

2 规范性引用文件

下列文件对于本文件的应用是必不可少的。凡是注日期的引用文件,仅注日期的版本适用于本文件。凡是不注日期的引用文件,其最新版本(包括所有的修改单)适用于本文件。

GB/T 230.1 金属材料 洛氏硬度试验 第1部分:试验方法(A、B、C、D、E、F、G、H、K、N、T标尺)(GB/T 230.1—2009,ISO 6508-1:2005,MOD)

GB/T 230.3—2012 金属材料 洛氏硬度试验 第3部分:标准硬度块(A、B、C、D、E、F、G、H、K、N、T标尺)的标定 (ISO 6508-3:2005,MOD)

GB/T 4340.1 金属材料 维氏硬度试验 第1部分:试验方法(GB/T 4340.1—2009,ISO 6507-1:2005,MOD)

GB/T 13634 单轴试验机检验用标准测力仪的校准(GB/T 13634—2008,ISO 376:2004,Metallic materials-Calibration of force-proving instruments used for verification of uniaxial testing machines,IDT)

3 一般要求

在检验硬度计以前,应对其进行检查以保证硬度计按制造者的说明书正确地安装,并要特别检查:

a) 安装压头的主轴在其导向装置中能够滑动;

b) 压头柄牢固地安装在主轴孔中;

c) 试验力的施加和卸除无冲击或振动,且不影响读数。

应通过检查确认试样的位移或机架的变形不影响读数。当带有将试样锁固在机架上方部件上的锁紧装置时,其锁紧力应超过总试验力。机架变形的影响可通过给主轴装上一个端面为球形的压头(直径不小于10 mm),来代替原压头,经过垫块压在试台上(当带锁紧装置时要用锁紧装置压住垫块再压在试台上)进行检查。该球形压头和垫块材质的洛氏硬度不应低于60 HRC。测量装置的读数(施加着初试验力),在硬度计最大主试验力施加前和卸除后,对不带锁紧装置的硬度计二者相差不应超过1.5洛氏单位;对带锁紧装置的硬度计相差不应超过0.5洛氏单位。

4 直接检验

4.1 总则

4.1.1 直接检验宜在(23±5)℃温度范围内进行。如果在此温度范围以外进行检验,则应在检验报告中注明。

4.1.2 检验和校准用的器具应能溯源到国家基准。

4.1.3 直接检验包括:

a) 试验力的校准;

b) 压头的检测;

c) 压痕深度测量装置的校准;

d) 试验循环时间的检测。

4.2 试验力的校准

4.2.1 对于初试验力 F_0(见 4.2.4)和所使用的每一个总试验力 F(见 4.2.5)均应进行测量,只要可行,就应在试验过程中主轴的整个移动范围内以一定的间隔在其至少 3 个位置上做上述力的测量。初试验力应至少保持 2 s。

4.2.2 在主轴的每一位置上,对每个试验力应读取 3 个读数。即将读取每个力的读数之前,主轴的移动方向应与试验时的移动方向一致。

4.2.3 试验力应通过下述两种方法之一测量:

——用符合 GB/T 13634 规定的 1 级标准测力仪测量;

——用校准过质量的砝码或具有相同准确度的其他方法施加一个准确到±0.2%的力,使该力与被测试验力相平衡。

4.2.4 初试验力 F_0(在主试力 F_1 施加前和卸除后)的最大允差应为其标称值的±2.0%。

4.2.5 总试验力 F 的最大允差应为其标称值的±1.0%。F 的每一单个测量值均应在此允差之内。

4.3 压头的检测

4.3.1 金刚石圆锥压头(A、C、D、N 标尺)

为检验圆锥压头的可靠性,应按照本部分进行直接检测和间接检测。

4.3.1.1 圆锥压头的直接检测

4.3.1.1.1 与 0.3 mm 压入深度范围相对应的金刚石圆锥面和顶端球面应抛光,两个面的结合应完全相切。两个面应无表面缺陷。

4.3.1.1.2 压头的形状可通过直接测量或通过测量其在投影屏上的投影进行检测。测量应至少在 4 个等间隔的截面进行。

4.3.1.1.3 金刚石圆锥的顶角应为 120°±0.35°。

邻近结合处的金刚石圆锥母线直线度的偏差,在 0.4 mm 的最小长度内不应超过 0.002 mm。

4.3.1.1.4 金刚石圆锥体轴线与压头柄轴线(垂直于座的安装面)的夹角不应超过 0.5°。

4.3.1.1.5 压头的顶端应为球面,球面半径是根据在 4.3.1.1.2 定义的各轴向截面测量的单个测量值而确定的。两同心圆的间距不应超过 0.004 mm。每一单个测量值应在(0.2±0.015)mm 以内。至少 4 个单个测量值的平均值应在(0.2±0.01)mm 以内。

注 1:球面半径能够通过测量压头轴向截面投影轮廓线与两同心圆的两段弧的交线而测定。

注 2:上述的单一值是两个同心圆半径的平均值。

也可使用带准直仪的装置测量。在这种情况下，宜至少在4个中心角（该中心角应不小于120°）进行测量。

4.3.1.2 **圆锥压头的间接检测**

由硬度计给出的硬度值不但取决于4.3.1.1.3和4.3.1.1.5中规定的压头几何尺寸的实际值，而且还取决于其表面粗糙度、金刚石晶轴的位置和金刚石在压头座中的镶装状况。

为检测上述的影响，应相对表1规定的硬度水平选用4块已标定的标准块对压头进行间接检测，或在给出等效的总压痕深度的4块标准块上进行间接检测。

对于每一标准块，用被检压头压出3个压痕取得的平均硬度值与用按GB/T 230.3—2012的4.5标定的压头取得的3个压痕的平均硬度值不应相差±0.8洛氏单位。用被检压头压出的压痕与用上述标定的压头压出的压痕宜是相邻的。

注：使用标准机按GB/T 230.3—2012第5章所述的程序能够进行这种间接检测。

上述间接检测使用的硬度计，其试验力的允差应符合以下规定：

F_0：±1.0%；

F：±0.5%。

试验应按GB/T 230.1进行。

表1 对应不同标尺的硬度水平

洛氏硬度标尺	硬　度	范围
C	23 HRC	(20～26) HRC
C	55 HRC	(52～58) HRC
N	43 HR45N	(40～46) HR45N
N	91 HR15N	(88～94) HR15N

4.3.2 **球压头（B、E、F、G、H、K、T标尺）**

4.3.2.1 为检测球的尺寸和硬度，应从一批球中随机抽取一个样品进行试验，经过硬度试验后的球应予以剔除。

4.3.2.2 球应抛光且无表面缺陷。

4.3.2.3 使用者应对球进行测量以保证其满足下述要求，或者从球的供应方获得能证明满足下述要求的球。

4.3.2.3.1 在不少于3个位置上测量，球的直径与其标称直径之差应在表2给出的允差以内。

表2 不同球直径的允差

洛氏硬度标尺	球　直　径 mm	允差 mm
B	1.587 5	±0.003 5
F	1.587 5	±0.003 5
G	1.587 5	±0.003 5
T	1.587 5	±0.003 5

表 2（续）

洛氏硬度标尺	球 直 径 mm	允差 mm
E	3.175	±0.004
H	3.175	±0.004
K	3.175	±0.004

4.3.2.3.2 硬质合金球的特性如下：

——硬度：当使用不小于 4.903 N 试验力，按 GB/T 4340.1 测定，维氏硬度不应低于 1 500 HV。硬质合金球可以在球面上直接测定硬度，或将球剖开在球的截面上测定硬度。表 3 给出了以 HV10 标尺测定硬度的示例；

——密度：$\rho=(14.8\pm0.2)g/cm^3$。

注：推荐的化学成分如下：

碳化钨(WC)	其余部分
其他碳化物总量	2.0%
钴(Co)	5.0%～7.0%

4.3.2.3.3 钢球的硬度当使用 98.07 N 试验力，按 GB/T 4340.1 测定，其维氏硬度不应低于 750 HV10（见表 3）。

表 3 用于确定球硬度的压痕平均对角线的值(HV10)

单位为毫米

球 直 径	用维氏压头以 98.07 N(HV10)的力在球面上做出压痕的平均对角线的最大值	
	钢球	硬质合金球
3.175	0.153	0.109
1.587 5	0.150	0.107

4.4 压痕深度测量装置的校准

4.4.1 压痕深度测量装置应以增加硬度值的方向通过使压头产生已知的位移增量，将包含与常用标尺的最低和最高硬度相对应的范围，至少分 3 个测量段进行检测。

4.4.2 检测压痕深度测量装置用的仪器应具有 0.000 2 mm 的不确定度($k=2$)。对于 A～K 标尺，压痕深度测量装置的示值应准确到±0.001 mm；对于 N 和 T 标尺，应准确到±0.000 5 mm，即对应每一个标尺的硬度范围均为±0.5 标尺单位。

注：若对压痕深度测量装置不能直接进行检测，能通过使用标准块和已检验合格并对已知误差做过修正的压头所做的间接检验结果来对其性能予以检查(见 5.2)。

4.5 试验循环时间的检测

试验循环时间应与 GB/T 230.1 规定的试验循环时间一致，其时控误差的最大允许值为±0.5 s。

5 间接检验

5.1 总则

宜在(23±5)℃温度范围内，使用按 GB/T 230.3—2012 标定的标准硬度块进行间接检验。如果在此温度范围以外进行检验，则应在检验报告中注明。

5.2 方法

5.2.1 硬度计的间接检验应采用以下方法。

应对硬度计所使用的每一个标尺进行检测。对于每一待检测的标尺，应从表4规定的每一个硬度范围中选用标准块。标准块的硬度值应接近预期使用的极限值。

5.2.2 在每一标准块的试验面上，应均匀分布地压出5个压痕，而且每个硬度读数要读取到0.2标尺单位。在做这5个压痕以前，至少应压出2个初始压痕以保证硬度计工作自如，以及标准块、压头和试台的定位正确可靠。这些初始压痕的结果应忽略不计。试验应按GB/T 230.1进行。

表4 不同标尺的硬度范围

洛氏硬度标尺	标准块的硬度范围	洛氏硬度标尺	标准块的硬度范围
A	20 HRA～40 HRA 45 HRA～75 HRA 80 HRA～88 HRA	K	40 HRK～60 HRK 65 HRK～80 HRK 85 HRK～100 HRK
B	20 HRB～50 HRB 60 HRB～80 HRB 85 HRB～100 HRB	15 N	70 HR15N～77 HR15N 78 HR15N～88 HR15N 89 HR15N～91 HR15N
C	20 HRC～30 HRC 35 HRC～55 HRC 60 HRC～70 HRC	30 N	42 HR30N～54 HR30N 55 HR30N～73 HR30N 74 HR30N～80 HR30N
D	40 HRD～47 HRD 55 HRD～63 HRD 70 HRD～77 HRD	45 N	20 HR45N～31 HR45N 32 HR45N～61 HR45N 63 HR45N～70 HR45N
E	70 HRE～77 HRE 84 HRE～90 HRE 93 HRE～100 HRE	15 T	73 HR15T～80 HR15T 81 HR15T～87 HR15T 88 HR15T～93 HR15T
F	60 HRF～75 HRF 80 HRF～90 HRF 94 HRF～100 HRF	30 T	43 HR30T～56 HR30T 57 HR30T～69 HR30T 70 HR30T～82 HR30T
G	30 HRG～50 HRG 55 HRG～75 HRG 80 HRG～94 HRG	45 T	12 HR45T～33 HR45T 34 HR45T～54 HR45T 55 HR45T～72 HR45T
H	80 HRH～94 HRH 96 HRH～100 HRH	—	—

5.3 重复性

5.3.1 将每一标准块上测得的硬度值 H_1、H_2、H_3、H_4、H_5，按从小到大递增的次序排列。

在规定的检验条件下，硬度计的示值重复性 r 由公式(1)确定：

$$r = H_5 - H_1 \qquad (1)$$

5个压痕的平均硬度值 $\overline{H}$ 按公式(2)计算：

$$\overline{H} = \frac{H_1 + H_2 + H_3 + H_4 + H_5}{5} \qquad (2)$$

式中：

H_1、H_2、H_3、H_4、H_5——与5个压痕对应的硬度值。

以百分比表示的硬度计的示值相对重复性 r_{rel} 按公式(3)计算：

$$r_{rel}=\frac{H_5-H_1}{c-\overline{H}}\times 100 \qquad (3)$$

式中：

c——标尺系数。对于：

- A、C、D、N、T 标尺，$c=100$；
- B、E、F、G、H、K 标尺，$c=130$。

5.3.2 如果被检硬度计的重复性满足表5规定的要求，则认为该硬度计的重复性合格。在图A.1和图A.2中还示出了硬度计示值重复性 r 和示值相对重复性 r_{rel} 的曲线图。

5.4 误差

5.4.1 在规定的检验条件下，硬度计的示值误差 E 按公式(4)计算：

$$E=\overline{H}-H_c \qquad (4)$$

式中：

H_c——所用标准块标定的硬度值。

5.4.2 硬度计的示值误差应符合表5的规定。

表5 允许的硬度计示值重复性和示值误差

洛氏硬度标尺	标准块的硬度范围	示值允许误差洛氏单位	允许的硬度计示值重复性
A	20 HRA～75 HRA ＞75 HRA～88 HRA	±2 HRA ±1.5 HRA	≤2.0%或0.8洛氏单位[a]
B	20 HRB～45 HRB ＞45 HRB～80 HRB ＞80 HRB～100 HRB	±4 HRB ±3 HRB ±2 HRB	≤4.0%或1.2洛氏单位[a]
C	20 HRC～70 HRC	±1.5 HRC	≤2.0%或0.8洛氏单位[a]
D	40 HRD～70 HRD ＞70 HRD～77 HRD	±2 HRD ±1.5 HRD	≤2.0%或0.8洛氏单位[a]
E	70 HRE～90 HRE ＞90 HRE～100 HRE	±2.5 HRE ±2 HRE	≤4.0%或1.2洛氏单位[a]
F	60 HRF～90 HRF ＞90 HRF～100 HRF	±3 HRF ±2 HRF	≤4.0%或1.2洛氏单位[a]
G	30 HRG～50 HRG ＞50 HRG～75 HRG ＞75 HRG～94 HRG.	±6 HRG ±4.5 HRG ±3 HRG	≤4.0%或1.2洛氏单位[a]
H	80 HRH～100 HRH	±2 HRH	≤4.0%或1.2洛氏单位[a]
K	40 HRK～60 HRK ＞60 HRK～80 HRK ＞80 HRK～100 HRK	±4 HRK ±3 HRK ±2 HRK	≤4.0%或1.2洛氏单位[a]
N	—	±2 HRN	≤4.0%或1.2洛氏单位[a]
T	—	±3 HRT	≤6.0%或2.4洛氏单位[a]

[a] 取其较大者。

5.5 测量不确定度

硬度计校准结果测量不确定度的评定方法见附录 B。

6 检验周期

硬度计直接检验项目和检验周期见表 6。

间接检验的周期不应超过 12 个月并应在直接检验完成以后进行。

表 6 硬度计直接检验

直接检验要求	力	测量装置	试验循环时间	压头[a]
安装后首次工作以前	√	√	√	√
经拆卸并重新装配后，如果影响到力、测量装置或试验循环时	√	√	√	—
间接检验不合格时[b]	√	√	√	—
间接检验超过 14 个月	√	√	√	—

[a] 建议当压头使用 2 年后要对其进行直接检验。

[b] 可对这些检测项目按顺序进行直接检验，以便找出未通过间接检验的原因，如果能够证明压头失效的原因(例如使用标准压头进行试验)，则不需要对其直接检验。

7 检验报告和(或)校准证书

检验报告和(或)校准证书应包含以下内容：

a) 注明执行本部分，即 GB/T 230.2；

b) 检验方法[直接和(或)间接检验]；

c) 硬度计标识的信息；

d) 检验器具(标准块、标准测力仪等)；

e) 被检验的洛氏硬度标尺；

f) 检验温度；

g) 检验结果；

h) 检验日期和检验机构；

i) 检验结果的不确定度。

附 录 A
（规范性附录）
硬度计的示值重复性

图 A.1 和 A.2 示出了硬度计示值重复性的允许范围。

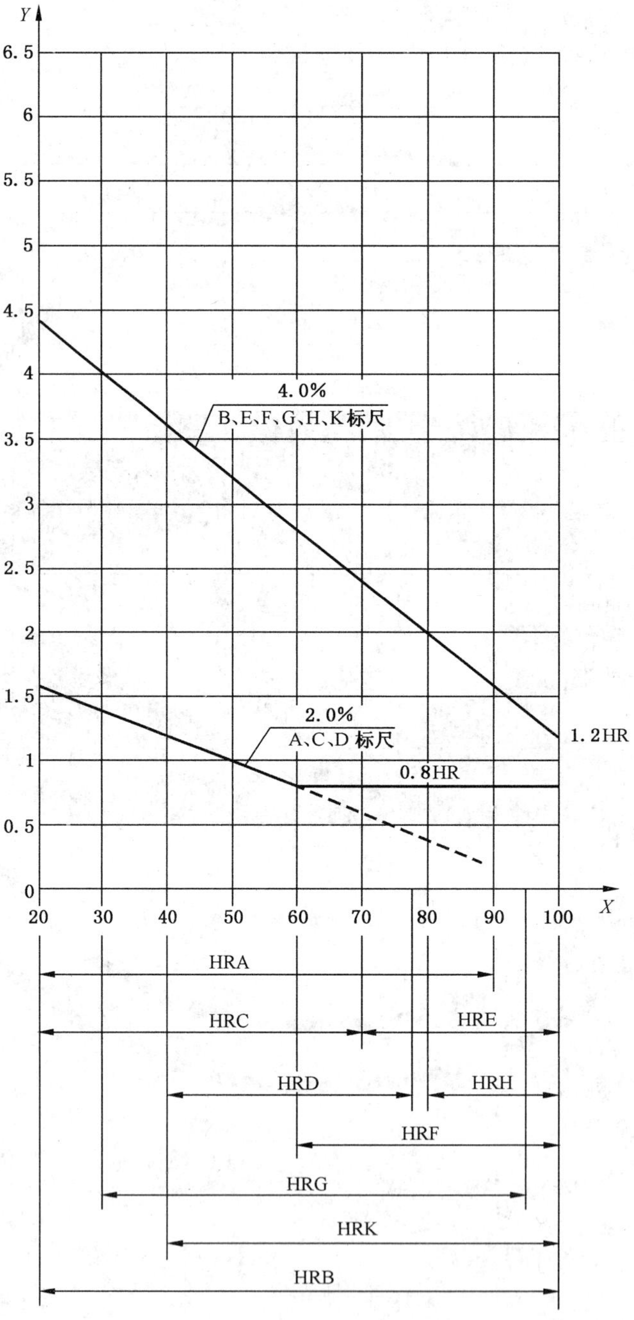

说明：

X ——洛氏硬度；

Y ——硬度计的重复性；

HR——各标尺的洛氏硬度单位。

图 A.1 洛氏硬度(A、B、C、D、E、F、G、H 和 K 标尺)

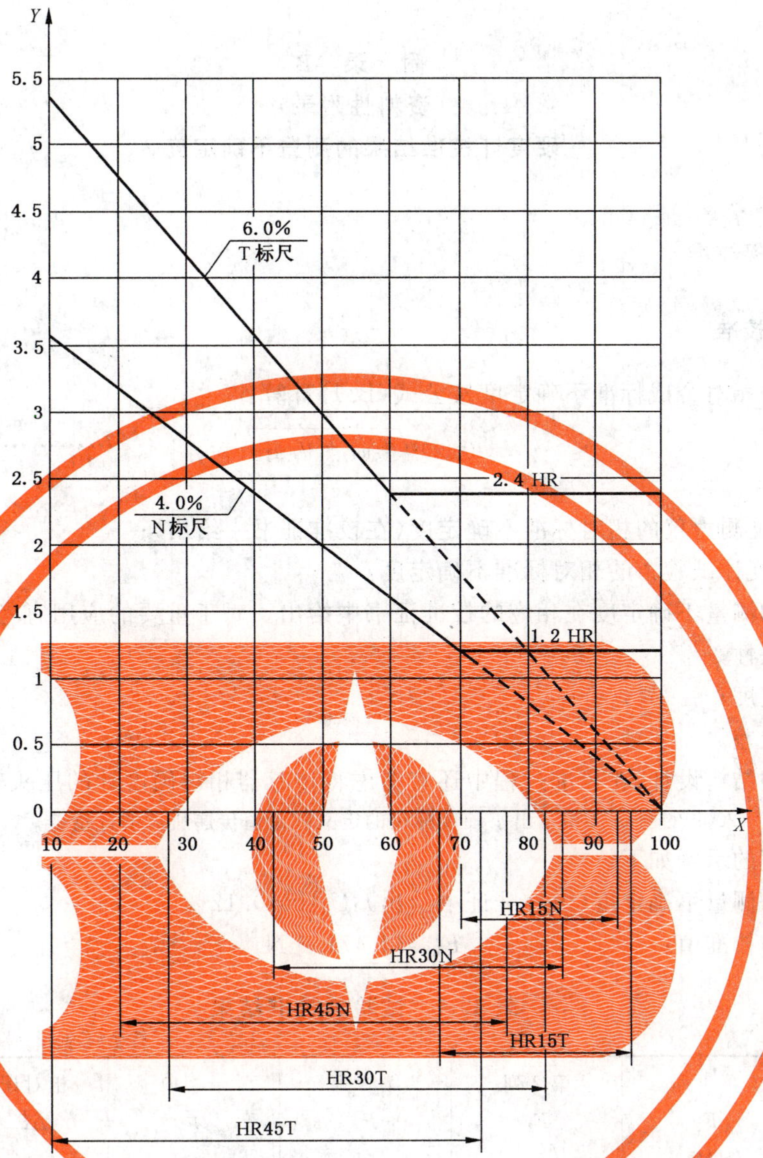

说明：

X ——表面洛氏硬度；

Y ——硬度计的重复性；

HR——各标尺的洛氏硬度单位。

图 A.2 表面洛氏硬度(N 和 T 标尺)

附 录 B
（资料性附录）
硬度计校准结果的测量不确定度

B.1 硬度计的直接校准

B.1.1 试验力的校准

试验力校准的相对合成标准不确定度按公式(B.1)计算：

$$u_F = \sqrt{u_{FRS}^2 + u_{FHTM}^2} \quad \cdots\cdots (B.1)$$

式中：

u_{FRS} ——标准测力仪的相对标准不确定度(在校准证书中给出)；

u_{FHTM}——硬度计试验力的相对标准不确定度。

标准测力仪的测量不确定度在相应的校准证书中给出。对于重要的应用宜考虑下列影响量，例如：

——温度相关性；

——长期稳定度；

——内插法误差。

根据传感器的结构设计，在校准过程中还宜考虑将传感器相对硬度计的压头轴线转位。

注：GB/T 230.1—2009 的图 G.1 中示出了硬度标尺的定义和量值传递所需的计量链。

评定不确定度的示例如下：

标准测力仪的测量不确定度(由校准证书给出)：$U_{FRS}=0.12\%(k=2)$

标准测力仪的校准值： $F_{RS}=1\ 471.0$ N

表 B.1 试验力校准结果

校准试验力时主轴上测量位置的序号	第 1 列 F_1 N	第 2 列 F_2 N	第 3 列 F_3 N	平均值 $\overline{F}$ N	相对误差 ΔF_{rel} %	相对标准测量不确定度 u_{FHTM} %
1	1 471.5	1 471.9	1 471.7	1 471.7	−0.05	0.008
2	1 472.1	1 472.3	1 472.7	1 472.3	−0.09	0.012
3	1 472.2	1 473.5	1 471.3	1 472.3	−0.09	0.043

表 B.1 中的 ΔF_{rel} 和 u_{FHTM} 分别按公式(B.2)和公式(B.3)计算：

$$\Delta F_{rel} = \frac{F_{RS} - \overline{F}}{\overline{F}} \quad \cdots\cdots (B.2)$$

$$u_{FHTM} = \frac{s_{Fi}}{\overline{F}} \times \frac{1}{\sqrt{n}} \quad \cdots\cdots (B.3)$$

式中：

s_{Fi}——在主轴第 i 个位置测量的试验力示值的标准偏差。

n ——测量次数，$n=3$。

在表 B.2 中，将使用到表 B.1 中 u_{FHTM} 的最大值。

表 B.2 试验力测量不确定度的计算

不确定度分量 X_i	估计值 x_i	相对极限值 a_i	分布类别	相对标准测量不确定度 $u(x_i)$	灵敏系数 c_i	相对不确定度的贡献 $u_i(H)$
u_{FRS}	1 471.0 N	—	正态	6.0×10^{-4}	1	6.0×10^{-4}
u_{FHTM}	1 471.0 N	—	正态	4.3×10^{-4}	1	4.3×10^{-4}
相对合成标准不确定度 u_F						7.4×10^{-4}
相对扩展测量不确定度 $U_F(k=2)$						1.5×10^{-3}

表 B.3 中的 ΔF_{max} 按公式(B.4)计算：

$$\Delta F_{max}=|\Delta F_{rel}|+U_F \quad \cdots\cdots(B.4)$$

表 B.3 包含标准测力仪测量不确定度的试验力最大相对误差的计算

试验力的相对误差 ΔF_{rel} %	试验力的相对扩展不确定度 U_F %	包含标准测力仪测量不确定度的试验力最大相对误差 ΔF_{max} %
0.09	0.15	0.24

此例的结果表明包含标准测力仪测量不确定度的试验力的相对误差是满足 4.2 规定的±1.0%要求的。

B.1.2 压痕深度测量装置

用深度校准装置(参考标准)校准压痕深度测量装置时，相对合成标准不确定度按公式(B.5)计算：

$$u_L=\sqrt{u_{LRS}^2+u_{ms}^2+u_{LHTM}^2} \quad \cdots\cdots(B.5)$$

式中：

u_{LRS} ——校准压痕深度测量装置用的深度校准装置(参考标准)校准证书给出的相对标准不确定度($k=1$)；

u_{ms} ——压痕深度测量装置分辨力引入的相对标准不确定度；

u_{LHTM} ——硬度计的相对标准不确定度。

校准压痕深度测量装置用的深度校准装置的测量不确定度在相应的校准证书中给出。下列影响量不要对校准所用的深度校准装置的测量不确定度产生实质的影响。如：

——温度相关性；

——长期稳定度；

——内插法误差。

评定不确定度的示例如下：

校准压痕深度测量装置所用的深度校准装置的扩展不确定度：$U_{LRS}=0.000\ 2$ mm($k=2$)。

压痕深度测量装置的分辨力：$\delta_{ms}=0.5\ \mu$m。

表 B.4 中的 u_{LHTM} 和 ΔL_{rel} 分别按公式(B.6)和公式(B.7)计算：

$$u_{LHTM}=\frac{s_{Li}}{L}\times\frac{1}{\sqrt{n}} \quad \cdots\cdots(B.6)$$

$$\Delta L_{rel} = \frac{\overline{L} - L_{RS}}{L_{RS}} \quad \cdots\cdots\cdots\cdots (B.7)$$

式中：

s_{Li}——对应深度校准装置第 i 个示值，压痕深度测量装置长度示值的标准偏差；

n ——测量次数，$n=3$。

表 B.4 压痕深度测量装置的校准结果

压痕深度测量装置的标称值 L_{RS} mm	第 1 列 L_1 mm	第 2 列 L_2 mm	第 3 列 L_3 mm	平均值 $\overline{L}$ mm	相对误差 ΔL_{rel} %	相对标准测量不确定度 u_{LHTM} %
0.060	0.060 3	0.060 2	0.060 0	0.060 2	0.33	0.15
0.080	0.080 5	0.080 3	0.080 2	0.080 3	0.38	0.11
0.100	0.100 7	0.100 2	0.100 3	0.100 4	0.40	0.15
0.120	0.120 3	0.120 5	0.120 1	0.120 3	0.25	0.10
0.140	0.140 5	0.140 6	0.140 3	0.140 5	0.33	0.06
0.160	0.160 6	0.160 3	0.160 2	0.160 4	0.23	0.07

压痕深度测量装置测量不确定度的评定方法和计算结果见表 B.5。

表 B.5 压痕深度测量装置测量不确定度的计算

不确定度分量 X_i	估计值 x_i mm	极限值 a_i	分布类别	相对标准测量不确定度 $u(x_i)$	灵敏系数 c_i	不确定度的贡献 $u_i(H)$
u_{LRS}	0	1.0×10^{-4} mm	正态	1.0×10^{-4}	1	1.0×10^{-4}
u_{ms}	0	5.0×10^{-4} mm	矩形	1.4×10^{-4}	1	1.4×10^{-4}
u_{LHTM}	0.06	0.15%	正态	9.6×10^{-4}	1	9.6×10^{-4}
对应于 0.16 mm 的合成相对标准不确定度 u_L/%						0.098
相对扩展测量不确定度 $U_L(k=2)$/%						0.20

表 B.6 包含深度校准装置(参考标准)测量不确定度的压痕测量装置最大相对误差的计算

检测长度 L_{RS} mm	压痕测量装置的相对误差 ΔL_{rel} %	相对扩展测量不确定度 U_L %	包含深度校准装置测量不确定度的压痕测量装置最大相对误差 ΔL_{max} %
0.16	0.23	0.20	0.43

表 B.6 中 ΔL_{max} 按公式(B.8)计算：

$$\Delta L_{max} = |\Delta L_{rel}| + U_L \quad \cdots\cdots\cdots\cdots (B.8)$$

此例的结果表明：包含深度校准装置测量不确定度的压痕测量装置的误差是满足 4.4 规定的 ±0.001 mm($L_{RS}\times\Delta L_{max}=0.16$ mm$\times0.43\%=0.000\ 72$ mm)要求的。

B.1.3 压头的检测

压头是由压头体和压头柄组成，不能通过在现场分别测量进行检测。压头的几何偏差（见4.3）应由认可的校准实验室出具的有效校准证书予以证明。

B.1.4 试验循环时间的检测

4.5中规定试验循环每个阶段的时间允许误差为±0.5 s。当使用常规的时间测量装置（秒表）测量时，能够给出的测量不确定度为0.1 s。因此，不需考虑对此测量不确定度分量的评估。

B.2 硬度计的间接检验

注：在本附录中，根据硬度试验方法标准的定义，下标"CRM"（有证标准物质）的含义是"标准硬度块"。

通过使用标准硬度块进行间接检验，能检查硬度计的综合性能，同时根据标准硬度块的标准值测定出硬度计的重复性及误差。

硬度计间接检验时的合成标准不确定度由公式(B.9)求得：

$$u_{HTM}=\sqrt{u_{CRM}^2+u_{CRM-D}^2+u_H^2+u_{ms}^2} \qquad \text{(B.9)}^{1)}$$

式中：

u_{CRM} ——标准硬度块校准证书给出的标准不确定度($k=1$)；

u_{CRM-D}——标准硬度块自最近一次标定，其硬度值随时间漂移而引入的标准不确定度（当使用满足标准要求的标准硬度块检测时此项可忽略不计）；

u_H[1] ——用标准硬度块检测时由硬度计引入的标准不确定度；

u_{ms} ——由硬度计的分辨力引入的标准不确定度。

评定不确定度的示例如下：

标准硬度块的标定值：$H_{CRM}=45.4$ HRC

标准硬度块的测量不确定度：$U_{CRM}=0.5$ HRC，($k=2$)[2]

硬度计的分辨力：$\delta_{ms}=0.1\ \mu m$

根据表B.7中的数据，按公式(B.10)计算被检硬度计的示值误差：

$$E=\overline{H}-H_{CRM} \qquad \text{(B.10)}$$

$$E=45.9\ \text{HRC}-45.4\ \text{HRC}=0.5\ \text{HRC}$$

标准不确定度按公式(B.11)计算：

$$u_H=\frac{t\times s_H}{\sqrt{n}} \qquad \text{(B.11)}$$

式中取$t=1.14$，$n=5$，$s_H=0.42$ HRC时：

$$u_H=0.21\ \text{HRC}$$

1）国际标准ISO 6508-2:2005的公式(B.9)中遗漏了"u_H^2"一项和对u_H分量的说明，本标准予以补充。

2）国际标准ISO 6508-2:2005在0.5 HRC前有"±"号，根据ISO GUM:1993《测量不确定度表示指南》的规定：不确定度的值均应为正值，没有负值，同时本部分还补充了包含因子($k=2$)。

表 B.7 间接检验结果

序　　号	测得的硬度值 H HRC [a]
1	46.4_{max}
2	46.1
3	45.3_{min}
4	45.7
5	45.8
平均值$\overline{H}$	45.9
标准偏差 s_H	0.42

[a] HRC——洛氏硬度。

B.3 测量不确定度的评定

硬度计扩展不确定度的评定结果见表 B.8。

表 B.8 测量不确定度的评定

不确定度分量 X_i	估计值 x_i HRC	标准测量不确定度 $u(x_i)$	分布类别	灵敏系数 c_i	不确定度的贡献 $u_i(H)$ HRC[a]
u_{CRM}	45.4	0.25 HRC	正态	1.0	0.25
u_{ms}	0	0.03 μm	矩形	0.5	0.02
u_H	0	0.21 HRC	正态	1.0	0.21
$u_{CRM\text{-}D}$	0	0 HRC	三角	1.0	0
合成标准不确定度 u_{HTM}					0.33
扩展测量不确定度 $U_{HTM}(k=2)$					0.7

[a] HRC——洛氏硬度。

含有测量不确定度的硬度计的示值误差 ΔH_{HTM}按公式(B.12)计算：

$$\Delta H_{HTM} = |E| + U_{HTM} \qquad \text{(B.12)}$$

表 B.9 包含测量不确定度的硬度计的最大误差

硬度计测定的硬度值 H HRC	扩展测量不确定度 U_{HTM} HRC	用标准硬度块校准时 硬度计的误差 $\|E\|$ HRC	包含测量不确定度的 硬度计的最大误差 $(\Delta H_{HTM})_{max}$ HRC[a]
45.1	0.7	0.5	1.2

[a] HRC——洛氏硬度。

表 B.9 中包含测量不确定度的硬度计的最大示值误差：

$$(\Delta H_{HTM})_{max}=0.5\ \text{HRC}+0.7\ \text{HRC}=1.2\ \text{HRC}$$

上例的结果表明：包含测量不确定度的硬度计的允许极限误差是满足第 5 章规定的±1.5 HRC 要求的。

ICS 19.060;77.040.10
N 71

中华人民共和国国家标准

GB/T 230.3—2012
代替 GB/T 230.3—2002

金属材料　洛氏硬度试验　第3部分：标准硬度块(A、B、C、D、E、F、G、H、K、N、T标尺)的标定

Metallic materials—Rockwell hardness test—
Part 3: Calibration of reference blocks(scales A,B,C,D,E,F,G,H,K,N,T)

(ISO 6508-3:2005,MOD)

2012-12-31 发布　　　　2013-06-01 实施

中华人民共和国国家质量监督检验检疫总局
中国国家标准化管理委员会　发布

前　言

GB/T 230《金属材料　洛氏硬度试验》分为如下三个部分：

——第1部分：试验方法(A、B、C、D、E、F、G、H、K、N、T标尺)；

——第2部分：硬度计(A、B、C、D、E、F、G、H、K、N、T标尺)的检验与校准；

——第3部分：标准硬度块(A、B、C、D、E、F、G、H、K、N、T标尺)的标定。

本部分为GB/T 230的第3部分。

本部分按照GB/T 1.1—2009给出的规则起草。

本部分代替GB/T 230.3—2002《金属洛氏硬度试验　第3部分：标准硬度块(A、B、C、D、E、F、G、H、K、N、T标尺)的标定》，与GB/T 230.3—2002相比，主要技术变化如下：

——修改了名称；

——修改了引言(见引言，2002年版的引言)；

——明确规定硬质合金球为压头用标准用球(见引言)；

——删除了第2章规范性引用文件清单中引用的国家标准GB/T 4340.1—1999《金属维氏硬度试验　第1部分：试验方法》、GB/T 7997—1987《硬质合金维氏硬度试验方法》和JJF 1059—1999《测量不确定度评定与表示》(见2002年版的第2章)；

——修改了表1的内容，并规范了表中所列"标尺"和"洛氏硬度单位"的表示方式(见表1，2002年版的表1)；

——修改了附录A的图A.1和图A.2中曲线上相对均匀度指标的表示方式(见附录A，2002年版的附录A)；

——增加了公式(3)和公式(4)(见7.1)；

——增加了资料性附录"标准块平均硬度值的测量不确定度"(见附录B)。

本部分使用重新起草法修改采用国际标准ISO 6508-3：2005《金属材料　洛氏硬度试验　第3部分：标准硬度块(A、B、C、D、E、F、G、H、K、N、T标尺)的标定》(第二版)，在文本结构和技术内容方面与ISO 6508-3：2005一致。

本部分与ISO 6508-3：2005的技术性差异及其原因如下：

——删除了ISO 6508-3：2005的前言，重新编写了前言；

——关于规范性引用文件，本部分做了具有技术性差异的调整，以适应我国的技术条件，调整的内容集中反映在第2章"规范性引用文件"中，具体调整如下：

- 用修改采用国际标准的GB/T 230.1代替ISO 6508-1(见4.5、5.1和附录B)；
- 用修改采用国际标准的GB/T 230.2—2012代替ISO 6508-2：2005(见第1章、4.1、4.6和第B.1章)；
- 用等同采用国际标准的GB/T 3505—2009代替ISO 4287：1997(见3.5)；
- 用等同采用国际标准的GB/T 13634代替ISO 376(见4.4)；

——修改了表1的内容，并规范了表中所列"标尺"和"洛氏硬度单位"的表示方式；

——将7.1的公式(3)中的符号"U"用符号"J"替换；将公式(4)中的符号"U_{rel}"用符号"J_{rel}"替换；

——将图A.1中曲线上的$1\%\bar{h}$、$1.5\%\bar{h}$和$2\%\bar{h}$分别改成1.0%、1.5%和2.0%，将图A.2中曲线上的$0.02\bar{h}$和$0.03\bar{h}$分别改成2.0%和3.0%；

——改正了附录B中及表B.4中一些错误的数据，并在做过改正的地方用下划线注明；

——规范了附录B中向公式里代入数值的一些计算式的表达方法；

——删除了参考文献。

本部分与 ISO 6508-3:2005 相比存在技术性差异,这些差异涉及的条款已通过在其外侧页边空白位置的垂直单线(|)进行了标示。

本部分还做了下列编辑性修改:

——将"ISO 6508 的本部分"一词改为"本部分";

——用中文的小数点符号"."代替英文的小数点符号","。

请注意本文件的某些内容可能涉及专利。本文件的发布机构不承担识别这些专利的责任。

本部分由中国机械工业联合会提出。

本部分由全国试验机标准化技术委员会(SAC/TC 122)归口。

本部分起草单位:长春机械科学研究院所有限公司、泉州丰泽东海仪器硬度块厂、上海市计量测试技术研究院、莱州华银试验仪器有限公司。

本部分主要起草人:王学智、陈俊薪、虞伟良、寇钟夏、周巧云。

本部分所代替标准的历次版本发布情况:

——GB 2850—1981、GB/T 2850—1992;

——GB 3774—1983、GB/T 3774—1993;

——GB /T 230.3—2002。

引　言

GB/T 230 的本部分规定硬质合金球作为洛氏球压头的标准型式的压头用球。如果在产品规范或专门的协议中另有规定,可继续将钢球作为压头用球。

金属材料　洛氏硬度试验
第3部分：标准硬度块（A、B、C、D、E、F、G、H、K、N、T标尺）的标定

1　范围

GB/T 230的本部分规定了按GB/T 230.2—2012对洛氏硬度计（A、B、C、D、E、F、G、H、K、N、T标尺）间接检验所用标准硬度块（以下简称标准块）的标定方法。

2　规范性引用文件

下列文件对于本文件的应用是必不可少的。凡是注日期的引用文件，仅注日期的版本适用于本文件。凡是不注日期的引用文件，其最新版本（包括所有的修改单）适用于本文件。

GB/T 230.1　金属材料　洛氏硬度试验　第1部分：试验方法（A、B、C、D、E、F、G、H、K、N、T标尺）（GB/T 230.1—2009，ISO 6508-1:2005，MOD）

GB/T 230.2—2012　金属材料　洛氏硬度试验　第2部分：硬度计（A、B、C、D、E、F、G、H、K、N、T标尺）的检验与校准（ISO 6508-2:2005，MOD）

GB/T 3505—2009　产品几何技术规范（GPS）　表面结构　轮廓法　术语、定义及表面结构参数（ISO 4287:1997，IDT）

GB/T 13634　单轴试验机检验用标准测力仪的校准（GB/T 13634—2008，ISO 376:2004，Metallic materials—Calibration of force-proving instruments used for verification of uniaxial testing machines，IDT）

3　标准块的制造

3.1　标准块应专门制造。

注：要重视制造标准块所使用的工艺过程，以使标准块获得必要的均质性、组织稳定性和表面硬度的均匀性。

3.2　每一待标定的金属块的厚度不应小于6 mm。

标准块的厚度宜为6 mm～16 mm。随着压痕数目的增加，标准块的硬度会发生变化，为减少此影响，对于钢制的标准块，其厚度不宜小于12 mm。对于其他材料制成的标准块会具有不同的厚度。

3.3　标准块应无磁性。制造者宜保证对钢制的块，在块的制造工艺过程结束（标定前）均要经过退磁处理。

3.4　标准块的表面平面度应为0.01 mm，标准块的支承面应无凸起现象。

标准块的平行度应为0.02 mm/50 mm。

3.5　标准块的试验面和支承面不应有影响压痕测量的诸如凹痕、划伤、氧化皮等缺陷。试验面表面粗糙度参数 Ra 的最大允许值为0.000 3 mm；支承面的最大允许值为0.000 8 mm，取样长度 l=0.8 mm（见GB/T 3505—2009的3.1.9）。

3.6　为能查验以后不从标准块上去除任何材料，应在标准块上标注其标定时的厚度，准确到0.1 mm，或应在其试验面上做出鉴别标记［见8.1 e)］。

4 标准机

4.1 标准洛氏硬度机除应满足 GB/T 230.2—2012 中第 3 章规定的一般要求外,还应满足 4.2～4.8 规定的要求。

4.2 应对标准机进行直接检验,检验周期不应超过 12 个月。直接检验包括:

a) 试验力的校准。

b) 压头的检测。如果压头的性能在不超过 12 个月的时间间隔内至少比照一个另外的标准压头进行过检测,检验周期能够延长到 5 年。

c) 测量装置的校准。

d) 试验循环时间的检测。如果此项检测不能完全实现,至少要检测力对时间的特性。

4.3 用于检验和校准标准机的器具应溯源到国家基准。

4.4 对于每个试验力,应使用符合 GB/T 13634 规定的 0.5 级或优于 0.5 级的标准测力仪进行检测;或采用具有相同准确度(或优于该准确度)的其他方法进行检测。所检测试验力的最大允许误差:对于初试验力 F_0 应为其标称值的±0.2%;对于总试验力 F 应为其标称值的±0.1%。

4.5 金刚石圆锥压头应满足以下要求:

a) 金刚石圆锥顶角的平均角度应为 120°±0.1°,在每个测量截面上测得的角度最大允差应为 120°±0.17°。

当不测量圆锥的圆度时,至少应测量圆锥的 8 个等间隔的轴向截面。

当邻近结合处(圆锥面与顶端球面相切处)的圆锥的圆度偏差不超过 0.004 mm 时,应测量垂直于压头轴线的两个截面。

注:圆度偏差的定义是:圆锥体表面与其外接圆之间的最大径向距离。

邻近接合处的金刚石圆锥母线的直线度在 0.4 mm 的最小长度内不应超过 0.000 5 mm。

b) 压头的顶端是个球面,球面半径是根据在 4.5a)定义的各轴向截面测量的单一值而确定的。该球面半径能够通过测量压头轴向截面投影轮廓线与两同心圆的两段弧的交线而测定,两同心圆的间距不应超过 0.002 mm。上述的单一值是两个同心圆半径的平均值。每个单一值应在(0.2±0.007)mm 以内,至少 8 个单一值的平均值应在(0.2±0.005) mm 以内。

圆锥表面和顶端球面的结合应完全相切。

c) 金刚石圆锥轴线对压头柄轴线(垂直于座的安装面)的倾斜角应在 0.3°以内。

d) 应按第 5 章规定的方法,在表 1 给出的至少 4 块标准块上进行试验。

表 1 对应不同标尺的硬度水平

洛氏硬度标尺	硬　度	范　围
C	23 HRC	(20～26)HRC
C	55 HRC	(52～58)HRC
N	43 HR45N	(40～46)HR45N
N	91 HR15N	(88～94)HR15N

对于每一标准块,用被检压头压出 3 个压痕取得的平均硬度值与用标准压头取得的 3 个压痕的平均硬度值不应相差±0.4 洛氏单位。在标准块上用被检压头压出的压痕与用标准压头压出的压痕,二者宜是一一相邻的。

应使用标准机按 GB/T 230.1 进行试验。标准压头的校准周期不应超过 5 年。

注:标准压头是指被认可为国家级标准压头的一个或多个压头。

4.6 压头用硬质合金球和钢球的特性应满足 GB/T 230.2—2012 的要求，此外，球的直径允差还应满足下列要求：

——对于 1.587 5 mm 直径的球，其直径允差为±0.002 mm；

——对于 3.175 mm 直径的球，其直径允差为±0.003 mm。

4.7[1)] 压痕深度测量装置的分辨力应为 0.000 1 mm，其扩展不确定度应为 0.000 2 mm($k=2$)。

4.8 试验循环时间应与第 5 章规定的试验循环时间一致，其时控误差的最大允许值为±0.5 s。

5 标定方法

5.1 标准块应在(23±5)℃温度范围内，使用 GB/T 230.1 规定的一般试验方法，在第 4 章描述的标准机上进行标定。

在标定过程中，温度的波动不宜超过 1 ℃。

5.2 压头接近标准块表面时的速度不应超过 1 mm/s。

5.3 使压头与标准块的试验面接触，并无冲击、振动或摆动地平稳施加初试验力 F_0。初试验力 F_0 的保持时间不应超过 3 s。

注：通过电动控制的硬度计，按公式(1)合成了初试验力施加时间(T_a)和初试验力保持时间(T_{pm})：

$$T_p = T_a/2 + T_{pm} \leqslant 3s \qquad \cdots\cdots(1)$$

式中：

T_p ——施加和保持初试验力的总时间；

T_a ——初试验力施加时间；

T_{pm}——初试验力保持时间。

5.4 施加初试验力 F_0 后，将测量装置标尺读数的起始位置对准基线位置，在 1 s～8 s 内，无冲击、振动或摆动地把试验力从 F_0 增加到 F。

总试验力 F 的保持时间应为(4±2)s。

在形成压痕过程的最后阶段(大约在 0.6 F～0.8 F 的范围)，压入速度宜在(0.02～0.04)mm/s 以内。

5.5 卸除主试验力 F_1 后应在 3 s～5 s 内读取最后读数。

6 压痕数目

在每一标准块的整个试验面上应均匀分布地压出 5 个压痕。5 个压痕硬度值的算术平均值即标定为标准块的硬度值。

为了减小测量不确定度，压痕的数目最好多于 5 个。

7 硬度均匀度

7.1 将测得的每个永久压痕深度值 h_1、h_2、h_3、h_4、h_5，按从小到大递增的次序排列。

按公式(2)计算压痕深度的平均值 $\overline{h}$：

$$\overline{h} = \frac{h_1 + h_2 + h_3 + h_4 + h_5}{5} \qquad \cdots\cdots(2)$$

---

1) ISO 6508-3:2005 原文中，此条分辨力的指标 0.000 1 mm 前带“±”号，本部分将其删去；并将扩展不确定度的包含因子(2σ)按规定改写成($k=2$)。

在规定的标定条件下标准块硬度的均匀度 J 由公式(3)表示：

$$J = h_5 - h_1 \qquad \cdots\cdots(3)$$

以 $\bar{h}$ 的百分比表示的标准块硬度的相对均匀度 J_{rel} 按公式(4)计算：

$$J_{rel} = \frac{h_5 - h_1}{\bar{h}} \times 100 \qquad \cdots\cdots(4)$$

7.2　表 2 给出了标准块硬度均匀度的最大允许值，并在图 A.1 和图 A.2 中对其进行了图示。

表 2　标准块硬度均匀度的最大允许值

洛氏硬度标尺	均匀度的最大允许值[a]
A	1.5% 或 0.4 HRA
B	2.0% 或 1.0 HRB
C	1.0% 或 0.4 HRC
D	1.0% 或 0.4 HRD
E	2.0% 或 1.0 HRE
F	2.0% 或 1.0 HRF
G	2.0% 或 1.0 HRG
H	2.0% 或 1.0 HRH
K	2.0% 或 1.0 HRK
N	2.0% 或 0.6 HRN
T	3.0% 或 1.2 HRT
[a] 应取两个量值中的较大者。	

7.3　附录 B 给出了标准块测量不确定度的评定方法。

8　标识

8.1　每一标准块上应标记下列内容：

a)　标定时测得的硬度值的算术平均值，如 66.3 HRC；

b)　供应商或制造者的名称或标志；

c)　编号；

d)　校准机构的名称或标志；

e)　标准块的厚度或试验面上的鉴别标记(见 3.6)；

f)　标定年份(如果在编号中识别不出来时)。

8.2　当试验面朝上时，标在标准块侧面上的任何标记均应是正立的。

8.3　随提供的每一标准块，应附有至少包括下列内容的证书：

a)　注明执行本部分，即 GB/T 230.3；

b)　标准块的标识；

c)　标定日期；

d)　硬度值的算术平均值和表征标准块均匀度的值(见 7.1)。

9 有效性

标准块仅对所标定的标尺有效。

标定的有效期不宜超过 5 年，对于铝合金和铜合金制的标准块，其标定的有效期宜减少到 2 年～3 年。

附 录 A
（规范性附录）
标准块的均匀度

图 A.1 和 A.2 示出了标准块硬度均匀度的最大允许值。

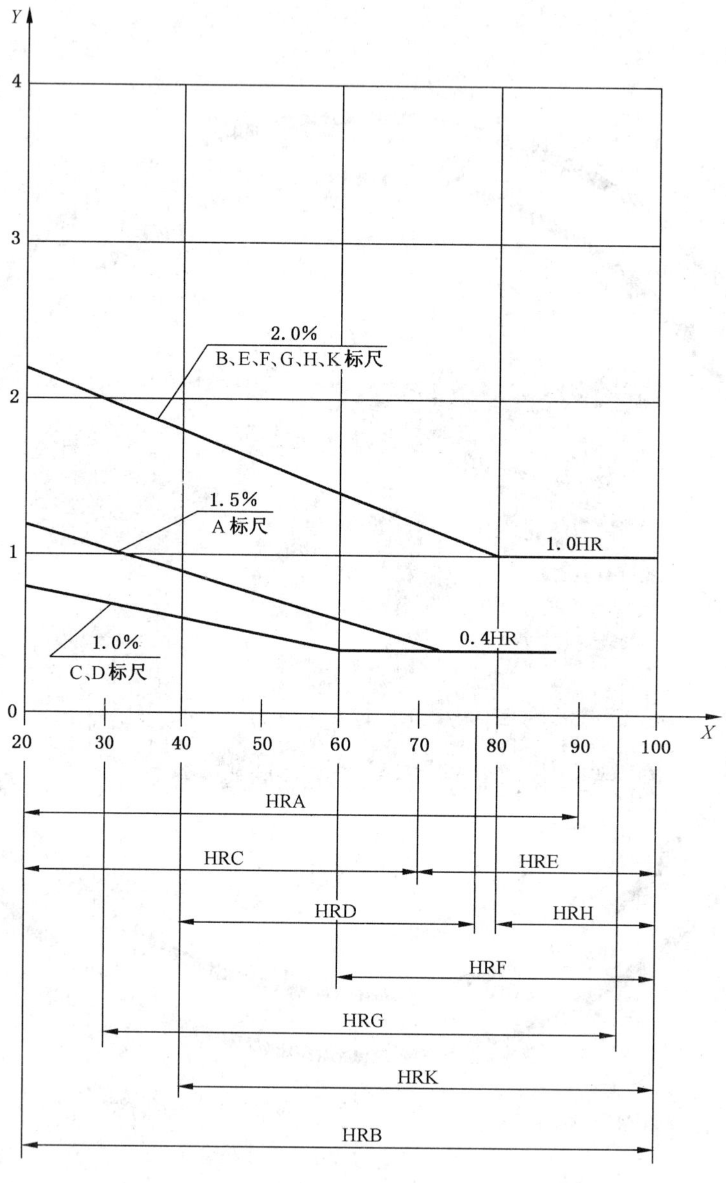

说明：

X——洛氏硬度；

Y——硬度均匀度；

HR——各标尺的洛氏硬度单位。

图 A.1 洛氏硬度（A、B、C、D、E、F、G、H 和 K 标尺）

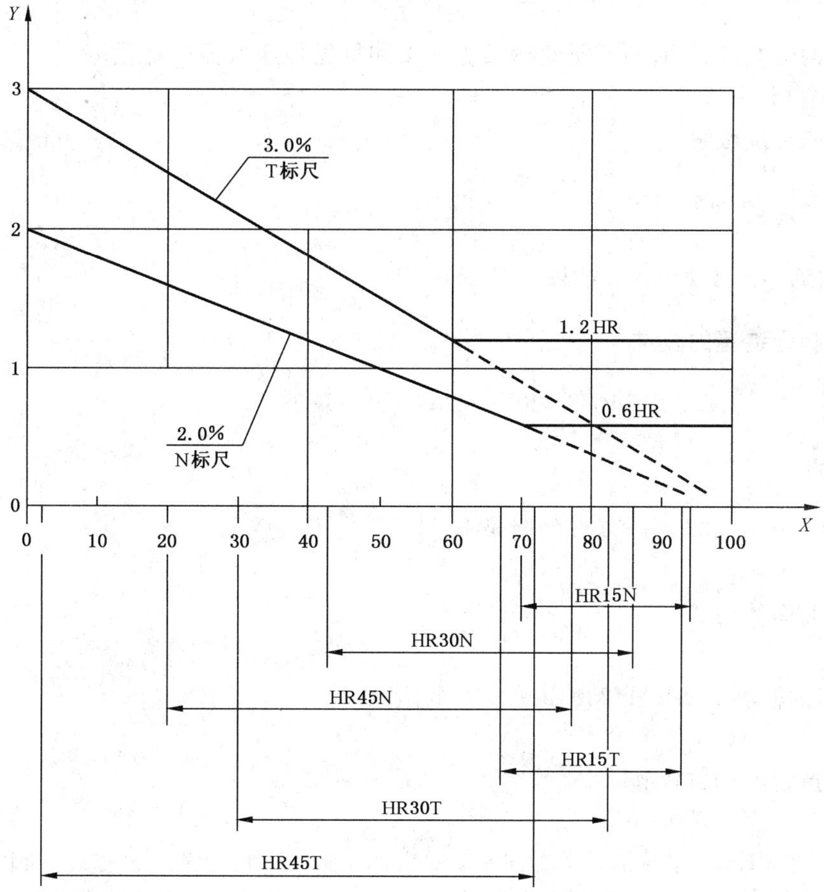

说明：

X——表面洛氏硬度；

Y——硬度均匀度；

HR——各标尺的洛氏硬度单位。

图 A.2　表面洛氏硬度(N和T标尺)

附　录　B
（资料性附录）
标准块平均硬度值的测量不确定度

GB/T 230.1 的图 G.1 中示出了硬度标尺的定义和量值传递所需的计量链。

B.1　标准硬度机的直接检验

B.1.1　试验力的校准

试验力的校准见 GB/T 230.2—2012 的附录 B。

B.1.2　压痕深度测量装置的校准

压痕深度测量装置的校准见 GB/T 230.2—2012 的附录 B。

B.1.3　压头的检测

压头的检测见 GB/T 230.2—2012 的附录 B。

B.1.4　试验循环时间的检测

试验循环时间的检测见 GB/T 230.2—2012 的附录 B。

B.2　标准洛氏硬度机的间接检验

注：在本附录中，根据硬度试验标准的定义，下标“CRM”（有证标准物质）的含义是“标准硬度块”。

通过使用基准硬度块进行间接检验，能检查标准洛氏硬度机的综合性能，同时根据基准硬度块的基准值测定出标准机的重复性及误差。

标准机间接检验时的合成测量不确定度由公式(B.1)求得：

$$u_{CM}=\sqrt{u_{CRM\text{-}P}^2+u_{x CRM\text{-}1}^2+u_{CRM\text{-}D}^2+u_{ms}^2} \qquad \text{(B.1)}$$

式中：

$u_{CRM\text{-}P}$——基准硬度块校准证书给出的标准不确定度($k=1$)；

$u_{x CRM\text{-}1}$——标准机重复性引入的标准不确定度；

$u_{CRM\text{-}D}$——基准硬度块自最近一次标定，其硬度值随时间漂移而引入的标准不确定度；

u_{ms}——由标准机的压痕测量装置分辨力引入的标准不确定度。

评定不确定度的示例如下：

基准硬度块的硬度值：	$H_{CRM\text{-}P}=45.4$ HRC
基准硬度块的标准不确定度：	$u_{CRM\text{-}1}=0.25$ HRC[1]，($k=1$)
基准硬度块硬度值随时间漂移引入的标准不确定度：	$u_{CRM\text{-}D}=0$
压痕深度测量装置的分辨力：	$\delta_{ms}=0.1\mu m$

1）ISO 6508-3:2005 原文在数值 0.25 前加“±”号。

表 B.1 间接检验的结果

序　　号	测得的硬度值 H HRC[a]
1	$45.3_{\min}$
2	45.6
3	$45.8_{\max}$
4	45.7
5	45.4
平均值 $\overline{H}$	45.56
标准偏差 $s_{x\text{CRM-1}}$	0.207
标准测量不确定度 $u_{x\text{CRM-1}}$	0.11
[a] HRC——洛氏硬度。	

依据表 B.1 中的标准偏差 $s_{x\text{CRM-1}}$，标准不确定度 $u_{x\text{CRM-1}}$ 按公式(B.2)计算：

$$u_{x\text{CRM-1}}=\frac{t\times s_{x\text{CRM-1}}}{\sqrt{n}} \qquad \cdots\cdots(\text{B.2})$$

式中，取 $n=5$、$t=1.14$ 时，$u_{x\text{CRM-1}}=0.11$。

表 B.2 测量不确定度的评定

不确定度分量 X_i	估计值 x_i	标准不确定度 $u(x_i)$	分布类别	灵敏系数 c_i	不确定度的贡献 $u_i(H)$
u_{CRM}	45.6 HRC[a]	0.25 HRC	正态	1.0	0.25 HRC
$u_{x\text{CRM-1}}$	0 HRC	0.11 HRC	正态	1.0	0.11 HRC
u_{ms}	0 HRC	0.03 μm	矩形	0.5[b]	0.01 HRC
$u_{\text{CRM-D}}$	0 HRC	0 HRC	三角	1.0	0 HRC
合成标准不确定度 u_{CM}					0.27 HRC

[a] HRC——洛氏硬度。

[b] 灵敏系数按公式(B.3)计算：

$$c=\frac{HR}{h} \qquad \cdots\cdots(\text{B.3})$$

式中：取 $h=0.000\ 029$ mm。

B.3 标准块的测量不确定度

标准块的合成标准不确定度按公式(B.4)计算：

$$u_{\text{CRM}}=\sqrt{u_{\text{CM}}^2+u_{x\text{CRM-2}}^2} \qquad \cdots\cdots(\text{B.4})$$

式中：

u_{CRM} ——标准块的合成标准不确定度；

u_{xCRM-2}——标准块由于硬度均匀度引入的标准不确定度；

u_{CM}——标准机间接检验时的合成不确定度，见公式 B.1。

表 B.3 标准块硬度均匀度的测定

序　号	测得的硬度值 H HRC[a]
1	45.2_{min}
2	45.3
3	45.8_{max}
4	45.6
5	45.4
平均值$\overline{H}$	45.46
标准偏差 s_{xCRM-2}	0.24

[a] HRC——洛氏硬度。

标准块由于硬度均匀度引入的标准不确定度按公式(B.5)计算：

$$u_{xCRM-2} = \frac{t \times s_{xCRM-2}}{\sqrt{n}} \qquad \cdots\cdots(B.5)$$

式中取 $t = 1.14, n=5$ 时，得出：

$$u_{xCRM-2} = 0.12\ \text{HRC}$$

表 B.4 标准块的测量不确定度

标准块的标定硬度值 H_{CRM} HRC[a]	由标准块硬度均匀度引入的标准不确定度 u_{xCRM-2} HRC	基准洛氏硬度机的标准不确定度 u_{CM} HRC	标准块标定的扩展不确定度 $U_{CRM}(k=2)$ HRC
45.5	0.12	0.27	0.6

[a] HRC——洛氏硬度。

表 B.4 中的 U_{CRM} 按公式(B.6)计算：

$$U_{CRM} = 2\sqrt{u_{CM}^2 + u_{xCRM-2}^2} \qquad \cdots\cdots(B.6)$$

ICS 19.060;77.040.10
N 71

中华人民共和国国家标准

GB/T 231.2—2012
代替 GB/T 231.2—2002

金属材料　布氏硬度试验
第2部分:硬度计的检验与校准

Metallic materials—Brinell hardness test—
Part 2:Verification and calibration of testing machines

(ISO 6506-2:2005,MOD)

2012-12-31 发布　　2013-06-01 实施

中华人民共和国国家质量监督检验检疫总局
中国国家标准化管理委员会　发布

前　言

GB/T 231《金属材料　布氏硬度试验》分为如下四个部分：

——第 1 部分：试验方法；

——第 2 部分：硬度计的检验与校准；

——第 3 部分：标准硬度块的标定；

——第 4 部分：硬度值表。

本部分为 GB/T 231 的第 2 部分。

本部分按照 GB/T 1.1—2009 给出的规则起草。

本部分代替 GB/T 231.2—2002《金属布氏硬度试验　第 2 部分：硬度计的检验与校准》，与 GB/T 231.2—2002 相比，主要技术变化如下：

——修改了名称；

——修改了引言（见引言，2002 年版的引言）；

——在第 2 章规范性引用文件清单中用 GB/T 4340.1—2009 代替了 GB/T 7997—1987（见第 2 章，2002 年版的第 2 章）；

——增加了硬度计示值相对重复性和示值相对误差的计算公式（见 5.6 和 5.8）；

——修改了附录 A 并增加了有关“硬度计校准结果的测量不确定度”的内容（见附录 A，2002 年版的附录 A）。

本部分使用重新起草法修改采用国际标准 ISO 6506-2：2005《金属材料　布氏硬度试验　第 2 部分：硬度计的检验与校准》（第二版），在文本结构和技术内容方面与 ISO 6506-2：2005 一致。

本部分与 ISO 6506-2：2005 的技术性差异及其原因如下：

——删除了 ISO 6506-2：2005 的前言，重新编写了前言；

——关于规范性引用文件，本部分做了具有技术性差异的调整，以适应我国的技术条件，调整的内容集中反映在第 2 章“规范性引用文件”中，具体调整如下：

- 用修改采用国际标准的 GB/T 231.1 代替 ISO 6506-1（见第 1 章、4.2.4、4.5、5.4 和附录 A）；
- 用修改采用国际标准的 GB/T 231.3 代替 ISO 6506-3（见 5.1）；
- 用修改采用国际标准的 GB/T 4340.1 代替 ISO 6507-1（见 4.3.4.2）；
- 用等同采用国际标准的 GB/T 13634 代替 ISO 376（见 4.2.3）；

——将 4.5 中“时控误差最大允许值的指标”由“±1.0 s”修改为“±0.5 s”，以改正 ISO 6506-2：2005 原文中 4.5 与 A.1.4 中该项技术指标不协调的错误（见 4.5 和附录 A 的 A.1.4）；

——由于 5.3 的注中含有要求，故将该注变成了正文（见 5.3）；

——改正了附录 A 的表 A.1 和 A.5 中一些错误的计算结果和数据，并在做过改正的地方用下划线注明；

——规范了附录 A 中向公式里代入数值的一些计算式的表达方法；

——将附录 A 的公式（A.10）、公式（A.13）和表 A.9 中的符号“$\bar{b}$”用符号“E”替换；

——删除了参考文献。

本部分与 ISO 6506-2：2005 相比存在技术性差异，这些差异涉及的条款已通过在其外侧页边空白位置的垂直单线（|）进行了标示。

本部分还做了下列编辑性修改：

——将“ISO 6506 的本部分”一词改为“本部分”；

——用中文的小数点符号“.”代替英文的小数点符号“,”。

请注意本文件的某些内容可能涉及专利。本文件的发布机构不承担识别这些专利的责任。

本部分由中国机械工业联合会提出。

本部分由全国试验机标准化技术委员会(SAC/TC 122)归口。

本部分起草单位:昆山市创新科技检测仪器有限公司、长春机械科学研究院有限公司、莱州华银试验仪器有限公司、上海泰明光学仪器有限公司、上海尚材试验机有限公司、深圳市华测检测技术股份有限公司。

本部分主要起草人:陶泽成、王学智、杨凤鸣、马国义、马财樑、杨琼、郭冰。

本部分所代替标准的历次版本发布情况:

——GB 6269—1986、GB/T 6269—1997;

——GB/T 231.2—2002。

引　言

在 GB/T 231 的本部分中规定只使用硬质合金球压头。

布氏硬度符号是 HBW，不要与以前使用钢球压头时的符号 HB 或 HBS 混淆。

金属材料 布氏硬度试验
第2部分:硬度计的检验与校准

1 范围

GB/T 231的本部分规定了按GB/T 231.1测定布氏硬度用的布氏硬度计(以下简称硬度计)的检验和校准方法。

本部分适用于检查硬度计工作基本功能的直接检验法和对硬度计综合检查的间接检验法。间接检验法可独立地用于使用中硬度计的定期常规检查。

如果硬度计还用于其他方法的硬度试验,则应分别按每一种方法单独对硬度计进行检验。

本部分也适用于便携式硬度计。

2 规范性引用文件

下列文件对于本文件的应用是必不可少的。凡是注日期的引用文件,仅注日期的版本适用于本文件。凡是不注日期的引用文件,其最新版本(包括所有的修改单)适用于本文件。

GB/T 231.1 金属材料 布氏硬度试验 第1部分:试验方法(GB/T 231.1—2009,ISO 6506-1:2005,MOD)

GB/T 231.3 金属材料 布氏硬度试验 第3部分:标准硬度块的标定(GB/T 231.3—2012,ISO 6506-3:2005,MOD)

GB/T 4340.1 金属材料 维氏硬度试验 第1部分:试验方法(GB/T 4340.1—2009,ISO 6507-1:2005,MOD)

GB/T 13634 单轴试验机检验用标准测力仪的校准(GB/T 13634—2008,ISO 376:2004,Metallic materials—Calibration of force-proving instruments used for the verification of uniaxial testing machines,IDT)

3 一般要求

在检验硬度计以前,应对其进行检查以确保硬度计按制造者的说明书正确地安装,并要特别检查:

a) 安装球压头的主轴在其导向装置中能正常滑动;

b) 在主轴孔中牢固安装带有球(取自按4.3检验合格的同一批中)的压头;

c) 施加和卸除试验力时,无冲击、振动或过冲且不影响读数;

d) 对于测量装置与主机为一体的硬度计:

——从卸除试验力到测量压痕的转换过程不影响读数;

——照明不影响读数;

——需要时,压痕中心要位于视场中心。

4 直接检验

4.1 通则

4.1.1 直接检验宜在(23±5)℃范围内进行。如果在此温度范围以外进行检验,则应在检验报告中注明。

4.1.2 用于检验和校准的器具应溯源到国家基准。

4.1.3 直接检验包括:

a) 试验力的校准;

b) 压头用球的检测;

c) 压痕测量装置的校准;

d) 试验循环时间的检测。

4.2 试验力的校准

4.2.1 对硬度计工作范围内的每一个试验力均应进行检测。只要可行,应选择在试验过程中主轴整个移动范围内至少3个间隔相等的位置对每个试验力进行检测。

4.2.2 应在主轴的每个位置上对每个试验力进行3次测量,每次测量即将读数之前,主轴的移动方向应与试验时的移动方向一致。

4.2.3 应采用下述两种方法之一测量试验力:

——使用满足GB/T 13634要求的1级标准测力仪;

——用校准过质量的砝码或具有相同准确度的其他方法施加一个准确到±0.2%的力,使该力与被测试验力相平衡。

4.2.4 力的每一次测量的误差均应在GB/T 231.1规定的试验力标称值的±1.0%以内。

4.3 压头用球的检测

4.3.1 压头由一个球和压头座组成。仅需对球进行检测。

4.3.2 应从一批球中随机抽取一个样品,检测其尺寸和硬度。做过硬度检测的球应予以剔除。

4.3.3 所有的球均应抛光,且无表面缺陷。

4.3.4 使用者应对球进行测量以保证其满足下述要求,或者从球的供应方获得能证明满足下述要求的球。

4.3.4.1 球的直径应为在球的不少于3个位置上测量的单个测量值的平均值。每一个单个测量值与其标称直径之差均应在表1给出的允差之内。

表1 不同球直径的允差

单位为毫米

球直径	允　　差
10	±0.005
5	±0.004
2.5	±0.003
1	±0.003

4.3.4.2 硬质合金球的特性应满足下列要求:

a） 硬度：按 GB/T 4340.1 的方法，使用至少 4.903 N 的试验力测定的球的维氏硬度不应低于 1 500 HV。硬质合金球可以在球面上直接测定硬度，或将球剖开在球的截面上测定硬度；

b） 密度：$\rho=(14.8\pm0.2)\mathrm{g/cm^3}$。

推荐含有以下化学成分：

——碳化钨（WC） 剩余部分；

——其他碳化物总量 2.0%；

——钴（Co） 5.0%～7.0%。

4.4 压痕测量装置的校准

4.4.1 压痕测量装置标尺的分度应能估测到压痕直径的 0.5%[1)] 以内。

4.4.2 将测量装置每个工作范围至少分成 5 个测量段，使用标准线纹尺测量进行检测，每一测量段的最大允许误差为±0.5%[2)]。

4.4.3 测量投影区域时，其最大允许误差为被测区域的±1%[2)]。

4.4.4 对筒式显微镜宜按本部分规定的方法和制造者给出的允差进行校准。

4.5 试验循环时间的检测

试验循环时间应与 GB/T 231.1 规定的试验循环时间一致，其时控误差的最大允许值为±0.5 s。

5 间接检验

5.1 宜在（23±5）℃温度范围内，使用按 GB/T 231.3 标定的标准硬度块进行间接检验。如果在此温度范围以外进行检验，则应在检验报告中注明。

标准块的试验面和支承面与压头表面不应有任何外来的和腐蚀性污物。

5.2 应测量每一标准块上的参考压痕。对于每一标准块，测得的压痕直径的平均值与检定合格的压痕直径的平均值之差不应超过 0.5%。

5.3 应针对每一试验力和所使用的每种规格的球对硬度计进行检验。对每一试验力，应从下列硬度范围中至少选取 2 块标准块：

——≤200 HBW；

——（300～400） HBW；

——≥500 HBW。

如果可能，2 块标准块应在不同的硬度范围中选取。当该硬度试验不可能在上述规定的较高硬度范围内进行时（对于 $0.102\times F/D^2=5$ 或 10 的情况），可以仅使用从较低硬度范围中选取的一块标准块进行检验。

5.4 应在每一标准块上均匀分布地压出 5 个压痕，并对其进行测量。试验应按 GB/T 231.1 进行。

5.5 将每一标准块上所测得的 5 个压痕直径的平均值 d_1、d_2、d_3、d_4、d_5 按从小到大递增的次序排列，并按公式（1）计算其算术平均值：

$$\bar{d}=\frac{d_1+d_2+d_3+d_4+d_5}{5} \qquad (1)$$

5.6 在规定的检验条件下，硬度计示值重复性 r 按公式（2）计算：

$$r=d_5-d_1 \qquad (2)$$

1） ISO 6506-2:2005 原文在此处的百分比前加“±”号。

2） ISO 6506-2:2005 原文在此处的百分比前不加“±”号。

以$\overline{d}$的百分比表示的相对重复性 r_{rel} 按公式(3)计算：

$$r_{rel} = \frac{d_5 - d_1}{\overline{d}} \times 100 \qquad \cdots\cdots(3)$$

5.7 硬度计的相对重复性 r_{rel} 应符合表 2 的规定。

5.8 在规定的检验条件下，硬度计的示值误差 E 按公式(4)计算：

$$E = \overline{H} - H_c \qquad \cdots\cdots(4)$$

以百分比表示的硬度计示值相对误差 E_{rel} 按公式(5)计算：

$$E_{rel} = \frac{\overline{H} - H_c}{H_c} \times 100 \qquad \cdots\cdots(5)$$

式中：

H_c——标准块校准证书给出的标定硬度值。

以标准块标定硬度值的百分比表示的硬度计示值相对误差应符合表 2 的规定。

表 2 硬度计的重复性和示值相对误差

标准块硬度 HBW[a]	硬度计示值相对重复性 r_{rel} 的最大允许值 %	硬度计示值相对误差 E_{rel} 的最大允许值 %
≤125	3.0	±3.0
>125～225	2.5	±2.5
>225	2.0	±2.0
[a] HBW——布氏硬度。		

5.9 硬度计校准结果测量不确定度的评定方法见附录 A。

6 检验周期

硬度计直接检验项目和检验周期见表 3。

间接检验的周期不应超过 12 个月并应在直接检验完成以后进行。

表 3 硬度计直接检验

直接检验要求	力	测量装置	试验循环时间	压头[a]
安装后首次工作以前	√	√	√	√
经拆卸并重新装配后，如果影响到力、测量装置或试验循环时	√	√	√	—
间接检验不合格时[b]	√	√	√	—
间接检验超过 14 个月	√	√	√	—

[a] 建议当压头使用 2 年后要对其进行直接检验。

[b] 可对这些检测项目按顺序进行直接检验，以便找出未通过间接检验的原因，如果能够证明压头失效的原因(例如使用经过校准的压头进行试验)，则不需要对其直接检验。

7 检验报告和(或)校准证书

检验报告和(或)校准证书应包括以下内容：

a) 注明执行本部分,即 GB/T 231.2；

b) 检验方法[直接和(或)间接检验]；

c) 硬度计标识的信息；

d) 检验器具(标准块、标准测力仪等)；

e) 压头用球的直径和试验力；

f) 检验时的温度；

g) 检验结果；

h) 检验日期和检验机构；

i) 检验结果的不确定度。

附　录　A
（资料性附录）
硬度计校准结果的测量不确定度

GB/T 231.1—2009 的图 C.1 中示出了硬度标尺的定义和量值传递所需的计量链。

A.1　硬度计的直接校准

A.1.1　试验力的校准

试验力校准的相对合成标准不确定度按公式(A.1)计算：

$$u_F = \sqrt{u_{FRS}^2 + u_{FHTM}^2} \quad \cdots\cdots(A.1)$$

式中：

u_{FRS} ——标准测力仪的相对标准不确定度(在校准证书中给出)；

u_{FHTM}——硬度计试验力的相对标准不确定度。

标准测力仪的测量不确定度在相应的校准证书中给出。对于重要的应用宜考虑下列影响量，例如：

——温度相关性；

——长期稳定度；

——内插法误差。

根据传感器的结构设计，在校准过程中还宜考虑将传感器相对硬度计的压头轴线转位。

评定不确定度的示例如下：

标准测力仪的扩展测量不确定度(由校准证书给出)：$U_{FRS}=0.12\%(k=2)$；

标准测力仪的校准值：$F_{RS}=1\ 839$ N。

表 A.1　试验力校准结果

校准试验力时主轴上测量位置的序号	第 1 列 F_1 N	第 2 列 F_2 N	第 3 列 F_3 N	平均值 $\overline{F}$ N	相对误差 ΔF_{rel} %	相对标准测量不确定度 u_{FHTM} %
1	1 835.0	1 836.6	1 837.9	1 836.5	0.14	0.05
2	1 834.3	1 835.7	1 837.5	1 835.8	0.17	0.05
3	1 832.2	1 839.5	1 834.1	1 835.3	0.20	0.12

表 A.1 中的 ΔF_{rel} 和 u_{FHTM} 分别按公式(A.2)和公式(A.3)计算：

$$\Delta F_{rel} = \frac{F_{RS} - \overline{F}}{\overline{F}} \quad \cdots\cdots(A.2)$$

$$u_{FHTM} = \frac{s_{Fi}}{\overline{F}} \times \frac{1}{\sqrt{n}} \quad \cdots\cdots(A.3)$$

式中：

s_{Fi}——在主轴第 i 个位置测量的试验力示值的标准偏差；

n ——测量次数，$n=3$。

在表 A.2 中，将使用到表 A.1 中 u_{FHTM} 的最大值。

表 A.2 试验力测量不确定度的计算

不确定度分量 X_i	估计值 x_i N	相对极限值 a_i	分布类别	相对标准测量不确定度 $u(x_i)$	灵敏系数 c_i	相对不确定度的贡献 $u_{rel}(H)$
u_{FRS}	1 839	—	正态	6.0×10^{-4}	1	6.0×10^{-4}
u_{FHTM}	1 839	—	正态	12.0×10^{-4}	1	12.0×10^{-4}
相对合成标准不确定度 u_F						13.3×10^{-4}
相对扩展测量不确定度 $U_F(k=2)$						2.7×10^{-3}

表 A.3 中的 ΔF_{max} 按公式(A.4)计算：

$$\Delta F_{max} = |\Delta F_{rel}| + U_F \quad \cdots\cdots(A.4)$$

表 A.3 包含标准测力仪测量不确定度的试验力最大相对误差的计算

试验力的相对误差 ΔF_{rel} %	试验力的相对扩展不确定度 U_F %	包含标准测力仪测量不确定度的试验力最大相对误差 ΔF_{max} %
0.20	0.27	0.47

此例的结果表明包含标准测力仪测量不确定度的试验力的相对误差是满足 4.2 规定的±1.0%要求的。

A.1.2 光学测量装置的校准

用标准线纹尺(参考标准)校准光学压痕测量装置的相对合成标准不确定度按公式(A.5)计算：

$$u_L = \sqrt{u_{LRS}^2 + u_{ms}^2 + u_{LHTM}^2} \quad \cdots\cdots(A.5)$$

式中：

u_{LRS} ——标准线纹尺(参考标准)校准证书给出的相对标准不确定度($k=1$)；

u_{ms} ——压痕测量装置分辨力引入的相对标准不确定度；

u_{LHTM} ——硬度计的相对标准测量不确定度。

校准光学压痕测量装置用的标准线纹尺的测量不确定度在相应的校准证书中给出。下列影响量不要对校准所用的标准线纹尺的测量不确定度产生实质的影响。如：

——温度相关性；

——长期稳定度；

——内插法误差。

评定不确定度的示例如下：

标准线纹尺的扩展测量不确定度：$U_{LRS}=0.000\ 5$ mm($k=2$)；

光学压痕测量装置的分辨力：$\delta_{ms}=0.1$ μm。

表 A.4 中的 u_{LHTM} 和 ΔL_{rel} 分别按公式(A.6)和公式(A.7)计算：

$$u_{LHTM} = \frac{s_{Li}}{\bar{L}} \times \frac{1}{\sqrt{n}} \quad \cdots\cdots(A.6)$$

$$\Delta L_{rel} = \frac{\bar{L} - L_{RS}}{L_{RS}} \quad \cdots\cdots(A.7)$$

式中：

s_{Li} ——对应标准线纹尺第 i 个示值，压痕测量装置长度示值的标准偏差；

n ——测量次数，$n=3$。

表 A.4 光学压痕测量装置的校准结果

标准线纹尺的示值 L_{RS} mm	第 1 列 L_1 mm	第 2 列 L_2 mm	第 3 列 L_3 mm	平均值 $\overline{L}$ mm	相对误差 ΔL_{rel} %	相对标准测量不确定度 u_{LHTM} %
1.0	1.002	1.003	1.001	1.002	0.20	0.06
2.0	2.001	2.003	2.001	2.002	0.08	0.03
3.0	3.002	3.002	3.001	3.002	0.06	0.01
4.0	4.001	4.003	4.002	4.002	0.05	0.01

光学压痕测量装置的测量不确定度评定方法和计算结果见表 A.5。

表 A.5 光学压痕测量装置测量不确定度的计算

不确定度分量 X_i	估计值 x_i mm	极限值 a_i	分布类别	相对标准测量不确定度 $u(x_i)$	灵敏系数 c_i	相对不确定度的贡献 $u_i(H)$
u_{LRS}	1.0	—	正态	2.5×10^{-4}	1	2.5×10^{-4}
u_{ms}	1.0	1.0×10^{-4} mm	矩形	2.9×10^{-5}	1	2.9×10^{-5}
u_{LHTM}	1.0	—	正态	6.0×10^{-4}	1	6.0×10^{-4}
相对合成标准不确定度 u_L/%						0.06
相对扩展测量不确定度 $U_L(k=2)$/%						0.13

表 A.6 中 ΔL_{max} 按公式(A.8)计算：

$$\Delta L_{max}=|\Delta L_{rel}|+U_L \qquad \text{(A.8)}$$

表 A.6 包含标准线纹尺测量不确定度的光学压痕测量装置最大相对误差的计算

检测长度 L_{RS} mm	压痕测量装置的相对误差 ΔL_{rel} %	相对扩展测量不确定度 U_L %	包含标准线纹尺测量不确定度的压痕测量装置的最大相对误差 ΔL_{max} %
1.0	0.20	0.13	0.33

此例的结果表明：包含校准用标准线纹尺测量不确定度的压痕测量装置的误差是满足 4.4 规定的±0.5%要求的。

A.1.3 压头的检测

压头是由头部装有球的压头体和压头柄组成，不能通过在现场分别测量进行检测和(或)校准。压头的几何偏差、物理特性和化学成分(见 4.3)应由认可的校准实验室出具的有效校准证书予以证明。

A.1.4 试验循环时间的检测

4.5 中规定试验循环每个阶段的时间允许误差为±0.5 s。当使用常规的时间测量装置(秒表)测量时,能够给出的测量不确定度为 0.1 s。因此,不需考虑对此测量不确定度分量的评估。

A.2 硬度计的间接检验

注:在本附录中,根据硬度试验标准的定义,下标"CRM"(有证标准物质)的含义是"标准硬度块"。

通过使用标准硬度块进行间接检验,能检查硬度计的综合性能,同时根据标准硬度块的标准值测定出硬度计的重复性及误差。

硬度计间接检验时的合成标准不确定度由公式(A.9)求得:

$$u_{\mathrm{HTM}}=\sqrt{u_{\mathrm{CRM}}^{2}+u_{\mathrm{CRM\text{-}D}}^{2}+u_{H}^{2}+u_{\mathrm{ms}}^{2}} \qquad \text{(A.9)}$$

式中:

u_{CRM} ——标准硬度块校准证书给出的标准不确定度($k=1$);

$u_{\mathrm{CRM\text{-}D}}$——标准硬度块自最近一次标定,其硬度值随时间漂移而引入的标准不确定度(当使用满足标准要求的标准硬度块检测时此项在计算时可忽略不计);

u_H ——用标准硬度块检测时由硬度计引入的标准不确定度;

u_{ms} ——由硬度计的分辨力引入的标准不确定度。

评定不确定度的示例如下:

标准硬度块的标定值:$H_{\mathrm{CRM}}=(100.0\pm1.0)$ HBW2.5/187.5;

标准硬度块的标准测量不确定度:$u_{\mathrm{CRM}}=0.5$ HBW 2.5/187.5;

硬度计的分辨力:$\delta_{\mathrm{ms}}=0.5\mu\mathrm{m}$。

根据表 A.7 中的数据按公式(A.10)计算被检硬度计的示值误差:

$$E=\overline{H}-H_{\mathrm{CRM}} \qquad \text{(A.10)}$$

$$E=100.2-100.0=0.2\ \mathrm{HBW}$$

表 A.7 间接检验结果

序 号	测得的压痕直径 d mm	计算的硬度值 H HBW[a]
1	$1.462_{\min}$	$101.1_{\max}$
2	1.469	100.1
3	$1.472_{\max}$	$99.6_{\min}$
4	1.471	99.8
5	1.468	100.3
平均值 $\overline{H}$	1.468 4	100.2
标准偏差 s_H		0.60

[a] HBW——布氏硬度。

标准不确定度按公式(A.11)计算:

$$u_H=\frac{t\times s_H}{\sqrt{n}} \qquad \text{(A.11)}$$

当取 $t=1.14, n=5, s_H=0.60$ HBW 时：

$$u_H = 0.31 \text{ HBW}$$

A.3 测量不确定度的评定

硬度计扩展不确定度的评定结果见表 A.8。

表 A.8 测量不确定度的评定

不确定度分量 X_i	估计值 x_i HBW	标准测量不确定度 $u(x_i)$	分布类别	灵敏系数 c_i	不确定度的贡献 $u_i(H)$ HBW[a]
u_{CRM}	100.0	0.50 HBW	正态	1.0	0.50
u_H	0	0.31 HBW	正态	1.0	0.31
u_{ms}	0	0.000 14 mm	矩形	−152.2 HBW/mm[b]	−0.02
$u_{CRM\text{-}D}$	0	0 HBW	三角	1.0	0
合成标准不确定度 u_{HTM}					0.59
扩展测量不确定度 $U_{HTM}(k=2)$					1.17

[a] HBW——布氏硬度。

[b] 灵敏系数按公式(A.12)计算：

$$\frac{\partial H}{\partial d} = -\frac{H}{d} \times \frac{D+\sqrt{D^2-d^2}}{\sqrt{D^2-d^2}} \quad \cdots\cdots\cdots\cdots (A.12)$$

该系数值是在 $H=100.0$ HBW，$D=2.5$ mm，$d=1.469$ mm 时得到的。

含有测量不确定度的硬度计的示值误差 ΔH_{HTM} 按公式(A.13)计算：

$$\Delta H_{HTM} = |E| + U_{HTM} \quad \cdots\cdots\cdots\cdots (A.13)$$

表 A.9 中包含测量不确定度的硬度计的最大示值误差：

$$(\Delta H_{HTM})_{max} = 0.2 + 1.2 = 1.4 \text{ HBW}$$

表 A.9　包含测量不确定度的硬度计的最大误差

硬度计测定的硬度值 H	扩展测量不确定度 U_{HTM} HBW[a]	用标准硬度块校准时 硬度计的误差$\lvert E \rvert$ HBW	包含测量不确定度 的硬度计的最大误差 $(\Delta H_{HTM})_{max}$ HBW
100.2 HBW 2.5/187.5	1.2	0.2	1.4

[a] HBW——布氏硬度。

上例的结果表明:包含测量不确定度的硬度计的允许极限误差是满足第 5 章规定的±3 HBW 要求的。

ICS 19.060;77.040.10
N 71

中华人民共和国国家标准

GB/T 231.3—2012
代替 GB/T 231.3—2002

金属材料　布氏硬度试验 第3部分:标准硬度块的标定

Metallic materials—Brinell hardness test—Part 3:Calibration of reference blocks

(ISO 6506-3:2005,MOD)

2012-12-31 发布　　2013-06-01 实施

中华人民共和国国家质量监督检验检疫总局
中国国家标准化管理委员会　发布

前　言

GB/T 231《金属材料　布氏硬度试验》分为如下四个部分：

——第1部分：试验方法；

——第2部分：硬度计的检验与校准；

——第3部分：标准硬度块的标定；

——第4部分：硬度值表。

本部分为GB/T 231的第3部分。

本部分按照GB/T 1.1—2009给出的规则起草。

本部分代替GB/T 231.3—2002《金属布氏硬度试验　第3部分：标准硬度块的标定》。与GB/T 231.3—2002相比，主要技术变化如下：

——修改了名称；

——修改了引言(见引言，2002年版的引言)；

——删除了第2章规范性引用文件清单中引用的国家标准GB/T 7997—1987《硬质合金维氏硬度试验方法》(见第2章，2002年版的第2章)；

——增加了资料性附录"标准块平均硬度值的测量不确定度"(见附录A)。

本部分使用重新起草法修改采用国际标准ISO 6506-3:2005《金属材料　布氏硬度试验　第3部分：标准硬度块的标定》(第二版)，在文本结构和技术内容方面与ISO 6506-3:2005一致。

本部分与ISO 6506-3:2005的技术性差异及其原因如下：

——删除了ISO 6506-3:2005的前言，重新编写了前言；

——关于规范性引用文件，本部分做了具有技术性差异的调整，以适应我国的技术条件，调整的内容集中反映在第2章"规范性引用文件"中，具体调整如下：

- 用修改采用国际标准的GB/T 231.1代替ISO 6506-1(见4.7、第5章和附录A)；
- 用修改采用国际标准的GB/T 231.2—2012代替ISO 6506-2:2005(见第1章、4.1、4.5、4.8和A.1)；
- 用等同采用国际标准的GB/T 3505代替ISO 4287(见3.4)；
- 用等同采用国际标准的GB/T 13634代替ISO 376(见4.4)；

——将7.1的公式(1)中的符号"U"用符号"J"替换；将公式(2)和表4中的符号"U_{rel}"用符号"J_{rel}"替换；

——改正了表A.2中一些错误的计算结果和数据，并在做过改正的地方用下划线注明；

——删除了参考文献。

本部分与ISO 6506-3:2005相比存在技术性差异，这些差异涉及的条款已通过在其外侧页边空白位置的垂直单线(|)进行了标示。

本部分还做了下列编辑性修改：

——将"ISO 6506的本部分"一词改为"本部分"；

——用中文的小数点符号"."代替英文的小数点符号","。

请注意本文件的某些内容可能涉及专利。本文件的发布机构不承担识别这些专利的责任。

本部分由中国机械工业联合会提出。

本部分由全国试验机标准化技术委员会(SAC/TC 122)归口。

本部分起草单位：泉州市丰泽东海仪器硬度块厂、长春机械科学研究院有限公司、莱州华银试验仪器有限公司、广州大学、深圳市华测检测技术股份有限公司。

本部分主要起草人：陈志明、王学智、马国义、周巧云、徐忠根、郭冰。

本部分所代替标准的历次版本发布情况：

——GB 6270—1986、GB/T 6270—1997；

——GB/T 231.3—2002。

引　言

在 GB/T 231 的本部分中规定只使用硬质合金球压头。

布氏硬度符号是 HBW,不要与以前使用钢球压头时的符号 HB 或 HBS 混淆。

金属材料　布氏硬度试验
第3部分：标准硬度块的标定

1　范围

GB/T 231的本部分规定了在GB/T 231.2—2012中描述的布氏硬度计间接检验用标准硬度块（以下简称标准块）的标定方法。

2　规范性引用文件

下列文件对于本文件的应用是必不可少的。凡是注日期的引用文件，仅注日期的版本适用于本文件。凡是不注日期的引用文件，其最新版本（包括所有的修改单）适用于本文件。

GB/T 231.1　金属材料　布氏硬度试验　第1部分：试验方法（GB/T 231.1—2009，ISO 6506-1：2005，MOD）

GB/T 231.2—2012　金属材料　布氏硬度试验　第2部分：硬度计的检验与校准（ISO 6506-2：2005，MOD）

GB/T 3505　产品几何技术规范（GPS）　表面结构　轮廓法　术语、定义及表面结构参数（GB/T 3505—2009，ISO 4287：1997，IDT）

GB/T 13634　单轴试验机检验用标准测力仪的校准（GB/T 13634—2008，ISO 376：2004，Metallic materials—Calibration of force-proving instruments used for the verification of uniaxial testing machines，IDT）

3　标准块的制造

3.1　标准块应专门制造。

注：应重视制造标准块所使用的工艺过程，以使标准块获得必要的均质性、组织稳定性和表面硬度的均匀性。

3.2　每一待标定的金属块的厚度：

——对于10 mm球，不应小于16 mm；

——对于5 mm球，不应小于12 mm；

——对于小于5 mm的球，不应小于6 mm。

注：只有在标准块的硬度大于150 HBW时，对于10 mm球，块的厚度才可以选用12 mm。

3.3　标准块应无磁性。制造者宜保证对钢制的块，在块的制造工艺过程结束（标定前）均要经过退磁处理。

3.4　标准块两表面的平面度和平行度应符合表1的规定。

3.5　试验面应无影响压痕测量的划痕（见表1）。

3.6　为能查验以后不从标准块上去除任何材料，应在标准块上标注其标定时的厚度，准确到0.1 mm，或应在其试验面上做出鉴别标记[见8.1 e)]。

表 1 标准块的要求

球直径 mm	表面平面度 mm	平行度 mm/50 mm	表面粗糙度参数 Ra[a] 的最大允许值 μm	
			试验面	支承面
10	0.040	0.050	0.3	0.8
5	0.030	0.040	0.2	0.8
<5	0.020	0.030	0.1	0.8

[a] 取样长度：l=0.80 mm(见 GB/T 3505)。

4 标准机

4.1 标准布氏硬度机除应满足 GB/T 231.2—2012 第 3 章规定的一般要求外，还应满足 4.2～4.8 的要求。

4.2 应对标准机进行直接检验，检验周期不应超过 12 个月。

直接检验包括：

a) 试验力的校准；

b) 压头的检测；

c) 压痕测量装置的校准；

d) 试验循环时间的检测，如果此项检测不能完全实现，至少要检测力对时间的特性。

4.3 用于检验和校准标准机的器具应溯源到国家基准。

4.4 每个试验力应使用符合 GB/T 13634 规定的 0.5 级或优于 0.5 级的标准测力仪进行检测，每次测量均应准确到其标称值的±0.1%以内。

4.5 应对压头进行检测，除了球直径的允差应满足表 2 的要求外，压头还应满足 GB/T 231.2—2012 中 4.3 的要求。

表 2 不同球直径的允差

单位为毫米

球直径	允差
10	±0.003
5	±0.002
2.5	±0.001
1	±0.001

4.6 对于用 10 mm 和 5 mm 直径的球压出的压痕，测量装置的标尺应分度到能读出 0.002 mm；对于用小于 5 mm 直径的球压出的压痕，应分度到能读出 0.001 mm。

应将测量装置标尺每个工作范围至少分成 5 个测量段，使用标准线纹尺测量进行检测。对应不同的压痕直径，测量装置的误差应符合表 3 的规定。

表 3　测量装置的最大允许误差

单位为毫米

压痕直径	最大允许误差
$d<1$	±0.000 5
$1\leqslant d<2.5$	±0.001 0
$d\geqslant 2.5$	±0.002 0

4.7　试验循环时间应与 GB/T 231.1 规定的试验循环时间一致，其时控误差的最大允许值为±0.5 s 。

4.8　硬质合金球的特性应符合 GB/T 231.2—2012 中 4.3.4.2 的规定。

5　标定方法

标准块应在(23±5)℃温度范围内，使用 GB/T 231.1 规定的一般试验方法，在第 4 章描述的标准机上进行标定。

在标定过程中，温度的波动不宜超过 1 ℃。

从开始施加试验力至达到满试验力的时间应在 6 s～8 s 之间。试验力保持时间应为 10 s～15 s。

施加试验力的控制机构应保证球即将接触标准块前的接近速度不超过 1 mm/s。

6　压痕数目

在每一标准块的整个试验面上应均匀分布地压出 5 个压痕。

为了减小测量不确定度，压痕的数目最好多于 5 个。

7　硬度均匀度

7.1　将测得的每个压痕直径的平均值 d_1、d_2、d_3、d_4 和 d_5，按从小到大递增的次序排列。

在规定的标定条件下标准块硬度的均匀度 J 由式(1)表示：

$$J=d_5-d_1 \tag{1}$$

以 $\overline{d}$ 的百分比表示的标准块硬度的相对均匀度 J_{rel} 按式(2)计算：

$$J_{\text{rel}}=\frac{d_5-d_1}{\overline{d}}\times 100 \tag{2}$$

$\overline{d}$ 按式(3)计算：

$$\overline{d}=\frac{d_1+d_2+d_3+d_4+d_5}{5} \tag{3}$$

7.2　标准块硬度相对均匀度的最大允许值应符合表 4 的规定。

7.3　标准块测量不确定度的评定方法见附录 A。

表 4　标准块硬度相对均匀度的最大允许值

五个压痕直径的算术平均值 $\overline{d}$ mm	相对均匀度的最大允许值 J_{rel} %
$\overline{d}<0.5$	2.0
$0.5\leqslant\overline{d}\leqslant 1$	1.5
$\overline{d}>1$	1.0
注：硬度值低于 200 HBW 时，标准块硬度相对均匀度的最大允许值可以是 2.0%。	

8 标识

8.1 每一标准块上应标记下列内容：

a) 标定时测得的硬度值的算术平均值，如 348 HBW 5/750；

b) 供应商或制造者的名称或标志；

c) 编号；

d) 校准机构的名称或标志；

e) 标准块的厚度或试验面上的鉴别标记(见 3.6)；

f) 标定年份(如果在编号中识别不出来时)。

8.2 当试验面朝上时，标在标准块侧面上的任何标记均应是正立的。

8.3 随提供的每一标准块，应附有至少包括下列内容的证书：

a) 注明执行本部分，即 GB/T 231.3；

b) 标准块的标识；

c) 标定日期；

d) 硬度值的算术平均值和表征标准块均匀度的值(见 7.1)；

e) 有关标准压痕的位置和确定该标准压痕时各直径的方位，以及所测定的平均直径等信息。

9 有效性

标准块，仅对所标定的标尺有效。

标定的有效期不宜超过 5 年，对于铝合金和铜合金制的标准块，其标定的有效期宜减少到 2 年～3 年。

附　录　A
（资料性附录）
标准块平均硬度值的测量不确定度

GB/T 231.1—2009 的图 C.1 示出了硬度标尺的定义和量值传递所需的计量链。

A.1　标准硬度机的直接检验

A.1.1　试验力的校准

试验力的校准见 GB/T 231.2—2012 的附录 A。

A.1.2　光学压痕测量装置的校准

光学压痕测量装置的校准见 GB/T 231.2—2012 的附录 A。

A.1.3　压头的检测

压头的检测见 GB/T 231.2—2012 的附录 A。

A.1.4　试验循环时间的检测

试验循环时间的检测见 GB/T 231.2—2012 的附录 A。

A.2　标准布氏硬度机的间接检验

注：在本附录中，根据硬度试验方法标准的定义，下标“CRM”（有证标准物质）的含义是“标准硬度块”。

通过使用基准硬度块进行间接检验，能检查标准布氏硬度机的综合性能，同时根据基准硬度块的基准值测定出标准机的重复性及误差。

标准机间接检验时的合成标准不确定度由式（A.1）求得：

$$u_{\mathrm{CM}}=\sqrt{u_{\mathrm{CRM\text{-}P}}^{2}+u_{x\mathrm{CRM\text{-}1}}^{2}+u_{\mathrm{CRM\text{-}D}}^{2}+u_{\mathrm{ms}}^{2}} \qquad \text{(A.1)}$$

式中：

$u_{\mathrm{CRM\text{-}P}}$ ——基准硬度块校准证书给出的标准不确定度（$k=1$）；

$u_{x\mathrm{CRM\text{-}1}}$——标准机重复性引入的标准不确定度；

$u_{\mathrm{CRM\text{-}D}}$ ——基准硬度块自最近一次标定，其硬度值随时间漂移而引入的标准不确定度；

u_{ms} ——由标准机的光学压痕测量装置分辨力引入的标准不确定度。

评定不确定度的示例如下：

基准硬度块的硬度值：　$H_{\mathrm{CRM\text{-}P}}=(591.7\pm3.6)$ HBW 2.5/187.5

基准硬度块的标准不确定度：　$u_{\mathrm{CRM\text{-}1}}=1.8$ HBW 2.5/187.5[1)]

基准硬度块硬度值随时间漂移引入的标准不确定度：$u_{\mathrm{CRM\text{-}D}}=0$

光学压痕测量装置的分辨力：　$\delta_{\mathrm{ms}}=0.1\ \mu\mathrm{m}$

1）　ISO 6506-3:2005 原文在数值 1.8 前加“±”号。

表 A.1 间接检验的结果

序　号	测得的压痕直径 d mm	计算的硬度值 H HBW[a]
1	0.6305_{max}	591.4_{min}
2	0.630 0	592.3
3	0.6295_{min}	593.3_{max}
4	0.629 7	592.9
5	0.629 5	593.3
平均值 $\overline{H}$	0.629 8	592.6
标准偏差 $s_{x\text{CRM-1}}$	0.000 42	0.81

[a] HBW——布氏硬度。

根据表 A.1 中的标准偏差 $s_{x\text{CRM-1}}$，标准不确定度 $u_{x\text{CRM}-1}$ 按式(A.2)计算：

$$u_{x\text{CRM-1}} = \frac{t \times s_{x\text{CRM-1}}}{\sqrt{n}} \quad \cdots\cdots (\text{A.2})$$

式中，取 $t=1.14$、$n=5$ 时，$u_{x\text{CRM-1}}=0.41$。

表 A.2 测量不确定度的评定

不确定度分量 X_i	估计值 x_i	标准不确定度 $u(x_i)$	分布类别	灵敏系数 c_i	不确定度的贡献 $u_i(H)$ HBW[a]
$u_{\text{CRM-1}}$	591.7 HBW	1.8 HBW	正态	1.0	1.80
$u_{x\text{CRM-1}}$	0 HBW	0.41 HBW	正态	1.0	0.41
u_{ms}	0.1 μm	0.03μm	矩形	−1 909.2 HBW/mm[b]	−0.06
$u_{\text{CRM-D}}$	0 HBW	0 HBW	三角	1.0	0
合成标准不确定度 u_{CM}					1.85

[a] HBW——布氏硬度。

[b] 灵敏系数按式(A.3)计算：

$$\frac{\partial H}{\partial d} = -\frac{H}{d} \times \frac{D+\sqrt{D^2-d^2}}{\sqrt{D^2-d^2}} \quad \cdots\cdots (\text{A.3})$$

式中：$H=591.7$ HBW，$D=2.5$ mm，$d=0.6300$ mm。

A.3 标准块的测量不确定度

标准块的合成标准不确定度按式(A.4)计算：

$$u_{\text{CRM}} = \sqrt{u_{\text{CM}}^2 + u_{x\text{CRM-2}}^2} \quad \cdots\cdots (\text{A.4})$$

式中：

u_{CRM} ——标准块标定的合成标准不确定度；

u_{xCRM-2} ——标准块由于硬度均匀度引入的标准不确定度；

u_{CM} ——标准机间接检验时的合成标准不确定度，见式(A.1)。

表 A.3 标准块硬度均匀度的测定

序 号	测得的压痕直径 d mm	计算的硬度值 H HBW
1	$0.630\,4_{max}$	591.01_{min}
2	0.630 1	591.6
3	$0.629\,4_{min}$	592.92_{max}
4	0.629 6	592.53
5	0.629 7	592.34
平均值$\overline{H}$	0.629 8	592.08
标准偏差 s_{xCRM-2}	0.000 40	0.77

标准块由于硬度均匀度引入的标准不确定度按式(A.5)计算：

$$u_{xCRM-2}=\frac{t\times s_{xCRM-2}}{\sqrt{n}} \quad \cdots\cdots(A.5)$$

式中，取 $t=1.14$、$n=5$，得出：

$$u_{xCRM-2}=0.39\ \text{HBW}$$

表 A.4 标准块的测量不确定度

标准块的标定硬度值 H_{CRM} HBW[a]	由标准块硬度均匀度引入的标准不确定度 u_{xCRM-2} HBW	基准布氏硬度机的测量不确定度 u_{CM} HBW	标准块标定的扩展不确定度 $U_{CRM}(k=2)$ HBW
592.64	0.39	1.85	3.8
[a] HBW——布氏硬度。			

表 A.4 中的 U_{CRM} 按式(A.6)计算：

$$U_{CRM}=2\sqrt{u_{CM}^2+u_{xCRM-2}^2} \quad \cdots\cdots(A.6)$$

ICS 77.040.10
H 22

中华人民共和国国家标准

GB/T 239.1—2012
部分代替 GB/T 239—1999

金属材料 线材 第1部分:单向扭转试验方法

Metallic materials—Wire—Part 1:Simple torsion test

(ISO 7800:2003,Metallic materials—Wire—Simple torsion test MOD)

2012-05-11 发布 2013-02-01 实施

中华人民共和国国家质量监督检验检疫总局
中国国家标准化管理委员会 发布

前　言

GB/T 239分为如下2个部分：

——第1部分：金属材料　线材　单向扭转试验方法；

——第2部分：金属材料　线材　双向扭转试验方法。

本部分为GB/T 239的第1部分，本部分修改采用国际标准ISO 7800：2003《金属材料　线材　单向扭转试验方法》（英文版）。本部分根据ISO 7800：2003重新起草，为了方便比较在附录D中列出了本部分标准条款和国际标准条款的对照一览表。

由于我国的实际情况需要，本部分在采用国际标准时进行了修改。这些技术性差异用垂直单线标识在它们所涉及的条款的页边空白处。在附录E中给出了技术性差异及其原因的一览表以供参考。

为了便于使用，本部分还做了下列编辑性修改：

a）"本国际标准"一词改为"本标准"；

b）用小数点"."代替作为小数点的逗号","；

c）删除了国际标准的前言；

d）根据ISO/TC 164/SC 2 N 507：2007文件中针对ISO 7800：2003标准附录C《单向扭转试验断裂类型评估表》提出的勘误表，对该表中的部分内容进行了修改。

本部分（标准）部分代替GB/T 239—1999《金属线材扭转试验方法》，对下列主要技术内容作了修改：

——适用范围做了一定调整，删除了双向扭转方面的技术内容；

——修改了对钢制线材的扭转速度要求（见表3）；

——补充了直径10 mm～14 mm的钢线材扭转试验方面的技术内容；

——修改了GB/T 239—1999中表4（涉及扭转试验断裂类型评估）的部分内容，并将其调整至资料性附录C；

——补充了资料性附录A和附录B，内容分别涉及试验机夹块齿面类型以及对弯曲线材进行矫直的方法。

本部分的附录A、附录B、附录C、附录D、附录E均为资料性附录。

本部分由中国钢铁工业协会提出。

本部分由全国钢标准化技术委员会归口。

本部分（标准）起草单位：武汉钢铁（集团）公司、冶金工业信息标准研究院、贵州钢绳股份有限公司、湖南华菱湘潭钢铁有限公司、中钢集团郑州金属制品研究院有限公司、首钢总公司。

本部分主要起草人：李荣锋、涂应宏、陈士华、董莉、何光成、严龙、苏赞、洪涛、吴朝晖。

本部分所部分代替标准的历次版本发布情况为：

GB/T 239—1963，GB/T 239—1982，GB/T 239—1984，GB/T 239—1999。

金属材料　线材
第1部分:单向扭转试验方法

1　范围

本部分规定了一种测定直径(或特征尺寸)为0.1 mm～14 mm的金属线材在单向扭转过程中所承受塑性变形能力的方法。经相关方协商,其他规格的金属线材产品的单向扭转试验也可参照本部分执行。

2　符号和说明

2.1　本部分使用符号及说明如图1及表1所示:

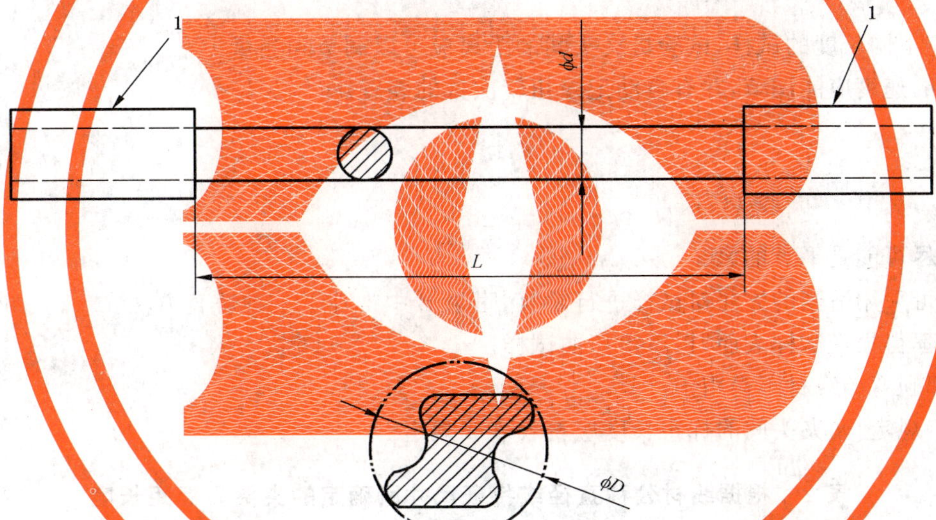

说明:

1——夹头。

图1

表1　符号和说明

符　　号	说　　明	单　　位
d	圆形横截面金属线材直径	mm
D	非圆形横截面金属线材特征尺寸[a]	mm
L	两夹头之间的标距长度	mm
N_t	单向扭转次数	—
[a] 非圆形横截面金属线材特征尺寸指横截面的最大尺寸,通常在相应标准中规定。		

3 试验原理

试样绕自身轴线向一个方向均匀旋转360°作为一次扭转至规定次数或试样断裂。

4 试验设备

4.1 试验机夹头中夹块齿面应相互平行，夹块硬度≥55 HRC。

附录A中推荐了几种夹块齿面类型。

对直径(或特征尺寸)为10 mm～14 mm钢线材，应根据不同的试样材质硬度选用合适硬度的夹块进行试验，一般推荐夹块的硬度高于试样硬度20 HRC左右。

4.2 试验机自身不得妨碍由试样收缩所引起的夹头间长度的变化，试验机能够对试样施加适当的拉紧力。

试验期间，试验机的两个夹头应保持在同一轴线上，对试样不施加任何弯曲力。

试验机的一个夹头应能绕试样轴线旋转，而另一个不得有任何转动，除非这种角度变形被用于测定扭矩。

为了适应不同长度的试样，试验机夹头间的距离应可以调节和测量。

4.3 试验机的速度应能调节，并有自动记录扭转次数的装置。

5 试样

5.1 试样应尽可能是平直的。

5.2 必要时可采用适当的方法对试样进行矫直，附录B中推荐了一种矫直方法。

矫直时，不得损伤试样表面，也不得扭曲试样。

存在局部硬弯的线材不得用于试验。

除非另有规定，两夹头间的标距长度应符合表2规定。

表2 根据线材公称直径或特征尺寸所确定的夹头间标距长度

线材公称直径 d 或特征尺寸 D/mm	两夹头间标距长度 L(公称值)[a]/mm
$0.1 \leqslant d(D) < 1$	$200\ d(D)$
$1 \leqslant d(D) < 5$	$100\ d(D)$
$5 \leqslant d(D) \leqslant 10$	$50\ d(D)$
$10 < d(D) \leqslant 14$	$22\ d(D)$[b]

[a] 夹头间标距长度最大为300 mm。

[b] 适用于钢线材。

6 试验条件

试验一般应在10 ℃～35 ℃的室温下进行，如有特殊要求，试验温度应为23 ℃±5 ℃。

7 试验程序

7.1 将试样置入试验机夹头中，使其轴线与夹头中轴线相重合，这样可确保试样在试验过程中保持平直。除非另有规定，可以对试样持续施加拉紧力，拉紧力不得大于该线材公称抗拉强度相应力值的2%。对直径(或特征尺寸)为10 mm～14 mm的钢线材无需施加拉紧力。

7.2 将试样置入试验机夹头后，以一合适的恒定速度旋转可转动夹头，直至试样达到规定的扭转次数N_t或断裂为止。根据夹头带动试样所旋转的完整圈数来记数。

注：为了验证旋转圈数，可以在试样表面画上彩色标记线。

7.3 除非另有规定，否则扭转速度不应超过表3中的规定值。该表中钢、铜及铜合金、铝及铝合金线材应根据其直径选用对应的扭转速度。

注：单向扭转属于等温试验过程，对于应变速率敏感的线材或应变速率行为缺乏了解的线材应避免试样温度明显升高，试样温度不得超过60 ℃。对于应变速率不敏感的钢线材，为提高试验效率，可使用表3中较高的转速值。

7.4 当试样的扭转次数N_t达到有关标准规定时，则可以认为该试样通过测试而不必考虑断口位置。如果试样未达到有关标准所规定的扭转次数，且断口位置在离夹头2 d(D)范围内，则可判定该试验无效，应重新取样进行复测。

7.5 可以根据附录C来评估试样的扭转断裂类型。

注：对于直径或特征尺寸较小的线材可能无法按附录C进行准确的分类(例如区分2b或3b)。

表3 扭转速度

<table>
<tr><th rowspan="2">线材公称直径 d
或特征尺寸 D
mm</th><th colspan="3">扭转速度最大值/r/s</th></tr>
<tr><th>钢</th><th>铜及铜合金</th><th>铝及铝合金</th></tr>
<tr><td>$0.1 \leqslant d(D) < 1$</td><td>1 或 3[a]</td><td>5</td><td rowspan="6">1</td></tr>
<tr><td>$1 \leqslant d(D) < 1.5$</td><td rowspan="4">0.5 或 1[a]</td><td>2</td></tr>
<tr><td>$1.5 \leqslant d(D) < 3$</td><td>1.5</td></tr>
<tr><td>$3 \leqslant d(D) < 3.6$</td><td rowspan="2">1</td></tr>
<tr><td>$3.6 \leqslant d(D) < 5$</td></tr>
<tr><td>$5 \leqslant d(D) \leqslant 10$</td><td>0.25 或 0.5[a]</td><td>0.5</td></tr>
<tr><td>$10 < d(D) \leqslant 14$</td><td>0.1</td><td>—</td><td>—</td></tr>
<tr><td colspan="4">[a] 此速度仅适用于对应变速率不敏感的钢线材。</td></tr>
</table>

8 试验报告

试验报告至少应包括以下内容：

a) 本部分编号；

b) 试样标识(如材质、批号等)；

c) 试样直径 d 或特征尺寸 D；

d) 试样制备情况(矫直方法等)；

e) 试验条件(如两夹头间的标距长度、拉紧力、转速)；

f) 扭转次数。

注：试验报告中可以包括对试样断裂类型的评估。

附 录 A
（资料性附录）
夹块齿面类型推荐

A.1 针对不同的线材直径 d 或横截面特征尺寸 D，推荐采用以下几种类型的夹块齿面，见表 A.1。

表 A.1 推荐的夹块齿面类型

$d(D)$/mm	夹块齿面类型
$0.1 \leqslant d(D) < 0.3$	光面夹具
$0.3 \leqslant d(D) < 3$	细锯齿夹具
$3 \leqslant d(D) \leqslant 10$	V型槽夹具
$10 < d(D) \leqslant 14$	光面夹具[a] 或其他类型夹具
[a] 可适用于钢线材。	

附 录 B
（资料性附录）
弯曲线材矫直推荐方法

为了将线材可靠地装夹到扭转试验机的夹头内，推荐采用以下方法对弯曲线材进行矫直。本方法适用于大直径、高强度线材，该类线材在进行扭转试验时如果未可靠夹紧，可能会对试验人员造成伤害。

装置包括：一个装有虎钳的钳工台，两个活动式小夹具，一段木板（宽约 45 mm，厚度约 20 mm，长度略小于本标准表 2 中所列的标距长度 L）。木板厚度由中部的 20 mm 向两端逐步递减至约 15 mm。

首先将木板可靠地夹到虎钳上，为了避免线材在矫直过程中受到损伤（产生刻痕），与线材直接接触的活动式小夹具齿面四周需要包裹上一层缓冲垫（例如装饰带）。将线材（翘曲方向朝上）放置到木板上，伸出木板两端的线材长度应保持一致。仔细调整小夹具，将线材一端夹紧到木板上并使夹持点靠近木板边缘，同样用包裹了缓冲垫的另一个夹具夹住线材的另一端，并将其直接顶紧到木板上。也可以用小夹具夹住线材的尾部人工对其施加一定的拉紧力，该拉紧力不得大于线材公称抗拉强度相应力值的 2%，随后松开夹具，取下木板。

重复以上步骤直至将所有弯曲线材矫直完毕。

附　录　C
（资料性附录）
单向扭转试验断裂类型评估表

断裂类型	类型编号	外观形貌	断口特征描述	断裂面
正常扭转断裂	1a		平滑断裂面：——断裂面垂直于线材轴线（或稍微倾斜） ——断裂面上无裂纹	
	1b		脆性断裂面：——断裂面与线材轴线约成45°角 ——断裂面上无裂纹	
局部裂纹断裂 或 不规则断裂 （存在材料缺陷）	2a		平滑断裂面：——断裂面垂直于线材轴线并有局部裂纹	
	2b		阶梯式断裂面：——部分断裂面平滑并有局部裂纹	
	2c		不规则断裂面：——断裂面上无裂纹	
螺旋裂纹断裂 （试样全长或大部分长度上有螺旋型裂纹） 经过较少的扭转次数（3～5次）后即明显产生肉眼可见的裂纹	3a		平滑断裂面：——断裂面垂直于线材轴线，断裂面上有局部或贯穿整个截面的裂纹	
	3b		阶梯式断裂面：——部分断裂面平滑，并有局部或贯穿整个截面的裂纹	
	3c	 	脆性断裂面：——断裂面与线材轴线约成45°角，并有局部或贯穿整个截面的裂纹 或 不规则断裂面：——断裂面上有局部或贯穿整个截面的裂纹	

附 录 D
（资料性附录）
本部分章条编号与 ISO 7800:2003 章条编号对照

表 D.1 给出了本部分章条编号与 ISO 7800:2003 章条编号对照一览表。

表 D.1 本部分章条编号与 ISO 7800:2003 章条编号对照表

本部分章条编号	对应的 ISO 标准章条编号
4.3	—
附录 D	—
附录 E	—
注：表中的章条以外的本部分其他章条编号与 ISO 7800:2003 中的编号均相同。	

附 录 E
（资料性附录）
本部分与 ISO 7800:2003 技术性差异及其原因

表 E.1 给出了本部分与 ISO 7800:2003 技术性差异及其原因的一览表。

表 E.1 本部分与 ISO 7800:2003 技术性差异及其原因

本部分的章条编号	技术性差异	原 因
1	将本部分适用范围从 0.1 mm～10 mm 扩大至 0.1 mm～14 mm 的金属线材。 同时补充规定:经相关方协商,其他规格的金属线材产品的单向扭转试验也可参照本部分执行	扩大标准应用范围
4.1	补充规定了直径(或特征尺寸)为 10 mm～14 mm 钢线材扭转试验时夹块的硬度	增加大规格钢线材的技术内容,便于标准的执行
4.3	增加“试验机的速度应能调节,并有自动记录扭转次数的装置”	对试验设备进行规范
5.2 中表 2	补充规定了直径(或特征尺寸)为 10 mm～14 mm 钢线材扭转试验时,两夹头间的标距长度值	增加大规格钢线材的技术内容,便于标准的执行
7.1	补充规定了直径(或特征尺寸)为 10 mm～14 mm 钢线材扭转试验时,无需施加拉紧力	对大规格钢线材没有必要施加拉紧力
7.3 中表 3	补充规定了直径(或特征尺寸)为 10 mm～14 mm 钢线材扭转试验时所采用的扭转速度。 补充规定了对于应变速率不敏感的钢线材,可使用表 3 中较高的转速值	适合我国国情,提高试验效率
8 e)	在试验条件中增加转速方面的规定	与表 3 内容相对应
附录 A	补充规定了直径(或特征尺寸)为 10 mm～14 mm 钢线材扭转试验时夹块齿面的类型	增加大规格钢线材的技术内容,便于标准的执行

ICS 77.040.10
H 23

中华人民共和国国家标准

GB/T 239.2—2012
部分代替 GB/T 239—1999

金属材料 线材 第2部分:双向扭转试验方法

Metallic materials—Wire—Part 2: Reverse torsion test

(ISO 9649:1990, Metallic materials—Wire—Reverse torsion test, MOD)

2012-05-11 发布 2013-02-01 实施

中华人民共和国国家质量监督检验检疫总局
中国国家标准化管理委员会 发布

前　言

GB/T 239 分为如下 2 个部分：

——第 1 部分：单向扭转试验方法；

——第 2 部分：双向扭转试验方法。

本部分为 GB/T 239 的第 2 部分。

本部分按照 GB/T 1.1—2009 给出的规则起草。

本部分代替 GB/T 239—1999《金属线材扭转试验方法》中的一部分，与 GB/T 239—1999 相比，主要变化如下：

——标准适用范围做了一定调整，删除了单向扭转方面的技术内容；

——章节进行了重新安排；

——修改了对钢制线材的扭转速度要求(见表 3)；

——增加了参考文献作为试验方案的参考。

本部分使用重新起草法修改采用 ISO 9649:1990《金属材料　线材　双向扭转试验方法》(英文版)。

本部分与 ISO 9649:1990 相比在结构上基本相同，主要技术差异如下：

a) 将扭转次数 N_t 改为正向扭转次数 N_1 和反向扭转次数 N_2；

b) 增加了 5.6 条，提出了试验机保护措施；

c) 增加了 7.4 条，指出了特殊情况下按照 GB/T 239.1 执行。

本部分还做了下列编辑性修改：

a) “本国际标准”一词改为“本标准”；

b) 用小数点“.”代替作为小数点的逗号“,”；

c) 删除了国际标准的前言；

d) 增加了参考文献作为试验方案的参考。

本部分由中国钢铁工业协会提出。

本部分由全国钢标准化技术委员会(SAC/TC 183)归口。

本部分起草单位：广东出入境检验检疫局、冶金工业信息研究院、武汉钢铁(集团)公司、中钢集团郑州金属制品研究院、首钢总公司。

本部分主要起草人：周崎、李成明、董莉、李荣峰、洪涛、李小敏、莫明珍、谭莹、曹标、陈明、吴朝晖。

本部分所代替标准的历次版本发布情况为：

GB/T 239—1963，GB/T 239—1982，GB/T 239—1984，GB/T 239—1999。

金属材料　线材
第2部分:双向扭转试验方法

1　范围

本部分规定了直径0.3 mm～10.0 mm的金属线材在双向扭转中经受塑性变形能力的方法,主要用来检测线材表面和内部缺陷。

2　规范性引用文件

下列文件对于本文件的应用是必不可少的。凡是注日期的引用文件,仅注日期的版本适用于本文件。凡是不注日期的引用文件,其最新版本(包括所有的修改单)适用于本文件。

GB/T 239.1　金属材料　线材　第1部分:单向扭转试验方法(GB/T 239.1—2012,ISO 7800:2003,MOD)

3　符号和名称

本部分使用的符号及说明如图1及表1所示:

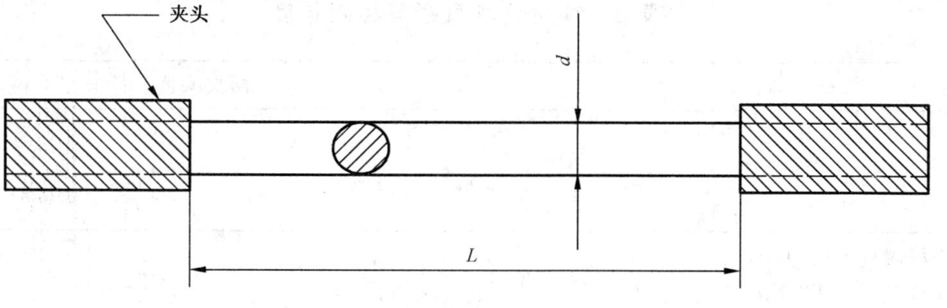

图1

表1　符号和说明

符　号	说　明	单　位
d	圆形横截面金属线材直径	mm
L	两夹头之间的标距长度	mm
N_1	正向扭转次数	—
N_2	反向扭转次数	—

4　原理

试样绕自身轴线先向一个方向均匀旋转360°作为一周,扭转至规定次数后,向相反方向旋转至规定次数或试样断裂。

5 试验设备

5.1 试验机夹头应具有足够的硬度抵抗磨损。试验期间，两夹头保持在同一轴线上，并对试样不施加任何弯曲力。

5.2 试验机能够对试样施加适当的拉紧力，试验机自身不得妨碍因试样收缩所引起的夹头间长度的变化。

5.3 试验机的一个夹头应能绕试样轴线双向转动，而另一个不得有任何转动，除非这种角度变形被用于测定扭矩。

5.4 为了适应不同长度的试样，试验机夹头间的距离应可以调节和测量。

5.5 试验机的扭转速度应能调节，并配置自动记录扭转次数的装置(见 7.2)。

5.6 试验时试样可能断为几节飞出，试验机应提供安全防护装置，保护操作者免受伤害。

6 试样

6.1 试样应尽可能是平直的。

6.2 必要时，可手工对试样进行矫直，当手工不能矫直时，可将试样置于木材、塑料或软质金属上，用这些材料制成的锤子或其他合适的方法矫直。

6.3 矫直时，不得损伤试样表面，也不得扭曲试样。

6.4 存在局部硬弯的线材不得用于试验。

6.5 除非另有规定，试验机夹头间的标距长度应符合表 2 规定。

表 2 线材公称直径与标距长度

单位为毫米

线材公称直径 d	两夹头间标距长度
0.3～<1.0	200 d
1.0～<5.0	100 d[a]
5.0～<10.0	50 d[b]

[a] 特殊协议时可采用 50 d；

[b] 特殊协议时可采用 30 d。

为了检测表面和内部缺陷，标距应是固定的，在相应的产品标准里应规定并在检测报告里注明。

7 试验程序

7.1 试验一般应在 10 ℃～35 ℃的室温下进行，如有特殊要求，试验温度应为 23 ℃±5 ℃。

7.2 将试样置于试验机夹持钳口中，使其轴线与夹头轴线相重合。为使试样在试验过程中保持平直，应施加一定的预拉紧力，但该拉紧力不得大于该线材公称抗拉强度的 2%。

7.3 试样固紧于试验机夹头后，以不大于 1 转/秒(当线材直径≥5 mm 时，以 0.5 转/秒)的恒定速度旋转可转动夹头，用相关标准规定的转数向一个方向转动后，再以相同的转速向相反方向转动到规定次数或断裂。一转为 360°。

除非相关标准有特殊说明，试验后目测检查夹头之间的试样情况。

注：ISO 8458-3:2002 给出了双向扭转试验案例。

7.4 如果正向扭转时断裂，按照 GB/T 239.1 执行。反向扭转后没有明显缺陷说明试样符合试验要求。

8 试验报告

试验报告应包括以下内容：

a) 本标准编号；

b) 试样标识(如材质、牌号等)；

c) 试样公称直径 d；

d) 如必要，试样制备情况(如矫直方法)；

e) 试验条件(如标距长度、拉紧力、试验转速)；

f) 试验结果。

参 考 文 献

ISO 8458-3:2002 机械弹簧用钢丝——第3部分:油淬火和回火钢丝

ICS 21.100.20
J 11

中华人民共和国国家标准

GB/T 307.4—2012/ISO 199:2005
代替 GB/T 307.4—2002

滚动轴承 公差
第4部分:推力轴承公差

Rolling bearings—Tolerances—Part 4:Tolerances for thrust bearings

(ISO 199:2005,Rolling bearings—Thrust bearings—Tolerances,IDT)

2012-09-03 发布　　2013-03-01 实施

中华人民共和国国家质量监督检验检疫总局
中国国家标准化管理委员会　发布

前　言

GB/T 307 分为四个部分：

——滚动轴承　向心轴承　公差；

——滚动轴承　测量和检验的原则及方法；

——滚动轴承　通用技术规则；

——滚动轴承　公差　第 4 部分：推力轴承公差。

本部分为 GB/T 307 的第 4 部分。

本部分按照 GB/T 1.1—2009 给出的规则起草。

本部分代替 GB/T 307.4—2002《滚动轴承　推力球轴承　公差》，与 307.4—2002 相比，主要技术变化如下：

——修改了部分符号及其名称（见第 4 章和表 1～表 8，2002 年版的第 4 章和表 1～表 8）；

——调整了部分符号的排列顺序（见第 4 章，2002 年版的第 4 章）；

——增加了图形（见图 1、图 2）；

——增加了对测量和检验的规定（见第 6 章）。

本部分使用翻译法等同采用 ISO 199:2005《滚动轴承　推力轴承　公差》。

与本部分中规范性引用的国际文件有一致性对应关系的我国文件如下：

——GB/T 273.2—2006　滚动轴承　推力轴承　外形尺寸总方案（ISO 104:2002，IDT）

——GB/T 274—2000　滚动轴承　倒角尺寸　最大值（ISO 582:1995，IDT）

——GB/T 307.2—2005　滚动轴承　测量和检验的原则及方法（ISO 1132-2:2001，MOD）

——GB/T 4199—2003　滚动轴承　公差　定义（ISO 1132-1:2000，MOD）

——GB/T 6930—2002　滚动轴承　词汇（ISO 5593:1997，IDT）

——GB/T 7811—2007　滚动轴承　参数符号（ISO 15241:2001，IDT）

本部分还做了下列编辑性修改：

——用小数点符号“.”代替“,”；

——用“本部分”代替“本国际标准”；

——删除国际标准中资料性概述要素。

本部分由中国机械工业联合会提出。

本部分由全国滚动轴承标准化技术委员会（SAC/TC 98）归口。

本部分起草单位：洛阳轴承研究所有限公司、嵊州市美亚特种轴承厂、大连冶金轴承股份有限公司。

本部分主要起草人：李飞雪、周友华、祝端峰、周友峰。

本部分所代替标准的历次版本发布情况为：

——GB 307—1964、GB 307—1977；

——GB 307.1—1984；

——GB/T 307.4—1994、GB/T 307.4—2002。

滚动轴承　公差
第4部分:推力轴承公差

1　范围

GB/T 307 的本部分规定了符合 ISO 104 的平底推力轴承的外形尺寸(倒角尺寸除外)公差和旋转精度公差。

本部分不适用于某些推力轴承,如推力滚针轴承;也不适用于特殊场合下使用的某些推力轴承,如特殊精度的推力轴承。

倒角尺寸极限规定在 ISO 582 中。

2　规范性引用文件

下列文件对于本文件的应用是必不可少的。凡是注日期的引用文件,仅注日期的版本适用于本文件。凡是不注日期的引用文件,其最新版本(包括所有的修改单)适用于本文件。

ISO 104　滚动轴承　推力轴承　外形尺寸总方案(Rolling bearings—Thrust bearings—Boundary dimensions, general plan)

ISO 582　滚动轴承　倒角尺寸　最大值(Rolling bearings—Chamfer dimensions—Maximum values)

ISO 1132-1　滚动轴承　公差　第1部分:术语和定义(Rolling bearings—Tolerances—Part 1: Terms and definitions)

ISO 1132-2　滚动轴承　公差　第2部分:测量和检验的原则及方法(Rolling bearings—Tolerances—Part 2: Measuring and gauging principles and methods)

ISO 5593　滚动轴承　词汇(Rolling bearings—Vocabulary)

ISO 15241　滚动轴承　参数符号(Rolling bearings—Symbols for quantities)

3　术语和定义

ISO 1132-1 和 ISO 5593 界定的术语和定义适用于本文件。

4　符号

ISO 15241 给出的以及下列符号适用于本文件。

除另有说明外,图1、图2中所示符号(公差符号除外)和表1～表8中所示数值均表示公称尺寸。

D:座圈外径

d:单向轴承轴圈内径

d_2:双向轴承中轴圈内径

S_e:座圈滚道与背面间的厚度变动量

注:只适用于接触角为90°的推力球轴承和推力圆柱滚子轴承。

S_i:轴圈滚道与背面间的厚度变动量

注：只适用于接触角为90°的推力球轴承和推力圆柱滚子轴承。

T:单向轴承轴承高度

T_1:双向轴承轴承高度

V_{Dsp}:座圈单一平面外径变动量

V_{dsp}:单向轴承轴圈单一平面内径变动量

V_{d2sp}:双向轴承中轴圈单一平面内径变动量

Δ_{Dmp}:座圈单一平面平均外径偏差

Δ_{dmp}:单向轴承轴圈单一平面平均内径偏差

Δ_{d2mp}:双向轴承中轴圈单一平面平均内径偏差

Δ_{Ts}:单向轴承轴承实际高度偏差

Δ_{T1s}:双向轴承轴承实际高度偏差

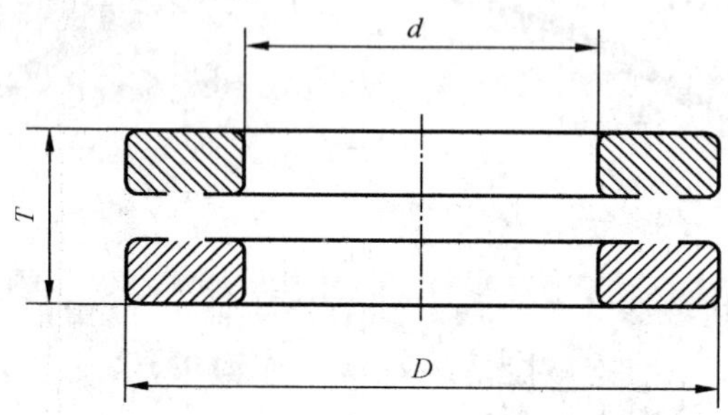

图1 单向轴承

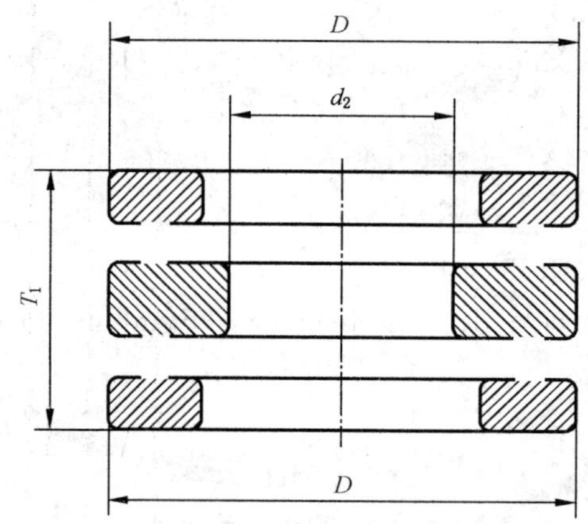

图2 双向轴承

5 公差

5.1 总则

单向和双向推力轴承的公差见表1～表8。

5.2 0级公差

见表1和表2。

表 1　轴圈、中轴圈和轴承高度

单位为微米

d 和 d_2 mm		Δ_{dmp},Δ_{d2mp}		V_{dsp},V_{d2sp}	S_i	Δ_{Ts}		Δ_{T1s}	
>	≤	上极限偏差	下极限偏差	max	max	上极限偏差	下极限偏差	上极限偏差	下极限偏差
—	18	0	−8	6	10	+20	−250	+150	−400
18	30	0	−10	8	10	+20	−250	+150	−400
30	50	0	−12	9	10	+20	−250	+150	−400
50	80	0	−15	11	10	+20	−300	+150	−500
80	120	0	−20	15	15	+25	−300	+200	−500
120	180	0	−25	19	15	+25	−400	+200	−600
180	250	0	−30	23	20	+30	−400	+250	−600
250	315	0	−35	26	25	+40	−400	—	—
315	400	0	−40	30	30	+40	−500	—	—
400	500	0	−45	34	30	+50	−500	—	—
500	630	0	−50	38	35	+60	−600	—	—
630	800	0	−75	55	40	+70	−750	—	—
800	1 000	0	−100	75	45	+80	−1 000	—	—
1 000	1 250	0	−125	95	50	+100	−1 400	—	—
1 250	1 600	0	−160	120	60	+120	−1 600	—	—
1 600	2 000	0	−200	150	75	+140	−1 900	—	—
2 000	2 500	0	−250	190	90	+160	−2 300	—	—
注：对于双向轴承，公差值只适用于 $d_2 \leqslant 190$ mm 的轴承。									

表 2　座圈

单位为微米

D mm		Δ_{Dmp}		V_{Dsp}	S_e
>	≤	上极限偏差	下极限偏差	max	max
10	18	0	−11	8	与同一轴承轴圈的 S_i 值相同
18	30	0	−13	10	
30	50	0	−16	12	
50	80	0	−19	14	
80	120	0	−22	17	
120	180	0	−25	19	
180	250	0	−30	23	
250	315	0	−35	26	
315	400	0	−40	30	
400	500	0	−45	34	

表 2（续）

单位为微米

D mm		Δ_{Dmp}		V_{Dsp}	S_e
>	≤	上极限偏差	下极限偏差	max	max
500	630	0	−50	38	与同一轴承轴圈的 S_i 值相同
630	800	0	−75	55	
800	1 000	0	−100	75	
1 000	1 250	0	−125	95	
1 250	1 600	0	−160	120	
1 600	2 000	0	−200	150	
2 000	2 500	0	−250	190	
2 500	2 850	0	−300	225	
注：对于双向轴承，公差值只适用于 D≤360 mm 的轴承。					

5.3　6 级公差

见表 3 和表 4。

表 3　轴圈、中轴圈和轴承高度

单位为微米

d 和 d_2 mm		Δ_{dmp}, Δ_{d2mp}		V_{dsp}, V_{d2sp}	S_i	Δ_{Ts}		Δ_{T1s}	
>	≤	上极限偏差	下极限偏差	max	max	上极限偏差	下极限偏差	上极限偏差	下极限偏差
—	18	0	−8	6	5	+20	−250	+150	−400
18	30	0	−10	8	5	+20	−250	+150	−400
30	50	0	−12	9	6	+20	−250	+150	−400
50	80	0	−15	11	7	+20	−300	+150	−500
80	120	0	−20	15	8	+25	−300	+200	−500
120	180	0	−25	19	9	+25	−400	+200	−600
180	250	0	−30	23	10	+30	−400	+250	−600
250	315	0	−35	26	13	+40	−400	—	—
315	400	0	−40	30	15	+40	−500	—	—
400	500	0	−45	34	18	+50	−500	—	—
500	630	0	−50	38	21	+60	−600	—	—
630	800	0	−75	55	25	+70	−750	—	—
800	1 000	0	−100	75	30	+80	−1 000	—	—
1 000	1 250	0	−125	95	35	+100	−1 400	—	—
1 250	1 600	0	−160	120	40	+120	−1 600	—	—
1 600	2 000	0	−200	150	45	+140	−1 900	—	—
2 000	2 500	0	−250	190	50	+160	−2 300	—	—
注：对于双向轴承，公差值只适用于 d_2≤190 mm 的轴承。									

表 4　座圈

单位为微米

D mm		Δ_{Dmp}		V_{Dsp}	S_e
>	≤	上极限偏差	下极限偏差	max	max
10	18	0	−11	8	与同一轴承轴圈的 S_i 值相同
18	30	0	−13	10	
30	50	0	−16	12	
50	80	0	−19	14	
80	120	0	−22	17	
120	180	0	−25	19	
180	250	0	−30	23	
250	315	0	−35	26	
315	400	0	−40	30	
400	500	0	−45	34	
500	630	0	−50	38	
630	800	0	−75	55	
800	1 000	0	−100	75	
1 000	1 250	0	−125	95	
1 250	1 600	0	−160	120	
1 600	2 000	0	−200	150	
2 000	2 500	0	−250	190	
2 500	2 850	0	−300	225	

注：对于双向轴承，公差值只适用于 $D \leqslant 360$ mm 的轴承。

5.4　5 级公差

见表 5 和表 6。

表 5　轴圈、中轴圈和轴承高度

单位为微米

d 和 d_2 mm		Δ_{dmp}，Δ_{d2mp}		V_{dsp}，V_{d2sp}	S_i	Δ_{Ts}		Δ_{T1s}	
>	≤	上极限偏差	下极限偏差	max	max	上极限偏差	下极限偏差	上极限偏差	下极限偏差
—	18	0	−8	6	3	+20	−250	+150	−400
18	30	0	−10	8	3	+20	−250	+150	−400
30	50	0	−12	9	3	+20	−250	+150	−400
50	80	0	−15	11	4	+20	−300	+150	−500
80	120	0	−20	15	4	+25	−300	+200	−500
120	180	0	−25	19	5	+25	−400	+200	−600
180	250	0	−30	23	5	+30	−400	+250	−600
250	315	0	−35	26	7	+40	−400	—	—
315	400	0	−40	30	7	+40	−500	—	—
400	500	0	−45	34	9	+50	−500	—	—

表 5（续）

单位为微米

d 和 d_2 mm		Δ_{dmp}，Δ_{d2mp}		V_{dsp}，V_{d2sp}	S_i	Δ_{Ts}		Δ_{T1s}	
>	≤	上极限偏差	下极限偏差	max	max	上极限偏差	下极限偏差	上极限偏差	下极限偏差
500	630	0	−50	38	11	+60	−600	—	—
630	800	0	−75	55	13	+70	−750	—	—
800	1 000	0	−100	75	15	+80	−1 000	—	—
1 000	1 250	0	−125	95	18	+100	−1 400	—	—
1 250	1 600	0	−160	120	25	+120	−1 600	—	—
1 600	2 000	0	−200	150	30	+140	−1 900	—	—
2 000	2 500	0	−250	190	40	+160	−2 300	—	—
注：对于双向轴承，公差值只适用于 d_2≤190 mm 的轴承。									

表 6　座圈

单位为微米

D mm		Δ_{Dmp}		V_{Dsp}	S_e
>	≤	上极限偏差	下极限偏差	max	max
10	18	0	−11	8	与同一轴承轴圈的 S_i 值相同
18	30	0	−13	10	
30	50	0	−16	12	
50	80	0	−19	14	
80	120	0	−22	17	
120	180	0	−25	19	
180	250	0	−30	23	
250	315	0	−35	26	
315	400	0	−40	30	
400	500	0	−45	34	
500	630	0	−50	38	
630	800	0	−75	55	
800	1 000	0	−100	75	
1 000	1 250	0	−125	95	
1 250	1 600	0	−160	120	
1 600	2 000	0	−200	150	
2 000	2 500	0	−250	190	
2 500	2 850	0	−300	225	
注：对于双向轴承，公差值只适用于 D≤360 mm 的轴承。					

5.5　4 级公差

见表 7 和表 8。

表 7 轴圈、中轴圈和轴承高度

单位为微米

d 和 d_2 mm		Δ_{dmp}, Δ_{d2mp}		V_{dsp}, V_{d2sp}	S_i	Δ_{Ts}		Δ_{T1s}	
>	≤	上极限偏差	下极限偏差	max	max	上极限偏差	下极限偏差	上极限偏差	下极限偏差
—	18	0	−7	5	2	+20	−250	+150	−400
18	30	0	−8	6	2	+20	−250	+150	−400
30	50	0	−10	8	2	+20	−250	+150	−400
50	80	0	−12	9	3	+20	−300	+150	−500
80	120	0	−15	11	3	+25	−300	+200	−500
120	180	0	−18	14	4	+25	−400	+200	−600
180	250	0	−22	17	4	+30	−400	+250	−600
250	315	0	−25	19	5	+40	−400	—	—
315	400	0	−30	23	5	+40	−500	—	—
400	500	0	−35	26	6	+50	−500	—	—
500	630	0	−40	30	7	+60	−600	—	—
630	800	0	−50	40	8	+70	−750	—	—
注：对于双向轴承，公差值只适用于 d_2≤190 mm 的轴承。									

表 8 座圈

单位为微米

D mm		Δ_{Dmp}		V_{Dsp}	S_e
>	≤	上极限偏差	下极限偏差	max	max
10	18	0	−7	5	与同一轴承轴圈的 S_i 值相同
18	30	0	−8	6	
30	50	0	−9	7	
50	80	0	−11	8	
80	120	0	−13	10	
120	180	0	−15	11	
180	250	0	−20	15	
250	315	0	−25	19	
315	400	0	−28	21	
400	500	0	−33	25	
500	630	0	−38	29	
630	800	0	−45	34	
800	1 000	0	−60	45	
注：对于双向轴承，公差值只适用于 D≤360 mm 的轴承。					

6 测量和检验

对表1～表8所规定的公差进行测量和(或)检验时,可采用ISO 1132-2中规定的原则和方法。

ICS 29.020
K 40

中华人民共和国国家标准

GB 311.1—2012
代替 GB 311.1—1997

绝缘配合 第1部分:定义、原则和规则

Insulation co-ordination—Part 1:Definitions,principles and rules

(IEC 60071-1:2006,MOD)

2012-06-29 发布 2013-05-01 实施

中华人民共和国国家质量监督检验检疫总局
中国国家标准化管理委员会 发布

前　言

本部分的全部技术内容为强制性,其余部分为推荐性。

GB 311《绝缘配合》分为4个部分:

——第1部分:定义、原则和规则;

——第2部分:高压输变电设备的绝缘配合使用导则;

——第3部分:高压直流换流站绝缘配合程序;

——第4部分:电网绝缘配合及其模拟的计算导则。

本部分是GB 311的第1部分。

本部分按照GB/T 1.1—2009给出的规则起草。

本部分修改采用IEC 60071-1:2006和IEC 60071-1 Aml:2010《绝缘配合　第1部分:定义、原则和规则》。

本部分是对GB 311.1—1997《绝缘配合　第1部分:定义、原则和规则》的修订。

本部分与GB 311.1—1997相比,除编辑性修改外主要技术变化如下:

——增加了有关术语(见第4章);

——给出了绝缘配合程序及各相关电压的确定原则(见6.2、图1);

——给出了代表性过电压波形和参数(见6.3);

——增加了U_m为800 kV和1 100 kV输变电设备的绝缘水平(见表3);

——增加了附录A:保证规定的冲击耐受电压的空气间隙;

——增加了附录B:海拔修正因数,采纳IEC 60071-2的公式和曲线。

本部分与IEC 60071-1:2006和IEC 60071-1 Aml:2010的主要差异如下:

——按GB/T 1.1—2009的规定,对标准的语言表述和格式做了修改;

——删除了国际标准的前言,增加了本标准的前言;

——IEC 60071-1频率范围为48 Hz~62 Hz,考虑到60 Hz对我国电网不适用,故将频率范围定为45 Hz~55 Hz,以便与GB/T 16927.1相一致(见4.18.1);

——增加标准额定耐受电压系列中部分标准电压值(见6.7、6.8);

——调整了标准绝缘水平(见表2、表3);

——增加了不同类型输变电设备的额定耐受电压(见表4、表5和表6)。

——标准冲击耐受电压试验对设备非自恢复绝缘与自恢复绝缘并存时,优先选用GB/T 16927.1中的耐受电压试验程序B(见7.3)。

——增加了附录B:海拔修正因数,采纳IEC 60071-2的公式和曲线。

本部分与IEC 60071-1的上述主要差异涉及的条款已通过在其外侧页边空白位置的垂直单线(|)进行了标示。

本部分代替GB 311.1—1997《绝缘配合　第1部分:定义、原则和规则》。

本部分由中国电器工业协会提出。

本部分由全国高电压试验技术和绝缘配合标准化技术委员会(SAC/TC 163)归口。

本部分负责起草单位:西安高压电器研究院、国网电力科学研究院。

本部分参加起草单位:昆明电器科学研究院、中国电力科学研究院开关所、河南平高电气股份有限公司、保定天威保变电气股份有限公司、山东电力研究院、湖南省电力试研院、西门子输配电中压部、陕西电科院、国家绝缘子避雷器质量监督检验中心、日升集团有限公司、华仪电器集团有限公司、库柏耐吉

(宁波)电气有限公司、广州白云电器设备股份有限公司、南方电网技术研究中心、江西省电力科学研究院、西安交通大学电气学院、杭州杭开电气有限公司、沈阳变压器研究所、湖北省电力试验研究院、深圳电气科学研究所。

本部分主要起草人:王建生、谷定燮、崔东、周沛洪、贾涛、郭洁、李世成、戴敏、何慧雯、霍锋。

本部分参加起草人:王亭、赵磊、周琼芳、孔祥军、阎关星、张建新、张喜乐、郭志红、周卫华、张德勤、张鹏、危鹏、石维坚、潘永成、祝存春、刘成学、杨成懋、吕金壮、蔡汉生、崔金灵、童军心、郭洁、周红东、李世成、邓万婷、林志伟、邓永辉、肖敏英。

本部分所代替标准的历次版本发布情况为:

——GB 311—1964、GB 311.1—1983、GB 311.1—1997。

绝缘配合 第1部分:定义、原则和规则

1 范围

本部分规定了三相交流系统中的高压输变电设备和设施的相对地绝缘、相间绝缘和纵绝缘的额定耐受电压的选择原则,规定了这些设备的标准额定耐受电压,并给出了标准额定耐受电压的系列,额定耐受电压原则上宜从该系列中选取。

本部分适用于标称电压在1 kV以上的三相交流系统。

选取的额定耐受电压应与设备的最高电压相关联。该关联仅是为了绝缘配合的目的。本部分中不包括对人员安全的要求。

本部分的原则也适用于输电线路的绝缘配合,但其耐受电压值可以与本部分规定的标准额定耐受电压不同。

在制定各设备标准时,应根据本部分的要求,规定适合于该类设备的额定耐受电压和试验程序。

注:在GB/T 311.2"使用导则"中阐明了本部分给出的绝缘配合的规则,特别是设备最高电压与标准额定耐受电压之间的关系。如果同一设备最高电压对应几组标准额定耐受电压时,给出了选取最佳一组标准额定耐受电压的导则。

1.1 适用范围

本部分适用于设备最高电压在1 kV以上三相交流电力系统中使用的下列户内和户外输变电设备:

a) 变压器类:电力变压器、并联电抗器、限流电抗器、消弧线圈和电磁式电压互感器、电流互感器;

b) 高压电器类:断路器、隔离开关、负荷开关、接地开关、熔断器、预装式变电站、封闭式开关设备、封闭式组合电器、组合电器等;

c) 电力电容器、耦合电容器(包括电容式电压互感器)、并联电容器、交流滤波电容器;

d) 高压电力电缆;

e) 支柱绝缘子、穿墙套管等。

1.2 不适用范围

a) 安装在严重污秽或带有对绝缘有害的气体、蒸汽、化学沉积物的场合下的设备;

b) 相对湿度较高且易出现凝露场合的户内设备。

2 规范性引用文件

下列文件对于本文件的应用是必不可少的。凡是注日期的引用文件,仅注日期的版本适用于本文件。凡是不注日期的引用文件,其最新版本(包括所有的修改单)适用于本文件。

GB/T 311.2 绝缘配合 第2部分:高压输变电设备的绝缘配合使用导则(IEC 60071-2:1996,EQV)

GB/T 2900.19—1994 电工术语 高电压试验技术和绝缘配合(IEC 60071-1:1993,NEQ)

GB/T 11022 高压开关设备和控制设备标准的共同技术要求(GB/T 11022—2011,IEC 62271-1:2007,MOD)

GB 11032　交流无间隙金属氧化物避雷器(GB 11032—2010,IEC 60099-4:2006,MOD)

GB/T 16927.1　高电压试验技术　第1部分:一般试验要求(GB/T 16927.1—2011,IEC 60060-1:2010,MOD)

GB/T 26218.1　污秽条件下使用的高压绝缘子的选择和尺寸确定　第1部分:定义、信息和一般原则(GB/T 26218.1—2010,IEC/TS 60815-1:2008,MOD)

IEC 60060-1:2010　高电压试验技术　第1部分:一般定义和试验要求(High-voltage test techniques—Part 1: General definitions and test requirements)

IEC 60071-2 Am 1 Ed. 3.0　绝缘配合　第2部分:应用导则(Insulation co-ordination—Part 2: Application guide)

IEC 60721-2-3　环境条件分类　第2部分:自然环境条件　第3节:气压(Classification of environmental conditions—Part 2-3: Environmental conditions appearing in nature—Air pressure)

3　正常和特殊使用条件

3.1　正常环境条件

从表2和表3中选取耐受电压的正常环境条件如下:

a)　周围空气温度不超过40 ℃且24 h内测到的平均值不超过35 ℃。最低周围空气温度,分为三级:−10 ℃、−25 ℃和−40 ℃;

b)　海拔不超过1 000 m;

c)　周围空气没有显著地被灰尘、烟雾、腐蚀性气体、蒸汽或盐雾污染。污秽等级不超过C级污秽(见GB/T 26218.1);

d)　通常会出现凝露和沉积。考虑了以露水、凝露、雾、雨、雪或积霜形式出现的沉积物。

3.2　标准参考大气条件

标准化的耐受电压适用的标准参考大气条件为:

a)　温度:$t_0=20$ ℃;

b)　压力:$p_0=101.3$ kPa(1 013 mbar);

c)　绝对湿度:$h_0=11\ g/m^3$。

3.3　特殊环境条件

3.3.1　对周围环境空气温度高于40 ℃的设备,其外绝缘在干燥状态下的试验电压应取本部分的额定耐受电压值乘以温度修正因数K_T。

$$K_T=1+0.0033(T-40)$$

式中:

T——环境空气温度,℃。

3.3.2　对于海拔高于1 000 m,但不超过4 000 m处的设备的外绝缘的绝缘强度应进行海拔修正,修正方法见附录B。

3.4　设备适用的电力系统中性点的接地方式

最高电压126 kV以下为非有效接地系统或有效(直接)接地系统;最高电压126 kV及以上应为有效(直接)接地系统。

4　术语和定义

下列术语和定义适用于本文件。

4.1

绝缘配合 insulation co-ordination

考虑所采用的过电压保护措施后，决定设备上可能的作用电压，并根据设备的绝缘特性及可能影响绝缘特性的因素，从安全运行和技术经济合理性两方面确定设备的绝缘强度。

[修改 GB/T 2900.19—1994，定义 3.23]

注：设备的“绝缘强度”是指分别按 4.35 和 4.36 中定义的额定绝缘水平或标准绝缘水平。

4.2

外绝缘 external insulation

空气间隙及设备固体绝缘外露在大气中的表面，它承受作用电压并受大气和其他现场的外部条件，如污秽、湿度、虫害等的影响。

[GB/T 2900.19—1994，定义 3.24]

注：外绝缘可以是气候防护的或者非气候防护的，分别设计运行在保护体的内部或外部。

4.3

内绝缘 internal insulation

不受大气和其他外部条件影响的设备的固体、液体或气体绝缘。

[GB/T 2900.19—1994，定义 3.25]

4.4

自恢复绝缘 self-restoring insulation

在试验期间的破坏性放电后，经过短的时间，可完全恢复其绝缘特性的绝缘。

[修改 GB/T 2900.19—1994，定义 3.28]

注：此类绝缘一般是外绝缘，但不是必须的。

4.5

非自恢复绝缘 non self-restoring insulation

在试验期间的破坏性放电之后，丧失或不能完全恢复其绝缘特性的绝缘。

[GB/T 2900.19—1994，定义 3.29]

注：4.4 和 4.5 的定义仅适用于绝缘试验期间由试验电压的作用而引起的放电。然而，在运行时产生的放电可能引起自恢复绝缘部分或完全丧失其原来的绝缘特性。

4.6

绝缘结构端子 insulation configuration terminal

可将电压施于绝缘上的任何两个端子间的任一端子。端子的种类有：

a) 相端子：运行时在其和中性点之间施加系统的相对中性点电压的端子；

b) 中性点端子：相当于系统中性点或是接到系统的中性点的端子(变压器的中性点端子等)；

c) 接地端子：在运行中总是固定接地的端子(变压器的箱体、隔离开关的基座、杆塔的构架、接地板等)。

4.7

绝缘结构 insulation configuration

运行中由绝缘体和全部端子组成的绝缘的完整的几何结构。它包括影响介电特性的全部元件(绝缘件和导电件)。绝缘结构分以下几类：

4.7.1

三相绝缘结构 three-phase insulation configuration

具有三个相端子、一个中性点端子和一个接地端子的结构。

4.7.2

相对地(p-e)绝缘结构 phase-to-earth (p-e) insulation configuration

不计两个相端子的一个三相绝缘结构，且除特殊情况外，中性点端子是接地的。

4.7.3

相间(p-p)绝缘结构 phase-to-phase (p-p) insulation configuration

不计一个相端子的一个三相绝缘结构。在特殊情况下,中性点端子和接地端子也忽略不计。

4.7.4

纵(t-t)绝缘结构 longitudinal (t-t) insulation configuration

具有两个相端子和一个接地端子的绝缘结构。(两个)相端子属于三相系统中的同一相,其被暂时地分为两个独立的带电部分(例如,分闸的开关装置)。属于其他两相的4个端子不计或接地。在特殊情况下,认为两个相端子之一是接地的。

4.8

系统标称电压 nominal voltage of a system

U_n

用于表示或识别系统的合适而近似的电压值。

[GB/T 2900.19—1994,定义2.4]

4.9

系统最高电压 highest voltage of a system

U_s

在正常运行条件下,系统中任一点在任一时刻所出现的相间最高运行电压的有效值。

[修改 GB/T 2900.19—1994,定义2.5]

4.10

设备最高电压 highest voltage for equipment

U_m

根据设备绝缘以及与之相关的设备标准有关联的其他特性设计的相间最高电压的有效值。在正常运行条件下由有关技术委员会规定,该电压可以持续施加到设备上。

[修改 GB/T 2900.19—1994,定义2.7]

4.11

中性点绝缘系统 isolated neutral system

除经保护、测量用的高阻抗接地外,中性点不接地的系统。

[GB/T 2900.19—1994,定义3.13]

4.12

中性点固定接地系统 solidly earthed neutral system

中性点直接接地的系统。

[修改 GB/T 2900.19—1994,定义3.14]

4.13

(中性点)阻抗接地系统 impedance earthed(neutral)system

为限制接地故障电流,中性点通过阻抗接地的系统。

[修改 GB/T 2900.19—1994,定义3.16]

4.14

(中性点)谐振接地系统 resonant earthed(neutral)system

一个或多个中性点通过电抗器接地的系统,电抗器近似补偿单相接地故障电流的容性分量。中性点通过能够近似补偿单相接地故障电流的容性分量的电抗器接地的系统。

[修改 GB/T 2900.19—1994,定义3.15]

注:谐振接地系统中流过故障点的残余电流被限制到空气中弧光接地故障通常能够自熄的程度。

4.15

接地故障因数　earth fault factor

k

在一给定系统结构的三相系统的给定点上，在对系统任一点的一相或多相均有影响的故障期间，健全相的相对地最高工频电压有效值与无故障时该点相对地工频电压有效值之比。

[GB/T 2900.19—1994，定义 3.17]

4.16

过电压　overvoltage

以 U_s 表示三相系统的最高电压，则峰值超过系统最高相对地电压峰值($U_s\times\sqrt{2}/\sqrt{3}$)或最高相间电压峰值($\sqrt{2}U_s$)的任何波形的相对地或相间电压分别为相对地或相间过电压。

当过电压值用标么值表示时，相对地、相间过电压的基准值分别为 $U_s\times\sqrt{2}/\sqrt{3}$ 和 $\sqrt{2}U_s$(以 p.u.表示)。

[修改 GB/T 2900.19—1994，定义 3.1]

注：除非另有明确说明，例如对于避雷器，通常过电压值用 p.u.(等于 $U_s\times\sqrt{2}/\sqrt{3}$)表示。

4.17

电压和过电压分类　classification of voltage and overvoltage

按其波形和持续时间，电压和过电压可分为下列几种：

注：表 1 中给出了关于下述 6 个电压和过电压更详细的情况。

4.17.1

持续(工频)电压　continuous(power frequency)voltage

有着稳定有效值、持续作用在某一绝缘结构的任一对端子上的工频电压。

4.17.2

暂时过电压　temporary overvoltage;TOV

较长持续时间的工频过电压。

[修改 GB/T 2900.19—1994，定义 3.6]

注：过电压可能是无阻尼或弱阻尼的。在某些情况下，其频率可能比工频低数倍或高数倍。

4.17.3

瞬态过电压　transient overvoltage

几毫秒或更短持续时间的过电压，通常是高阻尼振荡的或非振荡的。

[GB/T 2900.19—1994，定义 3.7]

注：暂时过电压可能紧随瞬态过电压出现，在这种情况下，认为这两种过电压是两个独立的过程。

瞬态过电压分为下列几种：

4.17.3.1

缓波前过电压(操作)　slow-front overvoltage;SFO

一种瞬态过电压，通常为单向的，到达峰值的时间为 20 μs$<T_p\leqslant$5 000 μs，而波尾持续时间 $T_2\leqslant$20 ms。

4.17.3.2

快波前过电压(雷电)　fast-front overvoltage;FFO

一种瞬态过电压，通常为单向的，到达峰值时间为 0.1 μs$<T_1\leqslant$20 μs，波尾持续时间 $T_2<$300 μs。

4.17.3.3

特快波前过电压 very-fast-front overvoltage; VFFO

一种瞬态过电压，通常为单向的，到达峰值的时间 $T_f \leqslant 0.1\ \mu s$，有或者没有叠加振荡，振荡频率在 30 kHz $< f <$ 100 MHz 之间。

注：特快波前过电压 VFFO 也称为特快速瞬态过电压 VFTO(very-fast-transient overvoltage)。

4.17.4

联合过电压 combined overvoltage

由同时作用于相间(或纵)绝缘的两个相端子的每个端子和地之间的两个电压分量组成。它被归于具有较高峰值分量(暂时、缓波前、快波前和特快波前)的一类。

4.18

用于试验的标准电压波形 standard voltage shapes for test

4.18.1～4.18.5 电压波形已经标准化。

注：关于下述 4.18.1～4.18.3 三个标准电压更详细的情况在 GB/T 16927.1 以及表 1 中给出。

4.18.1

标准短时工频电压 standard short-duration power-frequency voltage

具有频率在 45 Hz～55 Hz 之间，持续时间为 60 s 的正弦电压。

注：IEC 60071-1 频率范围为 48 Hz～62 Hz，考虑到 60 Hz 对我国电网不适用，故将频率范围定为 45 Hz～55 Hz，以便与 GB/T 16927.1 相一致。

4.18.2

标准操作冲击电压 standard switching impulse voltage

具有峰值时间为 250 μs 和半峰值时间为 2 500 μs 的冲击电压。

4.18.3

标准雷电冲击电压 standard lightning impulse voltage

具有波前时间为 1.2 μs 和半峰值时间为 50 μs 的冲击电压。

4.18.4

标准联合操作冲击电压 standard combined switching impulse voltage

对于相间绝缘，有着相反极性的两个分量的联合操作冲击电压。

正极性分量是标准操作冲击电压，而负极性分量是峰值时间和半峰值时间不应小于正极性冲击电压的对应值的操作冲击电压。两个冲击应在同一瞬间到达峰值。因而联合电压的峰值是这些分量峰值之和。

4.18.5

标准联合电压 standard combined voltage

对纵绝缘，联合电压是一个端子上为标准冲击电压，另一个端子上为工频电压。冲击分量施加于反极性工频电压的峰值。

4.19

代表性过电压 representative overvoltage

U_{rp}

假设在绝缘上产生与在运行时由于各种原因产生的某一给定种类的过电压相同绝缘作用效果的过电压。

它们由相应类别的标准波形的电压组成并可以用表示运行条件特性的一个数值或一组数值或某一频率分布值来定义。

注：此定义也适用于表示运行电压对绝缘影响的持续工频电压。

4.20

过电压限制装置 overvoltage limiting device

用来限制过电压的峰值或持续时间或两者都限制的装置。它们可以分为预防护装置(如预接入电阻器)或保护装置(如避雷器)。

4.21

雷电(或操作)冲击保护水平 lightning(or switching)impulse protective level;LIPL 或 SIPL

U_{pl}(或 U_{ps})

在规定条件下,保护装置的端子上承受雷电(或操作)冲击的最大允许电压峰值。

4.22

性能指标 performance criterion

选择绝缘的基准,以使得作用于设备上的各类电压所引起损伤设备的绝缘或影响连续运行的概率降低到经济上和运行上可接受的水平。通常用术语绝缘结构可接受的故障率(每年故障数,两次故障之间年数,故障风险等)来表示这个指标。

4.23

耐受电压 withstand voltage

在规定的条件下进行耐压试验时施加的试验电压值。在耐压试验期间允许出现规定破坏性放电的次数。耐受电压为:

a) 惯用设定耐受电压。此时允许发生破坏性放电次数为零,即其耐受概率 $P_w=100\%$。

b) 统计耐受电压。允许的破坏性放电次数与规定的耐受概率有关,本部分中规定的耐受概率 $P_w=90\%$。

注:在本部分中,对非自恢复绝缘规定用惯用的设定耐受电压;而对自恢复绝缘规定用统计耐受电压。

4.24

配合耐受电压 co-ordination withstand voltage

U_{cw}

在实际运行条件下,对每种类型电压,绝缘结构满足性能指标的耐受电压值。

4.25

配合因数 co-ordination factor

K_c

必须与代表性过电压值相乘的因数以得到配合耐受电压值。

4.26

标准参考大气条件 standard reference atmospheric conditions

施加标准耐受电压的大气条件(见 3.2)。

4.27

要求耐受电压 required withstand voltage

U_{rw}

在标准耐受试验中,绝缘必须耐受的试验电压以保证绝缘在实际运行条件下和整个寿命期间内承受给定种类过电压时仍能满足性能指标。要求耐受电压具有配合耐受电压的波形,并且规定用按照所选择全部标准耐受试验条件来检验要求耐受电压。

4.28

大气修正因数 atmospheric correction factor

K_t

考虑到运行时平均大气条件和标准参考大气条件之间的差别,对配合耐受电压进行修正的因数。此因数仅适用于外绝缘。

注 1：考虑到试验期间实际的大气条件和标准参考大气条件之间的差异，允许用因数 K_t 对试验电压进行修正。对于因数 K_t，考虑的大气条件有大气压力、温度和湿度。

注 2：对绝缘配合，通常仅需要考虑空气压力修正。

4.29

海拔修正因数　altitude correction factor

K_a

考虑到运行时海拔相应的平均压力和标准参考压力之间绝缘强度的差异，对配合耐受电压进行修正的因数。

注：海拔修正因数 K_a 是大气修正因数 K_t 的一部分。

4.30

安全因数　safety factor

K_s

除大气修正因数 K_t 以外，为了得到要求耐受电压，与配合耐受电压相乘的总的因数，该因数考虑到运行寿命期间的运行条件和标准耐受试验时的条件之间绝缘强度的所有其他差异。

4.31

设备或绝缘结构的实际耐受电压　actual withstand voltage of an equipment or insulation configuration

U_{aw}

标准耐受电压试验中能够施加到设备或绝缘结构上的试验电压的可能最高值。

4.32

试验换算因数　test conversion factor

K_{tc}

当选取标准耐受电压波形需要用不同类型的耐受电压波形替代时，对于给定的设备或绝缘结构，与该给定过电压类别的要求耐受电压相乘的因数。

注：对一给定的设备或绝缘结构将标准电压波形 a 换算到标准电压波形 b 的换算因数必须高于或等于标准电压波形 a 的实际耐受电压和标准电压波形 b 的实际耐受电压的比值。

4.33

额定耐受电压　rated withstand voltage

标准耐受电压试验中施加的试验电压值，用于验证绝缘能够承受一个或多个要求耐受电压。它是设备绝缘的额定值。

4.34

标准额定耐受电压　standard rated withstand voltage

U_w

本部分规定的额定耐受电压的标准值（见 6.7 和 6.8）。

4.35

额定绝缘水平　rated insulation level

表示绝缘介电强度的一组额定耐受电压。

4.36

标准绝缘水平　standard insulation level

本部分中规定的与 U_m 有关的一组标准额定耐受电压（见表 2 和表 3）。

4.37

标准耐受电压试验　standard withstand voltage test

在规定条件下，为了验证绝缘满足标准额定耐受电压所进行的绝缘试验。

本部分中标准耐受电压试验包括：

——短时工频电压试验；

——操作冲击电压试验；

——雷电冲击电压试验；

——联合操作冲击电压试验；

——联合电压试验。

注 1：在 GB/T 16927.1 中给出有关标准耐受电压试验更详细的资料(试验电压波形亦可见表 1)。

注 2：如有要求，特快波前冲击标准耐受电压试验应由有关技术委员会规定。

5 符号和缩略语

下列符号和缩略语适用于本文件。

5.1 下标

p-e：与相对地有关的；

t-t：与纵绝缘有关的；

max：最大的；

p-p：与相间有关的。

5.2 字母符号

f：频率；

k：接地故障因数；

K_t：大气修正因数；

K_a：海拔修正因数；

K_c：配合因数；

K_s：安全因数；

K_{tc}：试验换算因数；

P_w：耐受概率；

T_1：波前时间；

T_2：电压降低到半峰值的时间；

T_p：到峰值时间；

T_t：总的过电压持续时间；

U_{aw}：设备或绝缘结构的实际耐受电压；

U_{cw}：配合耐受电压；

U_m：设备最高电压；

U_n：系统标称电压；

U_{pl}：避雷器的雷电冲击保护水平；

U_{ps}：避雷器的操作冲击保护水平；

U_{rp}：代表性过电压；

U_{rw}：要求耐受电压；

U_s：系统最高电压；

U_w：标准额定耐受电压。

5.3 缩略语

FFO:快波前过电压

ACWV:设备或绝缘结构的标准额定短时工频耐受电压

LIPL:避雷器的雷电冲击保护水平

SIPL:避雷器的操作冲击保护水平

SFO:缓波前过电压

TOV:暂时过电压

VFFO:特快波前过电压

6 绝缘配合

6.1 绝缘配合方法

绝缘配合方法有确定性法(惯用法)、统计法及简化统计法。

由于在试验时设备绝缘需要施加的冲击电压次数较多,而且电压幅值可能超过额定耐受电压值,并需对系统的过电压进行广泛深入的研究,故绝缘配合统计法在实际应用上受到某些限制,但用于各种因素影响的敏感度分析是很有效的。

当降低绝缘水平具有显著经济效益,特别是当操作过电压成为控制因素时,统计法才特别有价值。因此,在本部分中统计法仅用于U_m为 252 kV 以上的设备的操作过电压下的绝缘配合。

在所有电压范围内,当设备绝缘主要是非自恢复型时,为检验耐受强度是否得到保证,一般只能施加有限次数的冲击(如在给定条件下施加 3 次)。因此,尚不能考虑将绝缘故障率作为定量的设计指标,统计法至今仅用于自恢复型绝缘。

在简化统计法中,对概率曲线的形状作了若干假定(如已知标准偏差的正态分布),从而可用与一给定概率相对应的点来代表一条曲线。在过电压概率曲线中称该点的纵坐标为"统计过电压",其概率不大于 2%,而在耐受电压曲线中则称该点的纵坐标为"统计冲击耐受电压",设备的冲击耐受电压的参考概率取为 90%。

绝缘配合的简化统计法是对某类过电压在统计冲击耐受电压和统计过电压之间选取一个统计配合系数,使所确定的绝缘故障率从系统的运行可靠性和费用两方面来看是可以接受的。

绝缘配合的确定性法(惯用法)的原则是在惯用过电压(即可接受的接近于设备安装点的预期最大过电压)与耐受电压之间,按设备制造和电力系统的运行经验选取适宜的配合系数。

6.2 绝缘配合程序的一般概况

绝缘配合程序包括选取设备的最高电压以及与之相应的、表征设备绝缘特性的一组标准耐受电压。图 1 给出了程序的框图,6.3~6.6 描述了其步骤。选择一组最优的U_w可能需要反复考虑程序的某些输入数据,并重复此程序的某些部分。

宜从 6.7 和 6.8 给出的标准额定耐受电压系列数中选取额定耐受电压。所选取的工频、冲击标准电压构成额定绝缘水平。按照 6.10,如果多个标准额定耐受电压与相同的U_m相关联,则表 2、表 3 中同一横栏中的电压构成标准绝缘水平。

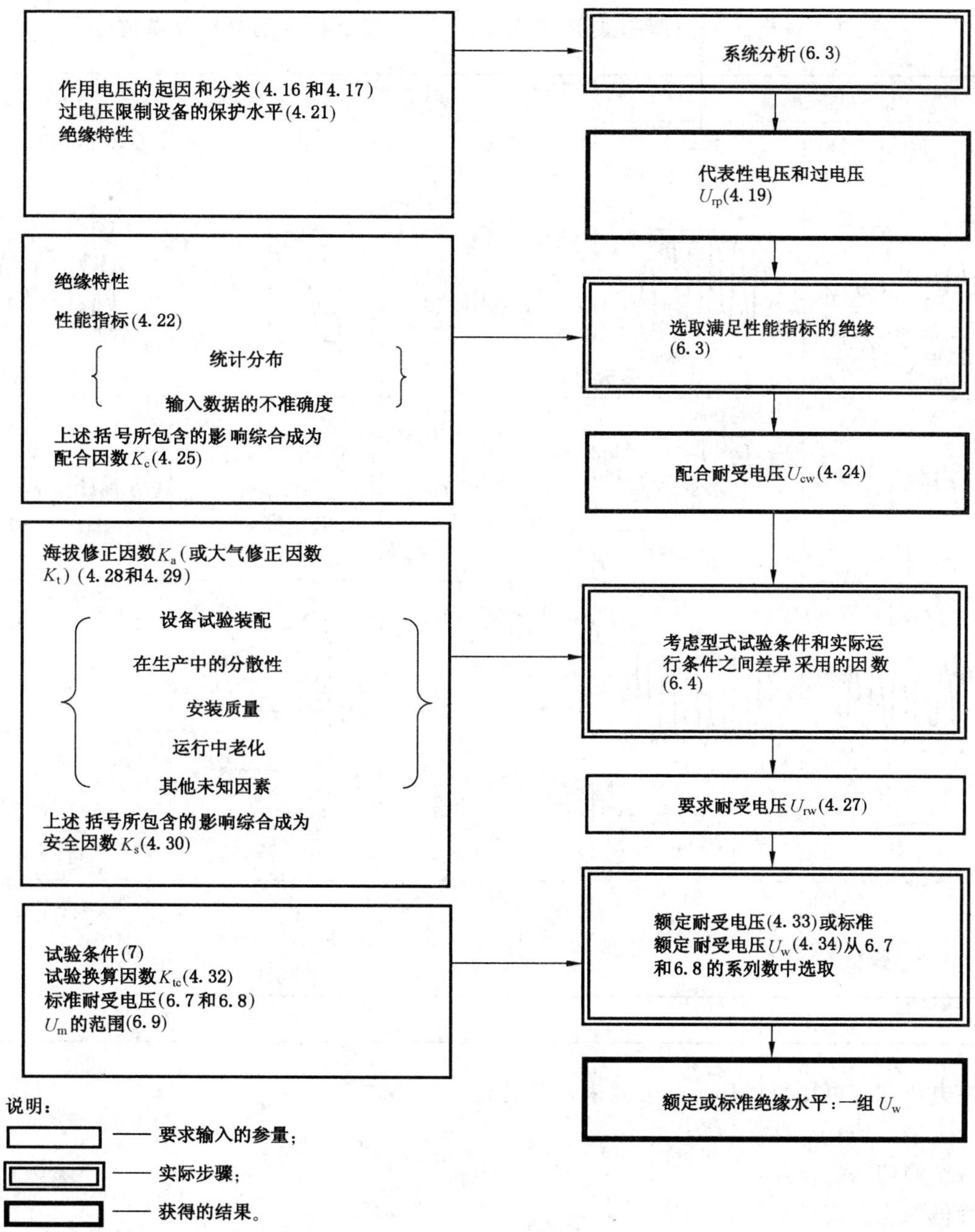

注 1:图中绝缘特性是指内绝缘、外绝缘、自恢复绝缘、非自恢复绝缘、相对地绝缘、相间绝缘、纵绝缘以及绝缘材料介质特性等。

注 2:括号中的是相应条款号。

图 1　确定额定或标准绝缘水平的流程图

6.3　代表性电压和过电压(U_{rp})的确定

应当采用系统分析(包括过电压防护和限制装置的选择和位置)来确定作用于绝缘上的电压和过电压的幅值、波形和持续时间。

对于每一类型的电压和过电压,系统分析用于确定代表性电压和过电压,分析时应考虑在系统中电压和过电压波形作用下和表 1 中给出的标准耐受电压试验施加的标准电压波形作用下绝缘性能的差异。

表 1　过电压的类型和波形、标准电压波形以及标准耐受电压试验

类别	低频电压		瞬态电压		
	持续	暂时	缓波前	快波前	特快波前
电压波形	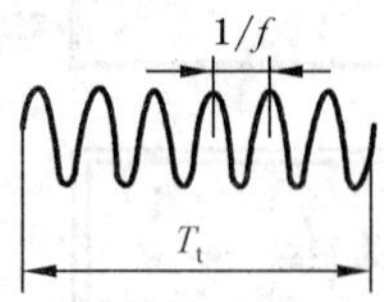	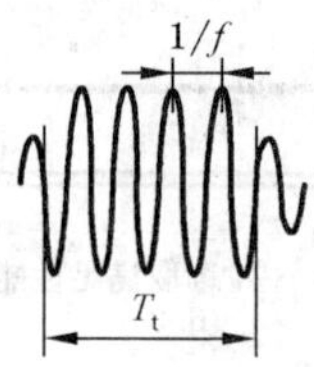	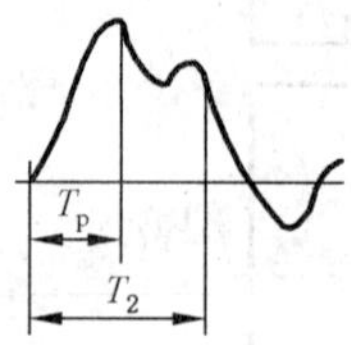	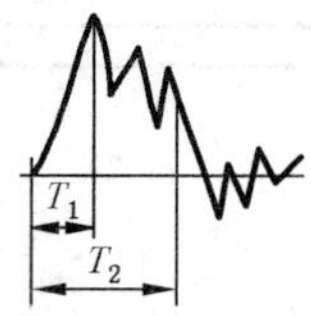	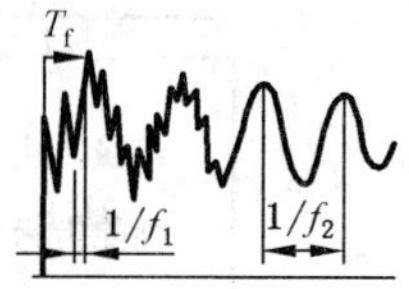
电压波形范围	f=50 Hz $T_t \geqslant$3 600 s	10 Hz<f<500 Hz 0.02 s$\leqslant T_t$ $\leqslant$3 600 s	20 μs<T_p $\leqslant$5 000 μs $T_2 \leqslant$20 ms	0.1 μs<$T_1 \leqslant$ 20 μs $T_2 \leqslant$300 μs	$T_f \leqslant$100 ns 0.3 MHz<f_1<100 MHz 30 kHz<f_2<300 kHz
标准电压波形	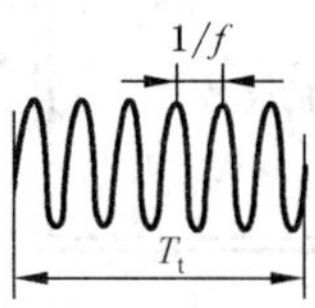 f=50 Hz T_t[a]	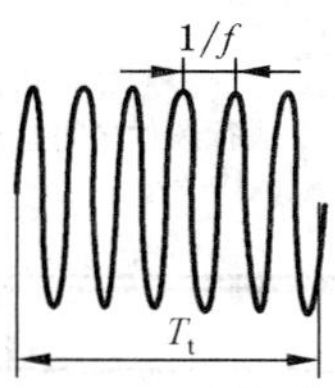 45 Hz$\leqslant f \leqslant$55 Hz T_t=60 s	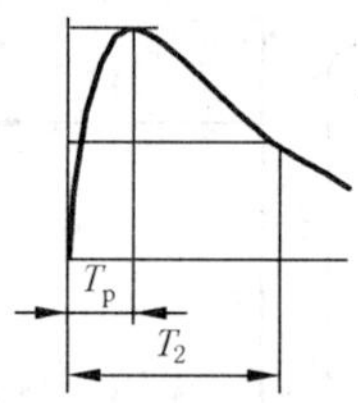 T_p=250 μs $T_2 \leqslant$2 500 μs	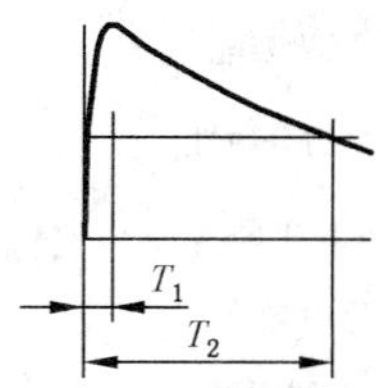 T_1=1.2 μs T_2=50 μs	a
标准耐压试验	a	短时工频试验	操作冲击试验	雷电冲击试验	a

[a] 由有关技术委员会规定。

代表性电压和过电压可以用下述方式表示其特性：

——设定最大值；或

——一组峰值；或

——峰值的完整统计分布。

注：在最后一种情况下，可能必须考虑过电压波形的附加特性。

当认为采用设定最大值合适时，各种类型的代表性电压和过电压应是：

——持续的工频电压的有效值等于系统最高电压，且持续时间与设备寿命相当的工频电压；

——暂时过电压的有效值等于暂时过电压的设定最大值除以$\sqrt{2}$的标准短时工频电压；

——缓波前过电压具有峰值等于缓波前过电压设定最大峰值的标准操作冲击电压；

——快波前过电压具有峰值等于相对地快波前过电压设定最大峰值的标准雷电冲击电压；

注：对于三相共箱的 GIS 和 GIL，且对于给定的 U_m 的绝缘水平选取其中最低的数值时，可能需要考虑相间过电压。

——特快波前过电压：这类过电压的特性正在考虑中；

——缓波前相间过电压：具有峰值等于缓波前相间过电压设定最大峰值的标准联合操作冲击电压；

——缓波前或快波前纵向过电压：由标准操作[或雷电]冲击电压和工频电压组成的一种联合电压，其每一分量的峰值分别等于相应的设定最大峰值，而其冲击的峰值时刻与反极性工频峰值时刻相一致。

6.4 配合耐受电压(U_{cw})的确定

配合耐受电压的确定主要是要确定绝缘在运行条件下受到代表性过电压作用时能满足性能指标的最低耐受电压值。

绝缘的配合耐受电压具有相应类型的代表性过电压的波形，其值由代表性过电压值乘以配合因数求得。配合因数的数值取决于估计代表性过电压的准确性、经验，或采用统计法对过电压以及绝缘特性分布的评估。

配合耐受电压可用惯用设定耐受电压或统计耐受电压来确定，用不同的耐受电压(惯用设定或统计)会影响所采用的确定程序以及配合因数的值。

过电压的模拟计算同时结合对有关绝缘特性进行故障风险评估，则允许不经过确定代表性过电压的中间步骤而直接确定统计配合耐受电压。

6.5 要求耐受电压(U_{rw})的确定

确定绝缘的要求耐受电压时，需要把配合耐受电压换算到适当的标准试验条件。用配合耐受电压乘以弥补绝缘在实际运行和标准耐受试验时的条件之间的差别的因数来求得要求耐受电压。

该因数应包括通过大气修正因数 K_t 来补偿大气条件的差异以及通过安全因数 K_s 弥补下述影响。

安全因数 K_s 中包括的影响有：

——设备试验装配；

——在生产中的分散性；

——安装质量；

——运行中老化；

——其他未知因素。

然而，如果这些影响不能逐个地估算，应采用根据经验得出的总的安全因数(见 GB/T 311.2)。

大气修正因数 K_t 仅适用于外绝缘。考虑到标准参考大气条件和预期的运行条件之间的差别，必须用 K_t 进行修正。

对于海拔修正，海拔修正因数 K_a 仅考虑了设备所处地点相应海拔的平均空气压力。无论海拔如何，都必须用海拔修正因数 K_a 进行修正。

6.6 额定绝缘水平的选择

额定绝缘水平的选择是指选取足以证明绝缘满足全部要求耐受电压最经济的一组标准额定耐受电压(U_w)。

设备最高电压选为等于或高于设备安装处的最高运行电压的标准值 U_m。

对于安装在与绝缘相关的正常环境条件中的设备，U_m 至少应等于 U_s。

对于安装在与绝缘相关的正常环境条件以外的设备，根据其特殊需要，可以选择高于 U_m 的标准值，该值等于或高于 U_s 值。

注：作为例子，如果设备安装在海拔高于 1 000 m 的场合，为了补偿外绝缘耐受电压的降低，可以选择高于 U_m 的下一个标准值，该值等于或高于 U_s 值。

试验的标准化以及证明满足 U_m 的有关试验电压的选取，由有关技术委员会考虑(如污秽试验、局部放电试验等)。

为了验证满足要求的暂时、缓波前及快波前耐受电压的耐受电压，对于相对地、相间和纵绝缘的耐受电压的波形可与要求耐受电压的波形相同，也可以不同，最终应根据绝缘的固有特性来选取。

额定耐受电压值应从 6.7 和 6.8 给出的标准额定耐受电压的系列数中选取等于或高于下述情况的下一个标准值：

——相同波形情况下的要求耐受电压；

——不同波形情况下的要求耐受电压乘以有关的试验换算因数。

注：允许采用单个标准额定耐受电压验证满足多个类型要求耐受电压，因此可以减少额定耐受电压的数量，同时确定了额定绝缘水平(见 6.10)。

对于处在正常环境条件的设备，额定绝缘水平应优先从与适用的设备最高电压相应的表 2 和表 3 中选取，以满足这些额定耐受电压。

验证满足特快波前要求耐受电压的标准额定耐受电压的选择由有关技术委员会考虑。

对于避雷器，一般来说绝缘外套的要求耐受电压不应从 6.7 和 6.8 的系列数中选取，可按照 GB 11032 给出的保护水平 U_{pl} 和 U_{ps} 乘以适当的因数来求得。

6.7 标准额定短时工频耐受电压系列

下列数值是已经标准化了的以千伏(kV)表示的工频电压有效值：

10,20,28,38,42,50,70,85,95,115,140,185,230,275,325,360,395,460,510,570,630,680,710,740,790,830,900,960,975,1 050,1 100,1 200。

6.8 标准额定冲击耐受电压系列

下列数值是已经标准化了的以千伏(kV)表示的耐受电压峰值：

20,40,60,75,95,125,145,170,185,200,250,325,380,450,550,650,750,850,950,1 050,1 175,1 300,1 425,1 550,1 675,1 800,1 950,2 100,2 250,2 400,2 550,2 700,2 900,3 100。

6.9 设备最高电压的范围

设备最高电压分为两个范围：

范围Ⅰ：1 kV<U_m≤252 kV(见表 2)。此范围包括输电和配电系统中的设备。因此，不同运行方式应在选取设备额定绝缘水平时予以考虑。

范围Ⅱ：252 kV 以上(见表 3)。此范围主要为输电系统。

6.10 标准绝缘水平的选择

为了加强标准化以及充分利用按标准设计的系统的运行经验，标准额定耐受电压与设备的最高电压之间的对应关系已标准化。

标准额定耐受电压与设备的最高电压相关联，对范围Ⅰ按表 2，范围Ⅱ按表 3。这些标准额定耐受电压仅适用于正常环境条件且已经修正到了标准参考大气条件。

只有表中同一横栏中的一组绝缘水平才能构成标准绝缘水平。

此外，下面是相间绝缘和纵绝缘的标准化组合：

——对于范围Ⅰ内的相间绝缘，标准额定短时工频和雷电冲击耐受电压等于相应的相对地耐受电压(表 2)。然而，在括号内的数值可能不足以证明满足要求耐受电压而可能需要附加相间耐受电压试验。

——对于范围Ⅱ内的相间绝缘，标准雷电冲击耐受电压等于相对地雷电冲击耐受电压。

——对于范围Ⅰ内的纵绝缘，标准额定短时工频和雷电冲击耐受电压等于相应的相对地耐受电压(表 2)。

——对于范围Ⅱ内的纵绝缘，联合耐受电压的标准操作冲击分量在表 3 中给出，而反极性工频分量的峰值为 $U_m\times\sqrt{2}/\sqrt{3}$。

——对于范围Ⅱ内的纵绝缘，联合耐受电压的标准雷电冲击分量等于相应的相对地耐受电压(表 3)，而反极性工频分量的峰值为 $(0.7\sim1.0)\times U_m\times\sqrt{2}/\sqrt{3}$。

考虑到不同的性能指标或过电压类型，对大多数设备的最高电压可预计到不只一种优先选用的组合。

对此种优先选用的组合，只需用两种标准额定耐受电压足以定义设备的额定绝缘水平：

a) 对于范围Ⅰ内的设备：
——标准额定雷电冲击耐受电压；和
——标准额定短时工频耐受电压。

b) 对于范围Ⅱ内的设备：
——标准额定操作冲击耐受电压；和
——标准额定雷电冲击耐受电压。

如果经过技术上和经济上的论证也可以采用其他组合，但均应遵循6.1～6.9中的建议。因此，把最后得到的这组标准额定耐受电压称为额定绝缘水平。特殊的例子是：

——外绝缘，对范围Ⅰ内较高的 U_m，规定用标准额定操作冲击耐受电压代替标准额定短时工频耐受电压可能更经济；

——对范围Ⅱ内的内绝缘，高的暂时过电压可能要求规定标准额定短时工频耐受电压。

6.10.1 设备的绝缘水平与所考虑的设备类型有关，并且无论用统计法或惯用法，这些绝缘水平都可选用。

6.10.2 对同一设备最高电压，有的在表2和表3中给出两个及以上的绝缘水平。在选用设备的额定耐受电压及其组合时应考虑到电网结构及过电压水平、过电压保护装置的配置及其性能、设备类型及绝缘特性、可接受的绝缘故障率等。

6.10.3 在某些情况下，可能需要不同于表2或表3中的额定耐受电压值，此时宜从本部分6.7和6.8的标准值中选取。

6.10.4 各类输变电设备，可取与变压器相同的或高一些的绝缘水平，应在有关设备标准中规定。为便于制定有关设备标准，表4和表5分类给出设备的额定耐受电压值。

6.10.4.1 各类设备的额定雷电冲击耐受电压列于表4。

对变压器类设备应进行雷电冲击截波耐受电压试验，其幅值可比额定雷电冲击耐受电压值高10%左右。截波冲击试验系统的构成应使记录的冲击截波的跌落时间尽可能短。截波过零系数不大于0.3；截断跌落时间一般不大于0.7 μs。

6.10.4.2 各类设备的短时工频耐受电压列于表5。

6.10.4.3 分级绝缘电力变压器中性点的绝缘水平列于表6。

表2 范围Ⅰ（1 kV < U_m ≤ 252 kV）的标准绝缘水平　　单位为千伏

系统标称电压 U_s（有效值）	设备最高电压 U_m（有效值）	额定雷电冲击耐受电压（峰值）		额定短时工频耐受电压（有效值）
		系列Ⅰ	系列Ⅱ	
3	3.6	20	40	18
6	7.2	40	60	25
10	12.0	60	75 90	30/42[c]；35
15	18	75	95 105	40；45
20	24.0	95	125	50；55
35	40.5	185/200[a]		80/95[c]；85

表 2（续）

单位为千伏

系统标称电压 U_s（有效值）	设备最高电压 U_m（有效值）	额定雷电冲击耐受电压（峰值）		额定短时工频耐受电压（有效值）
		系列Ⅰ	系列Ⅱ	
66	72.5	325		140
110	126	450/480[a]		185;200
220	252	(750)[b]		(325)[b]
		850		360
		950		395
		1 050		460

注：系统标称电压 3 kV～ 20 kV 所对应设备系列Ⅰ的绝缘水平，在我国仅用于中性点直接接地（包括小电阻接地）系统。

[a] 该栏斜线下之数据仅用于变压器类设备的内绝缘。

[b] 220 kV 设备，括号内的数据不推荐使用。

[c] 该栏斜线上之数据为设备外绝缘在湿状态下之耐受电压（或称为湿耐受电压）；该栏斜线下之数据为设备外绝缘在干燥状态下之耐受电压（或称为干耐受电压）。在分号“;”之后的数据仅用于变压器类设备的内绝缘。

表 3　范围Ⅱ（U_m＞252 kV）的标准绝缘水平

单位为千伏

系统标称电压 U_s（有效值）	设备最高电压 U_m（有效值）	额定操作冲击耐受电压（峰值）					额定雷电冲击耐受电压（峰值）		额定短时工频耐受电压（有效值）
		相对地	相间	相间与相对地之比	纵绝缘[b]		相对地	纵绝缘	相对地
1	2	3	4	5	6	7	8	9	10[c]
330	363	850	1 300	1.50	950	850 (+295)[a]	1 050	见 6.10 规定	(460)
		950	1 425	1.50			1 175		(510)
500	550	1 050	1 675	1.60	1 175	1 050 (+450)[a]	1 425		(630)
		1 175	1 800	1.50			1 550		(680)
		1 300[d]	1 950	1.50			1 675		(740)
750	800	1 425	—	—	1 550	1 425 (+650)[a]	1 950		(900)
		1 550	—	—			2 100		(960)
1 000	1 100	—	—	—	1 800	1 675 (+900)[a]	2 250	2 400 (+900)[a]	(1 100)
		1 800	—	—			2 400		

[a] 栏 7 和栏 9 括号中之数值是加在同一极对应端子上的反极性工频电压的峰值。

[b] 绝缘的操作冲击耐受电压选取栏 6 或栏 7 之数值，决定于设备的工作条件，在有关设备标准中规定。

[c] 栏 10 括号内之短时工频耐受电压值 IEC 60071-1 未予规定。

[d] 表示除变压器以外的其他设备。

表 4　各类设备的雷电冲击耐受电压

单位为千伏

系统标称电压（有效值）	设备最高电压（有效值）	额定雷电冲击耐受电压（峰值）						截断雷电冲击耐受电压（峰值）
		变压器	并联电抗器	耦合电容器、电压互感器	高压电力电缆	高压电器类	母线支柱绝缘子、穿墙套管	变压器类设备的内绝缘
3	3.6	40	40	40	—	40	40	45
6	7.2	60	60	60	—	60	60	65
10	12	75	75	75	—	75	75	85
15	18	105	105	105	105	105	105	115
20	24	125	125	125	125	125	125	140
35	40.5	185/200[a]	185/200[a]	185/200[a]	200	185	185	220
66	72.5	325	325	325	325	325	325	360
		350	350	350	350	350	350	385
110	126	450/480[a]	450/480[a]	450/480[a]	450	450	450	530
		550	550	550	550	550		
220	252	850	850	850	850	850	850	950
		950	950	950	950 1 050	950 1 050	950 1 050	1 050
330	363	1 050	—	—	—	1 050	1 050	1 175
		1 175	1 175	1 175	1 175 1 300	1 175	1 175	1 300
500	550	1 425	—	—	1 425	1 425	1 425	1 550
		1 550	1 550	1 550	1 550	1 550	1 550	1 675
		—	1 675	1 675	1 675	1 675	1 675	—
750	800	1 950	1 950	1 950	1 950	1 950	1 950	2 145
		—	2 100	2 100	2 100	2 100	2 100	2 310
1 000	1 100	2 250	2 250	2 250	2 250	2 250	2 550	2 400
		—	2 400	2 400	2 400	2 400	2 700	2 560

注 1：表中所列的 3 kV～20 kV 的额定雷电冲击耐受电压为表 2 中系列 II 绝缘水平。

注 2：对高压电力电缆是指热态状态下的耐受电压。

[a] 斜线下之数据仅用于该类设备的内绝缘。

表 5 各类设备的短时(1 min)工频耐受电压(有效值)

单位为千伏

系统标称电压(有效值)	设备最高电压(有效值)	内绝缘、外绝缘(湿试/干试)				母线支柱绝缘子	
		变压器	并联电抗器	耦合电容器、高压电器类、电压互感器、电流和穿墙套管	高压电力电缆	湿试	干试
1	2	3[a]	4[a]	5[b]	6[b]	7	8
3	3.6	18	18	18/25		18	25
6	7.2	25	25	23/30		23	32
10	12	30/35	30/35	30/42		30	42
15	18	40/45	40/45	40/55	40/45	40	57
20	24	50/55	50/55	50/65	50/55	50	68
35	40.5	80/85	80/85	80/95	80/85	80	100
66	72.5	140 160	140 160	140 160	140 160	140 160	165 185
110	126	185/200	185/200	185/200	185/200	185	265
220	252	360	360	360	360	360	450
		395	395	395	395	395	495
					460		
330	363	460	460	460	460		
		510	510	510	510 570	570	
500	550	630	630	630	630		
		680	680	680	680	680	
				740	740		
750	800	900	900	900	900	900	
				960	960		
1 000	1 100	1 100[c]	1 100	1 100	1 100	1 100	

注：表中 330 kV～1 000 kV 设备之短时工频耐受电压仅供参考。

[a] 该栏斜线下的数据为该类设备的内绝缘和外绝缘干耐受电压；该栏斜线上的数据为该类设备的外绝缘湿耐受电压。

[b] 该栏斜线下的数据为该类设备的外绝缘干耐受电压。

[c] 对于特高压电力变压器，工频耐受电压时间为 5 min。

表 6 电力变压器中性点绝缘水平

单位为千伏

系统标称电压（有效值）	设备最高电压（有效值）	中性点接地方式	雷电全波和截波耐受电压（峰值）	短时工频耐受电压（有效值）（内、外绝缘，干试与湿试）
110	126	不固定接地	250	95
220	252	固定接地	185	85
		不固定接地	400	200
330	363	固定接地	185	85
		不固定接地	550	230
500	550	固定接地	185	85
		经小电抗接地	325	140
750	800	固定接地	185	85
1 000	1 100	固定接地	325	140
			185	85

6.11 标准绝缘水平的背景

6.11.1 概述

表 2 和表 3 中给出的标准绝缘水平反映了世界的经验，并考虑了现代的保护装置和过电压限制措施。特定的标准绝缘水平的选取应该符合 GB/T 311.2 中规定的绝缘配合程序并考虑特定设备的绝缘特性。

在范围Ⅰ中，标准额定短时工频耐受电压或者标准额定雷电冲击耐受电压应覆盖相对地和相间的操作冲击要求耐受电压以及纵绝缘的要求耐受电压。

在范围Ⅱ中，如果有关技术委员会没有要求具体的数值，则标准额定操作冲击耐受电压应覆盖短时工频要求耐受电压。

为了满足这些一般要求，应该将要求耐受电压乘以换算因数换算到标准额定耐受电压波形下的相应值。对于额定耐受电压，根据现有试验结果确定的换算因数是一个偏保守的值。

验证设备内绝缘老化或外部污秽所需进行的长时间工频试验由有关技术委员会考虑。

6.11.2 标准额定操作冲击耐受电压

表 3 中，与每一个设备最高电压关联的标准额定操作冲击耐受电压是在考虑了下述因素后选取的：

a) 对受避雷器保护的设备：
——暂时过电压的预期值；
——现有的避雷器特性；
——避雷器的保护水平或操作过电压的预期值与设备的操作冲击耐受电压之间的配合因数和安全因数。

b) 对不受避雷器保护的设备：
——考虑到设备安装地点可能出现的过电压的范围，破坏性放电的可接受风险；
——对过电压的控制程度通常要考虑经济性，可通过仔细选择开关装置和系统设计。

6.11.3 标准额定雷电冲击耐受电压

在表3中，与每一个设备最高电压关联的标准额定雷电冲击耐受电压是在考虑了下述因素后选取的：

a) 对受紧靠避雷器保护的设备，可以选取较低的雷电冲击耐受电压值。但需考虑避雷器的雷电冲击保护水平和操作冲击保护水平的比值，且增加适当的裕度；

b) 对不受避雷器保护（或者没有有效保护）的设备，应该选取标准雷电冲击耐受电压中较高的值。这些较高的数值基于设备（例如，断路器、隔离开关、互感器等）外绝缘的雷电和操作冲击耐受电压的典型比值。应该主要根据外绝缘耐受操作冲击试验电压的能力来确定绝缘设计。

c) 在很少的极端情况下，对于较高的雷电冲击耐受电压值应采取必要的措施。这些数值应从6.7和6.8给出的标准值系列数中选取。

7 耐受电压试验的要求

7.1 一般要求

进行标准耐受电压试验的目的是为了证明在合适的置信度下绝缘的实际耐受电压不低于规定的相应耐受电压。除非有关技术委员会另有规定，在耐受电压试验中所施加的电压是额定耐受电压。

通常，耐受电压试验包括在标准情况下（由有关技术委员会规定的试验布置和标准参考大气条件）进行的干试验。然而，对无气候防护的外绝缘，标准短时工频耐受电压试验和操作冲击耐受电压试验包括GB/T 16927.1中规定条件下的湿试验。

湿试验期间，在加电压情况下雨水应同时淋在试品所在周围空间和绝缘表面上。

如果在试验室中的大气条件与标准参考大气条件不同，则试验电压应按照GB/T 16927.1进行修正。

所有冲击耐压试验应以两种极性进行，除非有关技术委员会规定仅需进行一种极性。

当证实在某一条件（干试或湿试）或某一极性或这些的组合情况下的试验呈现最低耐受电压时，则耐受电压试验可仅在这种特定条件进行。

在试验期间产生的绝缘损坏是判别试品合格与否的依据。有关技术委员会应对损坏的情况作出规定，并规定检测它的方法。

如果相间绝缘（或纵绝缘）的标准额定耐受电压等于相对地绝缘的标准额定耐受电压时，推荐相间（或纵）绝缘试验和相对地试验合并进行（两个相端子中的一个端子接地）。

7.2 短时工频耐受电压试验

短时工频耐受电压试验是对绝缘结构端子施加一规定的额定耐受电压，持续时间为60 s。

除非有关技术委员会另有规定，如果没有出现破坏性放电，则认为绝缘通过试验。然而，如果在湿试验期间自恢复绝缘上发生一次破坏性放电，可再重复一次试验，如果不再发生破坏性放电，则认为设备通过了试验。

当试验无法进行时（例如具有非全绝缘的变压器），有关技术委员会可规定试验电压频率达数百赫兹持续时间小于60 s。除非另有规定，试验电压值应是相同的。

7.3 标准冲击耐受电压试验

标准冲击耐受电压试验是对绝缘结构端子施加规定次数的标准额定耐受电压。可以选择不同的试验程序以验证耐受电压满足运行经验表明的可接受的置信度。

有关技术委员会应从下列标准化了的试验程序中进行选择（这些程序的详细说明可参

见GB/T 16927.1)：

——耐受电压试验程序 A：3 次冲击耐压试验，不允许有破坏性放电发生。

——耐受电压试验程序 B：15 次冲击耐受电压试验，在自恢复绝缘上允许发生最多 2 次破坏性放电。

——耐受电压试验程序 C：3 次冲击耐受电压试验，若在自恢复绝缘上发生 1 次破坏性放电，则再追加 9 次冲击试验，此时不允许发生破坏性放电。

——耐受电压试验程序 D：

自恢复绝缘的 10% 冲击破坏性放电电压 U_{10} 可由以下关系式从 50% 冲击破坏性放电电压 U_{50} 导出：

$$U_{10}=U_{50}(1-1.3s^*)$$

U_{50} 可以采用以下方法进行试验得出：

估算 U_{50} 的升降法：每级冲击次数 $n=1$，有效冲击次数 $m \geqslant 20$ 的升降冲击耐受试验。

这种方法仅在 GB/T 16927.1 中规定的标准偏差标幺值 s^* 已知情况下推荐使用。使用时建议 s^* 的数值为：对操作冲击 $s^*=6\%$；雷电冲击 $s^*=3\%$，而且只有在已知操作冲击 $s^* \leqslant 6\%$，雷电冲击 $s^* \leqslant 3\%$ 时使用，否则应该使用其他方法。

估算 U_{10} 的试验方法：可采用每级不超过 7 次冲击，至少 8 个有效电压级的升降法。

上述全部试验程序，在非自恢复绝缘上均不允许发生破坏性放电。

对设备非自恢复绝缘与自恢复绝缘并存时，优先选用 GB/T 16927.1 中的耐受电压试验程序 B。

注：由于此部分内容对应的 IEC 60071-1：2006 版引用的是 IEC 60060-1：1989 版相应内容，在本部分制定时 IEC 60060-1：2010 版中已经对此部分内容做了修订，本部分进行了修改引用。

7.4 替代试验

当按标准试验条件进行耐受电压试验太昂贵或太困难，或甚至不可能时，有关技术委员会应该规定检验有关标准额定耐受电压的最好办法。一种可能的办法是进行替代试验。

替代试验由一个或多个不同的试验条件(试验布置、试验电压的数值和类型等)组成。因此必须证明破坏性放电发展的物理条件与标准条件一致。

注：一个典型的例子是底座对地绝缘时对纵绝缘试验使用单个电压源代替联合电压试验。在这种情况下，上述有关破坏性放电的发展对替代试验是非常严格的条件。

7.5 范围Ⅰ内设备的相间和纵绝缘的标准耐受电压试验

7.5.1 工频试验

对于某些 126 kV$\leqslant U_m \leqslant$252 kV 的设备的相间(或纵)绝缘工频耐受电压可能高于表 2 中列出的相对地工频耐受电压。在此情况下最好用两个电压源进行试验。一端加相对地工频耐受电压而另一端加相间(或纵绝缘)工频耐受电压与相对地工频耐受电压的差值。接地端子应接地。

试验也可选择下述之一进行替代：

——用两个相等的反相工频电压源，每相端子上施加二分之一相间(或纵)绝缘工频耐受电压。接地端子应接地。

——用一个工频电压源。接地端子对地绝缘，且允许接地端子承受足以避免对地或对接地端子发生破坏性放电的对地电压。

注：如果在运行中接地的端子在试验时承受电压对相端子上的电气强度有影响，(如 $U_m \geqslant$72.5 kV 的压缩气体中的纵绝缘)，应采取措施使得该电压尽可能地接近于相间(或纵)绝缘试验电压和相对地绝缘试验电压之间的差值。

7.5.2 相间(或纵)绝缘雷电冲击试验

相间(或纵)绝缘的雷电冲击耐受电压可能要求高于表 2 中列出的标准相对地耐受电压。在这种情况下,应在相对地绝缘试验之后不改变试验布置进行有关的试验。在评价试验结果时,不考虑导致对地发生破坏性放电的冲击。

如果对地放电次数不允许进行试验时,应采用联合试验,其冲击分量等于相对地雷电冲击耐受电压,而具有反极性峰值的工频分量等于相间(或纵绝缘)雷电冲击耐受电压和相对地雷电冲击耐受电压之差。作为替代方式,对外绝缘,有关技术委员会可以规定加强相对地绝缘。

7.6 范围Ⅱ内设备的相间和纵绝缘的标准耐受电压试验

应进行满足下列要求的联合电压耐受试验:

——试验布置应适当再现运行布置,特别是有关接地体的影响;

——试验电压的每个分量应为 6.10 规定的数值;

——接地端子应接地;

——在相间试验时,第三相的端子应移开或接地;

——在纵绝缘试验时,其他两相的端子应移开或接地。

应对相端子所有可能的组合进行重复试验,除非证明电气上为对称的,没必要进行重复试验。

在评价试验结果时,任何破坏性放电均应计算在内。由有关技术委员会给出试验的更详细的建议。

对于特殊的应用,有关技术委员会可能将适用于范围Ⅰ设备的相同试验程序扩展应用于范围Ⅱ的纵绝缘雷电冲击耐受试验中。

附　录　A
（规范性附录）
保证规定的冲击耐受电压的空气间隙

A.1　概述

对于不能作为整体进行试验的完整设施（例如，变电站），必须保证绝缘强度是足够的。

在标准参考大气条件下空气中的操作和雷电冲击耐受电压应该等于或大于本部分中规定的标准额定操作和雷电冲击耐受电压。根据该原则，确定了不同电极结构的最小距离。考虑到实际经验，采用了保守的方法来确定最小距离的规定值。

这些距离主要用于绝缘配合。安全要求可能导致距离明显增大。

表A.1、表A.2和表A.3适合于一般应用，因为它们提供了保证规定的绝缘水平的最小距离。

如果通过对实际或类似结构的试验证明标准冲击耐受电压已经满足，考虑到所有相关的可能导致电极表面不规则的环境条件，例如，雨、污秽，可以采用较低的数值。因此，这些距离不适用于技术规范中包括强制性冲击型式试验要求的设备，因为强制的最小距离可能妨碍设备的设计、提高其成本并妨碍技术进步。

如果能够通过运行经验确认过电压低于选择标准额定耐受电压时预期的数值或者间隙结构比推荐的间隙距离所假定的结构更有利，也可以采用较低的数值。

对于棒-构架型的电极结构以及对范围Ⅱ的导线-构架型的电极结构，表A.1给出了最小空气距离和标准额定雷电冲击耐受电压的关系。它们适用于相对地间隙以及相间的间隙（见表A.1下面的注）。

对于导线-构架型和棒-构架型的电极结构，表A.2给出了最小空气距离和相对地标准额定操作冲击耐受电压的关系。导线结构涵盖了正常使用结构很大范围。

对于导线-导线型和棒-导线型的电极结构，表A.3给出了最小相间空气距离和标准额定操作冲击耐受电压的关系。非对称的棒-导线结构实际中经常遇到的最不利的结构。导线-导线结构涵盖了所有的两相中具有相似电极形状的对称结构。

适用于实际运行中的空气距离按下述原则确定。

A.2　范围Ⅰ

对于标准额定雷电冲击耐受电压相对地和相间的空气距离根据表A.1确定。如果标准额定雷电冲击耐受电压和标准额定短时工频耐受电压的比值高于1.7，则标准额定短时工频耐受电压可以忽略。

表A.1　标准额定雷电冲击耐受电压和最小空气距离之间的关系（海拔1 000 m）

标准额定雷电冲击耐受电压 kV	最小空气距离 mm	
	棒-构架	导线-构架
20	60	
40	60	
75	120	
95	160	

表 A.1（续）

标准额定雷电冲击耐受电压 kV	最小空气距离 mm	
	棒-构架	导线-构架
125	220	
145	270	
170	320	
200	380	
250	480	
325	630	
380	750	
450	900	
550	1 100	
650	1 300	
750	1 500	
850	1 700	1 600
950	1 900	1 700
1 050	2 100	1 900
1 175	2 350	2 200
1 300	2 600	2 400
1 425	2 850	2 600
1 550	3 100	2 900
1 675	3 350	3 100
1 800	3 600	3 300
1 950	3 900	3 600
2 100	4 200	3 900
2 250	4 500	4 200
2 400	4 800	4 500
2 550	5 100	4 800
2 700	5 400	5 100

注：标准额定雷电冲击耐受电压适用于相对地和相间。对于相对地，最小距离适用于导线-构架以及棒-构架。对于相间，最小距离适用于棒-构架。

A.3 范围Ⅱ

对于标准额定雷电冲击耐受电压和标准额定操作冲击耐受电压的相对地距离分别是根据表 A.1 和表 A.2 确定的棒-构架的较高值。

对于标准额定雷电冲击耐受电压和标准额定操作冲击耐受电压的相间距离分别是根据表 A.1 棒-构架和表 A.3 棒-导线确定的较高值。

这些数仅在确定要求耐受电压时所考虑的海拔内是有效的。

需要承受标准额定雷电冲击耐受电压的范围Ⅱ中的纵绝缘的距离可以通过把 0.7 倍最高系统相对地电压峰值加上标准额定雷电冲击耐受电压后得到的电压除以 500 kV/mm 来求得。

对于范围Ⅱ中的纵绝缘标准额定操作冲击耐受电压需要的距离小于相应的相间距离。该距离通常仅出现在型式试验的设备中且本部分没有给出最小距离。

表 A.2 标准额定操作冲击耐受电压和最小相对地空气距离之间的关系

标准额定操作冲击耐受电压 kV	最小相对地距离/ mm	
	棒-构架	导线-构架
750	1 900	1 600
850	2 400	1 800
950	2 900	2 200
1 050	3 400	2 600
1 175	4 100	3 100
1 300	4 800	3 600
1 425	5 600	4 200
1 550	6 400	4 900
1 675	7 400	5 700
1 800	8 300	6 500
1 950	9 500	7 400

表 A.3 标准额定操作冲击耐受电压和最小相间空气距离之间的关系

标准额定操作冲击耐受电压			最小相间距离/ mm	
相对地 kV	相间值与相对地值之比值	相间值 kV	导线-导线 平行	棒-导线
750	1.50	1 125	2 300	2 600
850	1.50	1 275	2 600	3 100
850	1.60	1 360	2 900	3 400
950	1.50	1 425	3 100	3 600
950	1.70	1 615	3 700	4 300
1 050	1.50	1 575	3 600	4 200
1 050	1.60	1 680	3 900	4 600
1 175	1.50	1 763	4 200	5 000
1 300	1.70	2 210	6 100	7 400
1 425	1.70	2 423	7 200	9 000
1 550	1.60	2 480	7 600	9 400
1 550	1.70	2 635	8 400	10 000
1 675	1.65	2 764	9 100	10 900
1 675	1.70	2 848	9 600	11 400
1 800	1.60	2 880	9 900	11 600
1 800	1.65	2 970	10 400	12 300
1 950	1.60	3 120	11 300	13 300

附　录　B
（规范性附录）
海拔修正因数

B.1　绝缘配合的海拔修正

空气间隙的闪络电压取决于空气中的绝对湿度和空气密度。绝缘强度随温度和绝对湿度增加而增加；随空气密度减小而降低。湿度和周围温度的变化对外绝缘强度的影响通常会相互抵消。因此，作为绝缘配合的目的，本部分在确定设备外绝缘的要求耐受电压时，仅考虑了空气密度的影响。即：

$$K_t = \left(\frac{p}{p_0}\right)^m \qquad \cdots\cdots(B.1)$$

式中：

p——设备安装地点的大气压力，kPa；

p_0——标准参考大气压力 101.3 kPa；

m——空气密度修正指数（具体取值见 GB/T 16927.1）。

实际经验表明（参见 IEC 60721-2-3），气压随海拔高度呈指数下降。因此外绝缘电气强度也随海拔高度呈指数下降，于是在确定设备外绝缘绝缘水平时，可按式（B.2）进行海拔修正：

$$K_a = e^{q\frac{H}{8\,150}} \qquad \cdots\cdots(B.2)$$

式中：

H——设备安装地点的海拔高度，m；

q——指数，取值如下：

——对雷电冲击耐受电压，$q=1.0$；

——对空气间隙和清洁绝缘子的短时工频耐受电压，$q=1.0$；

——对操作冲击耐受电压，q 按图 B.1 选取。

注：指数 q 取决于包括在设计阶段未知的最小放电路径在内的各种参数。但是，作为绝缘配合的目的，图 B.1 中给出了 q 的保守估算，可用作操作冲击耐受电压的修正。

对污秽绝缘子，指数 q 是探讨性的。对长时间和短时工频耐受电压试验标准绝缘子的 q 值最低可取至 0.5，防雾型绝缘子 q 值最高可取至 0.8。

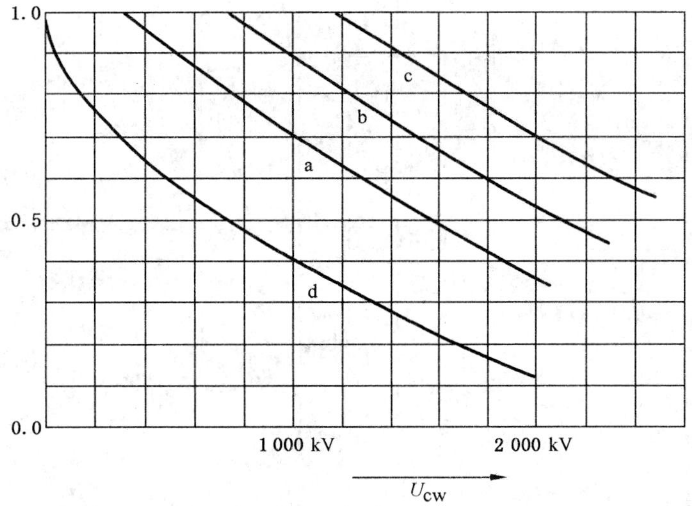

说明：

a——相对地绝缘；

b——纵绝缘；

c——相间绝缘；

d——棒-板间隙(标准间隙)。

注：对于由两个分量组成的电压，电压值是各分量的和。

图 B.1　指数 q 与配合操作冲击耐受电压的关系

本部分中外绝缘的要求耐受电压是将配合耐受电压乘以海拔修正因数 K_a 以及安全因数 K_s 来求得的。对外绝缘 K_s，GB/T 311.2—2002 规定为 1.05，由此，设备外绝缘的实际耐受电压不应低于按以上修正后的要求耐受电压。

B.2　运行在海拔低于 1 000 m 的设备

本部分给出的额定耐受电压是基于设备运行条件为正常环境条件。设备的额定绝缘水平已按 3.1 及 3.2 规定的使用条件(即海拔 1 000 m，温度 40 ℃)进行了修正，因此，额定耐受电压范围已涵盖所有海拔 1 000 m 及以下的外绝缘要求。

B.3　运行在海拔高于 1 000 m 的设备

对于设备安装在海拔高度高于 1 000 m 时，本部分规定的耐受电压范围可能不满足设备外绝缘实际耐受电压的要求。此时，在进行设备外绝缘耐受电压试验时，实际施加到设备外绝缘的耐受电压应根据表 2 和表 3 的额定绝缘水平按公式(B.3)进行海拔修正：

$$K_a = e^{q\left(\frac{H-1\,000}{8\,150}\right)} \qquad \text{(B.3)}$$

式中：

H ——设备安装地点的海拔高度，m；

q ——取值如 B.1 之规定。

ICS 83.160.01
G 41

中华人民共和国国家标准

GB/T 521—2012
代替 GB/T 521—2003

轮胎外缘尺寸测量方法

Test method of measuring peripheral dimensions for tyres

2012-07-31 发布　　2013-02-01 实施

中华人民共和国国家质量监督检验检疫总局
中国国家标准化管理委员会　发布

前　言

本标准按照 GB/T 1.1—2009 给出的规则起草。

本标准代替 GB/T 521—2003《轮胎外缘尺寸测量方法》。

本标准与 GB/T 521—2003 的主要技术差异如下：

——增加了“无内胎轮胎和有内胎轮胎测量时装用相应的轮辋”要求（见 5.2）；

——“标准轮辋”改为“测量轮辋”（见 5.2）；

——增加了有关摩托轮胎胎面磨耗标志高度测量三处的规定（见 6.4）；

——增加了对垫带展平方式的规定（见 6.6）。

本标准由中国石油和化学工业联合会提出。

本标准由全国轮胎轮辋标准化技术委员会（SAC/TC 19）归口。

本标准主要起草单位：三角轮胎股份有限公司、杭州中策橡胶有限公司、赛轮股份有限公司、北京橡胶工业研究设计院、山东玲珑轮胎股份有限公司、上海双钱集团股份有限公司、厦门正新橡胶工业有限公司。

本标准主要起草人：梁金招、陈国华、王小菊、王克先、徐丽红、陈少梅、李博慰、罗昭裕。

本标准所代替标准的历次版本发布情况为：

——GB/T 521—1965；

——GB/T 521—1984；

——GB/T 521—1993；

——GB/T 521—2003。

轮胎外缘尺寸测量方法

1 范围

本标准规定了轮胎(外胎、内胎和垫带)外缘尺寸的测量工具及其精度要求、测量条件、测量方法、数据计算与处理以及试验报告。

本标准适用于所有新的轿车轮胎、载重汽车轮胎、农业轮胎、工程机械轮胎、工业车辆充气轮胎和摩托车轮胎。

2 规范性引用文件

下列文件对于本文件的应用是必不可少的。凡是注日期的引用文件,仅注日期的版本适用于本文件。凡是不注日期的引用文件,其最新版本(包括所有的修改单)适用于本文件。

GB/T 6326 轮胎术语及其定义

3 术语和定义

GB/T 6326 界定的术语和定义适用于本文件。

4 测量工具及其精度要求

4.1 轮胎气压表:10 kPa。

4.2 钢板尺和金属卷尺(不带弧度):1 mm。

4.3 游标卡尺:0.1 mm。

4.4 花纹深度尺:0.02 mm。

4.5 测厚仪:0.01 mm。

4.6 卡钳。

5 测量条件

5.1 轮胎硫化后应在室温下停放 24 h 以上。充气前,应在 18 ℃~36 ℃温度下停放 3 h 以上。

5.2 无内胎轮胎(外胎)应安装在无内胎轮胎测量轮辋上,并按 5.3 规定充气;有内胎轮胎(包括外胎、内胎和垫带)应安装在有内胎轮胎测量轮辋上,并按 5.3 规定充气。

5.3 将轮胎充气至标准规定的充气压力(有单胎和双胎两种情况的,则用单胎气压)。

5.4 轮胎充气至规定的充气压力后,在 18 ℃~36 ℃温度下停放 24 h 以上。测量前应对停放后的轮胎进行气压测定,调整至规定气压,停放 15 min 后立即对轮胎的充气压力进行确认并进行测量。

6 测量方法

6.1 轮胎外周长

用金属卷尺沿胎冠中心线或靠近中心线最高处绕轮胎一周,测量外周长。测量值单位为毫米，取整数。

6.2 轮胎断面宽度

选取没有标志、装饰线和防擦线的胎侧部位，用游标卡尺或卡钳，在轮胎圆周大约四等分处测量四点的断面宽度(见图1)，测量单位为毫米，取整数。若不能避免，测量时包括了标志、装饰线和防擦线等时，应将测量值减去由此增加的宽度。

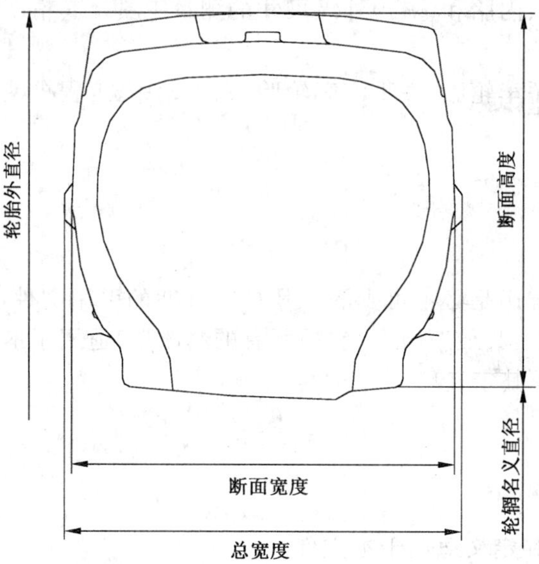

图1 轮胎尺寸测量示意图

6.3 轮胎花纹沟深度

用游标卡尺(或花纹深度尺)测量。测量时，应避开胎面磨耗标志或其他字符图案标记。游标卡尺(或花纹深度尺)应保持与花纹沟底部相互垂直(见图2)。测量单位为毫米，取小数点后两位。

纵向花纹轮胎，在轮胎圆周四等分处的四点上测量靠近胎冠中心线的花纹沟深度。

横向和越野花纹轮胎，对有磨耗标志的轮胎，沿磨耗标志圆周线，测量轮胎圆周四等分处四点上的花纹沟深度；对无磨耗标志的轮胎，在胎肩到胎冠中心线间1/2处，测量轮胎圆周四等分处四点上的花纹沟深度。

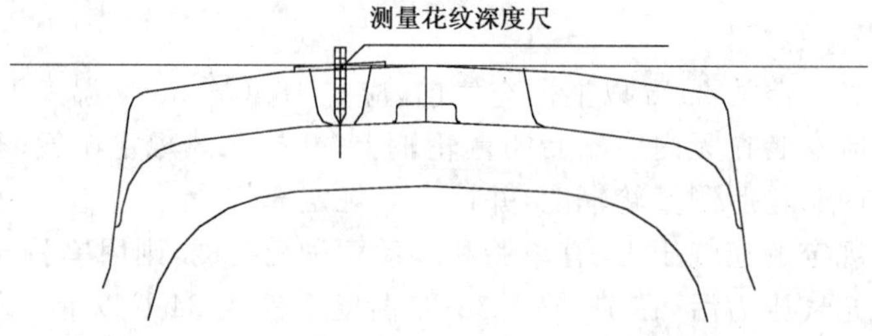

图2 测量轮胎花纹深度示意图

6.4 胎面磨耗标志的高度

在对应四处胎面磨耗标志的部位，测量各点花纹沟深度及相应各点的胎面磨耗标志距胎面高度(摩托车轮胎测量三处)。用游标卡尺(或花纹深度尺)测量。测量花纹沟深度时，游标卡尺(或花纹深度尺)

应保持与花纹沟底部相互垂直。测量胎面磨耗标志距胎面的高度时，游标卡尺(或花纹深度尺)应保持与胎面磨耗标志上平面相互垂直，并对准磨耗标志的中间位置。测量单位为毫米，取小数点后两位。

6.5 垫带厚度

用测厚仪分别测量垫带中部(避开气门嘴孔加厚部位)和距垫带边缘≤1 mm 处的厚度。分别测量垫带圆周四等分处四点。

6.6 垫带展平宽度

将垫带内胎接触面朝外展平后，用钢板尺测量其宽度，测四等分处四点。

6.7 内胎外周长

将内胎气体排尽空气后静置 2 h，放在平面上对折成半圆环后，用卷尺测量其外半周长。所得值乘2，为内胎外周长。

6.8 内胎平叠断面宽度

用钢板尺压平横断面，沿内胎圆周四等分的四处测量其宽度。

7 数据计算与处理

7.1 轮胎外直径

轮胎外直径按式(1)计算：

$$D=\frac{L}{\pi} \qquad \cdots\cdots(1)$$

式中：

D ——轮胎外直径，单位为毫米(mm)；

L ——轮胎外周长，单位为毫米(mm)；

π ——圆周率，取 3.14。

轮胎外直径的数据结果修约到整数。

7.2 轮胎断面宽度、轮胎花纹沟深度、垫带展平宽度、垫带厚度

轮胎断面宽度、垫带展平宽度取各测量点的算术平均值，单位为毫米，修约到整数。

轮胎花纹沟深度、垫带厚度取各测量点的算术平均值，单位为毫米，修约到小数点后一位。

7.3 胎面磨耗标志高度

胎面磨耗标志高度按式(2)计算：

$$D_{PR}=D_P-H_P \qquad \cdots\cdots(2)$$

式中：

D_{PR}——胎面磨耗标志高度，单位为毫米(mm)；

D_P ——花纹沟深度，单位为毫米(mm)；

H_p ——胎面磨耗标志距胎面高度，单位为毫米(mm)。

取各测量点的算术平均值，修约到小数点后一位。

7.4 内胎外周长和平叠断面宽度

内胎外周长和平叠断面宽度测量值单位为毫米，修约到整数。

平叠断面宽度取四点的算术平均值,修约到整数。

8 试验报告

试验报告宜包括以下内容:

a) 制造厂名称、商标、轮胎规格、生产编号;

b) 轮胎负荷指数或最大负荷或层级,试验气压;

c) 轮胎外周长、外直径、轮胎断面宽度;

d) 轮胎花纹沟深度、胎面磨耗标志高度;

e) 垫带厚度、垫带展平宽度;

f) 内胎外周长、平叠断面宽度;

g) 测量轮辋;

h) 试验条件、试验日期。

ICS 47.020.50
U 26

中华人民共和国国家标准

GB/T 553—2012
代替 GB/T 553—1983

锚链涂漆和标志

Painting and marking of chain cables

2012-12-31 发布 2013-07-01 实施

中华人民共和国国家质量监督检验检疫总局
中国国家标准化管理委员会 发布

前 言

本标准按照 GB/T 1.1—2009 给出的规则起草。

本标准代替 GB/T 553—1983《锚链涂漆和标志》,与 GB/T 553—1983 相比主要技术变化如下:

——缠绕的金属丝改为不锈钢带,并明确了材料;

——增加了示图,明确了第 10 节前锚链的标注位置;

——增加了第 10 节以后锚链的标志方法;

——增加了连接链环涂红色水线漆要求;

——取消了浸涂柏油涂漆的方法,增加了浸涂黑色环氧漆的方法。

本标准由中国船舶重工集团公司提出。

本标准由全国船舶舾装标准化技术委员会(SAC/TC 129)归口。

本标准起草单位:大连船舶重工集团有限公司。

本标准起草人:张丽、李捷、马玉龙、孙晓晖、蔡伟玄、杨霖。

本标准所代替标准的历次版本发布情况为:

——GB/T 553—1965、GB/T 553—1983。

锚链涂漆和标志

1 范围

本标准规定了锚链涂漆和标志的要求和验收。

本标准适用于各类船舶锚链的涂漆和标志。

2 规范性引用文件

下列文件对于本文件的应用是必不可少的。凡是注日期的引用文件，仅注日期的版本适用于本文件。凡是不注日期的引用文件，其最新版本（包括所有的修改单）适用于本文件。

GB/T 4237—2007 不锈钢热轧钢板和钢带

3 要求

3.1 涂防锈漆

3.1.1 锚链在涂漆前应将铁锈、氧化铁及污秽物等全部清除干净。

3.1.2 锚链经清理干净后，涂煤焦沥青为原料的沥青漆或黑色环氧涂料，漆膜厚度按订货时厂商协议书内作出明确规定，船厂在交船时漆膜厚度应不小于 100 μm。

3.1.3 采用浸涂的方法涂漆时，应在锚链未作标志前进行。

3.1.4 采用涂刷的方法涂漆时，应在锚链标志作好后进行，涂刷时应涂二度沥青漆或黑色环氧涂料，间隔时间应参照油漆生产厂商的说明书，做标志的链环上不应涂沥青漆或黑色环氧涂料。

3.2 锚链的标志及涂标志漆

3.2.1 为了抛锚时能确定锚链抛在舷外的节数，应在锚链上作链节标志。

3.2.2 将整个锚链分为若干链节，从锚端链节末端起向后计算，每 27.5 m 为一链节。

3.2.3 整个锚链按以下方法进行标志和涂漆，见图 1。

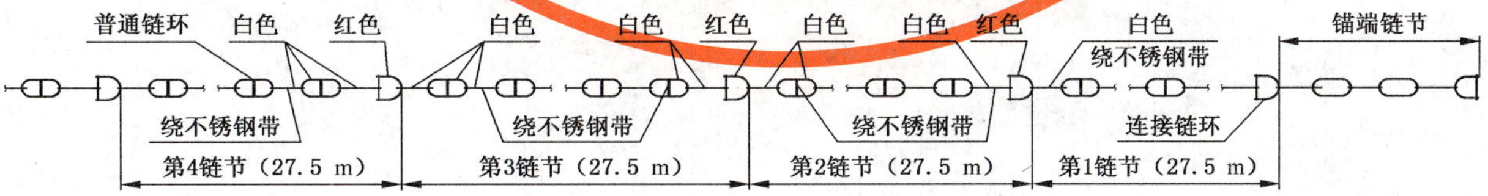

图 1

表示第 1 链节——在第 1 链节和第 2 链节之间的连接链环前后第 1 个链环横档上绕以不锈钢带，并在前后各 1 个链环上全部涂以白色水线漆，连接链环涂以红色水线漆。

表示第 2 链节——在第 2 链节和第 3 链节之间的连接链环前后第 2 个链环横档上绕以不锈钢带，并在前后各 2 个链环上全部涂以白色水线漆，连接链环涂以红色水线漆。

表示第 3 链节——在第 3 链节和第 4 链节之间的连接链环前后第 3 个链环横档上绕以不锈钢带，并在前后各 3 个链环上全部涂以白色水线漆，连接链环涂以红色水线漆。

其余类推至第 10 节。

表示第 11 链节——在第 11 链节和第 12 链节之间的连接链环前后第 1 个链环横档上绕以不锈钢带，并在前后各 1 个链环上全部涂以白色水线漆，连接链环涂以红色水线漆。

表示第 12 链节——在第 12 链节和第 13 链节之间的连接链环前后第 2 个链环横档上绕以不锈钢带，并在前后各 2 个链环上全部涂以白色水线漆，连接链环涂以红色水线漆。

表示第 13 链节——在第 13 链节和第 14 链节之间的连接链环前后第 3 个链环横档上绕以不锈钢带，并在前后各 3 个链环上全涂以白色水线漆，连接链环涂以红色水线漆。

其余类推。

3.2.4 在需作标志的链环的横档上绕 1 圈不锈钢带，并采用搭接焊。不锈钢带厚度为 2 mm，宽度为 30 mm。

3.2.5 如应作标志的链环上已涂上沥青漆或环氧涂料时，则在作白漆标志前应先将沥青漆或环氧涂料去除。

3.2.6 若作标志的链环系无档的，则可免掉不锈钢带标志，只需作白漆标志。

3.2.7 锚链的涂漆和标志，应在制造厂检查部门对锚链检验合格之后进行。

3.2.8 涂漆和标志前应检查该锚链的合格证书和零件上的标志。

3.2.9 若订货方要求，锚链亦可不由制造厂进行涂漆和标志。

3.3 不锈钢带材料

不锈钢带采用 GB/T 4237—2007 中的材料 06Cr17Ni12Mo2。

4 验收

4.1 锚链的涂漆应由制造厂检查部门检验。

4.2 锚链的标志应由船厂检查部门检验，内容包括：

a) 锚链分节的正确性；

b) 不锈钢带标志的正确性；

c) 白漆标志的链环外观不易沾污，并能在黑夜中辨别。

ICS 13.240
J 74

中华人民共和国国家标准

GB 567.1—2012
代替 GB 567—1999

爆破片安全装置 第1部分:基本要求

**Bursting disc safety devices—
Part 1:Basic requirement**

2012-05-11 发布 2013-03-01 实施

中华人民共和国国家质量监督检验检疫总局
中 国 国 家 标 准 化 管 理 委 员 会 发布

前 言

本部分的附录为推荐性的，其余均为强制性的。

GB 567《爆破片安全装置》分为4个部分：

——第1部分：基本要求；

——第2部分：应用、选择与安装；

——第3部分：分类及安装尺寸；

——第4部分：型式试验。

本部分为GB 567的第1部分。

本部分按照GB/T 1.1—2009给出的规则起草。

本部分代替GB 567—1999《爆破片与爆破片装置》。本部分与GB 567—1999相比较，主要技术变化如下：

——标准名称由“爆破片与爆破片装置”改为“爆破片安全装置　第1部分：基本要求”；

——增加了“压力、背压差、涂层、温度屏蔽装置、镀层”等术语及定义；

——增加了第4章“总论”；

——原3.2“材料”改为第5章；

——原3.1“设计”改为第6章，并增加了爆破片温度屏蔽装置的要求；

——增加了第7章“制造”和第9章“检验规则”；

——原附录A“爆破片泄放量(泄放能力)”改为GB 567.2的附录C；

——原附录C“爆破片材料最高适用温度”改为附录A“爆破片和密封膜常用材料最高允许使用温度”，并增加了“爆破片常用密封膜材料的允许使用温度范围”内容；

——原附录D“爆破片制造范围”改为附录C“爆破片制造范围”；

——删除了原附录B“正拱普通型爆破片爆破压力计算”；

——增加了附录B“最小爆破压力与容器工作压力关系”。

本部分由全国锅炉压力容器标准化技术委员会(SAC/TC 262)提出并归口。

本部分主要起草单位：大连理工安全装备有限公司、上海市气体工业协会、中国特种设备检测研究院、国家质检总局特种设备安全监察局、上海华谊集团工程装备有限公司、上海华理安全装备有限公司、沈阳特种设备检测研究院、沈阳航天新光安全系统有限公司、成都成航工业安全系统有限责任公司、上海市特种设备监督检验技术研究院。

本部分主要起草人：喻健良、许子平、丁信伟、周伟明、寿比南、高继轩、陈朝晖、温殿江、丁起国、吴全龙、张志毅、徐炘、杨佳斌、罗晓明、魏勇彪。

本部分所代替标准的历次版本发布情况为：

——GB 567—1989、GB 567—1999。

爆破片安全装置
第1部分:基本要求

1 范围

1.1 GB 567的本部分规定了爆破片安全装置的设计、制造、检验、试验、标记标识、包装储存、出厂文件等的技术要求。

1.2 本部分适用于下列爆破片安全装置:

——压力容器、压力管道或其他密闭承压设备(以下简称承压设备)为防止超压或出现过度真空而使用的爆破片安全装置。

——爆破片安全装置中爆破片的爆破压力不大于500 MPa,且不小于0.001 MPa。

1.3 本部分不适用于下列爆破片安全装置:

——操作过程中可能产生压力剧增,反应速度到达爆轰时的承压设备。

——国防军事装备有特殊要求的爆破片安全装置。

注:爆轰:物质的燃烧速度极快,达到1 000 m/s以上时,产生与通常的燃爆根本不同的现象,该现象称为爆轰。

2 规范性引用文件

下列文件对于本文件的应用是必不可少的。凡是注日期的引用文件,仅注日期的版本适用于本文件。凡是不注日期的引用文件,其最新版本(包括所有的修改单)适用于本文件。

GB 567.2 爆破片安全装置 第2部分:应用、选择与安装

GB 567.3 爆破片安全装置 第3部分:分类及安装尺寸

GB 567.4 爆破片安全装置 第4部分:型式试验

3 术语和定义

下列术语和定义适用于本文件。

3.1

压力 pressure

除注明者外,压力均指表压力。

3.2

爆破片安全装置 bursting disc safety device

由爆破片(或爆破片组件)和夹持器(或支承圈)等零部件组成的非重闭式压力泄放装置。

在设定的爆破温度下,爆破片两侧压力差达到预定值时,爆破片即刻动作(破裂或脱落),并泄放出流体介质。

3.3

爆破片 bursting disc

爆破片安全装置中,因超压而迅速动作的压力敏感元件。

3.4

爆破片组件　bursting disc assembly

由爆破片、背压托架、加强环、保护膜及密封膜等两种或两种以上零件构成的组合件，又称组合式爆破片。

3.5

正拱形爆破片　conventional domed bursting disc (also referred to as:forward-acting)

爆破片呈拱形，凹面处于压力系统的高压侧，动作时因拉伸而破裂。

3.6

反拱形爆破片　reverse domed bursting disc (also referred to as:reverse-acting)

爆破片呈拱形，凸面处于压力系统的高压侧，动作时因压缩失稳而翻转破裂或脱落。

3.7

平板形爆破片　flat bursting disc

爆破片呈平板形，动作时因拉伸、剪切或弯曲而破裂。

3.8

石墨爆破片　graphite bursting disc

爆破片由浸渍石墨、柔性石墨、复合石墨等以石墨为基体的材料制成，动作时因剪切或弯曲而破裂。

3.9

夹持器　bursting disc holder

爆破片安全装置中，具有定位、支承、密封及保证泄放面积等功能，并且能够保证爆破片准确动作的独立夹紧部件。

3.10

支承圈　supporting ring

用机械或焊接方式固定爆破片的位置，并具有支承爆破片、保证爆破片准确动作的功能，但不能独立起到夹紧作用的环圈状零件。

3.11

背压差　differential back pressure

在正常操作工况下，当爆破片安全装置泄放侧的压力高于入口侧，包括入口侧为负压(即真空)状态时，致使爆破片两侧形成与泄压方向相反的压力差，这种压力差称为背压差。

3.12

背压托架　back pressure support

组合式爆破片中，用来防止爆破片由于出现背压差而发生意外破坏的支撑架。

当出现背压差时，组装在正拱形爆破片凹面的背压托架可防止爆破片凸面受压失稳。当系统压力可能出现真空时，此种背压托架也称为真空托架。

当出现背压差时，组装在反拱形爆破片凸面的背压托架可防止爆破片凹面受压而使爆破片发生意外的拉伸变形或破裂。

3.13

张开型背压托架　opening back pressure support

爆破片动作时发生破裂的背压托架。

3.14

非张开型背压托架　non-opening back pressure support

爆破片动作时不发生破裂的背压托架。

3.15

加强环 stiffening ring

组合式爆破片中，与爆破片边缘紧密贴(结)合，起到增强其边缘刚度作用的环形圈。

3.16

密封膜 sealing lining

组合式爆破片中，对开缝型爆破片起密封作用的薄膜。

3.17

涂层 coating

通过喷涂的方法，在爆破片或夹持器等零部件的表面所涂的一定厚度的金属或非金属层。

3.18

防腐蚀保护膜 anticorrosion lining

爆破片安全装置受腐蚀性介质影响时，为了防止腐蚀破坏而附加的金属或非金属薄膜。

3.19

镀层 plating

采用电镀等方法，在爆破片或夹持器等零部件的表面所镀的一定厚度的金属层。

3.20

温度屏蔽装置 temperature shield

爆破片安全装置中，用来保护爆破片避免直接承受过高或过低温度的装置。

3.21

坯片 raw disc

在金属或非金属的带、板、棒材上，按制造工艺给定尺寸截取的用来制作爆破片的毛坯平片。

3.22

爆破压力 bursting pressure

在设定的爆破温度下，爆破片动作时两侧的压力差值。

3.23

设计爆破压力 specified bursting pressure

被保护承压设备的设计单位根据承压设备的工作条件和相应的安全技术规范设定的，在设计爆破温度下爆破片的爆破压力值。

3.24

最大(最小)爆破压力 specified maximum (minimum) bursting pressure

设计爆破压力与制造范围和爆破压力允差的代数和。

3.25

允许爆破压力范围 allowable bursting pressure range

最大和最小爆破压力所限定的爆破压力范围。该压力范围由被保护承压设备的工作条件及强度决定。

爆破片的实际爆破压力在允许爆破压力范围内时，则所选用的爆破片不会因实际爆破压力过低而影响正常操作，也不会因实际爆破压力过高而对容器安全构成威胁。

3.26

试验爆破压力 test bursting pressure

爆破片爆破试验时，爆破瞬间的实际爆破压力值。

3.27

标定爆破压力　marked bursting pressure

标注在爆破片铭牌上的，在规定的设计（或许可试验）爆破温度下，同一批次爆破片抽样爆破试验时，实测爆破压力的算术平均值。

3.28

爆破温度　bursting temperature

爆破片达到爆破压力时，爆破片膜片壁面的温度。

3.29

制造范围　manufacture range

一个批次爆破片标定爆破压力相对于设计爆破压力差值的允许分布范围。

3.30

爆破压力允差　performance tolerance

爆破片实际的试验爆破压力相对于标定爆破压力的最大允许偏差。

3.31

最小泄放面积　vent area

爆破片安全装置用于排放流体的最小横截面的流通面积。该流通面积应考虑爆破片爆破后残留碎片等对爆破片泄放能力的影响（如爆破片爆破后残留的碎片、背压托架及其他附件的残片等）。

3.32

泄放量　discharge capacity

爆破片爆破后，通过泄放面积能够泄放出去的流体介质流量，又称泄放能力。

3.33

批次　batch

具有相同的类别、型式、规格、标定爆破压力和爆破温度，且材料（牌号、炉批号、规格）和制造工艺完全相同的一组爆破片为一个批次。

4　总论

4.1　总则

4.1.1　除应符合本部分的规定外，爆破片安全装置的设计、制造、试验方法、出厂检验、标记标识等安全技术要求还应符合国家有关法律、法规及安全技术规范的规定。

4.1.2　制造单位应按国家特种设备安全监督管理部门的规定取得相应的特种设备制造许可证后，方可进行爆破片安全装置的设计和制造。

4.1.3　爆破片安全装置应经国家特种设备安全监督管理部门核准的型式试验机构按类别和型式进行型式试验。型式试验的项目按本部分第9章的规定。型式试验合格后，方可批量生产。

4.2　职责

4.2.1　设计单位应对设计文件的正确性和完整性负责。

4.2.2　爆破片安全装置的设计文件至少应包括下列内容：

a）设计图样；

b）设计说明书；

c）安装使用说明书。

4.2.3　制造单位应按经规定程序批准的设计图样进行制造，如需要对原设计进行修改，应取得原设计单位同意修改的书面证明文件，并对改动部分作详细记录。

4.2.4 制造单位在制造过程中和完工后，应按本部分和设计图样的规定对爆破片安全装置进行各项具体检验、检测和试验，出具检验、检测和试验报告，并对报告的正确性和完整性负责。

4.2.5 制造单位至少应保存下列文件备查，且保存期一般不得少于7年。

a) 制造工艺图或制造工艺卡；

b) 材料质量证明文件；

c) 制造过程中及完工后的检验、检测和试验报告；

d) 设计图和竣工图；

e) 安装使用说明书；

f) 产品质量证明书。

5 材料

5.1 爆破片安全装置用材料应具有良好的耐腐蚀性能、均匀稳定的力学性能和热稳定性，并能够满足被保护承压设备的基本安全要求。

5.2 爆破片常用材料最高允许使用温度可参照附录A中表A.1的规定确定，爆破片组件中常用密封膜材料的允许使用温度范围可参照附录A中表A.2的规定确定。对于带有密封膜的爆破片的允许使用温度应按密封膜材料与爆破片材料允许使用温度范围的重叠温度区确定。

5.3 爆破片及夹持器用材料应符合相应国家标准或行业标准的规定，且应有材料制造单位提供的质量证明文件（含质量证明书和合格证）。

5.4 爆破片用材料首次投用前，应按相应材料标准和设计图样的规定进行复验，合格后方可使用。

5.5 用于腐蚀环境，且有可能导致爆破片安全装置泄漏或提前失效的，可采用在爆破片或夹持器等零部件表面进行电镀、喷涂或衬膜等防腐蚀处理措施，防止爆破片安全装置腐蚀失效。防腐蚀处理应满足下列要求：

a) 采用喷涂或电镀方法时，在受保护的表面所形成的保护层应均匀致密；

b) 采用防腐蚀保护膜时，在受保护的表面所形成的保护膜应不漏气，且与爆破片安全装置成套或整提供；

c) 防腐蚀措施应在爆破片安全装置制造单位完成，同时防腐蚀处理措施不应影响或降低爆破片安全置的设计性能指标；

d) 爆破片安全装置的性能检验应在防腐蚀处理完成后进行。

6 设计

6.1 爆破压力

6.1.1 爆破片安全装置中爆破片的设计爆破压力应由被保护承压设备的设计单位根据承压设备的承载能力、工作条件和相关安全技术规范的规定确定。

6.1.2 爆破片安全装置的设计单位应根据被保护承压设备的承载能力、工作条件、结构特点、使用单位的要求、相应类似工程试验结果、相关安全技术规范的规定及与制造单位商定的制造范围和爆破压力允差等因素综合考虑，合理地确定爆破片的最小爆破压力和最大爆破压力。

6.1.3 被保护承压设备装有爆破片安全装置时，对于每一种类型的爆破片，设备的工作压力与爆破片最小爆破压力之间的关系应参照附录B的规定，以防止由于疲劳或蠕变而使爆破片过早失效。

6.1.4 当被保护承压设备的设计图样或产品铭牌上标注有最大允许工作压力时，可用最大允许工作压力代替承压设备的设计压力确定爆破片的爆破压力。

6.2 爆破片

6.2.1 爆破片安全装置的设计单位应根据被保护承压设备的工作条件、结构特点、使用单位的要求以及相类似的工程试验结果综合考虑，并按照 GB 567.2 的相应规定合理地确定爆破片的规格、类别和型式。

6.2.2 爆破片设计结构上采用减弱槽时，减弱槽的长度或直径应保证有足够的排放流量，减弱槽的设计应保证爆破片爆破后无碎片产生。

6.2.3 如果爆破片安全装置的工作条件中存在一定的背压差，则爆破片设计上应采用带有托架、加强环等附件或其他组合附件的结构。

6.2.4 可更换爆破片组件的设计结构应满足使用性能要求，并方便装配、拆卸和替换。

6.2.5 爆破片的应用、选择及安装应符合 GB 567.2 的规定。

6.2.6 爆破片的类别、型式及表示方法应符合 GB 567.3 的规定。

6.3 夹持器

6.3.1 夹持器应与爆破片配套设计、制造和使用。

6.3.2 夹持器的设计可采用下列任意一种方法：

a) 按相应连接法兰标准规定的设计方法；

b) 通过类似工程使用经验确立的设计方法；

c) 满足使用性能要求的承压能力试验验证的设计方法。

6.3.3 夹持器的类别、型式及表示方法应符合 GB 567.3 的规定。

6.3.4 夹持器设计结构应满足下列要求：

a) 夹持器上一般应设置有定位结构，保证与爆破片的正确装配；

b) 夹持器应能均匀传递夹紧载荷，使爆破片受压均匀。爆破片爆破时其压紧边缘不应发生抽动现象，并保证周边的密封性能；

c) 夹持器预设的螺孔位置，应避开夹持器和法兰之间可能影响密封效果的密封垫，或采取其他措施证密封性能；

d) 夹持器与爆破片（或其组件）组装后，其端面一般应高出爆破片的拱顶表面，有特殊要求时，也以采用低于爆破片的拱顶表面的设计结构，但应经使用单位技术负责人同意，并采取适当的保护措施，防止爆破片安全装置在储运或安装过程中受到意外损坏；

e) 夹持器应有明确的泄放介质流动方向的警示性标识。

6.3.5 连接要求

根据爆破片安全装置的工作条件和结构要求选择合理的连接方式，连接部位应符合下列要求：

a) 采用法兰连接时，夹持器与法兰相配合的密封面至少应达到对应法兰密封表面的粗糙度要求。

b) 采用螺纹、焊接等连接结构时，连接处应满足被保护承压设备设计单位或使用单位规定的密封性能要求。

6.4 背压托架

根据爆破片安全装置的工作条件和结构要求设置背压托架，背压托架应符合下列要求：

a) 背压托架应当具有足够的刚度；

b) 与爆破片组装后，应能承受 1.3 倍的最大背压差；

c) 背压试验的保压时间应不少于 1 min；

d) 非张开型背压托架上的开孔的自由截面面积之和应能满足爆破片爆破时的泄放量要求；

e) 张开型背压托架的开裂压力应小于爆破片的最小爆破压力。

6.5 温度屏蔽装置

爆破片安全装置的使用温度对爆破片的性能有影响，可能造成爆破片不能可靠工作时，应设置温度屏蔽装置。温度屏蔽装置应由制造单位配套提供。

6.6 密封垫(圈)

密封垫(圈)应能满足连接部位的密封性能要求，其材料应与被保护承压设备内介质相容。

7 制造

7.1 一般要求

7.1.1 爆破片安全装置的制造除符合本章规定外，还应符合相应设计图样的规定。

7.1.2 制定合理的制造及装配工艺，并按工艺文件规定的要求加工成形、组装及检验。

7.1.3 除非经原制造单位同意，否则支承圈与爆破片组装并检验试验合格后，不应随意拆卸、加固、改变固定点或固定方式。

7.2 投料制造前的材料要求

7.2.1 制造爆破片的每批材料投料前均应按相应标准进行化学成分、力学性能及供货状态的复验，以复核材料的均匀性和综合力学性能。

7.2.2 制造爆破片的每批材料投料前均应进行工艺成形试验，试验用坯片应在同批材料的适当部位截取，截取数量至少三片。试验用坯片经成形加工及表面质量检查合格后进行正拱拉伸爆破压力试验，每个爆破片的爆破压力允差均应符合表 2 的规定。

7.3 加工成形要求

7.3.1 爆破片安全装置零件的加工成形应符合相应设计图样和制造工艺的要求。

7.3.2 爆破片、夹持器、背压托架等零部件上的孔或缝的边缘加工成形后应去除毛刺及其他容易损伤爆破片或密封膜(保护膜层)的飞边等缺陷。

7.3.3 脱落型爆破片的支承圈加工成形后，其局部形状等应不影响爆破片爆破时的及时脱落。

7.4 组装要求

7.4.1 所有零部件均应经检验合格后方可组装。

7.4.2 可更换爆破片组件的爆破片安全装置组装前应核对爆破片和夹持器的标识，确认无误后方可组装。

7.4.3 不可更换爆破片组件的爆破片安全装置的组装应满足下列要求：

a) 爆破片安全装置的各部件应采用焊接、铆接、胶结等方法永久连接；

b) 焊接材料、粘结剂等连接用材料应与连接部件的材料相匹配，并满足使用要求；

c) 连接处应有可靠的密封性能和承压能力；

d) 采用焊接方法连接时，其焊接应由持有相应资质的焊接人员担任；

e) 同一批次的不可更换爆破片的爆破片安全装置，其爆破片应采用同一炉批号的材料制造；

f) 不可更换爆破片组件的爆破片安全装置，应经检验试验合格后出厂。

7.5 检验

爆破片安全装置所有零部件组装前及组装制造完毕后，均应进行目视检查，任何可能引起爆破片性能失效的缺陷零件都不应使用。目视检查合格后进行成品检验，成品检验应至少包括下列项目：

a) 逐片进行外观检查，应符合 7.5.1 的规定；

b) 逐片进行致密性检验，应符合 7.5.2 的规定；

c) 按 7.5.3 的规定进行耐腐蚀性能检验；

d) 抽样进行爆破试验，应符合 8.1 的规定；

e) 按 8.2 的规定进行密封性能试验。

7.5.1 外观检验

爆破片外观检验应满足下列要求：

a) 正常照明条件下的逐片目测，必要时可借助于 3～5 倍放大镜。当材料厚度小于 0.2 mm 时，除做上述外观目测检查外，必要时还应逐片进行透光检查，光照度不小于 5 000 lx，凡透光者应判为不合格；

b) 外观形状与几何尺寸应满足设计图样要求；

c) 爆破片的内、外表面应无裂纹、锈蚀、微孔、气泡、夹渣和凹坑等缺陷，不应存在可能影响爆破能的划伤等缺陷；

d) 开缝型或带槽型爆破片的缝(孔)或槽的周边应无毛刺，缝(孔)或槽的几何形状及尺寸应满足设计样的要求。

7.5.2 致密性检验

对采用防腐蚀保护膜或密封膜结构的爆破片，密封膜或防腐蚀保护膜应采用电火花检漏仪进行致密性检验。有特殊要求时，也可以采用其他可靠的方法进行检验。

7.5.3 耐腐蚀性能检验

爆破片安全装置中与腐蚀性介质接触的材料、保护膜或涂(镀)层应进行耐腐蚀性能检测，检测方法应满足下列要求：

a) 按相应标准进行材料腐蚀性能试验；

b) 根据类似工程使用经验确认材料的腐蚀性能；

c) 涂(镀)层的厚度、均匀性和致密性的检验方法应符合相应标准的规定。

8 试验方法

8.1 爆破试验

8.1.1 爆破试验抽样数量

试验抽样应在表面质量检验合格的同批次爆破片中随机抽取，抽样数量按表 1 的规定。

表 1　爆破试验抽样数量

同批次爆破片成品总数 片	爆破试验抽样数量 片
<10	2
10～15	3
16～30	4
31～100	6
101～250	4%，但不少于 6
251～1 000	3%，但不少于 10

注 1：抽样试验用的爆破片不计入该批次爆破片成品总数之内。

注 2：同批次爆破片成品总数超过 1 000 片时，爆破试验抽样数量由制造单位和使用单位或被保护承压设备的设计单位协商确定，但抽样数量不少于 20 片。

注 3：可更换爆破片的安全装置的抽样数量为爆破片数量，不可更换爆破片的安全装置抽样数量为整套装置的数量。

8.1.2　爆破压力允差

爆破压力允差按表 2 的规定。有特殊要求时，也可由制造单位和使用单位或被保护承压设备的设计单位协商确定，但不应大于表 2 的规定。

表 2　爆破压力允差

爆破片类型	标定爆破压力 MPa	相对标定爆破压力的允差 ≯
平板形、正拱形、反拱形	⩾0.001～<0.01	±50%
	⩾0.01～<0.1	±25%
	⩾0.1～<0.3	±0.015 MPa
	⩾0.3～<100	±5%
	⩾100～500	±4%
石墨	<0.05	±25%
	⩾0.05～<0.3	±15%
	⩾0.3	±10%

8.1.3　制造范围

爆破片的制造范围由制造单位和使用单位或被保护承压设备的设计单位参照附录 C 协商确定。

8.1.4　爆破试验系统

爆破试验系统应至少包括下列内容：

a)　压力介质源；

b) 压力指示与爆破压力测量系统；

c) 温度测量系统；

d) 加温控制系统(有爆破温度要求时)；

e) 爆破后的压力介质的泄放通道(放空或泄放至贮存容器)；

f) 压力介质的回流或放空系统；

g) 安全防护设施。

8.1.5 爆破试验用夹持器的泄放口、直径和孔口结构

爆破试验用夹持器的泄放口、直径和孔口结构均应与实际使用的夹持器相同。

8.1.6 爆破试验用压力介质

爆破试验用压力介质应尽可能与爆破片实际使用介质的相态相同。试验用介质应符合下列规定：

a) 液态介质：可采用油、水或其他无腐蚀性液体；

b) 气态介质：可采用空气、氮气或其他惰性气体。

8.1.7 爆破试验要求

爆破试验应满足下列要求：

a) 液压爆破试验时，试验系统的受压腔内应充满液体；气压爆破试验时，试验系统应经液压试验合格后方可使用，并设置有效的安全防护装置；

b) 测量爆破压力时，还应同时测量试验爆破温度；

c) 反拱形爆破片抽样爆破试验时，测试试验系统应具有足够的容积，以保证爆破片翻转并破裂。

8.1.8 爆破片夹紧载荷

抽样爆破试验时，爆破片的夹紧载荷，应符合安装使用说明的规定。

8.1.9 压力测量仪表

爆破试验的压力测量可采用数显压力计、弹簧管压力表或 U 形管压差计，也可采用其他测量压力的仪表，且应在有效检定周期内。压力测量仪表的精度、量程、试验系统的安装位置及数量应满足下列要求：

a) 整个试验系统至少应配有 3 个压力测量仪表，其中 2 个用于测量爆破压力，并应尽量设置在靠近试验爆破片部位；另一个用于指示试验系统压力，并应设置在压力源出口的可见部位；

b) 测量爆破压力的压力测量仪表，其精度应不低于表 3 规定；

c) 压力测量仪表的量程应是设计爆破压力的 1.5～3 倍。

表 3 压力测量仪表精度等级

爆破压力 MPa	精度等级
0.001～0.01	1.0
>0.01～0.1	1.0
>0.1	0.4

8.1.10 爆破试验温度

爆破试验温度测量应满足下列要求：

a) 爆破试验的温度测量可以采用玻璃液体温度计或热电偶，也可以采用其他测温仪表，且应在有效检定周期内；
b) 测温仪表应避免外界热传递的影响。温度测量仪表的分辨率不应低于1.0 ℃；
c) 测量爆破温度时，应将装配好的爆破片装置浸没于液体热(冷)载体中，或者放置于烘箱(或冷箱)、加热炉中加热(或冷却)，待温度稳定后开始升压直至爆破，此时测得热(冷)载体的温度即为爆破温度；
d) 压力介质的温度测量应注意介质各处温度的均匀性；
e) 爆破试验应在设计爆破温度下进行。试验条件应由制造单位和使用单位或被保护承压设备的设计单位协商确定，应尽量使其接近爆破片的实际使用条件。当室温下的试验结果能够保证设计爆破温度下的爆破性能时，则可以在室温下进行，室温应控制在15 ℃～30 ℃范围内；
f) 进行高(低)温下的爆破试验时，升(降)温速率应缓慢，达到设计爆破温度后，应至少保温10 min，使爆破片壁温度均匀。试验介质温度偏差应控制在±10 ℃范围内。

8.1.11 爆破试验的升压速率

爆破试验时，应将试验装置入口压力升到最小爆破压力的90%，保压不少于5 s。随后稳定连续地增加压力，升压时应能够精确读出压力表的最小示值，且每秒升压速率不小于爆破压力的0.1%，直至爆破片爆破，此过程不应超过120 s。

8.1.12 标定爆破压力的取值

在相应爆破温度下，同一批次爆破片抽样爆破试验实测爆破压力的算术平均值。

8.1.13 试验结果判定

同一批次爆破片抽样爆破试验结果同时满足下列条件时，判定该批次爆破片为合格：

a) 标定爆破压力不超出使用单位或被保护承压设备设计单位参照附录C确定的标定爆破压力范围；
b) 爆破压力偏差不超出表2规定的爆破压力允差范围。

8.1.14 爆破试验报告

爆破试验报告至少应包括下列内容：

a) 试验日期、爆破片型号、生产批次号与批量等；
b) 试验爆破片装置资料：包括爆破片基本结构，夹持器泄放直径、爆破片材料、设计爆破压力与爆破温度、制造范围、爆破压力允差等；
c) 试验条件与试验方法：包括抽样爆破片的数量、试验介质、介质温度与环境温度、试验装置与设备、试验用仪表等；
d) 试验结果：包括试验爆破压力、试验爆破温度、标定爆破压力、爆破压力偏差以及试验结论等；
e) 试验人员和检验人员签字，必要时还应有锅炉压力容器的监检人员签字。

8.2 密封性能试验

使用单位或被保护承压设备的设计单位有特殊要求时，应对爆破片安全装置进行密封性能试验，密封性能试验应满足下列要求：

a） 密封性能的试验方法、试验数量以及判定依据应由制造单位和使用单位或被保护承压设备的设计单位协商确定，并在相应试验文件中作出规定；

b） 试验装置压力系统中的允许泄漏率应按爆破片安全装置的使用条件确定。当由使用单位或被保护承压设备的设计单位确定泄漏率时，泄漏率应不低于有关安全技术规范或标准所规定的允许值。

9 检验规则

9.1 检验分类

爆破片安全装置的检验分为出厂检验和型式试验。

9.2 出厂检验

爆破片安全装置出厂前进行的检验，检验项目按表4的规定。

9.3 型式试验

爆破片安全装置应按本部分及相关安全技术规范的规定进行型式试验，型式试验项目按表4的规定。

表4 出厂检验和型式试验项目

序号	检验或试验项目	出厂检验	型式试验	技术要求
1	外观检查	▲	▲	按7.5.1的规定
2	致密性检验	▲	▲	按7.5.2的规定
3	耐腐蚀性能检验	★	★	按7.5.3的规定
4	爆破试验	▲	▲	出厂检验按8.1的规定 型式试验按GB 567.4的规定
5	密封性能试验	▲	▲	按8.2的规定
6	泄放量试验		▲	按GB 567.4的规定
7	疲劳试验		★	按GB 567.4的规定
8	流阻试验		★	按GB 567.4的规定

注：▲——应进行的检验或试验项目；
★——使用单位或被保护承压设备的设计单位确定的检验或试验项目。

10 标记、标识与铭牌

10.1 一般要求

10.1.1 爆破片安全装置应有永久性标记，其标识内容安装后清晰可见。

10.1.2 当爆破片安全装置采用金属铭牌时，其铭牌应固定在爆破片边缘，正面朝泄压侧。

10.1.3 对不带铭牌的爆破片，应在爆破片泄压侧的边缘上作简单标记或涂色，且将金属铭牌固定在爆破片附近。

10.1.4 当尺寸或形状不允许带标记标识的爆破片及爆破片组件，其标记标识应由制造单位和使用单位协商确定。

10.2 爆破片组件的铭牌

每个爆破片及爆破片组件上应设置铭牌。铭牌应至少包括下列内容：

a) 批次编号；
b) 产品型号或类型代号；
c) 泄放口公称直径；
d) 材料牌号；
e) 标定爆破压力或设计爆破压力，MPa；
f) 爆破温度，℃；
g) 泄放侧方向；
h) 制造标准代号；
i) 制造单位名称或商标；
j) 特种设备制造许可证编号；
k) 与其相配的夹持器的标识代号；
l) 设备位号或管线号；
m) 最小泄放面积，mm^2。

10.3 夹持器的铭牌

每个夹持器的外边缘上应设置铭牌。铭牌应至少包括下列内容：

a) 批次编号；
b) 夹持器型号或类型代号；
c) 泄放口公称直径；
d) 公称压力或压力等级，MPa；
e) 材料牌号；
f) 泄放侧方向；
g) 制造单位名称或商标；
h) 特种设备制造许可证编号。

10.4 不可更换爆破片组件的爆破片安全装置标识

每套不可更换爆破片组件的爆破片安全装置应在外部设置铭牌。铭牌应至少包括下列内容：

a) 批次编号；
b) 夹持器型号或类型代号；
c) 泄放口公称直径；
d) 公称压力或压力等级，MPa；
e) 标定爆破压力或设计爆破压力，MPa；
f) 爆破温度，℃；
g) 材料牌号；
h) 泄放侧方向；
i) 制造单位名称或商标；
j) 特种设备制造许可证编号；
k) 设备位号或管线号；
l) 最小泄放面积，mm^2。

10.5 辅助部件

与爆破片安全装置分开供应的如松散联接的背压托架、温度屏蔽装置、报警装置等辅助部件，应有下列内容的标识：

a) 批次编号；

b) 夹持器型号或类型代号；

c) 材料牌号；

d) 泄放侧方向；

e) 制造单位名称或商标。

11 包装、运输与储存

11.1 包装

11.1.1 爆破片安全装置及其附件应包装完好，以防止损坏或影响其性能。

11.1.2 爆破片产品应配有专用包装盒(箱)，可采用单装或集装。

11.1.3 包装时，包装盒(箱)和爆破片均应干燥、洁净，应避免爆破片窜动和产生影响爆破性能的任何损伤。

11.1.4 包装标识

每个包装盒(箱)外表面至少应标明下列内容：

a) 批次编号；

b) 夹持器型号或类型代号；

c) 泄放口公称直径；

d) 设备位号；

e) 制造单位名称或商标。

11.2 运输与储存

11.2.1 爆破片产品应经包装并检验合格后方可运输。在运输、搬动中应避免碰撞、冲击、受潮和污染。

11.2.2 爆破片产品应在原包装盒(箱)内储存，正面朝上，保持干燥，防止环境腐蚀。储存室应保持清洁、通风。

12 出厂文件

12.1 概述

12.1.1 制造单位应向使用单位提供完整的有关爆破片安全装置的组装、安装、使用与维护指南的说明书及质量证明文件。

12.1.2 每批爆破片产品应至少有下列文件：

a) 产品质量证明书；

b) 产品合格证；

c) 产品安装使用说明书。

12.2 产品质量证明书

产品质量证明书应至少包括下列内容：

a) 名称,批次编号;

b) 产品型号或类型代号;

c) 制造(批)数量;

d) 泄放口公称直径;

e) 材料牌号;

f) 适用介质、温度;

g) 设计爆破压力,制造范围,MPa;

h) 标定爆破压力,MPa;

i) 爆破压力允差;

j) 爆破温度,℃;

k) 最小泄放面积,mm^2;

l) 制造标准代号;

m) 合格标记,检验人员签章;

n) 制造单位名称或商标,特种设备制造许可证编号,单位印章,监检印记(需要时);

o) 制造日期。

12.3 产品合格证

12.3.1 每个爆破片产品合格证应与该批次爆破片质量证明书的内容相符合。

12.3.2 爆破片产品合格证至少有制造单位名称或商标、制造执行标准、特种设备制造许可证编号、批次编号、型号等内容。

附　录　A
（资料性附录）
爆破片和密封膜常用材料最高允许使用温度

表 A.1　爆破片常用材料最高允许使用温度

爆破片材料	最高允许使用温度 ℃
铝	100
铜	200
镍	400
奥氏体不锈钢	400
蒙乃尔	430
因康镍	480
哈氏合金	480
石墨	200
注：当爆破片表面覆盖密封膜或保护膜时，应考虑该类覆盖材料对使用温度的影响。	

表 A.2　爆破片常用密封膜材料的允许使用温度范围

密封膜材料	允许使用温度范围 ℃
聚四氟乙烯	－40～260
聚全氟乙丙烯	－40～200
铝	－196～400
镍	－196～530
奥氏体不锈钢	－196～530

附 录 B
（资料性附录）
最小爆破压力与容器工作压力关系

表 B.1 最小爆破压力与容器工作压力关系

爆破片型式	载荷性质	最小爆破压力 p_{bmin}
正拱普通型	静载荷	≥1.43 p_w
正拱开缝（带槽）型	静载荷	≥1.25 p_w
正拱型	脉冲载荷	≥1.7 p_w
反拱型	静载荷、脉冲载荷	≥1.1 p_w
平板型	静载荷	≥2.0 p_w
石墨	静载荷	≥1.25 p_w

注：p_{bmin}——最小爆破压力。
p_w ——工作压力。

附　录　C
（资料性附录）
爆破片制造范围

C.1　总则

爆破片的制造范围由制造单位和使用单位或被保护承压设备的设计单位协商确定。爆破片制造范围主要用于确定爆破片的标定爆破压力范围，确定后的标定爆破压力范围除应符合本部分的规定外，还应符合相应安全技术规范的规定。

C.2　正拱形爆破片制造范围

C.2.1　正拱形爆破片的制造范围分为全范围、1/2 范围、1/4 范围、0 范围。

C.2.2　制造范围按表 C.1 的规定。

表 C.1　正拱形爆破片制造范围　　MPa

设计爆破压力	全范围		1/2 范围		1/4 范围		0 范围	
	上限(正)	下限(负)	上限(正)	下限(负)	上限(正)	下限(负)	上限	下限
0.30～0.40	0.045	0.025	0.025	0.015	0.010	0.010	0	0
>0.40～0.70	0.065	0.035	0.030	0.020	0.020	0.010	0	0
>0.70～1.00	0.085	0.045	0.040	0.020	0.020	0.010	0	0
>1.00～1.40	0.110	0.065	0.060	0.040	0.040	0.020	0	0
>1.40～2.50	0.160	0.085	0.080	0.040	0.040	0.020	0	0
>2.50～3.50	0.210	0.105	0.100	0.050	0.040	0.025	0	0
>3.50	6%	3%	3%	1.5%	1.5%	0.8%	0	0

C.3　反拱形爆破片制造范围

反拱形爆破片制造范围按设计爆破压力的百分数计算，分为：−10%、−5%和 0。

例如：设计爆破压力分别为 1.0 MPa、1.5 MPa、2.0 MPa 的反拱形爆破片的制造范围见表 C.2 的计算值。

表 C.2　以 1.0 MPa、1.5 MPa、2.0 MPa 设计爆破压力为例的反拱形爆破片制造范围　　MPa

设计爆破压力	−10%		−5%		0	
	上限	下限(负)	上限	下限(负)	上限	下限
1.0	0	0.10	0	0.05	0	0
1.5	0	0.15	0	0.075	0	0
2.0	0	0.20	0	0.10	0	0

C.4 制造范围说明

C.4.1 爆破片的制造范围与爆破压力允差不同，制造范围规定了一个批次爆破片的标定爆破压力相对于设计爆破压力的偏差范围，表明标定爆破压力的偏离程度，而爆破压力允差是实际的试验爆破压力相对于标定爆破压力的偏差范围，表明爆破压力的分散程度。

C.4.2 制造单位和使用单位或被保护承压设备设计单位商定采用某一(标准或非标准)制造范围时，实际上规定了爆破片标定爆破压力的允许分布范围。一批性能合格的爆破片应同时满足本部分8.1.13规定的两个判定条件。

C.4.3 制造单位和使用单位或被保护承压设备设计单位商定采用零制造范围时，其标定爆破压力的偏离值为0，也就是标定爆破压力等于设计爆破压力。爆破压力的允许偏差也就是本部分表2规定的相应爆破压力允差。采用零制造范围时，缩小了爆破片允许爆破压力范围，所以使用单位或被保护承压设备设计单位应与制造单位协商确定是否选择0制造范围。

C.4.4 当设计爆破压力小于0.3 MPa时，可由制造单位和使用单位或被保护承压设备设计单位商定一个双方都能接受的较大的制造范围。

C.5 制造范围应用举例

例1 某批次正拱形爆破片产品总计15片，设计爆破压力为1.5 MPa，制造范围选用全范围。从15片产品中随机抽取3片(抽取数量按表1规定)作爆破试验，所得爆破压力分别为1.35 MPa、1.38 MPa和1.45 MPa。试判断该批次爆破片是否满足GB 567.1的要求。

a) 确定该批次爆破片标定爆破压力

$$标定爆破压力=\frac{1.35+1.38+1.45}{3}=1.393\ \text{MPa}$$

b) 确定该批次爆破片爆破压力偏差

$$最大正偏差=\frac{1.45-1.393}{1.393}=4.1\%$$

$$最大负偏差=\frac{1.35-1.393}{1.393}=-3.1\%$$

c) 确定该批次爆破片标定爆破压力范围

按表C.1制造范围确定标定爆破压力上、下限。当正拱形爆破片采用全制造范围，且设计爆破压力为1.5 MPa时，标定爆破压力上限偏差为+0.160 MPa，标定爆破压力下限偏差为−0.085 MPa。所以：

标定爆破压力上限：设计爆破压力+表C.1上限=1.5+0.160=1.660 MPa

标定爆破压力下限：设计爆破压力−表C.1下限=1.5−0.085=1.415 MPa

d) 结论

根据GB 567.1中8.1.13的规定，虽然该批次爆破片爆破压力偏差满足表2规定的允差要求，但是其标定爆破压力已经超出标定爆破压力范围，所以该批次爆破片不满足GB 567.1的要求，应判定为不合格。

例2 其他条件与例1相同，只是抽样爆破试验所得爆破压力分别为：1.50 MPa，1.42 MPa和1.58 MPa，试判断该批次爆破片是否满足GB 567.1的要求。

a) 确定该批次爆破片标定爆破压力

$$标定爆破压力=\frac{1.50+1.42+1.58}{3}=1.50\ \text{MPa}$$

b) 确定该批次爆破片爆破压力偏差

$$最大正偏差=\frac{1.58-1.50}{1.50}=5.3\%$$

$$最大负偏差=\frac{1.42-1.50}{1.50}=-5.3\%$$

c) 确定该批次爆破片标定爆破压力范围

计算和结果同例 1 中 c)。

d) 结论

根据 GB 567.1 中 8.1.13 的规定，虽然该批次爆破片标定爆破压力满足标定爆破压力范围的规定，但是其爆破压力偏差不满足表 2 规定的允差要求，所以该批次爆破片不满足 GB 567.1 的要求，应判定为不合格。

例 3 其他条件与例 1 相同，只是抽样爆破试验所得爆破压力分别为：1.40 MPa，1.48 MPa 和 1.52 MPa，试判断该批次爆破片是否满足 GB 567.1 的要求。

a) 确定该批次爆破片标定爆破压力

$$标定爆破压力=\frac{1.40+1.48+1.52}{3}=1.467\ \text{MPa}$$

b) 确定该批次爆破片爆破压力偏差

$$最大正偏差=\frac{1.52-1.467}{1.467}=3.6\%$$

$$最大负偏差=\frac{1.40-1.467}{1.467}=-4.56\%$$

c) 确定该批次爆破片标定爆破压力范围

计算和结果同例 1 中 c)。

d) 结论

根据 GB 567.1 中 8.1.13 的规定，该批次爆破片标定爆破压力满足标定爆破压力范围的规定，爆破压力偏差满足表 2 规定的允差要求，所以该批次爆破片满足 GB 567.1 的要求，应判定为合格。

例 4 如果例 1 中的制造范围为 0 制造范围，其他条件不变，试判断上述 3 种情况的爆破片是否满足 GB 567.1 的要求。

正拱形爆破片采用 0 制造范围，标定爆破压力即为设计爆破压力，当标定爆破压力为 1.5 MPa 时，表 2 规定的允许爆破压力允差±5%即为爆破压力的允许偏差，所以：

结论：

例 1 产品，根据 GB 567.1 中 8.1.13 的规定，由于爆破片爆破压力最大负偏差（$\frac{1.35-1.5}{1.5}=-10.0\%$）已经超出爆破压力允差±5%的规定，所以该批次爆破片不满足 GB 567.1 的要求，应判定为不合格。

例 2 产品，根据 GB 567.1 中 8.1.13 的规定，由于爆破片爆破压力最大负偏差（$\frac{1.42-1.5}{1.5}=-5.3\%$）已经超出爆破压力允差±5%的规定，所以该批次爆破片不满足 GB 567.1 的要求，应判定为不合格。

例 3 产品，根据 GB 567.1 中 8.1.13 的规定，由于爆破片爆破压力最大负偏差（$\frac{1.40-1.5}{1.5}=-6.7\%$）已经超出爆破压力允差±5%的规定，所以该批次爆破片不满足 GB 567.1 的要求，应判定为不合格。

ICS 13.240
J 74

中华人民共和国国家标准

GB 567.2—2012

爆破片安全装置 第2部分：应用、选择与安装

Bursting disc safety devices—Part 2：Application，selection and installation

2012-05-11 发布　　2013-03-01 实施

中华人民共和国国家质量监督检验检疫总局
中国国家标准化管理委员会　发布

前　言

本部分的附录 A、附录 B 和附录 D 为推荐性的，其余均为强制性的。

GB 567《爆破片安全装置》分为 4 个部分：

——第 1 部分：基本要求；

——第 2 部分：应用、选择与安装；

——第 3 部分：分类及安装尺寸；

——第 4 部分：型式试验。

本部分为 GB 567 的第 2 部分。

本部分按照 GB/T 1.1—2009 给出的规则起草。

本部分由全国锅炉压力容器标准化技术委员会（SAC/TC 262）提出并归口。

本部分主要起草单位：上海华理安全装备有限公司、上海市气体工业协会、中国特种设备检测研究院、上海华谊集团工程装备有限公司、国家质检总局特种设备安全监察局、大连理工安全装备有限公司、沈阳特种设备检测研究院、沈阳航天新光安全系统有限公司、成都成航工业安全系统有限责任公司、上海市特种设备监督检验技术研究院、中石化工程建设公司、上海赛科石油化工责任有限公司、中国成达工程公司、中航飞机起落架有限责任公司。

本部分主要起草人：吴全龙、许子平、邱清宇、周伟明、高继轩、寿比南、陈朝晖、喻健良、金志伟、张志毅、向栋良、罗晓明、魏勇彪、逢金娥、杭坚卫、曾志中、李任复。

爆破片安全装置
第2部分:应用、选择与安装

1 范围

1.1 GB 567的本部分规定了爆破片安全装置的应用、选择和安装的基本技术要求。

1.2 本部分适用于下列爆破片安全装置:

——本部分适用于压力容器、压力管道或其他密闭承压设备(以下简称承压设备)为防止超压或出现过度真空而使用的爆破片安全装置。

——本部分适用的爆破片安全装置中爆破片的爆破压力不大于500 MPa,且不小于0.001 MPa。

1.3 本部分不适用于下列爆破片安全装置:

——操作过程中可能产生压力剧增,反应速度到达爆轰时的承压设备。

——国防军事装备有特殊要求的爆破片安全装置。

注:爆轰:物质的燃烧速度极快,达到1 000 m/s以上时,产生与通常的燃爆根本不同的现象,该现象称为爆轰。

2 规范性引用文件

下列文件对于本文件的应用是必不可少的。凡是注日期的引用文件,仅注日期的版本适用于本文件。凡是不注日期的引用文件,其最新版本(包括所有的修改单)适用于本文件。

GB 567.1—2012 爆破片安全装置 第1部分:基本要求

GB 567.4 爆破片安全装置 第4部分:型式试验

3 术语和定义

GB 567.1界定的以及下列术语和定义适用于本文件。

3.1

最大允许工作压力 maximum allowable operating pressure

在设计温度下,被保护承压设备顶部所允许承受的最大表压力。该压力是根据被保护承压设备各受压元件的有效厚度,考虑了该元件承受的所有载荷计算所得,且取最小值。

3.2

工作压力 operating pressure

在正常工作情况下,被保护承压设备顶部可能达到的最高压力。

3.3

操作压力比 operating ratio

被保护承压设备工作压力与爆破片最小爆破压力的比值。

3.4

压力泄放系统 pressure relief system

当被保护承压设备内流体超压时,能够使流体安全泄放的系统,包括阀件、管件、压力泄放装置和泄放管等。

3.5

泄放压力 relieving pressure

在泄压过程中,泄放装置入口侧所能达到的最大压力。

3.6

泄放温度　relieving temperature

在泄压过程中，泄放装置入口侧的温度。

3.7

更换周期　replacement period

爆破片从安装使用到更换的间隔时间。

4　应用

4.1　一般要求

4.1.1　爆破片安全装置的应用除满足本部分的要求外，还应符合相应安全技术规范的规定。

4.1.2　爆破片安全装置可以单独使用，也可作为组合泄放装置的一部分与安全阀组合使用。

4.2　爆破片安全装置单独使用

4.2.1　符合下列条件之一的被保护承压设备，应单独使用爆破片安全装置作为超压泄放装置：

a)　容器内压力迅速增加，安全阀来不及反应的；

b)　设计上不允许容器内介质有任何微量泄漏的；

c)　容器内介质产生的沉淀物或粘着胶状物有可能导致安全阀失效的；

d)　由于低温的影响，安全阀不能正常工作的；

e)　由于泄压面积过大或泄放压力过高(低)等原因安全阀不适用的。

4.2.2　移动式压力容器的相关标准有特殊规定的，如长管拖车和管束式集装箱等被保护承压设备可使用爆破片安全装置作为单一超压泄放装置。

4.2.3　使用于经常超压或温度波动较大场合的被保护承压设备，不应单独使用爆破片安全装置作为超压泄放装置。

4.3　爆破片安全装置与安全阀组合使用

4.3.1　爆破片安全装置与安全阀的组合形式

根据爆破片安全装置与安全阀的连接方式及相对位置的不同，可分为下列3种组合形式：

a)　爆破片安全装置串联在安全阀入口侧，见图1a)；

b)　爆破片安全装置串联在安全阀的出口侧，见图1b)；

c)　爆破片安全装置与安全阀并联使用，见图1c)。

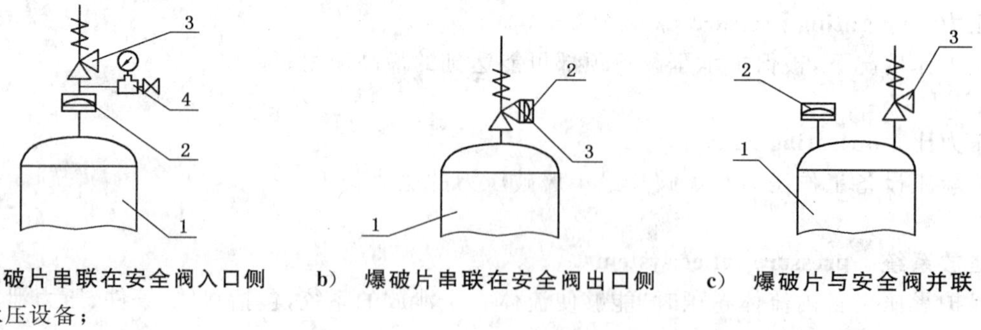

a)　爆破片串联在安全阀入口侧　　b)　爆破片串联在安全阀出口侧　　c)　爆破片与安全阀并联

1——承压设备；

2——爆破片安全装置；

3——安全阀；

4——指示装置。

图1　爆破片安全装置与安全阀组合形式示意图

4.3.2 爆破片安全装置串联在安全阀入口侧

4.3.2.1 属于下列情况之一的被保护承压设备，爆破片安全装置应串联在安全阀入口侧：

a) 为避免因爆破片的破裂而损失大量的工艺物料或盛装介质的；

b) 安全阀不能直接使用场合(如介质腐蚀、不允许泄漏等)的；

c) 移动式压力容器中装运毒性程度为极度、高度危害或强腐蚀性介质的。

4.3.2.2 当爆破片安全装置安装在安全阀的入口侧时，应满足下列要求：

a) 爆破片安全装置与安全阀组合装置的泄放量应不小于被保护承压设备的安全泄放量；

b) 爆破片安全装置公称直径应不小于安全阀入口侧管径，并应设置在距离安全阀入口侧5倍管径内，且安全阀入口管线压力损失(包括爆破片安全装置导致的)应不超过其设定压力的3%；

c) 爆破片爆破后的泄放面积应大于安全阀的进口截面积；

d) 爆破片在爆破时不应产生碎片、脱落或火花，以免妨碍安全阀的正常排放功能；

e) 爆破片安全装置与安全阀之间的腔体应设置压力指示装置、排气口及合适的报警指示器。

4.3.2.3 入口侧串联爆破片安全装置的安全阀，其额定泄放量应以单个安全阀额定泄放量乘以系数0.9作为组合装置泄放量。

4.3.3 爆破片安全装置串联在安全阀的出口侧

4.3.3.1 若安全阀出口侧有可能被腐蚀或存在外来压力源的干扰时，应在安全阀出口侧设置爆破片安全装置，以保护安全阀的正常工作。

4.3.3.2 移动式压力容器设置的爆破片安全装置不应设置在安全阀的出口侧。

4.3.3.3 当爆破片安全装置设置在安全阀的出口侧时，应满足下列要求：

a) 爆破片安全装置与安全阀组合装置的泄放量应不小于被保护承压设备的安全泄放量；

b) 爆破片安全装置与安全阀之间的腔体应设置压力指示装置、排气口及合适的报警指示器；

c) 在爆破温度下，爆破片设计爆破压力与泄放管内存在的压力之和应不超过下列任一条件：

——安全阀的整定压力；

——在爆破片安全装置与安全阀之间的任何管路或管件的设计压力；

——被保护承压设备的设计压力。

d) 爆破片爆破后的泄放面积应足够大，以使流量与安全阀的额定排量相等；

e) 在爆破片以外的任何管道不应因爆破片爆破而被堵塞。

4.3.4 爆破片安全装置与安全阀并联使用

4.3.4.1 属于下列情况之一的被保护承压设备，可设置1个或多个爆破片安全装置与安全阀并联使用：

a) 防止在异常工况下压力迅速升高的；

b) 作为辅助安全泄放装置，考虑在有可能遇到火灾或接近不能预料的外来热源需要增加泄放面积的。

4.3.4.2 安全阀及爆破片安全装置各自的泄放量均应不小于被保护承压设备的安全泄放量。

4.3.4.3 爆破片的设计爆破压力应大于安全阀的整定压力。

5 选择

5.1 一般要求

5.1.1 选择爆破片安全装置时，应考虑爆破片安全装置的入口侧和出口侧两面承受的压力及压力差等因素。

5.1.2 当被保护承压设备存在真空和超压两种工况时，应选用具有超压和负压双重保护作用的爆破片安全装置，或者选用具有超压泄放和负压吸入保护作用的两个单独的爆破片安全装置。

5.1.3 爆破片安全装置的入口侧可能会有物料粘结或固体沉淀的情况下，选择的爆破片类型应与这种工况条件相适应。

5.1.4 选用带背压托架的爆破片时，爆破片泄放面积的计算应考虑背压托架影响。

5.1.5 当爆破片的爆破压力会随着温度的变化而变化时，确定该爆破片的爆破压力时应考虑温度变化的影响。

5.1.6 爆破片安全装置用于液体时，应选择适合于全液相的爆破片安全装置，以确保爆破片爆破时系统的动能将膜片充分开启。

5.2 爆破片类型选择

5.2.1 选择爆破片型式时，应综合考虑被保护承压设备的压力、温度、工作介质、最大操作压力比等因素的影响。爆破片的选型可参照附录A。

5.2.2 应合理选择爆破片的类型与结构型式，以便获得较长使用周期的爆破片安全装置。

5.2.3 用于爆炸危险介质的爆破片安全装置还应满足如下要求：

a) 爆破片爆破时不应产生火花；

b) 与安全阀串联时，爆破片爆破时不应产生碎片。

5.2.4 爆破片安全装置的主要技术参数见附录B的规定。

5.3 爆破片材料选择

5.3.1 根据被保护承压设备的工作条件及结构特点，爆破片可选用铝、镍、奥氏体不锈钢、因康镍、蒙乃尔、石墨等材料。有特殊要求时，也可选用钛、哈氏合金等材料。常用材料的最高允许使用温度见GB 567.1—2012附录A的规定。

5.3.2 用于腐蚀环境，且有可能导致爆破片安全装置提前失效的，可采用在爆破片表面进行电镀、喷涂或衬膜等防腐蚀处理措施，防止爆破片安全装置腐蚀失效。

5.3.3 综合考虑爆破片在使用环境中入口侧和出口侧的化学和物理条件，合理地选择爆破片材料。

5.4 爆破压力的选择

5.4.1 爆破片安全装置中爆破片的设计爆破压力应由被保护承压设备的设计单位根据承压设备的工作条件和相关安全技术规范的规定确定。

5.4.2 爆破片安全装置的设计单位应根据被保护承压设备的工作条件、结构特点、使用单位的要求、相应类似工程使用结果、相关安全技术规范的规定及制造范围的影响等因素综合考虑，合理地确定爆破片的最小爆破压力和最大爆破压力。

5.4.3 爆破片安全装置中爆破片爆破压力的确定还应符合GB 567.1的规定。

5.5 爆破片泄放量的确定

5.5.1 当爆破片安全装置为唯一超压泄放装置时，其泄压系统的泄放量可采用5.5.2或5.5.3规定来进行计算。

5.5.2 爆破片安全装置在泄压系统的设置满足下列条件时，其泄放量的计算按附录C的规定：

a) 直接向大气排放；

b) 爆破片安全装置离承压设备本体的距离不超过8倍管径；

c) 爆破片安全装置泄放管道长度不超过5倍管径；

d) 爆破片安全装置上、下游接管的公称直径不小于爆破片安全装置的泄放口公称直径。

5.5.3 爆破片安全装置在泄压系统的设置不满足5.5.2中要求或由于爆破片安全装置及其上、下游配置若干管道和配件时，可能会形成较大的流体阻力，这时可以用分析总的系统流通阻力，即考虑爆破片安全装置、管路和包括承压设备上的出口接管、弯头、三通、变径段和阀门等元件的流体阻力来确定泄放量。泄放量的计算采用可接受的工程实践方法进行，结果应乘一个不大于0.9的系数进行修正。

爆破片安全装置流体阻力系数的测定方法按GB 567.4的规定。

5.6 爆破片更换周期的确定

5.6.1 选用爆破片安全装置时要考虑爆破片的更换周期，更换周期取决于爆破片的类别、型号、材料、使用工况等因素，爆破片更换周期的确定可参考附录D的规定。

5.6.2 属于下列情况之一的，应更换爆破片：

a) 超过最小爆破压力而未爆破的爆破片应立即更换；

b) 设备检修且拆卸的爆破片应更换；

c) 苛刻条件或重要场合下使用的爆破片应每年定期更换。

6 安装

6.1 爆破片安全装置的安装位置及管路设置

6.1.1 在系统中的安装位置

6.1.1.1 爆破片安全装置应设置在承压设备的本体或附属管道上，且应便于安装、检查及更换。

6.1.1.2 爆破片安全装置应设置在靠近承压设备压力源的位置。若用于气体介质，应设置在气体空间(包括液体上方的气相空间)或与该空间相连通的管线上；若用于液体介质，应设置在正常液面以下。

6.1.1.3 当压力由外界传入承压设备，且能得到可靠控制时，爆破片安全装置应直接安装在承压设备或进口管道上。

6.1.1.4 有下列情况之一者，可作为是一个受压密闭空间，且在危险的空间(承压设备)设置爆破片安全装置：

a) 与压力源相连接的承压设备本身不产生压力，该装置的设计压力达到了压力源的压力时；

b) 多个相通的承压设备的设计压力相同或略有差异，承压设备之间采取口径足够大的管道连接，且中间无阀门隔断时。

6.1.1.5 换热器等承压设备，若高温介质有可能泄漏到低温介质而产生蒸气时，应在低温空间一侧设置爆破片安全装置。

6.1.2 爆破片安全装置的管路设置

6.1.2.1 承压设备和爆破片安全装置之间的所有管路、管件的截面积应不小于爆破片安全装置的泄放面积，爆破片安全装置的排放管的截面积应大于爆破片安全装置泄放面积。

6.1.2.2 爆破片安全装置进口管应尽可能短、直，以免产生过大的压力损失。安装在室外的泄放管应有防雨、防风措施。

6.1.2.3 当有两个或两个以上爆破片安全装置采用排放汇集管时，汇集管的截面积应不小于各爆破片安全装置出口管道截面积的总和。

6.1.2.4 爆破片安全装置在爆破时应保证安全，根据介质的性质可采取在室内就地排放(注意排放位置和方向，保证安全)或引导到安全场所排放，同时爆破片的碎片应不阻碍介质的排放。

6.1.2.5 爆破片安全装置的排放管，应通过大半径弯头从装置中接出，在排放管的适当部位开设排泄孔，用于防止凝液等积存在管内。

6.1.2.6　爆破片安全装置的排放管线在安装时，管线的中心线应与爆破片安全装置的中心线对齐，以避免出现爆破片受力不均，造成爆破片抽边或改变爆破压力。在排放物料性能允许的情况下建议采用套管式排放管道，可免除上述隐患，并可将排放管中的凝液、雨水等收集在集液盘中，引入下水道。

6.1.2.7　当爆破片安全装置的排放管中可能有可燃性介质排放时，应采取装设阻火器等预防措施，防止着火的危险。

6.1.2.8　当爆破片安全装置的排放管中可能有毒性程度为中度的介质排放时，应装设辅助设施解除介质毒性后方可排出。

6.1.2.9　在爆破片安全装置的排放系统中，一般不应设置截断阀，当符合 6.1.4 时，可设置截断阀。

6.1.3　爆破片安全装置与安全阀组合装置的安装

6.1.3.1　爆破片安全装置设置在承压设备和安全阀之间时，在安全阀入口侧应设置压力表、泄放阀等，以防止爆破片和安全阀间形成任何压力积聚。

6.1.3.2　安全阀设置在承压设备和爆破片安全装置之间时，在安全阀的出口侧应设置放空管、排液管等，以防止安全阀和爆破片装置之间形成压力积聚。

6.1.3.3　爆破片安全装置和安全阀并联组合设置时，各自有引入管和引出管，应分别符合 6.1.2 的要求。

6.1.4　爆破片安全装置的管路上设置截断阀

6.1.4.1　截断阀应采用直通型结构，其连接型式与强度等应与爆破片安全装置配套，且阀门应能被锁住或铅封（全开或全关时）。

6.1.4.2　当爆破片安全装置与承压设备之间设置截断阀，若承压设备自身产生压力的，且设置截断阀为检修或更换爆破片安全装置用时，则截断阀在正常工况下应保持全开启状态并被锁住或铅封。当需关闭截断阀，且承压设备仍在正常使用时，管理人员应留在现场；当管理人员离开现场，截断阀应处于全开启状态，并有铅封等防止关闭的措施。

6.1.4.3　当承压设备的压力源来自外界，截断阀能切断压力源时，则截断阀不应将其处于全开启状态。

6.1.4.4　当爆破片安全装置的排放管与一个共用集管连接时，可在爆破片安全装置的排放侧安装截断阀。在正常工况下，截断阀应处于全开启状态，并有铅封等防止关闭的措施；当需关闭截断阀，且承压设备仍在正常使用时，管理人员应留在现场，若需离开应将截断阀处于全开启状态，并有铅封等防止关闭的措施。

6.1.5　其他

6.1.5.1　爆破片安全装置排放管较长时，应考虑到因温度影响使管线变形较大，且可能对爆破片性能产生影响，必要时应安装膨胀节，以减少过度的管线变形。

6.1.5.2　大直径、泄放口向上且安装在室外的爆破片安全装置，在其出口侧应加装防护罩，以避免杂物掉入损伤爆破片。

6.1.5.3　在冷却时可能会引起腐蚀或固化等情况的高黏度液体介质，应在爆破片安全装置的进口管和出口管线上采用加热或保温措施。

6.1.5.4　当螺塞型爆破片安全装置需设置排放管时，应安装相关的连接件，以便于安装和更换爆破片。

6.1.5.5　采用块状石墨爆破片时，爆破片出口侧的排放管内径应比石墨的排放孔径大。

6.2　爆破片安全装置的安装

6.2.1　安装前的注意事项

6.2.1.1　应核对安装的爆破片安全装置的各项技术参数，应保证其与承压设备的要求一致。

6.2.1.2 认真阅读安装说明书，了解其安装要求，并严格按安装说明书的要求进行操作。

6.2.1.3 在安装前，管线系统清扫干净，避免有固体物品损伤爆破片，法兰、夹持器等密封面应清理擦拭干净，擦拭时应避免使密封面损伤。

6.2.1.4 除制造单位同意外，爆破片安全装置中的任何一个部件，在任何情况下都不应更改。

6.2.2 爆破片组件

6.2.2.1 爆破片从盒内取出，确认表面无缺陷及损伤后，小心地放入夹持器中，安装中应避免损坏。

6.2.2.2 爆破片安装时，应确认其与夹持器的标志一致、泄放方向一致。

6.2.2.3 除制造单位同意外，爆破片与夹持器的密封面上不允许附加保护膜、垫片等物品。

6.2.3 夹持器

6.2.3.1 夹持器的内部结构与尺寸应能保证爆破片正常发挥其性能和爆破片爆破后泄放面积的开启。

6.2.3.2 夹持器的外部结构与尺寸应和系统联结方式的要求一致。

6.2.3.3 夹持器与爆破片（或其组件）组装后，其端面一般应高出爆破片的拱顶表面，有特殊要求时，也可以采用低于爆破片的拱顶表面的设计结构，但应经使用单位技术负责人同意，并采取适当的保护措施，防止爆破片安全装置在储运或安装过程中受到意外损坏。

6.2.3.4 带刀架的夹持器应检查刀片，当有损伤缺口或刀口明显变钝时应进行更换。

6.2.3.5 反拱脱落型爆破片，夹持器上应设置捕集器装置。

6.2.3.6 当爆破片安全装置的出口侧需联接安全阀或另一个爆破片安全装置时，夹持器上应有通孔，以便安装压力表、泄放阀等。

6.2.4 法兰、螺栓系统

6.2.4.1 爆破片安全装置放入法兰时，应注意泄放箭头的方向，安装在管道上时不允许装反。

6.2.4.2 当爆破片安全装置的夹持器为插入式时，夹持器应安装在法兰的中心，保证其密封面和法兰的密封面完全对齐，不允许偏心。

6.2.4.3 爆破片安全装置和法兰间采用的密封垫片应能保证密封性能，且不影响爆破片安全装置的爆破性能。

6.2.4.4 爆破片安全装置放入法兰内后，螺栓的拧紧应采用对称、交替、每次少量、逐次加载的方式进行紧固，不允许单方向依次并一次拧紧；如有扭矩要求时，应采用扭力扳手按规定力矩值拧紧。

6.2.5 标志

6.2.5.1 带有标志牌的爆破片安全装置在安装时，标志牌应尽量放置在便于识别的方位。

6.2.5.2 当爆破片上不能安装标志牌时，应将标志牌固定在爆破片安全装置的附近，以便于检查是否已装配了安全装置并能识别其性能参数。

6.2.5.3 当爆破片安全装置采用保温措施或其他原因，导致标志牌无法看清时，应需制作一块永久性标志牌，固定在爆破片安全装置的附近。该标志牌与原标志牌的标识内容应一致。

附 录 A
（资料性附录）
爆破片选型指南

表 A.1 爆破片选型指南

类别	型式	操作压力比	抗疲劳性	爆破时有无碎片	是否引起撞击火花	工作相	与安全阀串联
正拱形	正拱普通型	0.7	一般	有(少量)	可能	气、液两相	不推荐
	正拱开缝型	0.8	好	有(少量)	可能性小	气、液两相	不推荐
	正拱带槽型	0.8	好	无	否	气、液两相	可以
反拱形	反拱带刀型	0.9	优	无	可能	气相	可以
	反拱带槽型	0.9	优	无	否	气相	可以
	反拱鳄齿型	0.9	优	无	可能性小	气相	可以
	反拱脱落型	0.9	优	无	可能	气相	不推荐
平板形	平板带槽型	0.5	较差	无	否	气、液两相	可以
	平板开缝型	0.5	较差	有(少量)	可能性小	气、液两相	不推荐
	平板普通型	0.5	较差	有(少量)	可能性小	气、液两相	不推荐
石墨	石墨爆破片	0.8	较差	有大量碎片	否	气、液两相	不推荐

注 1：采用特殊结构设计时，反拱带槽型爆破片也可以用于液相。

注 2：表中所给出的操作压力比适合于爆破温度在 15 ℃～30 ℃。

注 3：操作压力比同时还与爆破片材料、压力脉动或循环有关，为了能使爆破片有尽可能长的使用寿命，应由制造单位和使用单位双方协商一个与操作工况相适应的操作压力比。

附 录 B
（资料性附录）
爆破片安全装置技术参数表

表 B.1 爆破片安全装置技术参数表 编号：

一般要求	1	项目号	
	2	设备位号、管线号	
	3	设计规范或标准	
工作条件	4	最大允许工作压力/设计压力，MPa/MPa	
	5	流体及流体相态	
	6	安全泄放量，kg/h	
	7	工作压力，MPa	
	8	工作温度，℃	
	9	背压/真空状况，MPa	
	10	是否与安全阀串联	
	11	压力波动频率（静态的、周期的、脉动的）	
	12	设备总容积/设备气相容积，m^3/m^3	
介质性质	13	介质名称及相态	
	14	介质危险特性（毒性程度/爆炸危险程度）	
	15	临界压力，MPa	
	16	临界温度，℃	
	17	摩尔质量 M，kg/kmol	
	18	液体动力黏度，Pa·s	
	19	压缩因子 Z	
	20	绝热指数 k	
	21	液体密度，kg/m^3	
	22	气体密度，kg/m^3	
联接形式	23	法兰或管道公称尺寸	
	24	法兰标准和压力等级	
	25	法兰密封面型式	
	26	法兰垫片（进口/出口）	

表 B.1（续） 编号：

<table>
<tr><td rowspan="9">爆破片</td><td>27</td><td>爆破片材料</td><td></td></tr>
<tr><td>28</td><td>爆破片公称尺寸，mm</td><td></td></tr>
<tr><td>29</td><td>初选爆破片型号</td><td></td></tr>
<tr><td>30</td><td>设计爆破压力，MPa</td><td></td></tr>
<tr><td>31</td><td>爆破温度，℃</td><td></td></tr>
<tr><td>32</td><td>制造范围</td><td></td></tr>
<tr><td>33</td><td>爆破压力允差</td><td></td></tr>
<tr><td>34</td><td>允许爆破压力范围，MPa</td><td></td></tr>
<tr><td>35</td><td>爆破片数量</td><td></td></tr>
<tr><td rowspan="8">夹持器</td><td>36</td><td>夹持器型号或标记代号</td><td></td></tr>
<tr><td>37</td><td>夹持器公称尺寸，mm</td><td></td></tr>
<tr><td>38</td><td>夹持器材料（入口）</td><td></td></tr>
<tr><td>39</td><td>夹持器材料（出口）</td><td></td></tr>
<tr><td>40</td><td>夹持器数量</td><td></td></tr>
<tr><td>41</td><td>标准仪表接孔（有/无）和尺寸</td><td></td></tr>
<tr><td>42</td><td>报警装置（有/无）和材料</td><td></td></tr>
<tr><td>43</td><td>吊耳螺钉（有/无）</td><td></td></tr>
<tr><td>备注</td><td colspan="3"></td></tr>
<tr><td colspan="4">编制：　　审核：　　单位：　（公章）
日期：　　日期：　　日期：</td></tr>
</table>

附 录 C
（规范性附录）
爆破片泄放量计算

C.1 适用范围

本附录适用于单一相介质通过爆破片安全装置时泄放量的计算。当介质为液相介质时，该介质应无闪蒸现象产生。

C.2 符号及其说明

A ——爆破片的最小泄放面积，单位为平方毫米（mm^2）；

C ——气体特性系数，查表 C.1 或按式（C.1）计算；

$$C=520\sqrt{k\left(\frac{2}{k+1}\right)^{\frac{k+1}{k-1}}} \qquad \cdots\cdots\cdots\cdots\cdots\cdots\cdots\cdots\cdots\cdots(C.1)$$

C' ——水蒸气特性系数，蒸汽压力小于 11 MPa 的饱和水蒸气，$C'\approx1$；过热水蒸气随过热温度增加而减小，查表 C.2；

K ——泄放系数，与爆破片装置入口管道形状有关的系数，查表 C.3；当管道形状不易确定时，可按实测值确定或取 $K=0.62$；

K' ——液体泄放系数，取 0.62 或按有关安全技术规范的规定；

k ——气体绝热指数（C_p/C_v），查表 C.4，情况不明时，取 $k=1.0$；

M ——气体的摩尔质量，查表 C.4，单位为千克每千摩尔（kg/kmol）；

p_0 ——爆破片的泄放侧压力（绝对），单位为兆帕（MPa）；

p_f ——爆破片的泄放压力（绝对），单位为兆帕（MPa）；

P_c ——气体临界压力（绝对），查表 C.4，单位为兆帕（MPa）；

P_r ——气体对比压力，$P_r=p_f/P_c$；

Δp ——爆破片爆破时内、外侧的压差，单位为兆帕（MPa）；

R ——通用气体常数，$R=8\ 314\ J/(kmol\cdot K)$；

Re ——雷诺数，$Re=0.313\ 4\dfrac{W}{\mu\sqrt{A}}$；

T_f ——爆破片的泄放温度，单位为开尔文（K）；

T_c ——气体临界温度，查表 C.4，单位为开尔文（K）；

T_r ——气体对比温度，$T_r=T_f/T_c$；

W ——泄放量，单位为千克每小时（kg/h）；

Z ——在爆破片的泄放压力和泄放温度下气体的压缩系数，查图 C.1，或按式（C.2）计算：

$$Z=10^6 p_f\cdot v\frac{M}{RT_f} \qquad \cdots\cdots\cdots\cdots\cdots\cdots\cdots\cdots\cdots\cdots(C.2)$$

ζ ——液体动力黏度校正系数，查图 C.2，当液体的黏度不大于 20 ℃水的黏度时，取 $\zeta=1.0$；

μ ——液体动力黏度，单位为帕秒（Pa·s）；

ρ ——泄放温度下的液体密度，单位为千克每立方米（kg/m^3）；

v ——在爆破片的泄放压力和泄放温度下气体的比容，单位为立方米每千克（m^3/kg）。

C.3 爆破片的泄放量

C.3.1 气体

C.3.1.1 临界条件$\frac{p_0}{p_f} \leqslant \left(\frac{2}{k+1}\right)^{\frac{k}{k-1}}$时，泄放量按式(C.3)计算：

$$W = 7.6 \times 10^{-2} C K p_f A \sqrt{\frac{M}{Z T_f}} \qquad \text{(C.3)}$$

C.3.1.2 亚临界条件$\frac{p_0}{p_f} > \left(\frac{2}{k+1}\right)^{\frac{k}{k-1}}$时，泄放量按式(C.4)计算：

$$W = 55.84 K p_f A \sqrt{\frac{k}{k-1}\left[\left(\frac{p_0}{p_f}\right)^{\frac{2}{k}} - \left(\frac{p_0}{p_f}\right)^{\frac{k+1}{k}}\right]} \sqrt{\frac{M}{Z T_f}} \qquad \text{(C.4)}$$

C.3.2 水蒸气(饱和与过热)介质的泄放量按式(C.5)计算：

$$W = 5.25 K C' A p_f \qquad \text{(C.5)}$$

C.3.3 液体介质的泄放量按式(C.6)计算：

$$W = 5.1 \zeta A K' \sqrt{\rho \Delta p} \qquad \text{(C.6)}$$

注：对于粘滞性流体的泄放量计算程序如下：

a) 假设为非黏滞性流体，即$\zeta = 1.0$按式(C.6)计算出泄放量；

b) 根据a)计算出的泄放量按式$Re = 0.3134 \frac{W}{\mu \sqrt{A}}$计算雷诺数；

c) 根据b)计算出的雷诺数从图C.2查得ζ值，并按式(C.6)重新计算泄放量；

d) 若按c)计算的泄放量不能满足泄放需求(即小于安全泄放量)，则采用增大泄放口径(面积)的方法重新计算；

e) 重复a)～d)的计算，直至满足所需要的泄放量为止。

C.4 爆破片安全装置实际泄放面积

C.4.1 爆破片安全装置的实际泄放面积应不小于要求的爆破片最小泄放面积。

C.4.2 当爆破片安全装置的实际泄放面积大于进口管的截面积时，进口管的截面积应不小于要求的爆破片最小泄放面积。

表 C.1 气体特性系数 C

k	C	k	C	k	C	k	C
1.00	315	1.20	337	1.40	356	1.60	372
1.02	318	1.22	339	1.42	358	1.62	374
1.04	320	1.24	341	1.44	359	1.64	376
1.06	322	1.26	343	1.46	361	1.66	377
1.08	324	1.28	345	1.48	363	1.68	379
1.10	327	1.30	347	1.50	364	1.70	380
1.12	329	1.32	349	1.52	366	2.00	400
1.14	331	1.34	351	1.54	368	2.20	412
1.16	333	1.36	352	1.56	369	—	—
1.18	335	1.38	354	1.58	371	—	—

表 C.2 水蒸汽特性系数 C'

绝对压力 MPa	温度 ℃													
	饱和	200	220	260	300	340	380	420	460	500	560	600	660	700
	系数 C'													
0.5	1.005	0.996	0.972	0.931	0.896	0.864	0.835							
1	0.978	0.981	0.983	0.938	0.901	0.868	0.838							
1.5	0.977	0.976	0.970	0.947	0.906	0.872	0.841							
2	0.972		0.967	0.955	0.912	0.876	0.845	0.817	0.792	0.768				
2.5	0.969			0.961	0.918	0.880	0.848	0.819	0.793	0.770				
3	0.967			0.957	0.924	0.885	0.851	0.822	0.795	0.774	0.742	0.721	0.695	0.679
4	0.965			0.958	0.934	0.894	0.857	0.826	0.799	0.775	0.744	0.725	0.696	0.680
5	0.966				0.953	0.904	0.865	0.832	0.803	0.778	0.747	0.723	0.697	0.681
6	0.968				0.953	0.911	0.872	0.838	0.808	0.781	0.747	0.729	0.698	0.682
7	0.971				0.958	0.924	0.881	0.844	0.812	0.785	0.749	0.731	0.702	0.683
8	0.975				0.967	0.937	0.888	0.850	0.817	0.789	0.752	0.731	0.701	0.684
9	0.980					0.957	0.897	0.856	0.822	0.792	0.754	0.733	0.702	0.685
10	0.986					0.961	0.909	0.863	0.827	0.796	0.757	0.735	0.703	0.686
12	0.999					0.975	0.926	0.876	0.838	0.805	0.762	0.739	0.706	0.688
14	1.016					1.002	0.956	0.893	0.846	0.811	0.768	0.743	0.711	0.691
16	1.063						0.988	0.907	0.858	0.819	0.774	0.748	0.714	0.693
18	1.063						1.004	0.929	0.873	0.828	0.779	0.752	0.717	0.697
20	1.094						1.028	0.953	0.885	0.835	0.786	0.757	0.720	0.700
22	1.129						1.072	0.982	0.900	0.849	0.793	0.761	0.724	0.702
24								1.016	0.915	0.861	0.797	0.766	0.727	0.705
26								1.055	0.935	0.871	0.804	0.772	0.731	0.708
28								1.096	0.956	0.883	0.811	0.776	0.735	0.710
30								1.132	0.977	0.895	0.821	0.781	0.735	0.715
32								1.169	1.009	0.908	0.824	0.787	0.742	0.714

注：压力和温度处于中间值时，C'可以用内插法计算。

表 C.3 泄放系数

编号	接管示意图	接管形状	泄放系数 K
1	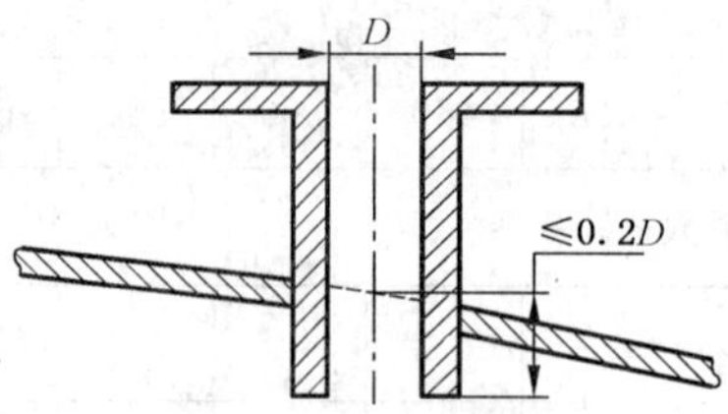	插入式接管	0.68
2	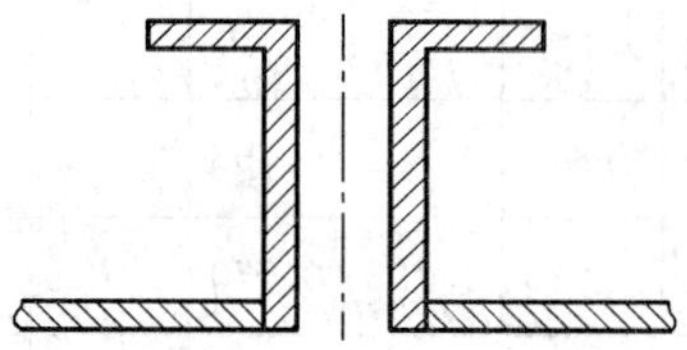	平齐式接管	0.73
3	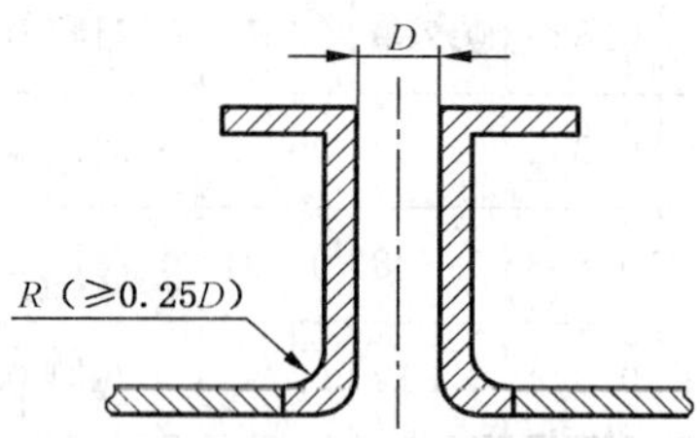	带过渡圆角接管	0.80

表 C.4 部分气体的性质

气体	分子式	摩尔质量 M kg/kmol	绝热指数 k （0.013 MPa，15 ℃时）	临界压力 P_c MPa（绝对）	临界温度 T_c K
空气	—	28.97	1.40	3.769	132.45
氮气	N_2	28.01	1.40	3.394	126.05
氧气	O_2	32.00	1.40	5.036	154.35
氢气	H_2	2.02	1.41	1.297	33.25
氯气	Cl_2	70.91	1.35	7.711	417.15
一氧化碳	CO	28.01	1.40	3.546	134.15
二氧化碳	CO_2	44.01	1.30	7.397	304.25
氨	NH_3	17.03	1.31	11.298	405.55
氯化氢	HCl	36.46	1.41	8.268	324.55
硫化氢	H_2S	34.08	1.32	9.008	373.55
一氧化二氮	N_2O	44.01	1.30	7.265	309.65
二氧化硫	SO_2	64.06	1.29	7.873	430.35
甲烷	CH_4	16.04	1.31	4.641	190.65

表 C.4（续）

气体	分子式	摩尔质量 M kg/kmol	绝热指数 k （0.013 MPa，15 ℃时）	临界压力 P_c MPa（绝对）	临界温度 T_c K
乙炔	C_2H_2	26.02	1.26	6.282	309.15
乙烯	C_2H_4	28.05	1.25	5.157	282.85
乙烷	C_2H_6	30.05	1.22	4.945	305.25
丙烯	C_3H_6	42.08	1.15	4.560	365.45
丙烷	C_3H_8	44.10	1.13	4.357	368.75
正丁烷	C_4H_{10}	58.12	1.11	3.648	426.15
异丁烷	$CH(CH_3)_3$	58.12	1.11	3.749	407.15

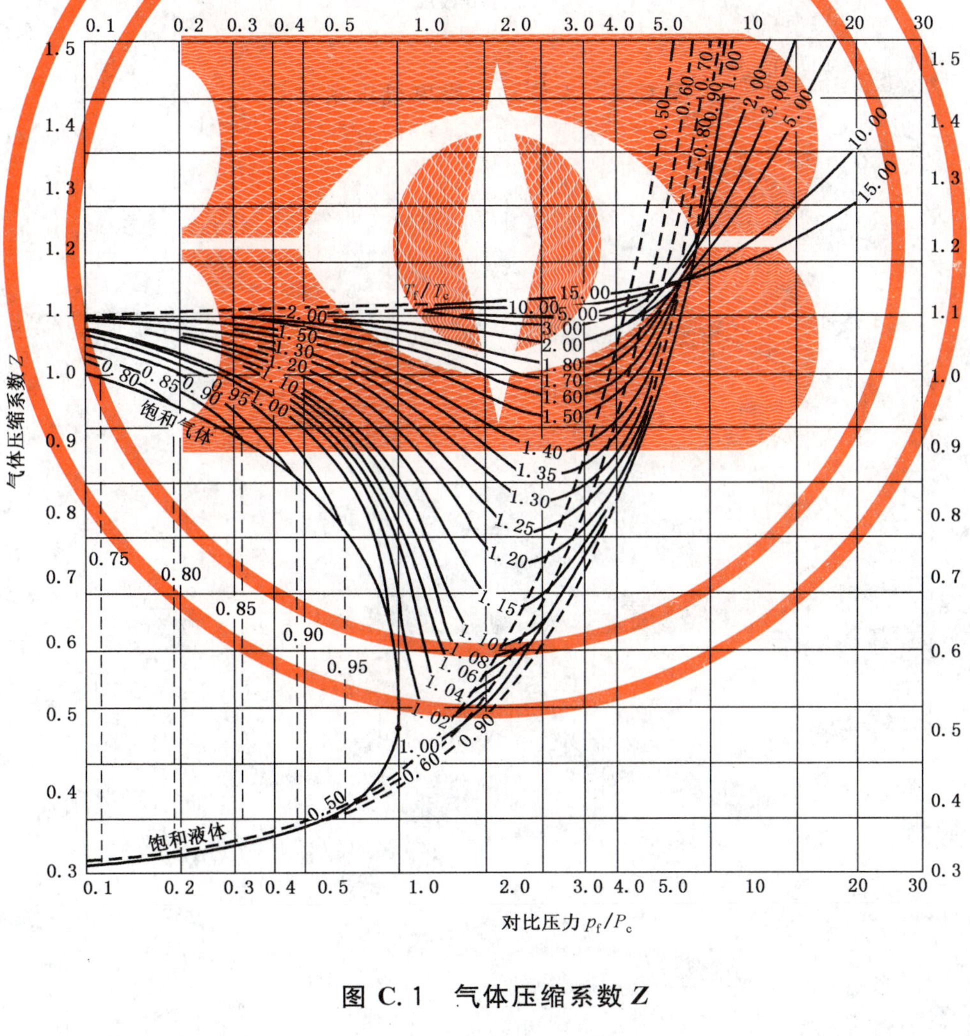

图 C.1 气体压缩系数 Z

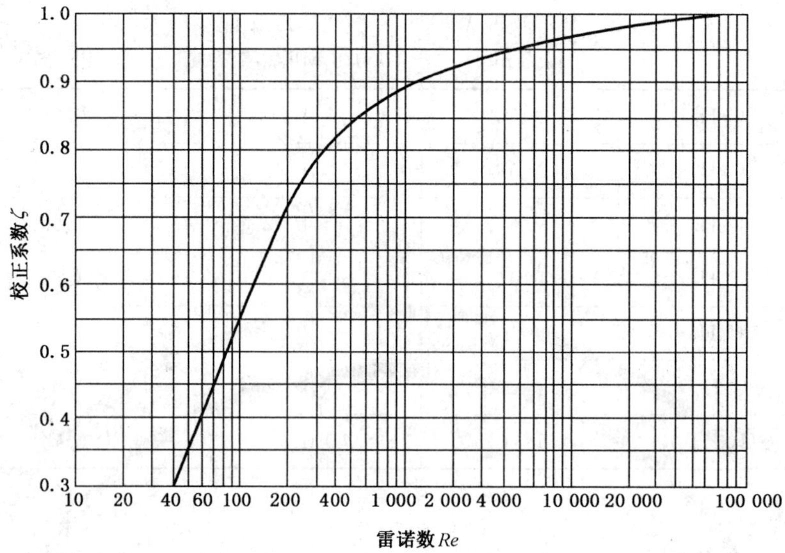

图 C.2　液体动力黏度校正系数 ζ

附　录　D
（资料性附录）
爆破片的更换周期

D.1　确定爆破片更换周期的目的

D.1.1　为了保障承压设备的安全，应安装能够避免其超压的压力泄放装置。常用的压力泄放装置有安全阀、爆破片、易熔塞等。由于爆破片安全装置具有反应灵敏、密封性好、精度高、泄放面积大等优越性，所以爆破片安全装置在安全泄放中得到了较为广泛的应用。

D.1.2　在工作情况下，压力泄放装置可能受到诸多因素的影响，例如，腐蚀、污垢、较大幅度的温度或压力波动等，从而使其不再保持原有性能，甚至有可能造成在正常工作压力下提前泄放，进而影响设备的安全，影响生产的正常运转。因此，确定对压力泄放装置的前后两次检查之间的间隔时间或更换周期是非常重要的。

D.1.3　制造单位在一批爆破片制造完成后，均应从中随机选择规定数量的爆破片进行抽样爆破试验，以验证爆破压力是否符合标准或安全技术规范的规定，但这仅能保证爆破片出厂时的爆破性能。

D.1.4　爆破片在实际使用并承受一定的工作压力后，其爆破性能可能会因为温度、压力等因素的影响而发生改变，经过某一特定时间段以后，爆破片的性能将不再符合爆破片出厂时规定的性能要求，且可能在正常工作压力下爆破。为了避免这种情况的出现，有必要确定发生这种情况的可能的时间段并确定更换周期，以保证承压设备的正常安全运转。

D.2　影响爆破片更换周期的因素

D.2.1　爆破片的更换周期不应超过一个预计的时间段，在这个时间段之后，爆破片的性能将不符合规定的要求。一旦确定了更换周期，除非对过去的经验和所有使用条件有进一步的研究分析，否则，不应超过这一周期进行爆破片的更换。

D.2.2　爆破片投入使用之前应确定其适当的更换周期。这一周期可基于可靠的工作经验而加以延长或在经验证明不可靠的场合而加以缩短。

D.2.3　在确定爆破片更换周期时，需要考虑下列因素的影响：

a)　爆破片的抗疲劳性能（与爆破片结构型式有关）；
b)　爆破片材料对相应介质和环境介质的耐腐蚀性，在高温条件下爆破片材料的蠕变特性以及密封膜、保护膜材料的致密性、耐蚀性变化、发生老化等；
c)　实际使用的操作压力比；
d)　爆破片的实际使用温度、温度波动等；
e)　爆破片实际承受的压力、压力波动等。

D.2.4　使用单位应确定爆破片使用工况下的工作温度、工作压力、工作介质和其它可预知的工作条件（包括压力和温度循环），并提供给制造单位，以利于制造单位确定所选结构型式爆破片的更换周期。

D.2.5　不正确的安装、错误的扭矩（在有关的场合）和机械损伤等，可能对爆破片爆破压力有直接影响，从而缩短其更换周期。

D.3　确定爆破片更换周期的方法

D.3.1　由制造单位确定更换周期

a)　由于制造单位熟悉每种结构型式爆破片在不同工作条件下的最适宜的机械加载方式、应力水平和操作压力比等,并可能拥有供参考的多种形式爆破片的分析试验(疲劳、腐蚀)数据、历史记录及相应类似工程试验的结果等。因此,对于一般常规工作条件下的爆破片可由制造单位确定更换周期。

b) 为了验证所确定的爆破片更换周期是否合适,可在一个工作时段后,将爆破片小心地拆卸下来,按要求包装好后返回给制造单位进行检查和测试。制造单位应对返回的爆破片的尺寸变化、腐蚀迹象、密封性(在适当的场合)、爆破压力和任何其它相关细节加以记录,通过与爆破片的出厂原始记录相比较,可对更换周期作出调整。

c) 在某些比较重要的场合,可将一些与实际使用的爆破片的类型、型号、规格、材料和规定的爆破要求完全相同的爆破片在模拟预期工作情况的条件下进行测试,将使用过一个时段后的爆破片由制造单位进行爆破,根据爆破数据来确定更换周期。

D.3.2 由使用单位确定更换周期

在某些特殊工作条件下,由于使用单位比较熟悉在类似的工作条件下,爆破片的材料或其爆破性能所受到的影响,并可能拥有供参考的记录(工作、检查、监测和历史记录)。因此,可由使用单位根据经验自行确定爆破片更换周期。

ICS 13.240
J 74

中华人民共和国国家标准

GB 567.3—2012
代替 GB/T 12353—1999,GB/T 16181—1996

爆破片安全装置 第3部分:分类及安装尺寸

Bursting disc safety devices—Part 3:Classification and mounting dimensions

2012-05-11 发布 2013-03-01 实施

中华人民共和国国家质量监督检验检疫总局
中国国家标准化管理委员会 发布

前　言

本部分的附录A、附录B和附录C为推荐性的，其余均为强制性的。

GB 567《爆破片安全装置》分为4个部分：

——第1部分：基本要求；

——第2部分：应用、选择与安装；

——第3部分：分类及安装尺寸；

——第4部分：型式试验。

本部分为GB 567的第3部分。

本部分按照GB/T 1.1—2009给出的规则起草。

本部分代替GB/T 12353—1999《拱形金属爆破片装置分类与安装尺寸》和GB/T 16181—1996《爆破片装置夹持器型式和外形尺寸》。本部分与GB/T 12353—1999和GB/T 16181—1996相比，主要技术变化如下：

——标准名称由“拱形金属爆破片装置分类与安装尺寸”和“爆破片装置夹持器型式和外形尺寸”改为“爆破片安全装置　第3部分：分类及安装尺寸”。

——本部分适用的爆破片的爆破压力范围由0.01 MPa～35 MPa扩大到0.001 MPa～500 MPa；

——增加了术语和定义一章；

——增加了平板和石墨类爆破片；

——修改补充了夹持器的类别、型式及代号的规定，将“夹持器的外形尺寸”改为“夹持器的安装尺寸”；

——增加了附录A“爆破片类别、型式及代号”、附录B“夹持器类别、型式及代号”和附录C“爆破片安全装置的安装尺寸”。

请注意本文件的某些内容可能涉及专利，本文件发布机构不承担识别这些专利的责任。

本部分由全国锅炉压力容器标准化技术委员会(SAC/TC 262)提出并归口。

本部分主要起草单位：沈阳航天新光安全系统有限公司、上海市气体工业协会、中国特种设备检测研究院、上海华谊集团工程装备有限公司、国家质检总局特种设备安全监察局、大连理工安全装备有限公司、沈阳特种设备检测研究院、成都成航工业安全系统有限责任公司、上海华理安全装备有限公司、上海市特种设备监督检验技术研究院、盘锦兴达石化设备有限公司。

本部分主要起草人：金志伟、许子平、徐炘、周伟明、寿比南、高继轩、陈朝晖、张志毅、杨昌军、卞锦保、温殿江、张亚余、魏勇彪、付洪亮。

本部分所代替标准的历次版本情况为：

——GB/T 12353—1999；

——GB/T 16181—1996。

爆破片安全装置
第3部分：分类及安装尺寸

1 范围

1.1 GB 567的本部分规定了爆破片安全装置的类别、型式、代号、标记方法及安装尺寸等技术要求。

1.2 本部分适用于下列爆破片安全装置：

——本部分适用于压力容器、压力管道或其他密闭承压设备(以下简称承压设备)为防止超压或出现过度真空而使用的爆破片安全装置；

——本部分适用的爆破片安全装置中爆破片的爆破压力不大于500 MPa，且不小于0.001 MPa。

1.3 本部分不适用于下列爆破片安全装置：

——操作过程中可能产生压力剧增，反应速度到达爆轰时的承压设备。

——国防军事装备有特殊要求的爆破片安全装置。

注：爆轰：物质的燃烧速度极快，达到1 000 m/s以上时，产生与通常的燃爆根本不同的现象，该现象称为爆轰。

2 规范性引用文件

下列文件对于本文件的应用是必不可少的。凡是注日期的引用文件，仅注日期的版本适用于本文件。凡是不注日期的引用文件，其最新版本(包括所有的修改单)适用于本文件。

GB 567.1 爆破片安全装置 第1部分：基本要求

GB 567.2 爆破片安全装置 第2部分：应用、选择与安装

HG/T 20592—2009 钢制管法兰(PN系列)

HG/T 20615—2009 钢制管法兰(class系列)

3 术语和定义

GB 567.1、GB 567.2界定的以及下列术语和定义适用于本文件。

3.1

正拱普通型爆破片 conventional simple domed

爆破片不需要其他加工，由坯片直接成形的正拱形爆破片。

3.2

正拱开缝型爆破片 conventional domed slotted lined bursting disc

爆破片由两层或两层以上组成，且其中一层为密封膜，并至少有一层为带有孔(缝)的正拱形爆破片。

3.3

正拱带槽型爆破片 conventional scored simple domed

爆破片上加工有减弱槽的正拱形爆破片。

3.4

反拱带刀型爆破片 reverse domed with knife blades

爆破片失稳翻转时因触及刀刃而破裂的反拱形爆破片。

3.5

反拱鳄齿型爆破片　counter-arch alligator tooth demolition piece

爆破片失稳翻转时因触及环形鳄齿而破裂的反拱形爆破片。

3.6

反拱带槽型爆破片　reverse domed scored

爆破片上加工有减弱槽的反拱形爆破片。

3.7

反拱开缝型爆破片　reverse domed slotted lined bursting disc

爆破片由两层或两层以上组成，且其中一层为密封膜，并至少有一层为带有孔(缝)的反拱形爆破片。

3.8

反拱夹持型爆破片　reverse domed having slip or tear-away design

爆破片由压紧力夹持在夹持器内；超压时爆破片拱壳失稳快速翻转，从夹持器中脱落弹出的反拱形爆破片。

3.9

反拱卡簧型爆破片　counter-arch circlip demolition piece

爆破片由卡簧支撑在夹持器支撑环内，并衬密封膜的反拱形爆破片。

3.10

反拱脱落型爆破片　the counter-arch falls off the demolition piece

反拱夹持型和反拱卡簧型爆破片的合称。

3.11

平板普通型爆破片　dull shear pattern demolition piece

爆破片由一层或多层平板形片组成的平板形爆破片。

3.12

平板开缝型爆破片　flat slotted lined

爆破片由带缝(孔)的平板形片与密封膜组成的平板形爆破片。

3.13

平板带槽型爆破片　flat scored

爆破片平面上加工有减弱槽的平板形爆破片。

3.14

单片可更换型石墨爆破片　graphite replaceable element graphite bursting discs

与夹持器配合安装使用的石墨爆破片。

3.15

整体不可更换型石墨爆破片　graphite monoloc graphite bursting discs

不需要夹持器，直接与法兰配合安装使用的石墨爆破片。

4　类别、型式

4.1　爆破片的类别、型式

爆破片按失效方式及材料的不同分为如下 a)～d)四个类别。每种类别按结构特点的不同，又分为不同的型式。

a)　正拱形爆破片

爆破片呈拱形，凹面处于压力系统的高压侧，动作时因拉伸而破裂，如图 1 所示。根据正拱形爆破片的结构形式特点，分为以下 3 种型式，如附录 A 表 A.1 所示：

——正拱普通型爆破片；

——正拱开缝型爆破片；

——正拱带槽型爆破片。

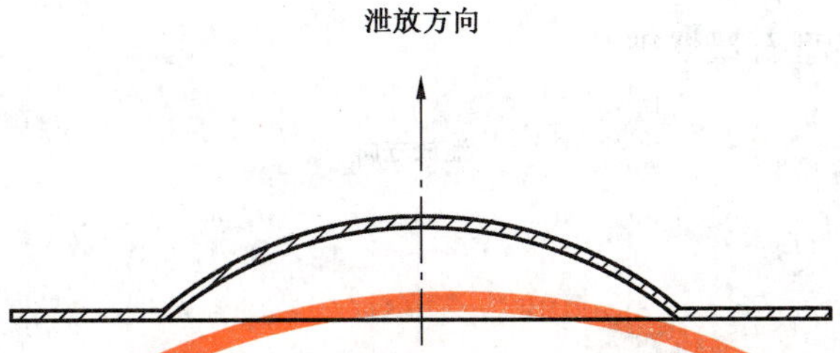

图 1　正拱形爆破片

b)　反拱形爆破片

爆破片呈拱形，凸面处于压力系统的高压侧，动作时因压缩失稳而破裂，如图 2 所示。反拱形爆破片按爆破片结构的不同，分为以下 5 种型式，如附录 A 表 A.1 所示：

——反拱带刀型爆破片；

——反拱鳄齿型爆破片；

——反拱带槽型爆破片；

——反拱开缝型爆破片；

——反拱脱落型爆破片。

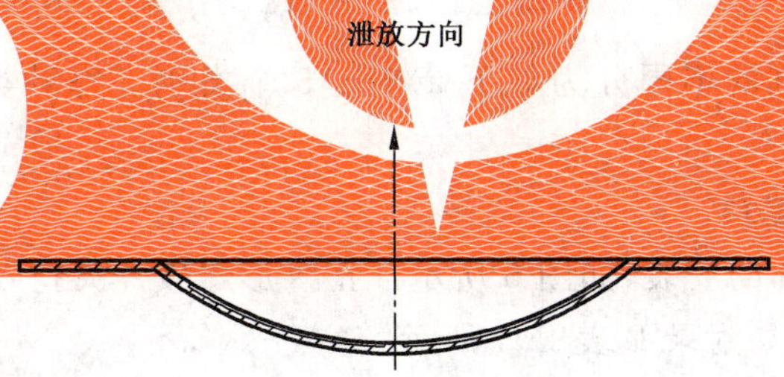

图 2　反拱形爆破片

c)　平板形爆破片

爆破片呈平板形，动作时因拉伸、剪切或弯曲而破裂，如图 3 所示。平板形爆破片按爆破片结构的不同，分为以下 3 种型式，如附录 A 表 A.1 所示：

——平板普通型爆破片；

——平板开缝型爆破片；

——平板带槽型爆破片。

图 3　平板形爆破片

d） 石墨爆破片：

爆破片由石墨、浸渍石墨、柔性石墨或复合石墨等以石墨为基体的材料制成，动作时因剪切或弯曲而破裂，如图 4 所示。石墨爆破片按安装方式的不同，分为以下 2 种型式，如附录 A 表 A.1 所示：

——单片可更换型石墨爆破片；

——整体不可更换型石墨爆破片。

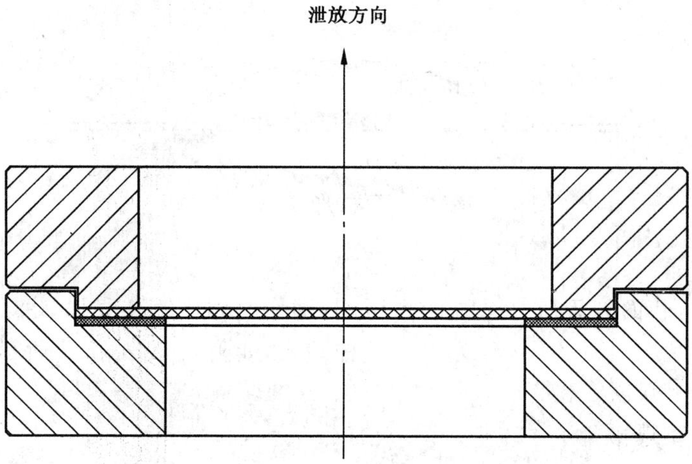

图 4　石墨爆破片

4.2　夹持器的类别、型式

夹持器按安装爆破片类别的不同分为如下 a)～e)5 个类别。每种类别按夹持器密封面型式的不同，又分为下列不同的型式。

a） 正拱形爆破片夹持器

适用于正拱形爆破片的安装，如图 5 所示。正拱形爆破片夹持器按夹持器密封面型式的不同，分为以下 3 种型式，如附录 B 表 B.1 所示：

——平面型正拱爆破片夹持器；

——锥面型正拱爆破片夹持器；

——榫槽面型正拱爆破片夹持器。

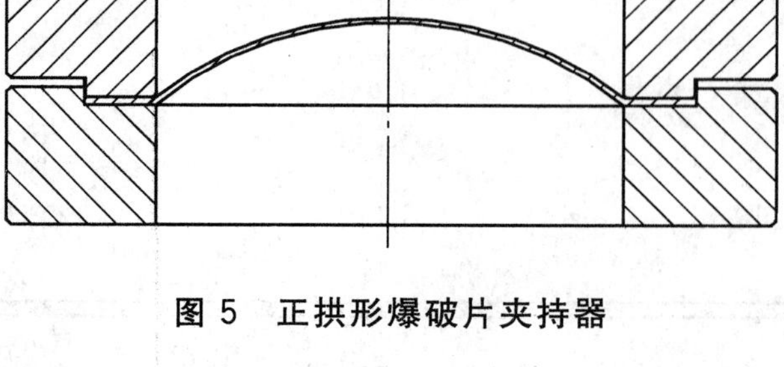

图 5　正拱形爆破片夹持器

b) 反拱形爆破片夹持器

适用于反拱形爆破片的安装，如图 6 所示。反拱形爆破片夹持器按夹持器密封面型式的不同，分为以下 2 种型式，如附录 B 表 B.1 所示：

——平面型反拱爆破片夹持器；

——榫槽面型反拱爆破片夹持器。

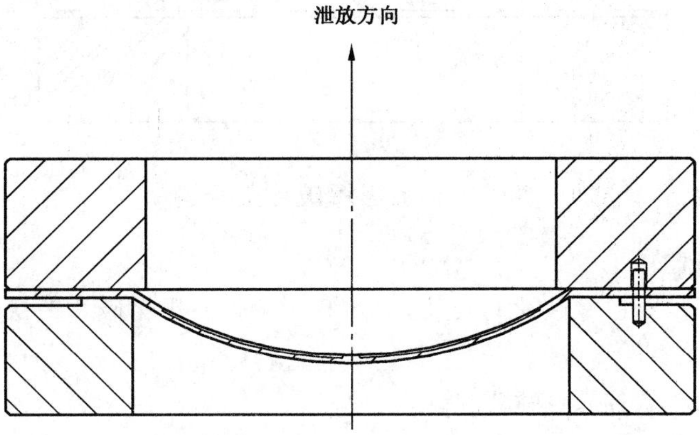

图 6 反拱形爆破片夹持器

c) 反拱刀架型爆破片夹持器

适用于反拱刀架型爆破片的安装，如图 7 所示。反拱刀架型爆破片夹持器按夹持器密封面型式的不同，分为以下 2 种型式，如附录 B 表 B.1 所示：

——平面型反拱带刀爆破片夹持器；

——榫槽面型反拱带刀爆破片夹持器。

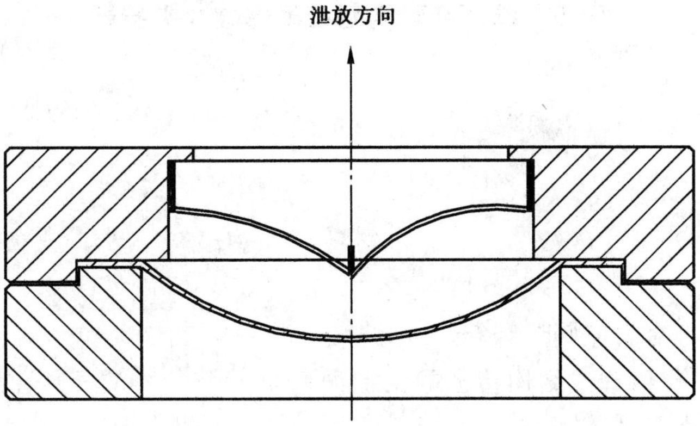

图 7 反拱刀架型爆破片夹持器

d) 平板形爆破片夹持器

适用于平板形爆破片的安装，如图 8 所示。平板形爆破片夹持器为以下 1 种型式，如附录 B 表 B.1 所示：

——平面型平板爆破片夹持器。

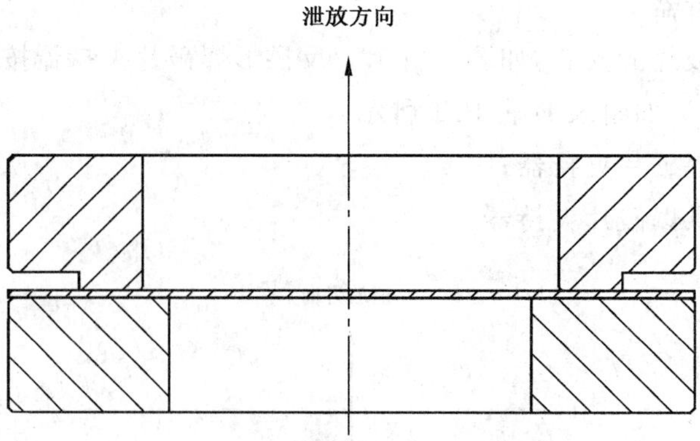

图 8 平板形爆破片夹持器

e） 石墨爆破片夹持器

适用于单片可更换石墨爆破片的安装，如图 9 所示。石墨爆破片夹持器为以下 1 种型式，如附录 B 表 B.1 所示：

——平面型石墨爆破片夹持器。

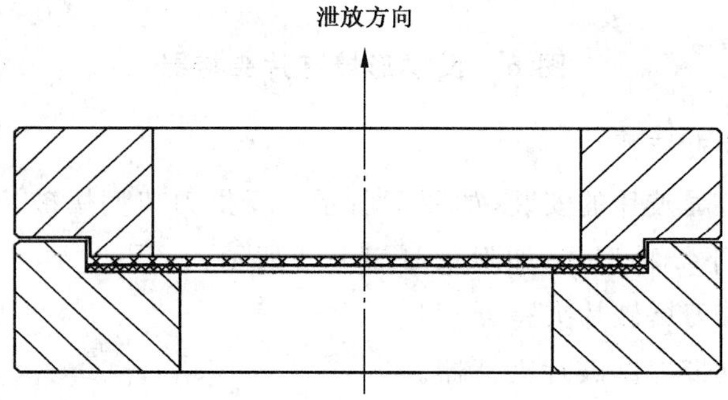

图 9 单片可更换型石墨爆破片夹持器

5 代号

5.1 爆破片代号

5.1.1 爆破片类别代号

5.1.1.1 爆破片类别代号命名原则

以该类别爆破片的工作原理或结构特征的关键词的第一个字的汉语拼音的第一个字母，大写表示，且各类别代号应有区别。

5.1.1.2 爆破片类别代号应满足如下要求：

a） 正拱形爆破片：代号为 L；

b） 反拱形爆破片：代号为 Y；

c） 平板形爆破片：代号为 P；

d） 石墨爆破片：代号为 PM。

5.1.2 爆破片型式代号

5.1.2.1 爆破片型式代号命名原则

爆破片型式代号命名原则应满足下列要求：

a) 爆破片型式代号的第一个字母，应为该型式爆破片所属的类别代号；
b) 爆破片型式代号的第二个字母，应为该型式爆破片结构型式特征关键词的第一个字（或逐次）的汉语拼音的第一个大写字母表示；
c) 爆破片型式代号中需要表示型式附件特征的，以特征词第一个字的汉语拼音的第一个字母大写表示。

5.1.2.2 爆破片型式代号应满足如下要求：
a) 正拱普通型爆破片：代号为 LP；
b) 正拱开缝型爆破片：代号为 LF；
c) 正拱带槽型爆破片：代号为 LC；
d) 反拱带刀型爆破片：代号为 YD；
e) 反拱鳄齿型爆破片：代号为 YE；
f) 反拱带槽型爆破片：代号为 YC；
g) 反拱开缝型爆破片：代号为 YF；
h) 反拱脱落型爆破片：代号为 YT；
i) 平板普通型爆破片：代号为 PP；
j) 平板开缝型爆破片：代号为 PF；
k) 平板带槽型爆破片：代号为 PC；
l) 单片可更换型石墨爆破片：代号为 PMT；
m) 整体不可更换型石墨爆破片：代号为 PMZ。

5.1.3 爆破片代号标记方法

5.1.3.1 爆破片代号命名原则

爆破片安全装置代号表示应具有下列内容，并逐次排列：
a) 爆破片类别代号；
b) 爆破片型式代号；
c) 爆破片附件特征代号；
d) 爆破片夹持器（夹持器密封面型式）代号；
e) 爆破片泄放口径尺寸(mm)；
f) 爆破片设计爆破压力(MPa)；
g) 爆破片设计爆破温度(℃)；
h) 爆破片材料代号。

5.1.3.2 爆破片代号标记方法按附录 A 中 A.2 的规定。

5.2 夹持器代号

5.2.1 夹持器类别代号

5.2.1.1 夹持器类别代号命名原则

以其所适用的爆破片的类别代号与字母“J”组合表示。

5.2.1.2 夹持器类别代号应满足如下要求：
a) 正拱形爆破片夹持器：代号为 LJ；
b) 反拱形爆破片夹持器：代号为 YJ；
c) 反拱带刀型爆破片夹持器：代号为 YDJ；
d) 平板形爆破片夹持器：代号为 PJ；

e） 石墨爆破片夹持器：代号为 PMJ。

5.2.2 夹持器型式代号

5.2.2.1 夹持器型式代号的命名原则

夹持器型式代号按夹持器的密封面型式表示。

5.2.2.2 夹持器型式代号应满足如下要求：

a） 爆破片夹持器的密封面为平面：代号为 A；

b） 爆破片夹持器的密封面为锥面：代号为 B；

c） 爆破片夹持器的密封面为榫槽面：代号为 C。

5.2.3 夹持器代号标记方法

5.2.3.1 夹持器代号表示应具有下列内容，并逐次排列：

a） 夹持器类别代号；

b） 夹持器密封面型式代号；

c） 夹持器泄放口径（mm）；

d） 夹持器外径（mm）。

5.2.3.2 夹持器代号标记方法按附录 B 中 B.2 的规定。

6 夹持器安装型式与尺寸

6.1 根据爆破片安全装置的使用要求，可选用合适的夹持器安装型式。爆破片安全装置安装尺寸，由该爆破片安全装置夹持器的外形尺寸确定。

6.2 夹持器的基本安装结构型式包括普通型、增大型、螺纹型及其他结构类型，其安装尺寸的确定见附录 C 的规定，夹持器的设计应符合 GB 567.1 的相应规定。

6.2.1 普通型爆破片夹持器

普通型夹持器（见图 10）可居中安装在法兰螺栓孔内侧，夹持器直径不大于法兰螺栓圆直径减去法兰螺栓孔直径，爆破片安全装置应准确地居中装入法兰间。

6.2.2 增大型爆破片夹持器

增大型夹持器（见图 11）一般与其配合的法兰有相同的外径，通过法兰螺栓定位，居中装入法兰间。

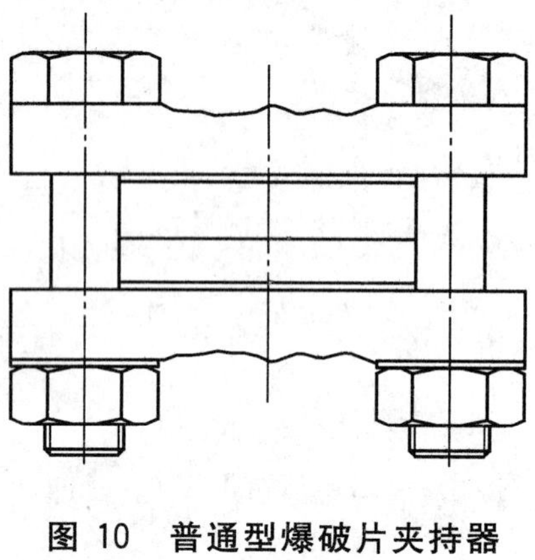

图 10 普通型爆破片夹持器

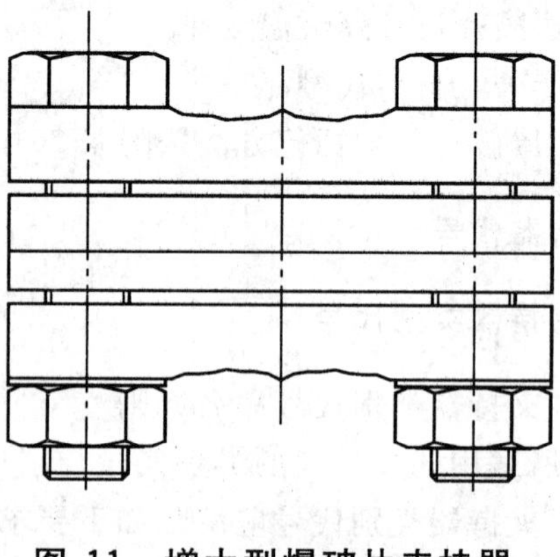

图 11 增大型爆破片夹持器

6.2.3 螺纹型爆破片夹持器

螺纹型爆破片夹持器（见图 12）一般与螺纹接头配合使用，通过螺纹接头的轴向定位孔定位，居中装入螺纹接头间。

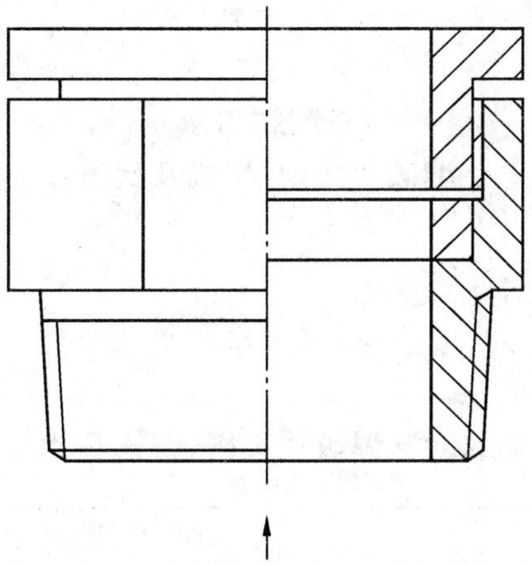

图 12 螺纹型爆破片夹持器

6.2.4 管接头型爆破片夹持器

管接头型爆破片夹持器(见图13)一般与标准螺纹管接头配合使用,通过标准螺纹管接头的端面定位,居中装入管螺纹接头间。

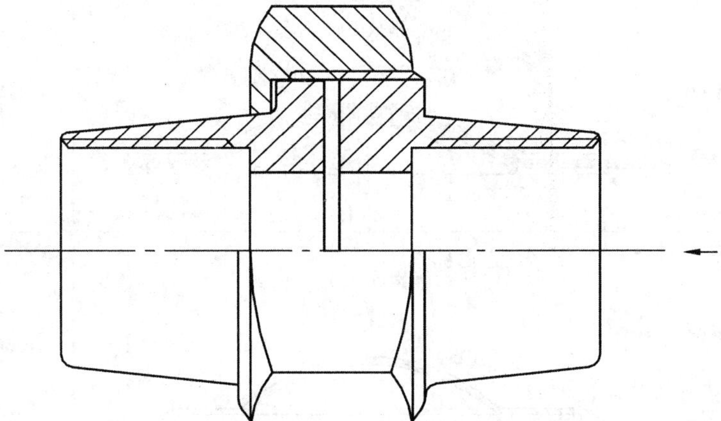

图 13 管接头型爆破片夹持器

6.3 爆破片安全装置基本安装尺寸应由制造单位和使用单位协商确定,但应符合GB 567.1的规定。常用爆破片安全装置安装尺寸见附录C的规定。

附　录　A
(资料性附录)
爆破片类别、型式及代号

A.1　爆破片类别、型式及代号

表 A.1　爆破片类别、型式及代号

类别及代号	型式及代号	示　意　图	组件中带附件的型式及代号
正拱形爆破片 L	正拱普通型 LP	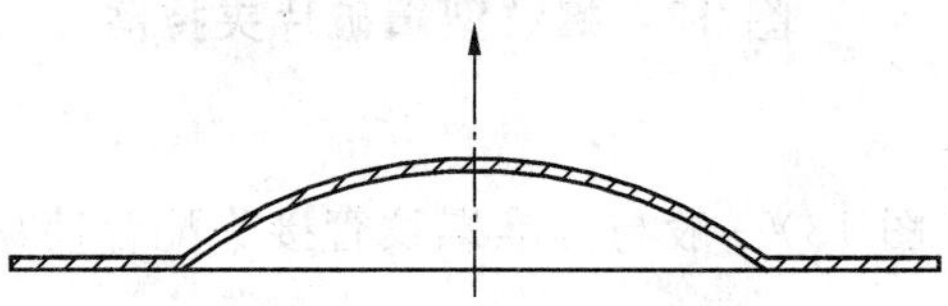	正拱普通型带托架 LPT
	正拱开缝型 LF	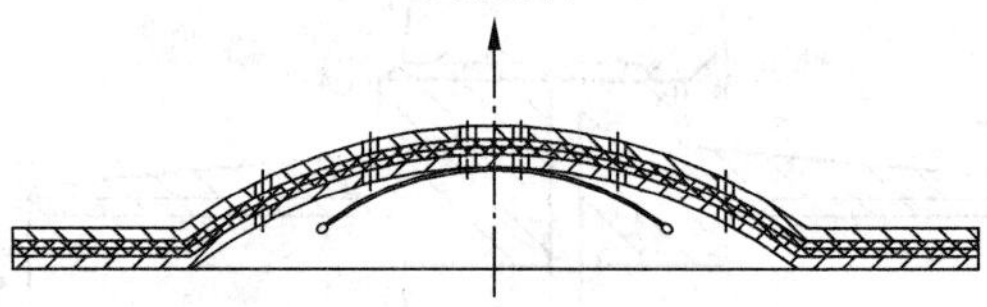	正拱开缝型带托架 LFT
	正拱带槽型 LC	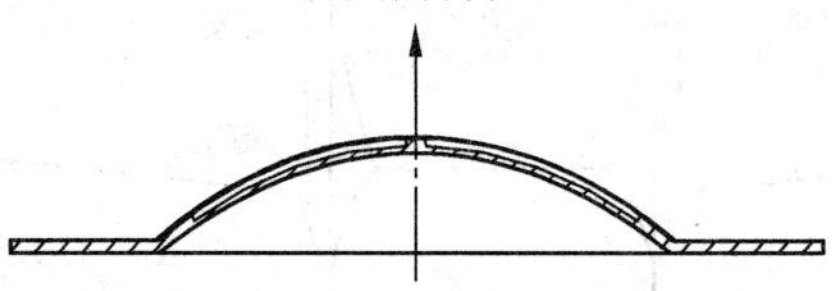	
反拱形爆破片 Y	反拱带刀型 YD	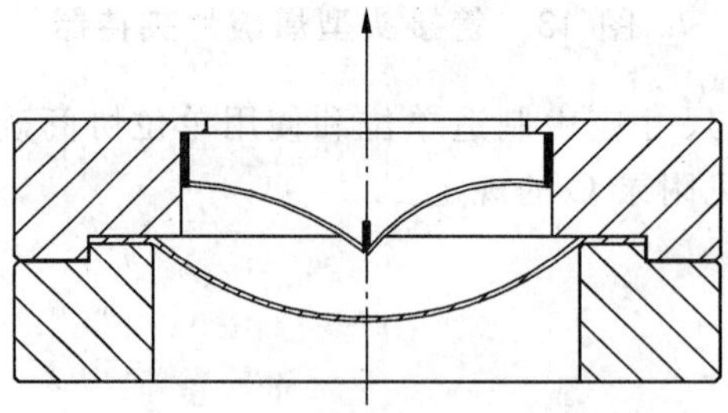	
	反拱鳄齿型 YE	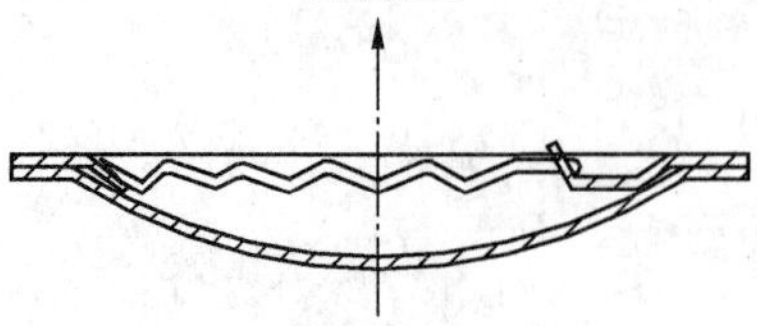	

表 A.1（续）

类别及代号	型式及代号	示 意 图	组件中带附件的型式及代号
反拱形爆破片 Y	反拱带槽型 YC	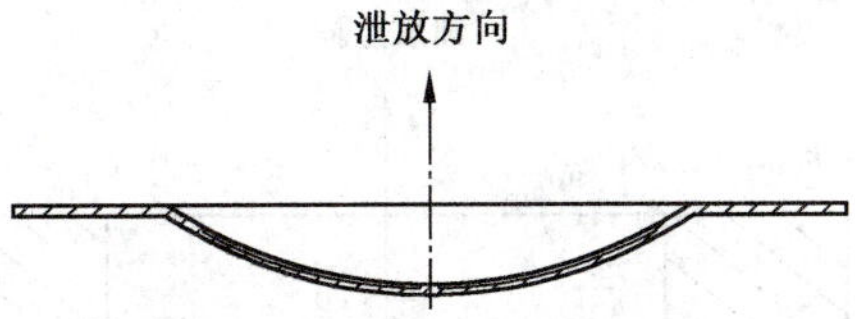	反拱带槽型带托架 YCT
	反拱开缝型 YF	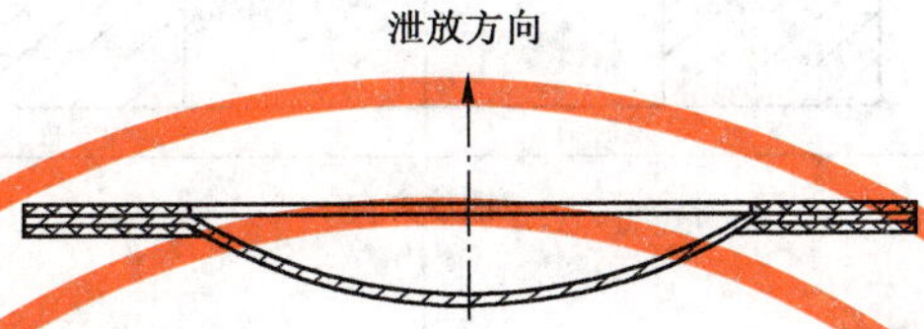	
	反拱脱落型 YT	反拱夹持脱落型 YTJ 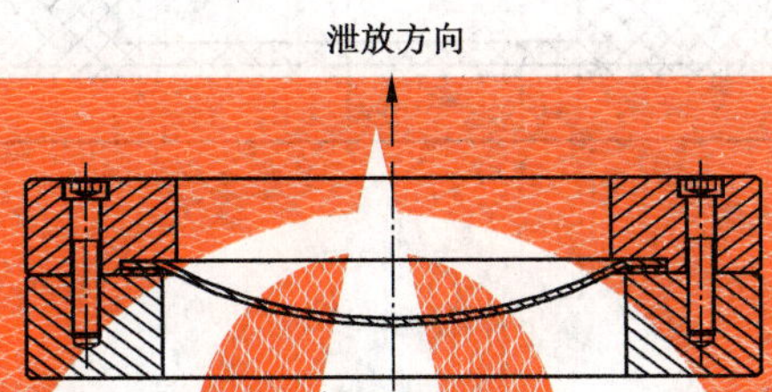 反拱卡簧脱落型 YTH 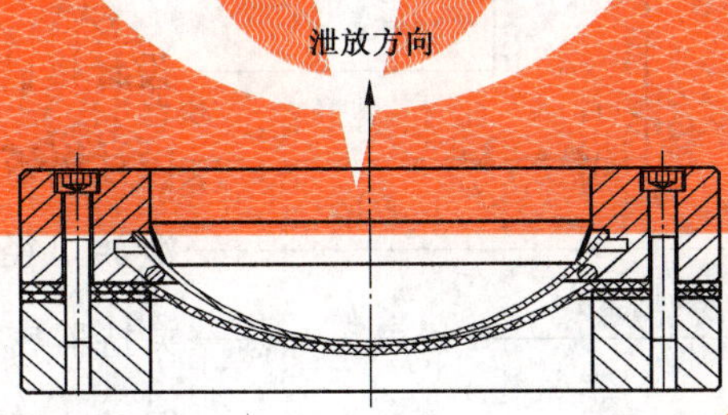	
平板形爆破片 P	平板开缝型 PF	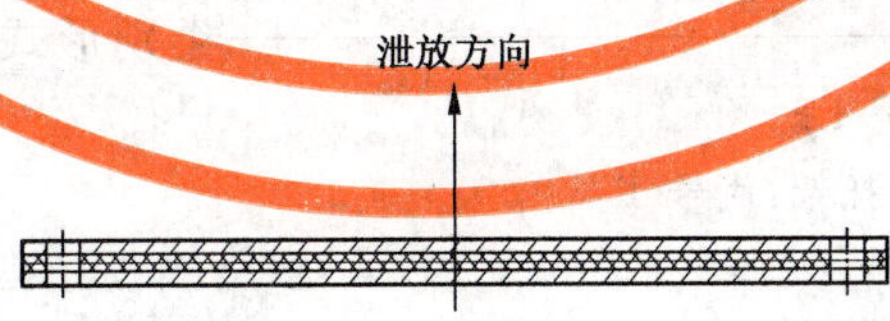	
	平板带槽型 PC		
	平板普通型 PP	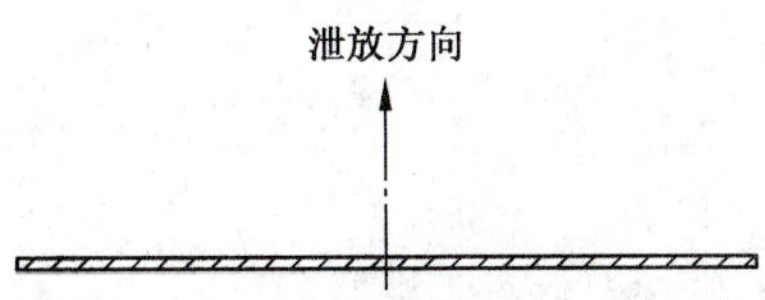	

表 A.1（续）

类别及代号	型式及代号	示 意 图	组件中带附件的型式及代号
石墨爆破片 PM	可更换型 PMT	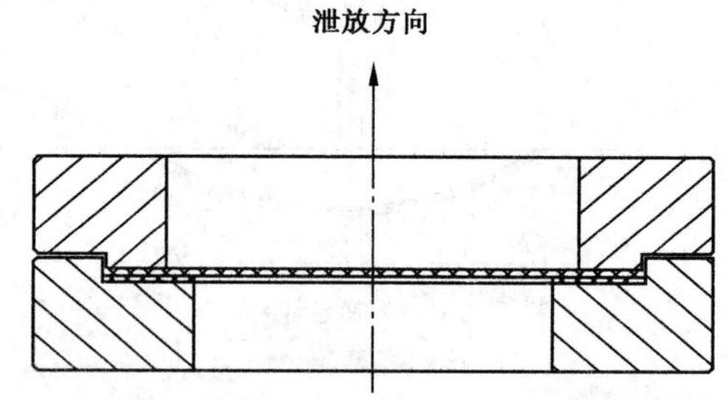	
	不可更换型 PMZ	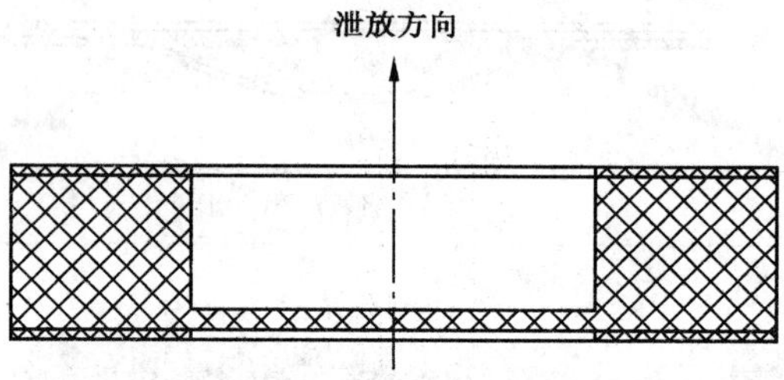	

A.2 爆破片代号标记方法

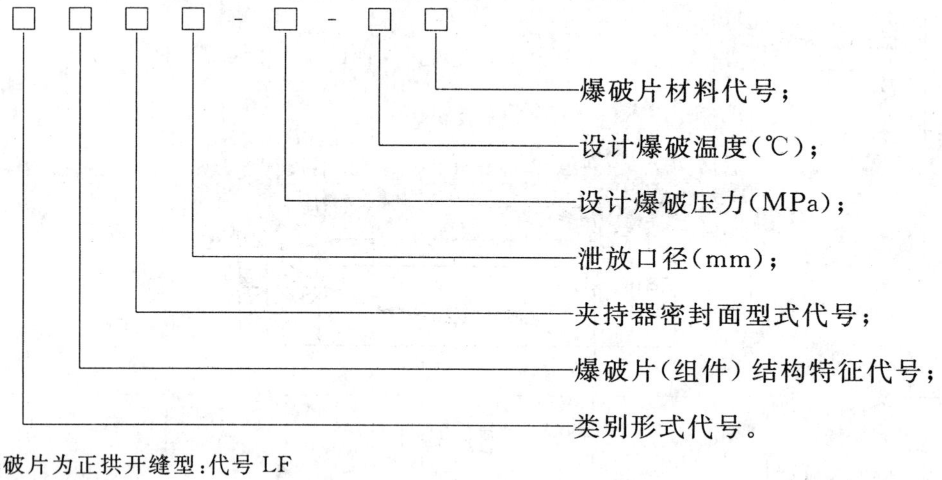

示例 1：爆破片为正拱开缝型：代号 LF
爆破片组件结构特征为带托架：代号 T
夹持器密封面型式：代号 A
泄放口径：100 mm
设计爆破压力：0.5 MPa
设计爆破温度：80 ℃
爆破片的标记为：LFTA100-0.5-80

示例 2：爆破片为反拱带槽型：代号 YC
爆破片(组件)结构特征为“十”字刻槽：代号 S
夹持器密封面型式：代号 A
泄放口径：100 mm
设计爆破压力：0.5 MPa
设计爆破温度：80 ℃
爆破片的标记为：YCSA100-0.5-80

附　录　B
（资料性附录）
夹持器类别、型式及代号

B.1　夹持器类别、型式及代号

表 B.1　夹持器类别、型式及代号

类别及代号	夹持器密封面型式及代号	示意图
正拱形爆破片夹持器 LJ	平面 A	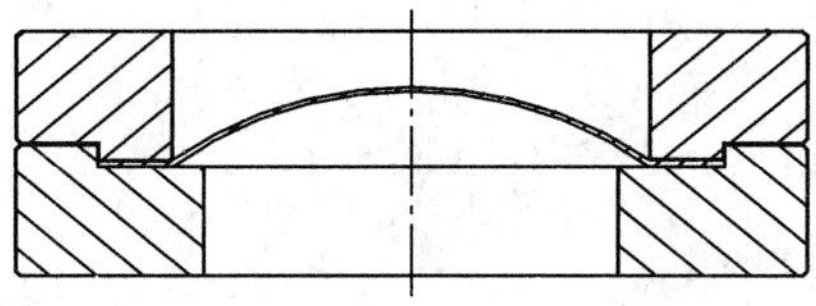
	锥面 B	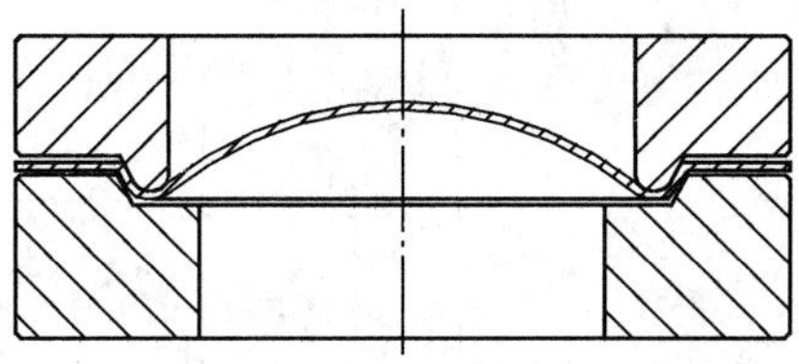
	榫槽面 C	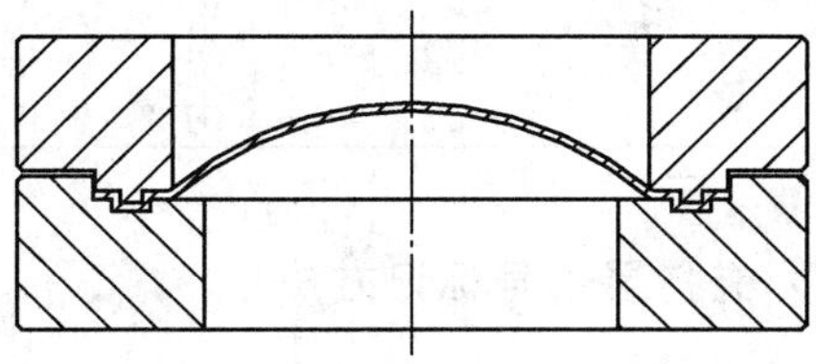
反拱形爆破片夹持器 YJ	平面 A	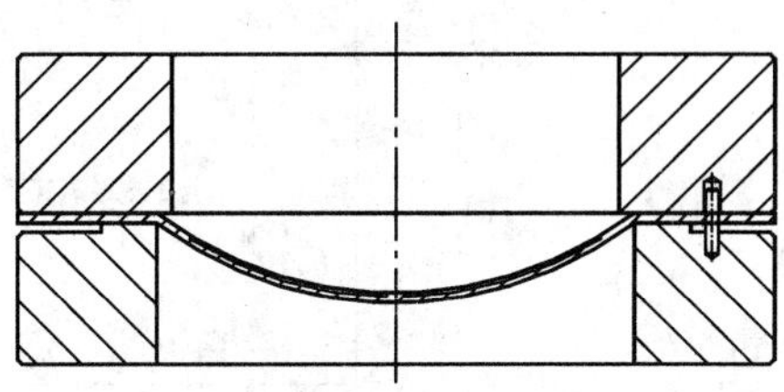
	榫槽面 C	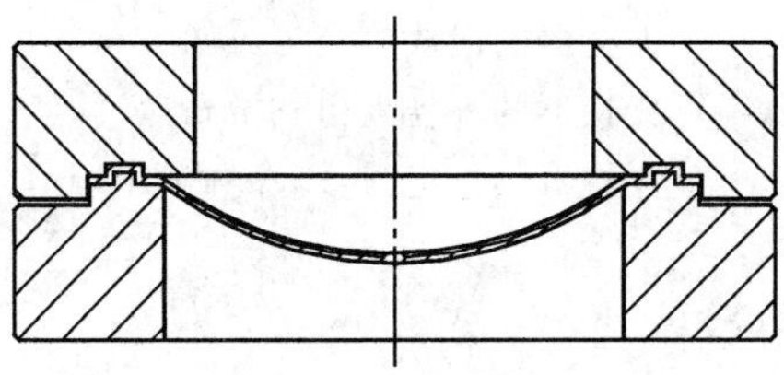

表 B.1（续）

类别及代号	夹持器密封面型式及代号	示意图
反拱带刀形爆破片夹持器 YDJ	平面 A	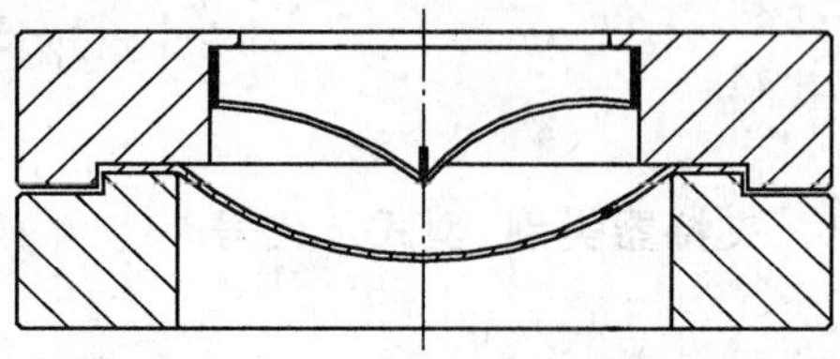
	榫槽面 C	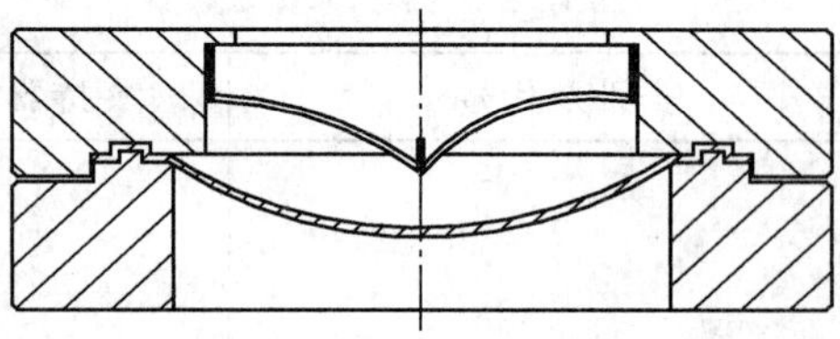
平板形爆破片夹持器 PJ	平面 A	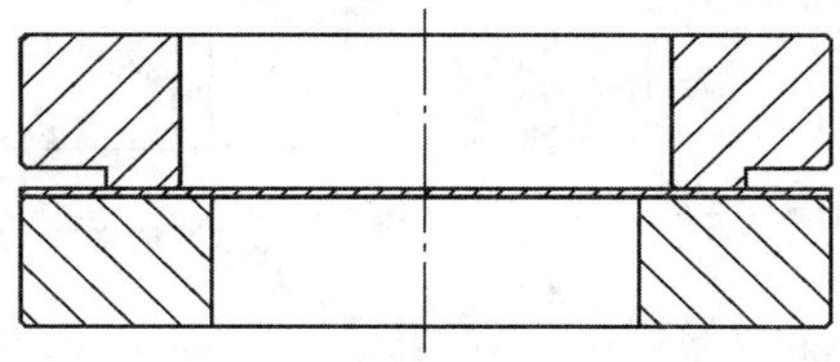
石墨爆破片夹持器 PMJ	平面 A	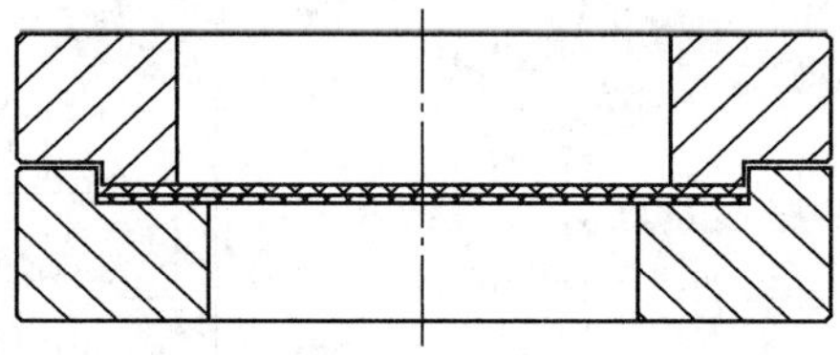

B.2 夹持器代号标记方法

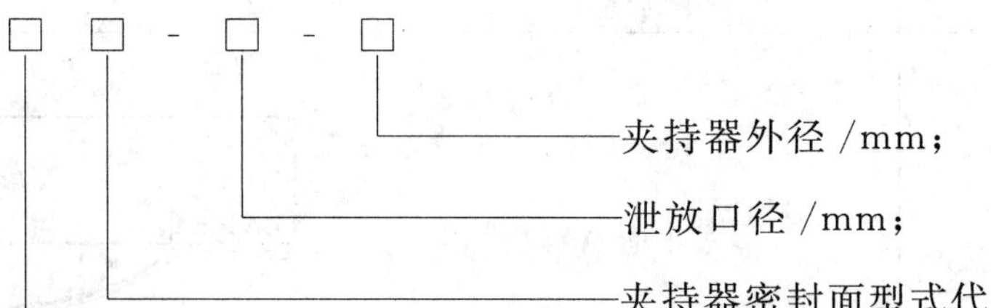

示例：夹持器为正拱形爆破片夹持器：代号 LJ

夹持器密封面型式为平面：代号 A

夹持器的泄放口径为：100 mm

夹持器的外径为：158 mm

夹持器的标记为：LJA-100-158

附　录　C
（资料性附录）
爆破片安全装置的安装尺寸

C.1　本附录中规定了爆破片夹持器的最小外径 D，最小厚度 H。表 C.1 中，夹持器的安装尺寸是以 HG 20592 为依据。表 C.2 中，夹持器的安装尺寸是以 HG 20615 为依据，具体夹持器的安装尺寸分别见表 C.1 及表 C.2。

表 C.1　夹持器的安装尺寸

mm

泄放口径 DN	PN/MPa 0.25	0.6	1.0	1.6	2.5	≥4.0	厚度 H
	夹持器外径 D						
10	33	33	41	41	41	41	30
15	38	38	46	46	46	46	30
20	48	48	56	56	56	56	40
25	58	58	65	65	65	65	40
32	69	69	76	76	76	76	45
40	78	78	84	84	84	84	45
50	88	88	99	99	99	99	50
65	108	108	118	118	118	118	50
80	124	124	132	132	132	132	55
100	144	144	156	156	156	156	55
125	174	174	184	184	184	184	60
150	199	199	211	211	211	211	60
200	254	254	266	266	274	284	65
250	309	309	319	319	330	345	65
300	363	363	370	370	389	409	65
350	413	413	429	429	448	465	70
400	463	463	480	480	503	535	70
450	518	518	530	548	548	560	80
500	568	568	582	609	609	615	80
600	667	667	682	720	720	735	90
700	772	772	794	794	820		90
800	878	878	901	901	928		100
900	978	978	1 001	1 001	1 028		100
1 000	1 078	1 078	1 112	1 112	1 140		110
1 200	1 295	1 295	1 328	1 328	1 350		120
1 400	1 510	1 510	1 530	1 530			120

示意图

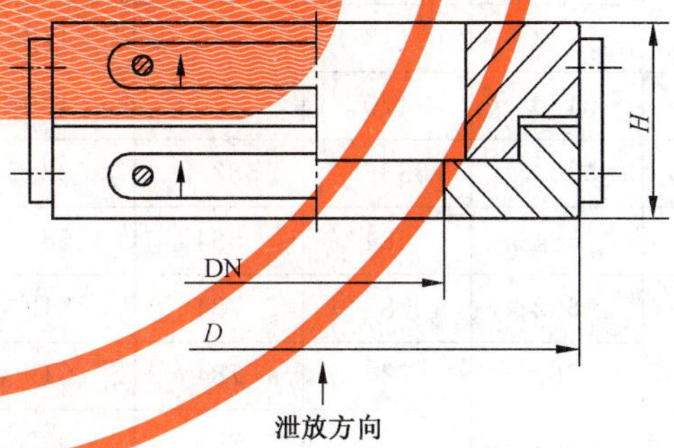

表 C.2 夹持器的安装尺寸

mm

泄放口径 DN	PN/MPa 2.0 (Class150)	5.0 (Class300)	11.0 (Class600)	15.0 (Class900)	厚度 *H*
	夹持器外径 *D*				
10					30
15	35	35	35	35	30
20	43	43	43	43	40
25	51	51	51	51	40
32	63.5	63.5	63.5	63.5	45
40	73	73	73	73	45
50	92	92	92	92	50
65	105	105	105	105	50
80	127	127	127	127	55
100	157.5	157.5	157.5	157.5	55
125	186	186	186	186	60
150	216	216	216	216	60
200	270	270	270	270	65
250	324	324	324	324	65
300	381	381	381	381	65
350	413	413	413	413	70
400	470	470	470	470	70
450	533.5	533.5	533.5	533.5	80
500	584	584	584	584	80
600	692	787	784	819	90
700	762	787	784	819	90
800	864	902	895	927	100
900	972	1 010	1 010	1 029	100
1 000	1 080	1 114			110
1 200	1 289	1 327			120
1 400	1 492	1 537			120

示意图

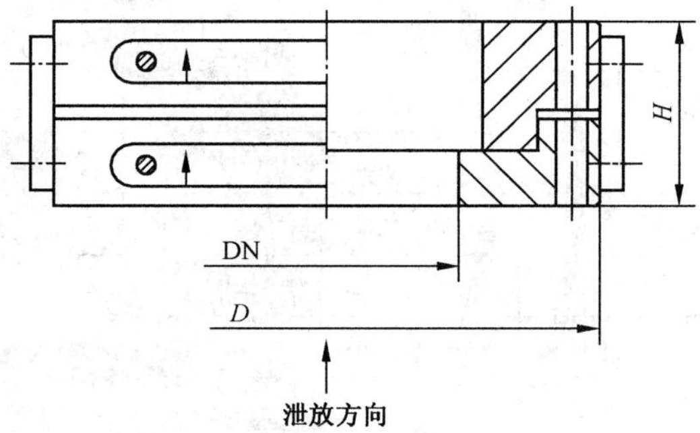

ICS 13.240
J 74

中华人民共和国国家标准

GB 567.4—2012

爆破片安全装置 第4部分:型式试验

Bursting disc safety devices—Part 4: Type test

2012-05-11 发布　　2013-03-01 实施

中华人民共和国国家质量监督检验检疫总局
中国国家标准化管理委员会　发布

前　言

本部分的附录 A 和附录 B 为推荐性的，其余均为强制性的。

GB 567《爆破片安全装置》分为 4 个部分：

——第 1 部分：基本要求；

——第 2 部分：应用、选择与安装；

——第 3 部分：分类及安装尺寸；

——第 4 部分：型式试验。

本部分为 GB 567 的第 4 部分。

本部分按照 GB/T 1.1—2009 给出的规则起草。

本部分由全国锅炉压力容器标准化技术委员会(SAC/TC 262)提出并归口。

本部分主要起草单位：沈阳特种设备检测研究院、上海市气体工业协会、中国特种设备检测研究院、上海华谊集团工程装备有限公司、国家质检总局特种设备安全监察局、沈阳航天新光安全系统有限公司、大连理工安全装备有限公司、成都成航工业安全系统有限责任公司、上海华理安全装备有限公司、上海市特种设备监督检验技术研究院。

本部分主要起草人：张志毅、许子平、宋绪鲜、周伟明、寿比南、高继轩、陈朝晖、刘铎、韩风娟、李岳、向栋良、杨秀霞、王正刚、徐维普、魏勇彪。

爆破片安全装置
第 4 部分：型式试验

1 范围

1.1 GB 567 的本部分规定了爆破片安全装置型式试验的爆破试验、泄放量试验、疲劳试验及流阻试验的试验原理与方法、试验装置和仪表、试验条件与试验准备、试验规则、试验步骤、试验数据处理和试验测量结果不确定度的计算等技术要求。

1.2 本部分适用于下列爆破片安全装置：

——本部分适用于压力容器、压力管道或其他密闭承压设备(以下简称承压设备)为防止超压或出现过度真空而使用的爆破片安全装置；

——本部分适用的爆破片安全装置中爆破片的爆破压力不大于 500 MPa，且不小于 0.001 MPa。

1.3 本部分不适用于下列爆破片安全装置：

——操作过程中可能产生压力剧增，反应速度到达爆轰时的承压设备。

——国防军事装备有特殊要求的爆破片安全装置。

注：爆轰：物质的燃烧速度极快，达到 1 000 m/s 以上时，产生与通常的燃爆根本不同的现象，该现象称为爆轰。

2 规范性引用文件

下列文件对于本文件的应用是必不可少的。凡是注日期的引用文件，仅注日期的版本适用于本文件。凡是不注日期的引用文件，其最新版本(包括所有的修改单)适用于本文件。

GB 567.1 爆破片安全装置 第 1 部分：基本要求

GB 567.2 爆破片安全装置 第 2 部分：应用、选择与安装

GB 567.3 爆破片安全装置 第 3 部分：分类及安装尺寸

GB/T 2624 流量测量节流装置用孔板、喷嘴和文丘里管测量充满圆管的流体流量

GB/T 21188 用临界流文丘里喷嘴测量气体流量

3 术语和定义

GB 567.1～GB 567.3 界定的以及下列术语和定义适用于本文件。

3.1

爆破试验 burst pressure testing

验证爆破片安全装置操作性能，确定其在指定温度下爆破压力的试验。

3.2

泄放量试验 flow capacity testing

确定爆破片安全装置操作特性，测定其在相应压力下泄放能力的试验。

3.3

理论泄放量 theoretical relieving(discharge) capacity

按爆破片安全装置净流通面积的理想喷管的计算泄放量，以单位时间质量或容积表示。

3.4

实测泄放量　measured relieving(discharge) capacity

在泄放压力下测量的爆破片安全装置泄放量，以单位时间内的泄放质量或容积表示。

3.5

泄放系数　coefficient of discharge

实测泄放量与理论泄放量的比值。

3.6

流阻系数　flow resistance factor

流体通过爆破片安全装置所损失的速度头(速度平方除以重力加速度的 1/2)表示的无量纲项。

4　爆破试验

4.1　一般要求

爆破试验应在专用的爆破试验装置上完成，也可在泄放量试验或流阻试验的试验装置上，与泄放量或流阻试验同时完成。

4.2　试验原理与方法

4.2.1　爆破片安全装置应安装在爆破试验装置上，且试验装置的容积应满足试验要求。

4.2.2　以规定的升压速度提高爆破试验装置内试验介质的压力，直至爆破片发生破裂，并记录爆破片破裂瞬间试验装置内的压力。

4.2.3　试验介质为气体的爆破片爆破试验装置的原理见图 1。

4.2.4　试验介质为液体的爆破片爆破试验装置的原理见图 2。

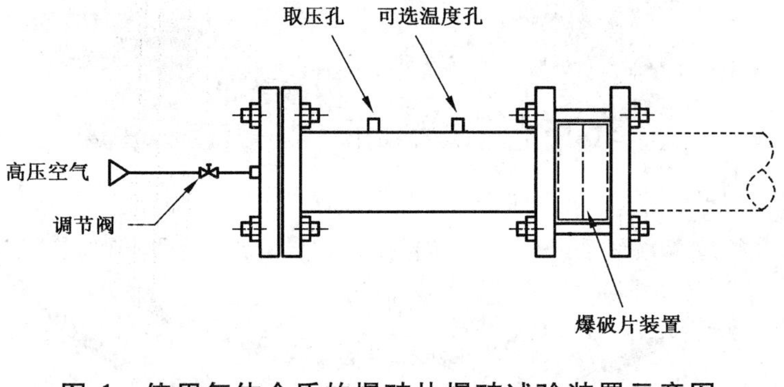

图 1　使用气体介质的爆破片爆破试验装置示意图

4.3　试验装置和仪表

4.3.1　试验装置

爆破试验装置应满足如下要求：

a)　爆破试验装置试验段的公称管径应不小于爆破片安全装置的公称直径，且容积应足够大，以保证爆破片的破开形状。

b)　爆破试验装置与爆破片安全装置的连接应牢固、可靠，并应使夹持器受力均匀。

c)　爆破试验装置的试验压力应有可靠的控制方法，能够精确测量试验的静压力。最低升压速度应能稳定的控制在不大于 0.001 MPa/s。

d)　爆破试验装置温度应可调整，并应有测量爆破片表面温度的可靠方法和相应的仪器仪表。

e) 爆破试验装置应设置适当可靠的安全防护设施。

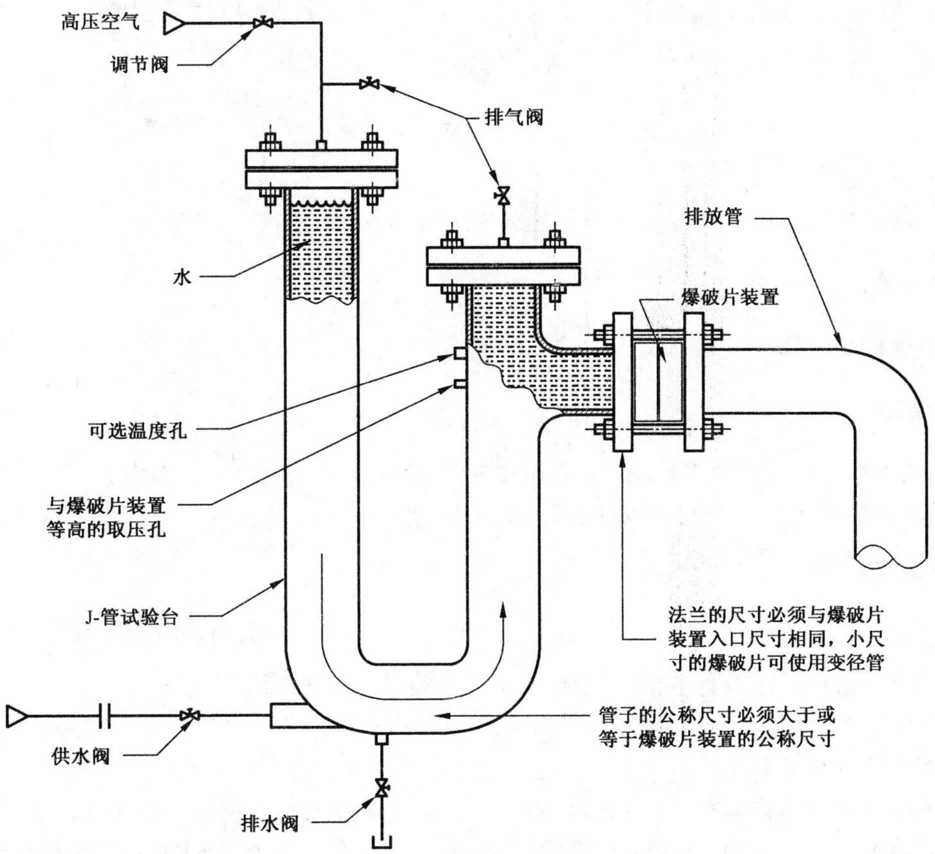

图 2 使用液体介质的爆破片爆破试验装置示意图

4.3.2 温度测量

应采用热电偶、热电阻或其他可以准确测量爆破片温度的方法进行爆破片的试验温度测量。温度测量仪表的分辨率应不低于 0.5 ℃。进行校准时应包括全部引线及变送器或仪表。

4.3.3 压力测量

压力测量的测压点应尽可能接近受试爆破片，并应采用精度等级不低于 0.4 级，量程为所测试压力值的 1.5～3 倍的压力表或压力变送器。

4.4 试验条件与试验准备

4.4.1 试验介质

试验介质一般应使用压缩空气、水或液压油，对高压或高温条件下的试验介质应使用氮气、液压油或高温导热油。

4.4.2 试验准备

试验准备工作应满足如下要求：

a) 检查爆破试验装置，确认各项功能正常。测量仪表、传感器精度和量程与试验片的参数相符；

b) 进行预备性试验，确保爆破试验装置能够达到试验要求，并使操作人员完全了解本次试验的具体细节；

c) 预备性试验应包括完成实际试验中全过程及记录必要数据，并对仪表和传感器进行校准。

4.5 试验规则

4.5.1 抽样

试验用爆破片的抽样应在批量生产的同批产品中随机选取，数量为 4 片。

4.5.2 试验数量

从抽样的爆破片装置中随机选择 3 片进行爆破压力试验。

4.5.3 试验温度

4.5.3.1 爆破片的试验温度为常温时，试验温度应控制在(15～30)℃的范围内。

4.5.3.2 爆破片的试验温度为高温或低温时，试验温度与标定爆破温度的允许偏差应不大于±5 ℃。

4.6 试验步骤

试验步骤如下：

a) 按试验片设计要求的预紧力将爆破片装置安装于试验装置上；

b) 当爆破后的试验片需进行泄放量或流阻试验，则爆破片进口前的容积应足够大，以使爆破后的形状及开度达到要求；

c) 缓慢升高试验压力，观察压力表指示的压力及与压力记录装置显示的数据的一致性。当压力升至最低爆破压力的 90%后，一般将升压速度控制在不大于 3 kPa/s 或有利于精确读取压力数值的更低的升压速度。对于标定爆破压力高于 100 MPa 的爆破片，可控制每秒钟的升压速度不大于标定爆破压力的 0.1%；

d) 非常温的爆破试验应将温度升(降)至接近标定爆破温度时开始升压，并控制爆破片爆破时的温度与标定爆破温度的允许偏差不大于±5 ℃；

e) 观察并记录爆破压力值，或使用计算机、自动记录仪表等设备记录爆破压力。

4.7 数据处理

4.7.1 爆破片的实际爆破压力与其标定爆破压力的误差在产品标准的允许范围内，爆破试验结果为合格。同一组试验片进行 3 片爆破试验且均合格，则本组所代表的某型号的爆破片爆破试验结果为合格。若 3 片均不合格，则本组所代表的某型号的爆破片爆破试验结果为不合格。

4.7.2 爆破片的型式试验除因操作或非爆破片原因造成试验结果误差外，不可增加试验片数量。

4.8 复验

4.8.1 爆破试验片的试验结论未全部合格时，允许在同产品中再抽取 6 片进行复验。

4.8.2 复验的爆破试验结果均在标准允许的范围内，则爆破试验片代表的某型号爆破片产品爆破试验结论合格。

4.8.3 若有 1 片的结论仍不合格，则爆破试验片代表的某型号爆破片产品爆破试验结论为不合格。

4.9 试验记录和试验报告

4.9.1 试验记录的内容要求见附录 A。

4.9.2 试验报告的内容要求见附录 B。

5 泄放量试验

5.1 一般要求

泄放量试验应在专用的泄放量试验装置上与爆破试验同时完成，也可在完成爆破试验后，再对爆破片安全装置进行泄放量试验。

5.2 试验原理与方法

在一个装有流量计或介质收集及计重装置的专用试验装置上，安装爆破片安全装置，以规定的试验压力排放试验介质至压力和流速稳定，记录一段时间内的介质压力、温度、流量等参数。通过这些参数计算获得该爆破片安全装置的实际泄放量。试验装置的原理见图 3。

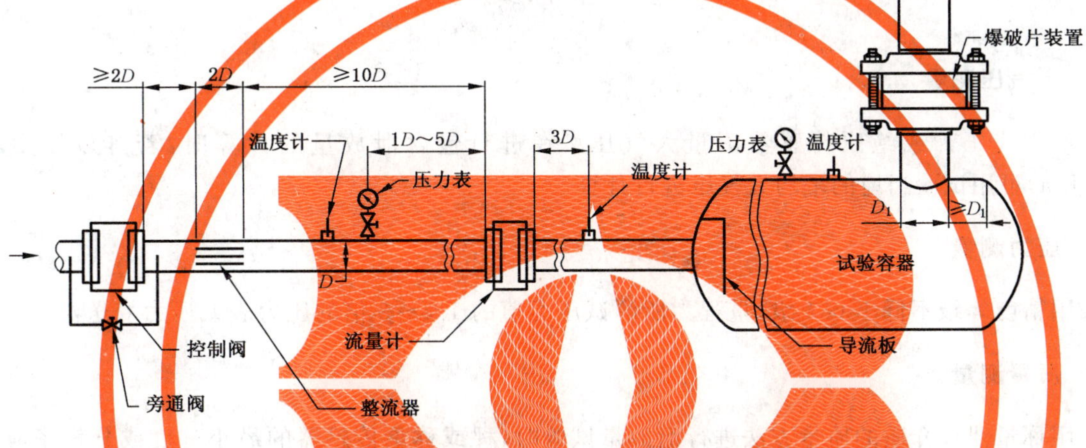

图 3 泄放量试验装置示意图

5.3 试验装置和仪表

5.3.1 试验装置

泄放量试验装置应满足如下要求：

a) 泄放量试验装置应有足够大的容积，能够维持在泄放状态下压力的稳定，以准确的测量试验介质的泄放流量；

b) 爆破片安全装置的通径与试验装置管道不匹配时，可选用图 4 所示的变径管连接，变径管的内部轮廓应尽可能光滑圆角过渡，过渡圆角半径应满足图 4 中的相应要求。变径管的内径不应超过试验容器接口的内径。

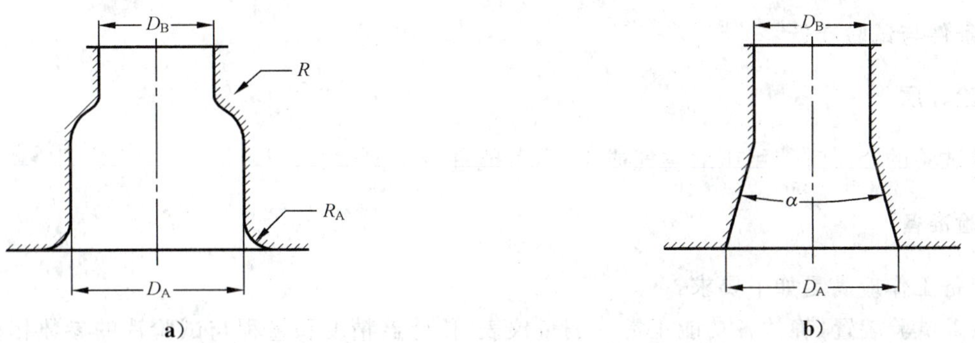

图 4 爆破试验装置与爆破片安全装置连接变径管内部轮廓的示意图

c)　　　　　　　　d)

图 a)：若 $D_B \geqslant 0.75D_A$，则 $R_A \geqslant 0.25D_A$，若 $D_B < 0.75D_A$，则 $R \geqslant 0.25D_A$；

图 b)：若 $\alpha \leqslant 30°$ 且 $D_B < 0.75D_A$，则将所有锐边倒钝边；

图 c)：若 $\alpha > 30°$ 且 $D_B < 0.75D_A$，则 $R \geqslant 0.25D_A$；

图 d)：若 $\alpha \leqslant 30°$ 且 $D_B \geqslant 0.75D_A$，则 $R \geqslant 0.25D_A$。

图 4（续）

5.3.2　大气压测量

应使用气压计或绝压传感器测量大气压。在进行包含泄放量的计算时，若排放压力不小于 0.15 MPa，可用试验当地的平均大气压进行计算。

5.3.3　压力测量

采用精度等级不低于 0.4 级，量程为所测试压力值的 1.5～3 倍的压力表或压力变送器。

5.3.4　质量测量

采用称量泄放介质的质量方法进行泄放量试验时，秤或称重传感器的最小刻度或分辨率应不大于预期载荷的 0.25%。

5.3.5　流量测量

流量测量应满足下列要求：

a)　推荐的流量测试方法有符合 GB/T 2624 要求的亚音速流量测量节流装置和符合 GB/T 21188 要求的临界流文丘里喷嘴以及排放介质的质量称量法；

b)　流量测量的一次测试元件应安装在测试装置介质进口侧，孔板孔径与管道内径比应在 0.2 至 0.7 之间。并保证一次测试元件的前后有足够长的直管段；

c)　当差压计有较大脉动时，应找出原因并消除。将脉动值控制在被测压差的 2% 以下，不允许通过测试仪表来解决测试值的脉动。

5.4　试验条件与试验准备

5.4.1　试验介质

泄放量试验的介质宜使用压缩空气或水，尽可能进行常温试验。

5.4.2　试验准备

试验准备工作应满足如下要求：

a)　检查试验装置，确认各功能正常。测量仪表、传感器精度和量程与试验片的参数相符；

b)　进行预备性试验，确保试验装置能够达到试验要求，并使操作人员掌握试验步骤。预备性试验应包括完成实际试验中全过程及记录必要数据，并对仪表和传感器进行校准。

5.5 试验规则

5.5.1 抽样

试验用爆破片的抽样应符合 4.5.1 的规定，可与爆破试验使用同组试验片，但应保证爆破片爆破后形状符合要求。

5.5.2 试验数量

从抽样的爆破片安全装置中随机选择 3 片进行泄放量试验。

5.5.3 试验步骤

试验步骤如下：

a) 按试验片设计要求的预紧力将爆破片安全装置安装于试验装置上；

b) 缓慢升高试验压力，观察压力表指示的压力及与压力记录装置显示的数据的一致性。已完成爆破试验的爆破片，可直接升压至爆破压力；

c) 保持稳定的泄放状态，按预定的时间记录流量计的相关数据或泄放介质的质量数据，并记录试验压力、介质温度等参数。

5.6 数据处理

5.6.1 分别进行 3 片爆破片的泄放量试验，计算泄放量的平均值。若每只爆破片的泄放量与平均值之差在 5%以内，则这个平均值作为此型号爆破片的实测泄放量。

5.6.2 液体试验介质质量称量法

a) 实测试验介质质量流量按式(1)计算：

$$q_m = \frac{W}{t} + W_{vl} \qquad \cdots\cdots(1)$$

b) 折算为水在标准状态下的质量流量按式(2)计算：

$$q_h = q_m \times \sqrt{\frac{\rho_{ref}}{\rho_{act}}} \qquad \cdots\cdots(2)$$

c) 标准状态下的体积流量按式(3)计算：

$$q_v = \frac{q_h}{\rho_{ref}} \qquad \cdots\cdots(3)$$

式中：

t ——试验用时间，单位为秒(s)；

W ——试验介质的质量，单位为千克(kg)；

W_{vl} ——试验介质的泄漏率，单位为千克每秒(kg/s)；

ρ_{act} ——进口状态下水的密度，单位为千克每立方米(kg/m^3)；

ρ_{ref} ——标准状态下水的密度，单位为千克每立方米(kg/m^3)；

q_m ——实测试验介质质量流量，单位为千克每秒(kg/s)；

q_h ——换算到标准状态的水的质量流量，单位为千克每秒(kg/s)；

q_v ——标准状态下的体积流量，单位为立方米每秒(m^3/s)。

5.6.3 液体试验介质亚音速流量计法

a) 试验介质质量流量按式(4)计算：

$$q_l = \frac{\pi}{4} d^2 \frac{C_l}{\sqrt{1-\beta^4}} \sqrt{2\Delta P \times \rho} \qquad \cdots\cdots(4)$$

b) 节流孔或喉部雷诺数按式(5)计算：

$$R_{ed}=\frac{4q_1}{\pi d\mu} \quad\cdots\cdots(5)$$

c) 试验介质质量流量按式(6)计算：

$$q_m=q_1\frac{C}{C_1} \quad\cdots\cdots(6)$$

d) 折算为水在标准状态下的流量按式(7)计算：

$$q_h=q_m\times\sqrt{\frac{\rho_{ref}}{\rho_{act}}} \quad\cdots\cdots(7)$$

e) 标准状态下的体积流量按式(8)计算：

$$q_v=\frac{q_h}{\rho_{ref}} \quad\cdots\cdots(8)$$

式中：

d ——流量计节流孔口或喉部直径，单位为米(m)；

D ——流量计接管内直径，单位为米(m)；

β ——直径比，$\beta=d/D$；

C_1 ——试算流出系数；

C ——流出系数；

ΔP ——流量计差压，单位为帕(Pa)；

R_{ed} ——节流孔口或喉部的雷诺数；

μ ——流体的动力黏度，单位为帕秒(Pa·s)；

ρ ——进口状态下试验介质的密度，单位为千克每立方米(kg/m³)；

ρ_{act} ——进口状态下水的密度，单位为千克每立方米(kg/m³)；

ρ_{ref} ——标准状态下水的密度，单位为千克每立方米(kg/m³)；

q_1 ——试算试验介质的质量流量，单位为千克每秒(kg/s)；

q_m ——实测试验介质质量流量，单位为千克每秒(kg/s)；

q_h ——换算到标准状态水的质量流量，单位为千克每秒(kg/s)；

q_v ——标准状态下的体积流量，单位为立方米每秒(m³/s)。

5.6.4 气体试验介质亚音速流量计法

a) 试验介质质量流量按式(9)计算：

$$q_1=\frac{\pi}{4}d^2\varepsilon\frac{C_1}{\sqrt{1-\beta^4}}\sqrt{2\Delta P\times\rho} \quad\cdots\cdots(9)$$

b) 节流孔或喉部雷诺数按式(10)计算：

$$R_{ed}=\frac{4q_1}{\pi d\mu} \quad\cdots\cdots(10)$$

c) 试验介质质量流量按式(11)计算：

$$q_m=q_1\frac{C}{C_1} \quad\cdots\cdots(11)$$

d) 折算为干空气在标准状态下的密度按式(12)计算：

$$\rho_B=S_g\cdot\rho_s\frac{P_f}{101\,325} \quad\cdots\cdots(12)$$

e) 标准状态下的体积流量按式(13)计算：

$$q_v=\frac{q_m}{\rho_B} \quad\cdots\cdots(13)$$

式中：

d ——流量计节流孔口或喉部直径，单位为米(m)；

D ——流量计接管内直径，单位为米(m)；

β ——直径比，$\beta=d/D$；

C_1 ——试算流出系数；

C ——流出系数；

ε ——可膨胀性系数；

ΔP ——流量计差压，单位为帕(Pa)；

P_f ——爆破片的泄放压力，单位为帕(Pa)；

R_{ed} ——节流孔口或喉部的雷诺数；

μ ——流体的动力黏度，单位为帕秒(Pa·s)；

ρ ——进口状态下试验介质的密度，单位为千克每立方米(kg/m³)；

ρ_B ——标准状态下干空气的密度，单位为千克每立方米(kg/m³)；

ρ_s ——标准状态下试验介质的密度，单位为千克每立方米(kg/m³)；

q_1 ——试算试验介质的质量流量，单位为千克每秒(kg/s)；

q_m ——实测试验介质质量流量，单位为千克每秒(kg/s)；

q_v ——标准状态下的体积流量，单位为立方米每秒(m³/s)；

S_g ——试验介质比重。

5.6.5 气体试验介质临界流文丘里喷嘴法

a) 试验介质质量流量按式(14)计算：

$$q_m=\frac{A_{nt}CC_*P_0}{\sqrt{\frac{R}{M}T_0}} \qquad \cdots\cdots(14)$$

b) 折算为干空气在标准状态下的密度按式(15)计算：

$$\rho_B=S_g\cdot\rho_s\frac{P_f}{101\ 325} \qquad \cdots\cdots(15)$$

c) 标准状态下的体积流量按式(16)计算：

$$q_v=\frac{q_m}{\rho_B} \qquad \cdots\cdots(16)$$

式中：

A_{nt}——文丘里喷嘴喉部的横截面积，单位为平方米(m²)；

C ——流出系数；

C_*——实际气体一维流的临界流函数；

P_0——喷嘴入口处气体的绝对滞止压力，单位为帕(Pa)；

T_0——喷嘴入口处气体的绝对滞止温度，单位为开尔文(K)；

R ——通用气体常数，单位为千焦耳每千摩尔每开尔文[kJ/(kmol·K)]；

M ——气体摩尔质量，单位为千克每千摩尔(kg/kmol)；

P_f ——爆破片的泄放压力，单位为帕(Pa)；

ρ_B ——标准状态下干空气的密度，单位为千克每立方米(kg/m³)；

ρ_s ——标准状态下试验介质的密度，单位为千克每立方米(kg/m³)；

q_m ——实测试验介质质量流量，单位为千克每秒(kg/s)；

q_v ——标准状态下的体积流量，单位为立方米每秒(m³/s)；

S_g ——试验介质比重。

5.7 试验记录和试验报告

5.7.1 试验记录的内容要求见附录A。

5.7.2 试验报告的内容要求见附录B。

6 疲劳试验

6.1 试验原理与方法

在一个可按规定要求频繁升、降压的试验装置或专用疲劳试验装置上，安装爆破片安全装置，以规定的试验压力变化幅度及频率进行升、降的循环试验。经规定的循环次数后，再考核爆破片的爆破性能(疲劳性能考核法)，或经规定循环次数后爆破片有否出现破裂或渗漏等现象(疲劳极限考核法)。

6.2 试验装置和仪表

6.2.1 试验装置

试验装置应满足如下要求：

a) 疲劳试验装置可以是专用的疲劳试验装置，也可以利用能达到疲劳试验效果的压力试验设备。

b) 试验装置的试验频率必须在规定范围内可调，试验压力的幅度必须能精确控制。试验压力-时间曲线波形要近似正弦波或锯齿波。

6.2.2 压力测量

采用精度等级不低于1.6级，量程为所测试压力值的1.5～3倍的压力表或压力变送器。

6.2.3 温度测量

温度测量应满足如下要求：

a) 采用热电偶、热电阻或其他可以准确测量温度的方法，直接测量试验介质的温度。

b) 采用温度反应较快的测温元件，以便及时反应试验介质的温度变化情况。

c) 温度测量仪表的分辨率应不低于0.5 ℃。

d) 温度测量仪表校准时应包括全部引线及变送器或仪表。

6.3 试验条件与试验准备

6.3.1 试验介质

疲劳试验的介质一般宜使用压缩空气、水或油，且尽可能进行常温试验。

6.3.2 试验准备

试验准备工作应满足如下要求：

a) 检查试验装置，确认各功能正常。测量仪表、传感器精度和量程与试验片的参数相符。

b) 进行预备性试验，确保试验装置能够达到试验要求，并使试验人员掌握试验步骤。

c) 预备性试验应包括完成实际试验中全过程及记录必要数据，并对仪表和传感器进行校准。

6.4 试验规则

6.4.1 抽样

试验用爆破片的抽样应在批量生产的同批次产品中随机选取，数量为4片。试验片可用于泄放量试验或流阻系数试验，但应保证爆破片的爆破后形状符合要求。

6.4.2 试验数量

从抽样的爆破片安全装置中随机选择3片进行疲劳试验。

6.5 试验步骤

试验步骤如下：

a) 按试验片设计要求的预紧力将爆破片安全装置安装于试验装置上。

b) 调整试验装置的试验压力上限为爆破片的最大爆破压力，下限为不大于爆破片最大爆破压力的10%。且在试验压力上、下限时设置适当的保压时间。试验频率不大于每分钟10次。试验波形一般为正弦波或锯齿波。

c) 保证试验频率和幅度的稳定一致，监视试验介质温度，若试验介质温度达到限定温度值应进行冷却或停机降温处理。

d) 记录压力、频率、温度、时间等相关数据。达到要求的疲劳次数后，小心卸下爆破片安全装置。

e) 进行疲劳性能试验的爆破片安全装置的疲劳次数为不小于其在正常使用过程中可能受到的最大应力交变次数或被保护承压设备设计单位提出的疲劳循环次数。

f) 进行疲劳极限试验的爆破片安全装置的疲劳次数为被保护承压设备设计单位提出的极限疲劳循环次数。

6.6 数据处理

6.6.1 进行疲劳性能试验的爆破片安全装置，疲劳试验完成后再进行爆破试验。若所有受试爆破片安全装置的爆破压力值均未超出爆破压力的允差范围，则疲劳性能试验结论为合格。

6.6.2 进行疲劳极限试验的爆破片安全装置，达到疲劳次数后，所有受试爆破片安全装置未出现破裂或渗漏现象，疲劳极限试验结论为合格。

6.7 试验记录和试验报告

6.7.1 试验记录的内容要求见附录A。

6.7.2 试验报告的内容要求见附录B。

7 流阻试验

7.1 一般要求

流阻试验应在专用的流阻试验装置上与爆破试验同时完成，也可在完成爆破试验后的爆破片安全装置进行流阻试验。

7.2 试验原理与方法

7.2.1 在一个装有精度较高的流量测试装置的系统中，通过测量试验介质的流量和固定的试验管路的压力变化计算出该试验管路的流阻系数。

7.2.2 在试验管路中安装受试的爆破片安全装置后，通过上述方法所测得的流阻系数的变化值，即为该爆破片安全装置的流阻系数。试验装置的原理见图5。

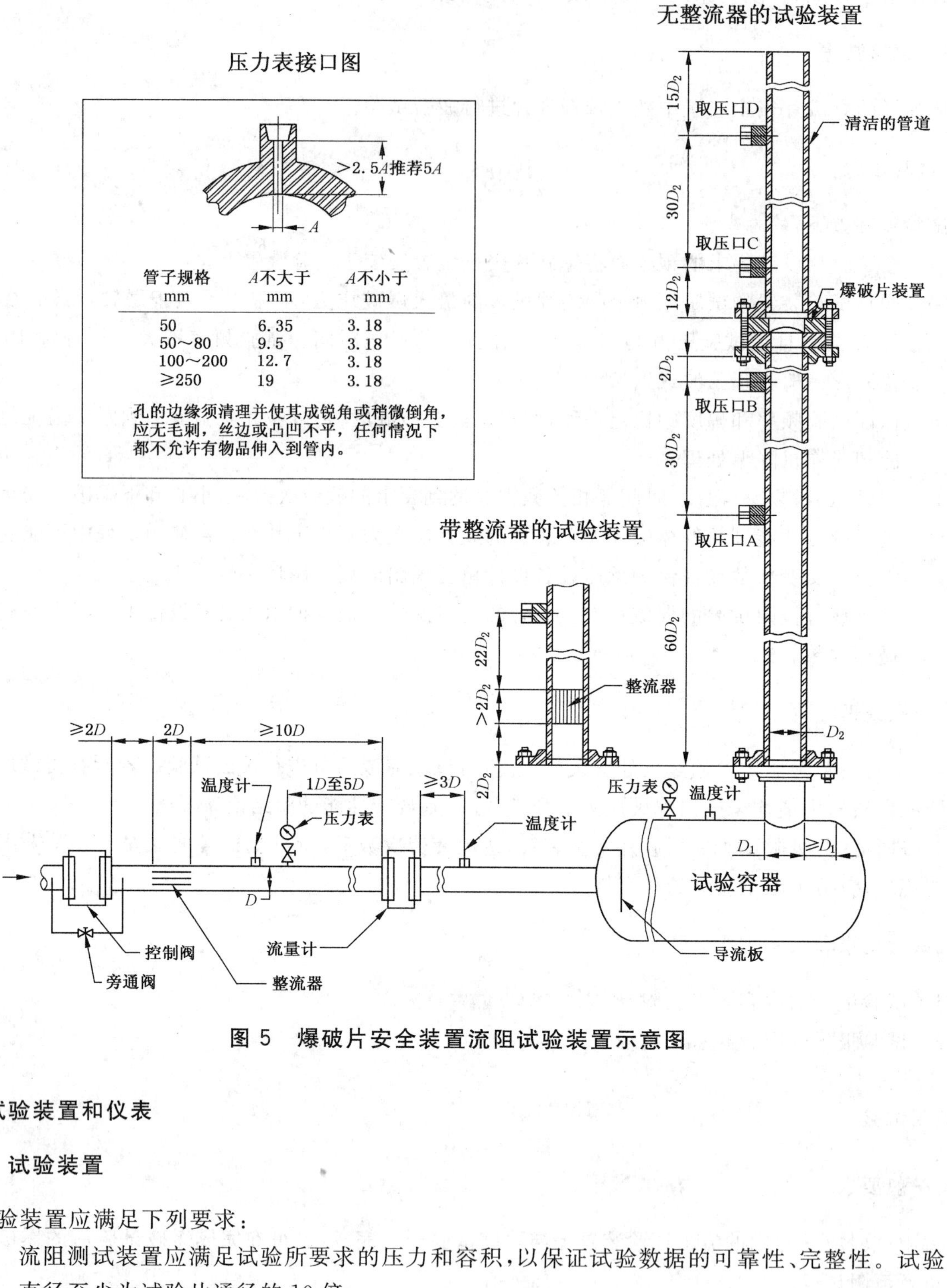

图 5 爆破片安全装置流阻试验装置示意图

7.3 试验装置和仪表

7.3.1 试验装置

试验装置应满足下列要求：

a) 流阻测试装置应满足试验所要求的压力和容积，以保证试验数据的可靠性、完整性。试验容器直径至少为试验片通径的 10 倍。

b) 受试的爆破片安全装置与试验装置的管路公称尺寸应相同，且在取压口 A 与 B、B 与 C、C 与 D 间使用差压计或差压传感器。流量测量的一次元件应为孔板、喷嘴、文丘里管或临界流文丘里喷嘴。

7.3.2 压力测量

压力测量应满足下列要求：

a) 试验系数中所有压力表或压力变送器的精度等级应不低于0.1级，且测试压力值为其量程的1/3～2/3；
b) 被测的表压或压差低于0.02 MPa时可采用液体测压计。

7.3.3 温度测量

温度测量应满足下列要求：
a) 采用热电偶、热电阻或其他可以准确测量温度的方法；
b) 温度测量仪表的分辨率应不低于0.1 ℃；
c) 温度测量仪表校准时热电偶应包括全部引线及变送器或仪表。

7.3.4 流量测量

流量测量应采用下列方法进行流阻试验中的流量测量：
a) 符合GB/T 2624要求的亚音速流量测量节流装置；
b) 符合GB/T 21188要求的临界流文丘里喷嘴。

7.4 试验条件与试验准备

7.4.1 试验介质

流阻试验的介质宜使用压缩空气。

7.4.2 试验准备

试验准备工作应满足下列要求：
a) 检查试验装置，确认各仪器仪表功能正常；
b) 测量仪表、传感器精度和量程应与试验片的参数相符；
c) 进行预备性试验，确保试验装置能够达到试验要求，并使试验人员掌握试验步骤；
d) 预备性试验应包括完成实际试验中全过程及记录必要数据，并对仪表和传感器进行校准。

7.4.3 变径管的使用

当爆破片的通径与试验装置管道不匹配时，可选用图3所示的变径管并按下列要求完成流阻试验：
a) 将变径管安装于流阻试验装置，进行试验状态流量的流阻试验，且进行3次求得变径管的平均流阻系数；
b) 将变径管与爆破片组合安装于流阻试验装置上，按7.6的要求完成流阻试验；
c) 将测试及计算所得的受试件流阻减去变径管的平均流阻系数，得到爆破片的流阻系数。

7.5 试验规则

7.5.1 抽样

抽样规则如下：
a) 试验用爆破片的抽样应在批量生产的同批次产品中随机选取，数量为4片；
b) 试验用爆破片可采用已完成爆破试验或泄放量试验的试验用片，但应保证爆破片爆破后形状符合要求；
c) 当受试的爆破片安全装置适用于不可压缩流体的爆破片，则应在图2的试验装置上完成爆破试验后进行流阻试验。

7.5.2 试验数量

从抽样的爆破片安全装置中随机选择3片进行流阻试验。

7.6 试验步骤

7.6.1 爆破片安全装置应安装于试验装置的测试管路上，安装时注意爆破片的入口与出口中心线与试验管路的同轴度应满足表1的要求。当安装已完成爆破试验的爆破片时，应不影响或改变其爆破后的状态。

表1 爆破片入口与出口中心线与试验路同心度允许偏差 mm

管子公称直径	同轴度允许偏差
DN15～DN25	0.8
DN30～DN150	1.6
≥DN200	公称直径的1%

7.6.2 亚音速流量测量节流装置的流量测量法的程序

7.6.2.1 升高取压口B处的压力，若未进行爆破试验的爆破片，在压力达到标定爆破压力的90%以后，升压速度应控制在不大于3 kPa/s。直至爆破片爆破。

7.6.2.2 建立并保持不大于爆破片标定爆破压力的压力值，直到流量仪表的示值达到稳定状态。

7.6.2.3 同时应采用数据采集系统记录下列数据：

a) 试验容器内介质的压力；
b) 试验容器内介质的温度；
c) 流量计进口静压力；
d) 流量计进口温度；
e) 流量计差压力；
f) 取压口B处压力；
g) 取压口A-B间差压力；
h) 取压口B-C间的差压力；
i) 取压口C-D间的差压力。

7.6.3 临界流文丘里喷嘴的流量测量法的程序

7.6.3.1 升高取压口B处的压力，若未进行爆破试验的爆破片，在压力达到标定爆破压力的90%以后，升压速度应控制在不大于3 kPa/s。直至爆破片爆破。

7.6.3.2 建立并保持不大于爆破片标定爆破压力的压力值，直到流量仪表的示值达到稳定状态。

7.6.3.3 同时应采用数据采集系统记录下列数据：

a) 试验容器内的介质压力；
b) 试验容器内的介质温度；
c) 流量计进口总压力(滞止压力)；
d) 流量计进口总温度(滞止温度)；
e) 取压口B处压力；
f) 取压口A-B间差压力；
g) 取压口B-C间的差压力；
h) 取压口C-D间的差压力。

7.7 数据处理

7.7.1 流阻系数计算

a) 单位面积质量流量按式(17)计算：

$$G=\frac{4q_{\mathrm{m}}}{\pi\times D^{2}} \qquad (17)$$

b) 管道入口处马赫数按式(18)计算：

$$M_{1}=\frac{G}{P_{\mathrm{B}}}\sqrt{\frac{R\times T_{\mathrm{B}}}{k\times M}Y_{1}^{\frac{k+1}{k-1}}} \qquad (18)$$

c) 管道入口处的膨胀系数按式(19)计算：

$$Y_{1}=1+\frac{(k-1)\times M_{1}^{2}}{2} \qquad (19)$$

d) 管道入口处压力按式(20)计算：

$$P_{1}=P_{\mathrm{B}}\left(\frac{2}{2+(k-1)\times M_{1}^{2}}\right)^{\frac{k}{k-1}} \qquad (20)$$

e) 管道入口处温度按式(21)计算：

$$T_{1}=T_{\mathrm{B}}\times\left(\frac{P_{1}}{P_{\mathrm{B}}}\right)^{\frac{k-1}{k}} \qquad (21)$$

f) 在取压口处的温度按式(22)计算：

$$T_{\mathrm{tap}}=\frac{T_{1}\times P_{\mathrm{tap}}^{2}}{(k-1)\times M_{1}^{2}\times P_{1}^{2}}\left\{-1+\sqrt{1+(k-1)\times M_{1}^{2}\times\left(\frac{P_{1}}{P_{\mathrm{tap}}}\right)^{2}\times[2+(k-1)\times M_{1}^{2}]}\right\} \qquad (22)$$

g) 在取压口处的音速按式(23)计算：

$$C_{\mathrm{tap}}=\sqrt{\frac{R\times k\times T_{\mathrm{tap}}}{M}} \qquad (23)$$

h) 在取压口处的比容按式(24)计算：

$$v_{\mathrm{tap}}=\frac{R\times T_{\mathrm{tap}}}{M\times P_{\mathrm{tap}}} \qquad (24)$$

i) 在取压口处的马赫数按式(25)计算：

$$M_{\mathrm{tap}}=\frac{G\times v_{\mathrm{tap}}}{C_{\mathrm{tap}}} \qquad (25)$$

j) 取压口处的膨胀系数按式(26)计算：

$$Y_{\mathrm{tap}}=1+\frac{(k-1)\times(M_{\mathrm{tap}})^{2}}{2} \qquad (26)$$

k) 至取压口的总阻力系数按式(27)计算：

$$K_{\mathrm{tap}}=\frac{1}{k}\left(\frac{1}{M_{1}^{2}}-\frac{1}{M_{\mathrm{tap}}^{2}}-\frac{k+1}{2}\ln\frac{M_{\mathrm{tap}}^{2}\times Y}{M_{1}^{2}\times Y_{\mathrm{tap}}}\right) \qquad (27)$$

l) 重复进行 f)至 k)计算管道入口至每一取压口 A、B、C 和 D 的阻力系数。对每一取压口计算(22)至(27)式；

m) 取压口 A 和 B 间的阻力系数按式(28)计算：

$$K_{\mathrm{A\text{-}B}}=K_{\mathrm{B}}-K_{\mathrm{A}} \qquad (28)$$

n) 取压口 B 和 C 间的阻力系数按式(29)计算：

$$K_{\mathrm{B\text{-}C}}=K_{\mathrm{C}}-K_{\mathrm{B}} \qquad (29)$$

o) 取压口 C 和 D 间的阻力系数按式(30)计算：

$$K_{C\text{-}D}=K_D-K_C \qquad (30)$$

p) 摩擦系数按式(31)计算：

$$f=\frac{K_{A\text{-}B}\times D}{4\times L_{A\text{-}B}} \qquad (31)$$

q) 雷诺数按式(32)计算：

$$Re=\frac{D\times G}{\mu} \qquad (32)$$

r) 管道粗糙度按式(33)计算：

$$E=3\ 700\times D\times\left(10^{\frac{-1}{4\times\sqrt{f}}}-\frac{1.256}{Re\times\sqrt{f}}\right) \qquad (33)$$

s) 取压口 B 和 C 间管子的阻力系数按式(34)计算：

$$K_{\text{pipeB-C}}=\frac{4\times f\times L_{B\text{-}C}}{D} \qquad (34)$$

t) 受试爆破片的阻力系数按式(35)计算：

$$K_{Ri}=K_{B\text{-}C}-K_{\text{pipeB-C}} \qquad (35)$$

式中：

M ——气体的摩尔质量，单位为千克每千摩尔(kg/kmol)；
k ——比热比；
q_m ——测量的质量流量，单位为千克每秒(kg/s)；
P_B ——基点绝对压力，单位为帕(Pa)；
T_B ——基点绝对温度，单位为开尔文(K)；
D ——试验管路内径，单位为米(m)；
$L_{A\text{-}B}$ ——取压口 A 和 B 间的管道长度，单位为米(m)；
$L_{B\text{-}C}$ ——取压口 B 和 C 间的管道长度，单位为米(m)；
$L_{C\text{-}D}$ ——取压口 C 和 D 间的管道长度，单位为米(m)；
P_{tapA} ——取压口 A 处绝对压力，单位为帕(Pa)；
P_{tapB} ——取压口 B 处绝对压力，单位为帕(Pa)；
P_{tapC} ——取压口 C 处绝对压力，单位为帕(Pa)；
P_{tapD} ——取压口 D 处绝对压力，单位为帕(Pa)；
G ——单位面积质量流量，单位为千克每平方米每秒(kg/m²·s)；
M_1 ——管道入口处马赫数；
P_1 ——管道入口处绝对压力，单位为帕(Pa)；
T_1 ——管道入口处绝对温度，单位为开尔文(K)；
T_{tap} ——取压口处的绝对温度，单位为开尔文(K)；
C_{tap} ——取压口处的音速，单位为米每秒(m/s)；
v_{tap} ——取压口处的比容，单位为立方米每千克(m³/kg)；
M_{tap} ——取压口处的马赫数；
Y_{tap} ——取压口处的膨胀系数；
K_{tap} ——取压口的总阻力系数；
$K_{A\text{-}B}$ ——取压口 A 和 B 间的阻力系数；
$K_{B\text{-}C}$ ——取压口 B 和 C 间的阻力系数；
$K_{C\text{-}D}$ ——取压口 C 和 D 间的阻力系数；
f ——摩擦系数；
μ ——空气在 P_B 和 T_B 条件下的黏度，单位为帕秒(Pa·s)；

Re ——雷诺数；

E ——管道粗糙度，单位为毫米(mm)；

$K_{pipeB\text{-}C}$——取压口 B 和 C 间管子的阻力系数；

K_R ——受试爆破片的阻力系数。

7.7.2 试验结果

7.7.2.1 单一规格爆破片安全装置流阻系数

a) 在同一批中取 3 个爆破片进行流阻系数测试，分别得流阻系数 K_{R1}、K_{R2}、K_{R3}；

b) 平均流阻系数按式(36)计算：

$$\overline{K_R}=\frac{K_{R1}+K_{R2}+K_{R3}}{3} \qquad \cdots\cdots(36)$$

c) 平均偏差按式(37)计算：

$$e_a=\frac{|K_{R1}-\overline{K_R}|+|K_{R2}-\overline{K_R}|+|K_{R3}-\overline{K_R}|}{3} \qquad \cdots\cdots(37)$$

d) 单片的允许偏差按式(38)计算：

$$|K_{Ri}-\overline{K_R}|\leqslant 3e_a \qquad \cdots\cdots(38)$$

e) 若某一片的流阻系数计算的偏差值超出式(38)范围，将此片去除后按每去除 1 片则增加 2 片的方式进行再试验和计算。平均流阻系数和平均偏差分别按式(39)、(40)计算：

$$\overline{K_R}=\frac{1}{n}(K_{R1}+\cdots+K_{Rn}) \qquad \cdots\cdots(39)$$

$$e_a=\frac{1}{n}(|K_{R1}-\overline{K_R}|+\cdots+|K_{Rn}-\overline{K_R}|) \qquad \cdots\cdots(40)$$

f) 全部所测爆破片的流阻系数(不含已被去除的)满足公式(37)、(38)或(39)、(40)条件，则 $\overline{K_R}$ 为所测规格爆破片的流阻系数 K_R。

7.7.2.2 多规格爆破片安全装置流阻系数

对某一个型号即相同设计的爆破片安全装置分别进行 3 种以上规格的流阻系数测定，其计算所得的平均流阻系数即为该型号爆破片安全装置的流阻系数 K_R。

7.7.2.3 流阻系数验证计算

流阻试验结果应按下列要求进行试验校核：

a) 验证 $K_{C\text{-}D}$ 值与 $K_{A\text{-}B}$ 值的偏差，若其差大于 3%。则需查验爆破片的安装是否正确，并进行试验装置校准。验证不安装爆破片时 $K_{C\text{-}D}$ 值与 $K_{A\text{-}B}$ 值的差是否在 3% 之内，若其差小于 3%，则可能是由于爆破片引起的空气扰动影响取压口 C 处压力的读取。此时可用流阻系数 $K_{B\text{-}D}=K_D-K_B$ 和管道长度 $L_{B\text{-}D}=L_D-L_B$ 代替 $K_{C\text{-}D}$ 和 $L_{C\text{-}D}$ 进行爆破片流阻系数的计算；

b) 按公式(33)计算试验管路的粗糙度是否在 0.046 mm～0.002 mm 范围内。

7.8 试验记录和试验报告

7.8.1 试验记录的内容要求见附录 A。

7.8.2 试验报告的内容要求见附录 B。

8 测量结果的不确定度

8.1 一般要求

型式试验报告应计算其测量结果的不确定度，并出具不确定度报告。

8.2 流量测量的不确定度计算

8.2.1 质量流量按式(41)计算。

$$q_m = A_{nt} C_{d'} C_* P_0 \sqrt{\frac{M}{RT_0}} \quad \cdots\cdots (41)$$

8.2.2 以式(41)为数学模型,实际应用中认为该数学模型为线性,各输入量相互独立。则质量流量的相对标准不确定度为:

$$u_{crel}(q_m) = [u_{rel}^2(A_m) + u_{rel}^2(C_{d'}) + u_{rel}^2(C_*) + u_{rel}^2(P_0) + u_{rel}^2(M) + u_{rel}^2(T_0)]^{\frac{1}{2}} \quad \cdots\cdots (42)$$

式中:

$u_{rel}(A_m)$,$u_{rel}(C_{d'})$,$u_{rel}(C_*)$,$u_{rel}(P_0)$,$u_{rel}(M)$,$u_{rel}(T_0)$——各输入量的相对不确定度。

8.2.3 质量流量相对扩展不确定度为:

$$U_{crel}(q_m) = k \cdot u_{crel}(q_m) \quad \cdots\cdots (43)$$

式中:

k——包含因子,取 $k=2$。

8.3 流阻系数的不确定度计算

8.3.1 流阻系数的基本计算公式为:

$$K_R = K_{B\text{-}C} - K_{pipeB\text{-}C} = \frac{1}{2}(K_A + 2K_C - 3K_B) \quad \cdots\cdots (44)$$

略去式中的高阶项并减化得流阻系数计算的近似公式为:

$$K_R \approx \frac{D^4 P_B T_0 (3P_{tapB} - 2P_{tapC} - P_{tapA})}{d^4 C_{d'}^2 C_*^2 P_0^2 T_B (2 + (k-1) M_1^2)^{\frac{1}{k-1}}} \quad \cdots\cdots (45)$$

8.3.2 以式(46)为数学模型,实际应用中认为该数学模型为线性,各输入量相互独立。则流阻系数的相对标准不确定度为:

$$u_{crel}(K_R) = \begin{bmatrix} u_{rel}^2(D) + u_{rel}^2(P_B) + u_{rel}^2(T_0) + u_{rel}^2(X) + u_{rel}^2(d) + u_{rel}^2(C_{d'}) \\ + u_{rel}^2(C_*) + u_{rel}^2(P_0) + u_{rel}^2(T_B) + \left(\frac{2}{k-1}\right)^2 u_{rel}^2(M_1) \end{bmatrix}^{\frac{1}{2}} \quad \cdots\cdots (46)$$

其中:

$$X = 3P_{tapB} - 2P_{tapC} - P_{tapA} \quad \cdots\cdots (47)$$

$$u_{rel}^2(X) = \frac{u^2(X)}{X^2} = \frac{3u^2(P_{tapB}) - 2u^2(P_{tapC}) - u^2(P_{tapA})}{(3P_{tapB} - 2P_{tapC} - P_{tapA})^2} \quad \cdots\cdots (48)$$

式中:

$u_{rel}(D)$,$u_{rel}(d)$,$u_{rel}(T_0)$,$u_{rel}(T_B)$,$u_{rel}(P_0)$,$u_{rel}(P_B)$,$u(P_{tapA})$,$u(P_{tapB})$,$u(P_{tapC})$,$u_{rel}(C_{d'})$,$u_{rel}(C_*)$,$u_{rel}(M_1)$——各输入量的相对不确定度。

8.3.3 流阻系数的相对扩展不确定度为:

$$U_{crel}(K_R) = k \cdot u_{crel}(K_R) \quad \cdots\cdots (49)$$

式中:

k——包含因子,取 $k=2$。

附 录 A
（资料性附录）
试验记录及试验结果表

表 A.1 爆破试验记录项目表

（1） 试验编号：

（2） 试验日期：

（3） 制造厂名称：

受试爆破片数据

（4） 夹持器最小通道直径(d_b)，单位为毫米(mm)：

（5） 最小净流通面积(a)，单位为平方毫米(mm^2)：

记录的数据及计算的结果

（6） 标定爆破压力(P_{set})，单位为兆帕(MPa)：

（7） 爆破压力(P)，单位为兆帕(MPa)：

（8） 环境温度(T_C)，单位为摄氏度(℃)：

（9） 爆破温度(T_B)，单位为摄氏度(℃)：

表 A.2 用水进行泄放量试验(水称重法)记录项目表

(1) 试验编号:

(2) 试验日期:

(3) 制造厂名称:

受试爆破片数据

(4) 夹持器最小通道直径(d_b),单位为毫米(mm):

(5) 最小净流通面积(a),单位为平方毫米(mm^2):

记录的数据及计算的结果

(6) 试验时段(t),单位为分钟(min):

(7) 水的质量(W),单位为千克(kg):

(8) 水的泄漏率(W_{v1}),单位为千克每小时(kg/h):

(9) 标定爆破压力(P_{set}),单位为兆帕(MPa):

(10) 爆破压力(P),单位为兆帕(MPa):

(11) 环境温度(T),单位为摄氏度(℃):

(12) 水的温度(T),单位为摄氏度(℃):

(13) 流量计进口试验介质的密度(ρ),单位为千克每立方米(kg/m^3):

(14) 进口状况下水的密度(ρ_{act}),单位为千克每立方米(kg/m^3):

(15) 标准状态下水的密度(ρ_{ref}),单位为千克每立方米(kg/m^3):

(16) 实测试验介质流量(q_m),单位为千克每小时(kg/h):

(17) 换算到标准状态的水的流量(q_h),单位为千克每小时(kg/h):

(18) 在标准状态下水的容积流量(q_v),单位为立方米每小时(m^3/h):

表 A.3 用液体进行泄放量试验(亚音速流量计法)记录项目表

(1) 试验编号:
(2) 试验日期:
(3) 制造厂名称:

受试爆破片数据

(4) 夹持器最小通道直径(d_b),单位为毫米(mm):
(5) 最小净流通面积(a),单位为平方毫米(mm^2):

流量计有关计算

(6) 流量计接管内径(D),单位为毫米(mm):
(7) 流量计孔口直径(d),单位为毫米(mm):
(8) β 比($\beta = d/D$):
(9) 流量计进口进口温度(T_m),单位为摄氏度(℃):
(10) 流量计差压力(ΔP),单位为兆帕(MPa):
(11) 大气压(P_b),单位为兆帕(MPa):
(12) 流量计处绝对压力(P_m),单位为兆帕(MPa):
(13) 试算流出系数(C_1):
(14) 流量计进口流体密度 ρ_m,单位为千克每立方米(kg/m^3):
(15) 试算流量(q_1),单位为千克每秒(kg/s):
(16) 黏度(μ),单位为帕秒(Pa·s):
(17) 喉部雷诺数(R_{ed}):
(18) 流出系数(C):
(19) 测量流量(q_m),单位为千克每秒(kg/s):

记录的数据及计算的结果

(20) 爆破压力(P_{set}),单位为兆帕(MPa):
(21) 进口状况下水的密度(ρ_{act}),单位为千克每立方米(kg/m^3):
(22) 标准状态下水的密度(ρ_{ref}),单位为千克每立方米(kg/m^3):
(23) 调整到标准状态的水的流量(q_h),单位为千克每秒(kg/s):
(24) 在标准状态下水的容积流量(q_v),单位为立方米每小时(m^3/h):

表 A.4 用空气或其他气体进行泄放量试验(亚音速流量计法)记录项目表

(1) 试验编号:
(2) 试验日期:
(3) 制造厂名称:
(4) 试验介质:
(5) 试验介质密度(基点状况)(S_g):
(6) 比热比(k):
(7) 气体的摩尔质量(M):

受试爆破片尺寸数据

(8) 夹持器最小通道直径(d_b),单位为毫米(mm):
(9) 最小净流通面积(a),单位为平方毫米(mm^2):

流量计有关计算

(10) 流量计接管内径(D),单位为毫米(mm):
(11) 流量计孔口直径(d),单位为毫米(mm):
(12) β 比($\beta = d/D$):
(13) 试算流出系数(C_1):
(14) 流量计差压力(ΔP),单位为兆帕(MPa):
(15) 大气压(P_b),单位为兆帕(MPa):
(16) 流量计处绝对压力(P_m),单位为兆帕(MPa):
(17) 流量计处液体温度(T_m),单位为摄氏度(℃):
(18) 可膨胀性系数(ε):
(19) 流量计进口流体密度 ρ_m,单位为千克每立方米(kg/m^3):
(20) 试算试验介质质量流量(q_1),单位为千克每秒(kg/s):
(21) 黏度(μ),单位为帕秒(Pa·s):
(22) 喉部雷诺数(R_{ed}):
(23) 流出系数(C):

记录的数据及计算的结果

(24) 实测试验介质质量流量(q_m),单位为千克每秒(kg/s):
(25) 在标准状态下干燥空气的密度(ρ_a),单位为千克每立方米(kg/m^3):
(26) 标准状态下试验介质的密度(ρ_B),单位为千克每立方米(kg/m^3):
(27) 标准状态下体积流量(q_v),单位为立方米每分钟(m^3/min):

表 A.5 气体介质文丘里喷嘴法泄放量试验记录项目表

（1） 试验编号：

（2） 试验日期：

（3） 制造厂名称：

（4） 试验介质：

（5） 密度（标准状态）（S_g）：

（6） 比热比（k）：

（7） 气体的摩尔量（M）：

受试爆破片数据

（8） 夹持器最小通道直径（d_b），单位为毫米（mm）：

（9） 最小净流通面积（a），单位为平方毫米（mm^2）：

流量计有关计算

（10） 流量计接管内径（D），单位为毫米（mm）：

（11） 流量计孔口直径（d），单位为毫米（mm）：

（12） β 比（$\beta = d/D$）：

（13） 文丘里喷嘴喉部的横截面积（A），单位为平方米（m^2）：

（14） 试算流出系数（C_1）：

（15） 流量计差压力（ΔP），单位为兆帕（MPa）：

（16） 大气压（P_b），单位为兆帕（MPa）：

（17） 流量计处绝对压力（P_m），单位为兆帕（MPa）：

（18） 流量计处液体温度（T_m），单位为摄氏度（℃）：

（19） 介质膨胀系数（Y）：

（20） 热膨胀面积系数（F_a）：

（21） 流量计处压缩系数（Z）：

（22） 流量计进口流体密度 ρ_m，单位为千克每立方米（kg/m^3）：

（23） 试用流量（W_r），单位为千克每小时（kg/h）：

（24） 黏度（μ），单位为帕秒（Pa·s）：

（25） 喉部雷诺数（R_{ed}）：

（26） 流出系数（C）：

（27） 标准状态下的绝对压力（P_B），单位为兆帕（MPa）：

（28） 标准状态下的绝对温度（T_B），单位为开尔文（K）：

（29） 标准状态下的压缩系数（Z_B）：

（30） 标准状态下的流体密度（ρ_B），单位为千克每立方米（kg/m^3）：

（31） 标准状态下的体积流量（q_b），单位为立方米每分钟（m^3/min）：

记录的数据及计算的结果

（32） 爆破压力（P_{set}），单位为兆帕（MPa）：

（33） 泄放压力（P_f），单位为兆帕（MPa）：

（34） 进口温度（绝）（T_v），单位为开尔文（K）：

表 A.5（续）

（35） 进口基准温度(绝)(T_r)，单位为开尔文(K)：

（36） 进口温度校正系数(K)：

（37） 在标准进口温度下的流量(q_r)，单位为立方米每分钟(m^3/min)：

（38） 文丘里喷嘴喉部的横截面积，单位为平方米(m^2)：

（39） 流量出数：

（40） 实际气体一维流的临界流函数：

（41） 喷嘴入口处气体的绝对滞止压力，单位为兆帕(MPa)：

（42） 喷嘴入口处气体的绝对滞止温度，单位为开尔文(K)：

（43） 通用气体常数，单位为千焦耳每千摩尔每开尔文[kJ/(kmol·K)]：

（44） 气体的摩尔质量，单位为千克每千摩尔(kg/kmol)：

（45） 爆破片的泄放压力，单位为兆帕(MPa)：

（46） 标准状态下试验介质的密度，单位为千克每立方米(kg/m^3)：

（47） 标准状态下干空气的密度，单位为千克每立方米(kg/m^3)：

（48） 实测试验介质质量流量，单位为千克每秒(kg/s)：

（49） 标准状态下的体积流量，单位为立方米每秒(m^3/s)：

（50） 试验介质比重：

表 A.6　用临界流文丘里喷嘴的流量测量法的流阻系数试验记录项目表

(1)　试验编号：
(2)　试验日期：
(3)　制造厂名称：
(4)　比热比(k)：
(5)　气体的摩尔质量(M)：
(6)　测量流量(W)，单位为千克每秒(kg/s)：
(7)　试验容器内的绝对压力(P_B)，单位为兆帕(MPa)：
(8)　试验容器内的绝对温度(T_B)，单位为开尔文(K)：
(9)　试验管路内径(D)，单位为米(m)：
(10)　取压口 A 和 B 间的管道长度($L_{A\text{-}B}$)，单位为米(m)：
(11)　取压口 B 和 C 间的管道长度($L_{B\text{-}C}$)，单位为米(m)：
(12)　取压口 C 和 D 间的管道长度($L_{C\text{-}D}$)，单位为米(m)：
(13)　取压口 A 处绝对压力(P_{tapA})，单位为兆帕(MPa)：
(14)　取压口 B 处绝对压力(P_{tapB})，单位为兆帕(MPa)：
(15)　取压口 C 处绝对压力(P_{tapC})，单位为兆帕(MPa)：
(16)　取压口 D 处绝对压力(P_{tapD})，单位为兆帕(MPa)：
(17)　单位面积质量流量(G)，单位为千克每平方米每秒(kg/m^2·s)：

阻力系数(K_R)计算

(18)　管道入口处马赫数(M_1)：
(19)　管道入口处的膨胀系数(Y_1)：
(20)　管道入口处绝对压力(P_1)，单位为兆帕(MPa)：
(21)　管道入口处绝对温度(T_1)，单位为开尔文(K)：
(22)　在取压口处的绝对温度(T_{tap})，单位为开尔文(K)：
(23)　在取压口处的音速(C_{tap})，单位为米每秒(m/s)：
(24)　在取压口处的比容(v_{tap})，单位为立方米每千克(m^3/kg)：
(25)　在取压口处的马赫数(M_{tap})：
(26)　在取压口处的膨胀系数(Y_{tap})：
(27)　至取压口的总阻力系数(K_{tap})：
(28)　取压口 A 和 B 间的阻力系数($K_{A\text{-}B}$)：
(29)　取压口 B 和 C 间的阻力系数($K_{B\text{-}C}$)：
(30)　取压口 C 和 D 间的阻力系数($K_{C\text{-}D}$)：
(31)　摩擦系数(f)：
(32)　空气在 P_B 和 T_0 下的黏度(μ)，单位为帕秒(Pa·s)：
(33)　雷诺数(Re)：
(34)　管道的计算粗糙度(E)，单位为毫米(mm)：
(35)　取压口 B 和 C 间管子的阻力系数($K_{pipeB\text{-}C}$)：
(36)　受试爆破片的阻力系数(K_R)：

表 A.7 疲劳试验记录项目表

(1) 试验编号：

(2) 试验日期：

(3) 制造厂名称：

受试爆破片数据

(4) 夹持器最小通道直径(d_b)，单位为毫米(mm)：

(5) 最小净流通面积(a)，单位为平方毫米(mm^2)：

记录的数据及计算的结果

(6) 爆破片操作压力(P_{set})，单位为兆帕(MPa)：

(7) 实际试验压力(P)，单位为兆帕(MPa)：

(8) 试验频率(F)，单位为次每分钟(次/min)：

(9) 环境温度(t)，单位为摄氏度(℃)：

附 录 B
（资料性附录）
试 验 报 告

表 B.1 爆破片型式试验报告

基本资料

（1） 试验编号：
（2） 试验日期：
（3） 试验地点：
（4） 制造厂名称及地址：
（5） 爆破片型式、型号：
（6） 爆破片批号、编号及完整标识：
（7） 连接形式（公称通径、法兰规格、压力级别、预紧力等）：
（8） 标定爆破压力及允差，单位为兆帕（MPa）：
（9） 最小净流通面积，单位为平方毫米（mm^2）（爆破片安全装置设计制造单位提供）：
（10） 试验目的：
（11） 试验介质：
（12） 密度（标准状态），单位为千克每立方米（kg/m^3）：
（13） 比热比：
（14） 摩尔质量：
（15） 参试人员：

试验结果汇总

（16） 爆破压力，单位为兆帕（MPa）：
（17） 泄放量，单位为千克每小时（kg/h）：
（18） 阻力系数：
（19） 疲劳试验结果：

其他

（20） 试验装置：
（21） 技术资料审查：
（22） 压力和温度曲线：
（23） 相关评述：

试验结论

（24） 试验结论及说明：
试验人员（签名） 日期
审核人员（签名） 日期

ICS 71.040.30
G 63

中华人民共和国国家标准

GB/T 691—2012
代替 GB/T 691—1994

化学试剂 苯胺

Chemical reagent—Aniline

2012-12-31 发布 2013-08-01 实施

中华人民共和国国家质量监督检验检疫总局
中国国家标准化管理委员会 发布

前　言

本标准按照 GB/T 1.1—2009 给出的规则起草。

本标准代替 GB/T 691—1994《化学试剂　苯胺》,与 GB/T 691—1994 相比主要技术变化如下:

——增加了性状(见第 3 章);

——修改了含量测定方法(见 5.2,1994 年版的 4.1);

——修改了硝基苯测定方法(见 5.5,1994 年版的 4.3.2);

——修改了包装及标志(见第 7 章,1994 年版的第 6 章)。

本标准由中国石油和化学工业联合会提出。

本标准由全国化学标准化技术委员会化学试剂分会(SAC/TC 63/SC 3)归口。

本标准起草单位:国药集团化学试剂有限公司。

本标准主要起草人:陈浩云、郑琦、施虹。

本标准于 1965 年首次发布,1977 年第一次修订,1994 年第二次修订。

化学试剂　苯胺

警告：本标准规定的一些试验过程可能导致危险情况，使用者有责任采取适当的安全和健康措施。

示性式：$C_6H_5NH_2$

相对分子质量：93.13（根据2007年国际相对原子质量）

1　范围

本标准规定了化学试剂苯胺的性状、规格、试验、检验规则和包装及标志。

本标准适用于化学试剂苯胺的检验。

2　规范性引用文件

下列文件对于本文件的应用是必不可少的。凡是注日期的引用文件，仅注日期的版本适用于本文件。凡是不注日期的引用文件，其最新版本（包括所有的修改单）适用于本文件。

GB/T 606　化学试剂　水分测定通用方法　卡尔·费休法

GB/T 618　化学试剂　结晶点测定通用方法

GB/T 6682　分析实验室用水规格和试验方法

GB/T 9722—2006　化学试剂　气相色谱法通则

GB/T 9741—2008　化学试剂　灼烧残渣测定通用方法

GB 15258　化学品安全标签编写规定

GB 15346　化学试剂　包装及标志

HG/T 3921　化学试剂　采样及验收规则

3　性状

本试剂为无色或浅黄色透明油状液体，具有特殊臭味，露置空气中或遇光色泽变深。易溶于乙醇，微溶于水，密度约为1.02 g/mL。

4　规格

苯胺的规格见表1。

表1　苯胺的规格

名　称	分析纯	化学纯
含量($C_6H_5NH_2$)，w/%	≥99.5	≥99.0
结晶点/℃	−6.0～−6.5	−5.0～−6.5
灼烧残渣（以硫酸盐计），w/%	≤0.002	≤0.005
硝基苯，w/%	≤0.003	—
水分(H_2O)，w/%	≤0.2	—

5 试验

5.1 一般规定

本章中除另有规定外，实验用水应符合 GB/T 6682 中三级水规格，样品均按精确至 0.1 mL 量取。

5.2 含量

5.2.1 测定条件

——检测器：火焰离子化检测器；
——载气及流速：氮气，40 mL/min；
——色谱柱：SE-52(5%苯基-95%二甲基聚硅氧烷)(或能达到同等分离效果)；
——柱长：30 m；
——柱内径：0.25 mm；
——液膜厚度：0.25 μm；
——柱温度：130 ℃；
——汽化室温度：260 ℃；
——检测室温度：260 ℃；
——不对称因子：$f \geqslant 0.82$；
——色谱柱有效板高：$H_{eff} \leqslant 5.3$ mm；
——组分相对主体的相对保留值：$r_{环己胺,苯胺}=0.63$；$r_{环己酮,苯胺}=0.74$；$r_{硝基苯,苯胺}=1.42$；
——进样量：0.2 μL；
——柱流量：1.8 mL/min；
——分流比：20∶1。

5.2.2 定量方法

按 GB/T 9722—2006 中 9.2 的规定测定。

5.3 结晶点

按 GB/T 618 的规定测定。

5.4 灼烧残渣

量取 49 mL(50 g)样品，按 GB/T 9741—2008 中 4.3 的规定测定，结果按第 5 章的规定计算。

5.5 硝基苯

同 5.2。

5.6 水分

量取 9.8 mL(10 g)样品，以 10 mL 乙二醇及 10 mL 乙酸(冰醋酸)为溶剂，按 GB/T 606 的规定测定。

6 检验规则

按 HG/T 3921 的规定进行采样及验收。

7 包装及标志

按 GB 15346 的规定进行包装、贮存与运输,并给出标志,其中:

——包装单位:第 4 类。

——内包装形式:NBY-20、NBY-21、NBY-23、NBY-24、NBY-26、NBY-27、NBY-28、NBY-29,应包避光纸。

——隔离材料:GC-2、GC-3、GC-4。

——外包装形式:WB-1。

——标签:符合 GB 15258 的规定,注明“有毒品”。

ICS 27.060
J 98

中华人民共和国国家标准

GB/T 753—2012

电站锅炉　蒸汽参数系列

Steam condition series for utility boilers

2012-12-31 发布　　2013-07-01 实施

中华人民共和国国家质量监督检验检疫总局
中国国家标准化管理委员会　发布

前　言

本标准按照 GB/T 1.1—2009 给出的规则起草。

本标准由全国锅炉压力容器标准化技术委员会(SAC/TC 262)提出并归口。

本标准由上海发电设备成套设计研究院负责起草，上海锅炉厂有限公司、东方锅炉股份有限公司、哈尔滨锅炉厂有限责任公司、北京巴布科克·威尔科克斯有限公司、南通万达锅炉股份有限公司等单位参与起草。

本标准主要起草人：吕翔、陈秀彬、陈永岐、姚本荣、徐玉军、骆声、徐荻萍、谢宪华、蒋秀华。

引　言

GB/T 753—1965发布时，我国蒸汽锅炉的参数由国家统一规定。20世纪80年代以来，我国的电站锅炉不仅在参数和容量上有了很大的发展，制造厂还对蒸汽参数进行修改补充，以满足不同用户的需要。

修订本标准时遵循以下三项原则：

——适应电站锅炉的专门要求，与配套汽轮机的容量和参数相匹配；

——满足转型发展时期的市场需要，使用户和制造厂有较多的选择余地；

——贯彻国家节能减排的方针政策。

电站锅炉　蒸汽参数系列

1　范围

本标准规定了锅炉蒸汽参数的系列化要求。

本标准适用于燃用化石燃料、生物质燃料的锅炉和焚烧垃圾的锅炉以及直燃式余热锅炉，非直燃式余热锅炉，当需要时，其蒸汽参数可参考本标准。

注：本标准中的锅炉指与发电用凝汽式汽轮机或热电联产用汽轮机配套的电站锅炉。

2　规范性引用文件

下列文件对于本文件的应用是必不可少的。凡是注日期的引用文件，仅注日期的版本适用于本文件。凡是不注日期的引用文件，其最新版本（包括所有的修改单）适用于本文件。

GB/T 321　优先数和优先数系

GB/T 754　发电用汽轮机蒸汽参数系列

GB/T 2900.48　电工名词术语　锅炉

GB/T 5578　固定式发电用汽轮机规范

GB 50660　大中型火力发电厂设计规程

DL/T 5054　火力发电厂汽水管道设计技术规定

DL/T 5072　火力发电厂保温油漆设计规定

3　术语和定义

GB/T 2900.48 和 GB/T 5578 界定的术语和定义（见附录 A）以及下列术语和定义适用于本文件。

3.1

机组额定功率　rated power of the unit

以汽轮机的额定功率作为机组额定功率。

3.2

机组蒸汽参数　steam conditions of the unit

以汽轮机新蒸汽的额定压力和额定温度作为机组蒸汽参数。再热式机组的蒸汽参数还包括额定再热温度。

注：新蒸汽又称主蒸汽，即主汽阀进口处的蒸汽，见 GB/T 5578。

3.3

基本系列　basic series

优先采用的系列。

3.4

补充系列　complementary series

基本系列的补充部分。

4　机组额定功率系列

机组额定功率是确定锅炉容量和蒸汽参数的主要依据。

参考 GB/T 754 的规定，本标准中的机组额定功率系列共 19 级，参考 GB/T 321 的规定分为基本系列和补充系列两类，基本系列共 12 级，见表 1。

表 1 机组额定功率系列

序号	机组压力类别	机组额定功率 MW																		
		6	12	25	35	50	100	125	135	150	200	300	350	600	660	700	800	900	1 000	1 200
基本系列																				
1	中压	Δ	Δ	Δ																
2	次高压		Δ	Δ																
3	高压					Δ	Δ													
4	超高压								Δ		Δ									
5	亚临界											Δ		Δ						
6	超临界												Δ	Δ	Δ					
7	超超临界																		Δ	
补充系列																				
1	中压																			
2	次高压				Δ															
3	高压			Δ	Δ															
4	超高压							Δ		Δ										
5	亚临界												Δ			Δ				
6	超临界															Δ	Δ		Δ	
7	超超临界													Δ		Δ	Δ	Δ		Δ

5 锅炉容量

5.1 锅炉容量同时用机组额定功率以及锅炉额定蒸发量和(或)锅炉最大连续蒸发量表示。

5.2 单元制机组，为使机炉容量匹配，锅炉的额定蒸发量不应小于汽轮机在额定功率时的进汽量，锅炉的最大连续蒸发量宜与汽轮机在最大功率时的进汽量相匹配。

5.3 母管制机组，可根据电厂设计确定配套锅炉的容量。

6 锅炉蒸汽参数系列

6.1 为使机炉蒸汽参数匹配，应根据机组蒸汽参数、机炉连接方式以及连接管道的压降和温降确定锅炉蒸汽参数的额定值。

6.2 机炉连接管道的压降计算方法可参考 DL/T 5054，温降计算方法可参考附录 B。

6.3 亚临界及以下的锅炉，当采用单元制时，可参考表 2 的规定确定蒸汽参数。

表 2　锅炉蒸汽参数基本系列(单元制机组)

序号	锅炉压力类别	过热蒸汽		再热蒸汽
		额定压力(表压) MPa	额定温度 ℃	额定温度 ℃
1	中压	3.8	440	—
2	次高压	5.3	440、475	—
3	高压	9.8	540	—
4	超高压	13.7	540	540
5	亚临界	17.5	541	541

6.4　参考 GB 50660 的规定,超临界和超超临界锅炉,过热蒸汽的额定压力不宜高于汽轮机新蒸汽压力的 5%,过热蒸汽的额定温度宜比汽轮机新蒸汽的额定温度高 5 ℃,再热蒸汽的额定温度宜比汽轮机中压缸额定进汽温度高 2 ℃。

6.5　母管制锅炉应按 6.1 的规定确定蒸汽参数。

7　锅炉蒸汽参数偏差

7.1　锅炉在运行中蒸汽参数允许偏差的基本要求见 7.2,用户可根据机组的具体情况与制造厂在订货合同中另订附加要求。

7.2　本标准对运行中过热蒸汽额定压力的允许偏差不作规定,过热蒸汽和再热蒸汽额定温度的允许偏差见表 3。

表 3　额定汽温允许偏差　　单位为摄氏度

序　号	锅炉压力类别	额定汽温允许偏差	
		过热蒸汽	再热蒸汽
1	中压、次高压	$^{+10}_{-15}$	—
2	高压	$^{+5}_{-10}$	—
3	超高压、亚临界、 超临界、超超临界	$^{+5}_{-10}$	$^{+5}_{-10}$

8　给水温度

8.1　应根据汽轮机回热系统设计,确定锅炉给水温度的额定值。

8.2　锅炉给水温度额定值允许偏差的推荐值为±10 ℃。

8.3　附录 C 为不同压力类别锅炉给水温度的参考值。

附 录 A
（规范性附录）
引用术语

本附录引用了 GB/T 2900.48 和 GB/T 5578 中的有关术语，见 A.1～A.2。

A.1 GB/T 2900.48 中的有关术语

A.1.1

锅炉额定蒸发量 boiler rated capacity(BRC)

蒸汽锅炉在额定蒸汽参数、额定给水温度、使用设计燃料时所规定的蒸发量。

A.1.2

锅炉最大连续蒸发量 boiler maximum continuous rating(BMCR)

蒸汽锅炉在额定蒸汽参数、额定给水温度、使用设计燃料能安全连续产生的最大蒸发量。

A.1.3

给水温度 feed warter temperature

蒸汽锅炉给水进口处的温度。

注：额定给水温度为规定负荷范围内应予保证的给水温度。

A.1.4

余热锅炉 heat recovery boiler

利用各种工艺过程中的废气、废料或废液中含有的显热或(和)其可燃物质燃烧后产生热量的锅炉。

A.2 GB/T 5578 中的有关术语

A.2.1

额定功率 rated power

在规定的设计工况(新蒸汽压力、新蒸汽温度、背压、补给水率等)下，汽轮机运行时的发电机端子处的保证连续功率。该功率一般为铭牌功率。

A.2.2

最大功率 maximum capability

在规定的终端参数下，调节阀全开时汽轮机能发出的功率，也称阀门全开功率(VWO 功率)。

附 录 B
（资料性附录）
机炉连接管道温降计算方法和实例

B.1 机炉连接管道温降计算方法

机炉连接管道的温降 Δt 由两部分组成，即蒸汽压降产生的等焓温降 Δt_h 和管道本身的散热温降 Δt_q。

B.1.1 等焓温降

确定等焓温降的理论依据是热力学第一定律中的等焓过程和蒸汽的热力学性质。因流动阻力和阀门节流损失，蒸汽压力由锅炉出口处的 p_1 降低至汽轮机进口处的 p_2，当不考虑管道散热损失时，可视为等焓过程，$h_1=h_2=h$。由于 p_1、p_2 和汽轮机进口处的蒸汽温度 t_2 为已知，可由蒸汽表按 p_1、h_2 查得相应的蒸汽温度 t_1'。

B.1.2 散热温降

确定散热温降的标准依据是 DL/T 5072 对常年运行工况所规定的最大允许散热损失。

求得保温结构的总散热量 Q 后，可按蒸汽的定压比热 C_P 求得散热温降 Δt_q。

B.2 机炉连接管道温降计算实例

以单元制中压 12 MW 和高压 50 MW 机组为例，分别计算管道温降，见表 B.1。

表 B.1 管道温降计算实例

序号	项 目	单位	计算数值	
			中压 12 MW 机组	高压 50 MW 机组
一、已知数据				
1	锅炉额定蒸发量 D	t/h	65	220
2	锅炉出口压力(绝对)p_1	MPa	3.9	9.9
3	汽轮机进口压力(绝对)p_2	MPa	3.43	8.8
4	汽轮机进口温度 t_2	℃	435	535
5	汽轮机进口蒸汽焓 h_2	kJ/kg	3 305	3 477
6	主蒸汽管道数量	根	1	1
7	主蒸汽管道外径 d	m	0.219	0.273
8	主蒸汽管道长度 L	m	150	200
9	保温结构厚度 δ	m	0.100	0.140

表 B.1（续）

序号	项　目	单位	计算数值	
			中压 12 MW 机组	高压 50 MW 机组
二、等焓温降				
10	按等焓过程求得的蒸汽焓 h'_1	kJ/kg	3 305	3 477
11	蒸汽在 p_1、h'_1时的温度 t'_1	℃	438	539
12	等焓温降 $\Delta t_h = t'_1 - t_2$	℃	3	4
三、散热温降				
13	保温结构外表面面积 A	m^2	197	347
14	最大允许散热损失 q	w/m^2	240	277
15	允许的总散热量 $Q = qxA$	kJ/s	47.3	96.1
16	蒸汽流量 D	kg/s	18.1	61.1
17	蒸汽的散热焓降 $\Delta h = Q/D$	kJ/kg	2.6	1.6
18	蒸汽的定压比热比 C_p	kJ/(kg·K)	2.29	2.49
19	散热温降 $\Delta t_q = \Delta h / C_p$	℃	1.1	0.7
四、管道温降				
20	管道温降 $\Delta t = \Delta t_h + \Delta t_q$	℃	4.1	4.7
21	锅炉出口温度 $t_1 = t_2 + \Delta t$	℃	439.1	539.7

附 录 C
（资料性附录）
给 水 温 度

本附录给出给水温度的参考值，见表 C.1。

表 C.1 给水温度参考值

序号	锅炉压力类别	给水温度参考值 ℃
1	中压	150、170
2	次高压	140、150、170
3	高压	220
4	超高压	240
5	亚临界	278
6	超临界	275
7	超超临界	300

ICS 77.150.99
H 62

GB

中华人民共和国国家标准

GB 913—2012
代替 GB 913—1985

汞

Mercury

2012-05-11 发布　　　　2013-04-01 实施

中华人民共和国国家质量监督检验检疫总局
中国国家标准化管理委员会　发布

前 言

本标准第3章及第6章为强制性条款，其余为推荐性条款。

本标准按照GB/T 1.1 2009给出的规则起草。

本标准代替GB 913—1985《汞》，本标准与GB 913—1985相比，其主要变化如下：

——本标准增加工业粗汞一个品级；

——本标准增加了感官要求的试验方法；

——本标准在检验规则中增加了检查与验收；

——本标准在检验规则中明确了组批与抽样原则；

——本标准增加了判定规则；

——本标准增加了保存期；

——本标准增加了安全要求；

——本标准增加了运输部分；

——本标准对包装的内容作了部分增减；

——本标准改变了铁和其他重金属(以铅计)的测定方法；

——对分析方法中的部分仪器设备也作了部分改动。

本标准由全国有色金属标准化技术委员会(SAC/TC 243)归口；

本标准起草单位：铜仁地区质量技术监督检测所、贵州省工商业联合会汞行业商会、贵州大龙银星汞业有限责任公司、万山特区红晶汞业有限责任公司、贵州省万山特区矿产公司。

本标准主要起草人：帅永华、张亚雄、赵应黔、吴斌、吴泽云、陈伟忠、张臣相。

本标准历次版本发布情况为：

——GB 913—1985；

——GB 913—1966。

汞

1 范围

本标准规定了汞的要求、试验方法、检验规则和标志、包装、运输、贮存及质量证明书和合同(或订货单)等。

本标准适用于火法冶炼、湿法冶炼生产的汞,本产品用于电气仪表、试剂、药剂、化工、冶金等行业。

2 规范性引用文件

下列文件对于本文件的应用是必不可少的。凡是注日期的引用文件,仅注日期的版本适用于本文件。凡是不注日期的引用文件,其最新版本(包括所有的修改单)适用于本文件。

GB 190 危险货物包装标志

GB 13690 常用危险化学品的分类及标志

GB 15603 常用化学危险品贮存通则

GB/T 8170 数字修约规则与极限数值的表示和判定

GB/T 16483 化学品安全技术说明书内容和项目顺序

JJF 1070 定量包装商品净含量计量检验规则

3 要求

3.1 汞的品级、牌号及化学成分

按化学成分将汞分为四个品级,见表1。

表1 汞的品级、牌号及化学成分

品级	牌号	化学成分(质量分数)/%			
		汞,不小于	杂质,不大于		
			灼烧残渣总量	铁	铅
高纯汞	Hg-06	99.999 9	0.000 1	0.000 04	0.000 04
零号汞	Hg-055	99.999 5	0.000 5	0.000 1	0.000 2
一号汞	Hg-05	99.999	0.001	0.000 2	0.000 4
工业粗汞	Hg-03	99.9	0.1	—	—

3.2 外观要求

除Hg-03外,所有品级的汞均应具有银白色光泽,不含机械夹杂(灰渣等);零号汞应具有明显的镜面;高纯汞表面不应有任何薄膜。具体要求如下:

3.2.1 高纯汞、零号汞、一号汞,取试样5 g~10 g置于200 mL烧杯中,加入10 mL硝酸(1+1),加热溶解后,溶液应清亮无不溶物。

3.2.2　高纯汞、零号汞、一号汞试样从干燥洁净的玻璃容器中应可自由倾出，壁上不得粘留任何汞质。

3.2.3　高纯汞、零号汞、一号汞试样在光滑的白纸或瓷板上滑过后不应留有痕迹。

3.2.4　高纯汞试样置于白色的瓷板上检查时，不应有肉眼可见的污点。

3.2.5　工业粗汞的外观呈银灰白色，试样从干燥洁净的玻璃容器中自由倾出，在壁上允许有少量肉眼可见的杂质。

4　试验方法

4.1　汞含量、灼烧残渣总量的测定

按本标准中附录 A 规定的方法执行。

4.2　铁含量和铅含量的测定

铁含量和铅含量的测定分别按本标准中附录 B 和附录 C 规定的方法执行。

4.3　外观检测

外观检测采用目测法。

5　检验规则

5.1　检查与验收

5.1.1　产品由供方提供出厂检验合格报告，保证产品质量符合本标准要求，并填写质量证明书。

5.1.2　需方可对收到的产品按本标准的规定进行检验，如检验结果与本标准的规定不符时，应在收到产品之日起 30 天内向供方提出，由供需双方协商解决。如需仲裁，仲裁样品由供需双方共同在相同批次产品中按规定抽取，承检机构由双方协商指定。

5.2　组批

每批产品由同一个品级的汞组成。高纯汞、零号汞、一号汞和工业粗汞每批重量分别不得超过 1 t、4 t、7 t 和 10 t。

5.3　检验项目

每批产品应进行汞含量、灼烧残渣总量、铁含量、铅含量的测定及外观检测。

5.4　取样

5.4.1　取样量

每批产品的取样件数(瓶、罐)不少于 10%，试样的质量规定为：高纯汞不少于 4 kg 零号汞不少于 1 kg，一号汞不少于 0.6 kg，工业粗汞不少于 0.4 kg。

5.4.2　取样方法

采用内径为 ϕ4 mm～ϕ6 mm 的玻璃管等量抽取试样，试样装入洁净带塞的陶瓷瓶或不透明的玻璃瓶中。经充分混合均匀后分成两等份，其中一份用于检验，另一份用于备查，备查试样应密封并充入氮气或氩气保护，试样保存期为一年。

5.5 检验结果的判定

5.5.1 数值修约和检验结果的判定按 GB/T 8170 的规定执行。

5.5.2 检验结果全部项目符合本标准规定时，判该批产品为合格品。

5.5.3 检验结果全部项目中的任一项出现不合格时，则判该批产品为不合格品。

6 标志、包装、运输、贮存及质量证明书

6.1 标志

标志应符合 GB 190 的规定。

6.2 包装

6.2.1 高纯汞装在容积为 100 mL(每瓶净重 1 kg)的陶瓷瓶或聚乙烯瓶或聚丙烯瓶里或不透明的玻璃瓶中，充入氮气或氩气，瓶口用 T 型丁基橡胶内塞或翻口丁基橡胶内塞或塑料薄膜套翻口天然橡胶内塞，外用铝塑复合盖密封或热塑收缩套密封。内垫废纸屑或成型泡沫塑料，装在坚固的木箱中，木箱用钢带加钉。包装规格为 1 kg×20 瓶/箱(单重为 1±0.002 kg)。

6.2.2 零号汞和一号汞装在内衬搪瓷的钢罐或聚乙烯罐中，并装在坚固的木箱中，木箱用钢带加钉。净重为 34.5±0.030 kg。

6.2.3 工业粗汞装在钢罐中，单重为 38.0±0.030 kg。

6.3 运输

所有品级的汞运输应严格遵守国家有关危险化学品运输的相关法律、法规，严禁与食品、饲料、日用品以及涉及危害人类和动物的物质等混装混运。

6.4 贮存

所有品级的汞均应贮存在温度不高于 40 ℃的室内，并按 GB 15603 的规定执行；在符合本标准规定的条件下贮存，保存期为 1 年。高纯汞在使用时方可开启瓶盖，以免氮气或氩气逸出，造成表面氧化。

6.5 质量证明书

每批产品应附有产品质量证明书，其上注明：

a) 生产企业名称、地址、电话、传真；

b) 产品名称和品级；

c) 批号、净重和件数；

d) 产品检验报告单；

e) 本标准编号；

f) 生产日期。

7 合同(或订货单)

本标准所列汞的合同(或订货单)应包括下列内容：

a) 产品名称；

b) 品级；

c) 杂质含量的特殊要求；

d） 数量；

e） 本标准编号；

f） 包装；

g） 其他。

8 安全

8.1 供方应向需方提供汞化学品安全技术说明书(MSDS)。

8.2 化学品安全技术说明书应符合 GB 16483 的规定。

附　录　A
（规范性附录）
汞化学分析方法　烧灼残渣的测定　灼烧法

A.1　范围

本方法规定了汞中烧灼残渣含量的测定方法。

本方法适用于汞中烧灼残渣含量的测定。

A.2　汞纯度的测定

A.2.1　灼烧残渣的测定

A.2.1.1　原理

汞经蒸发灼烧后，其残渣留于石英皿中用称量法测定。

A.2.1.2　装置

如图 A.1 所示：

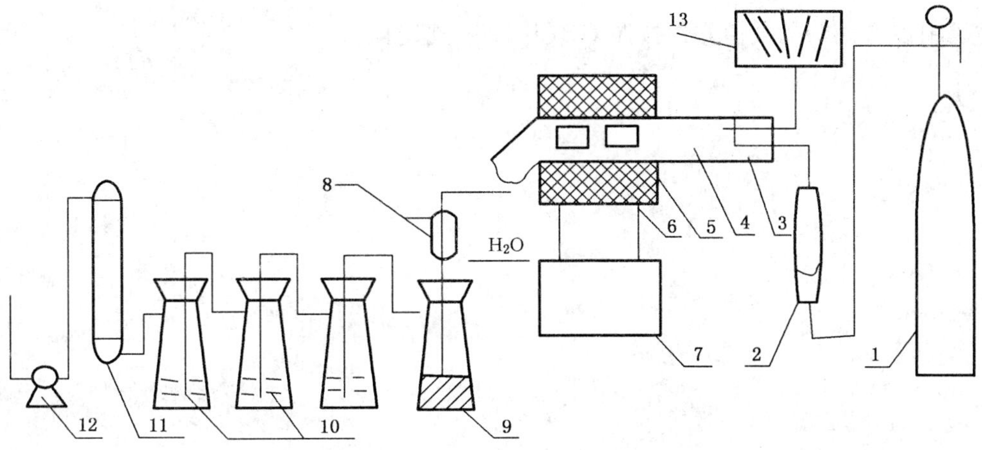

说明：

1——氮或氩气瓶；

2——转子流量计；

3——橡胶塞或磨口塞；

4——石英管或瓷管或耐高温玻璃管；

5——石英皿或耐高温玻璃皿；

6——管式电炉；

7——温度自动控制仪；

8——水冷凝器或液氮冷阱；

9——汞收集瓶；

10——盛碘液的净化瓶；

11——装有以碘蒸汽饱和过的活性炭的净化塔；

12——真空泵；

13——复合真空计。

图 A.1　装置图

A.2.1.3 分析步骤

称取试样高纯汞 1 000 g(零号汞 200 g、一号汞 100 g、工业粗汞 100 g),精确至 0.01 g,置于已经恒重的石英皿(或耐高温玻璃皿)内。在氮气(或氩气)流中(1 L/min)于 200 ℃±5 ℃下使汞慢慢蒸发(应有回收净化装置)至残留约为 2 g 以下,然后在 400 ℃±5 ℃(氮气或氩气)条件下灼烧残渣不少于 30 min,最后称量残渣的质量。

A.2.1.4 分析结果计算方法及表述见式(A.1):

$$w_1(\%)=\frac{m_1}{m_0}\times 100 \qquad \cdots\cdots(A.1)$$

式中:

w_1——灼烧残渣的质量分数,单位为(%);

m_1——灼烧残渣质量,单位为克(g);

m_0——样品质量,单位为克(g)。

试验结果中没有说明的数值修约按照 GB/T 8170 规定执行。

A.2.2 汞纯度的测定

按式(A.2)残渣差减法计算汞的纯度:

$$w_2(\%)=100-w_1 \qquad \cdots\cdots(A.2)$$

式中:

w_1——灼烧残渣的质量分数,单位为(%);

w_2——汞纯度(质量分数),单位为(%)。

试验结果中没有说明的数值修约按照 GB/T 8170 规定执行。

附 录 B
（规范性附录）
汞化学分析方法 铁含量的测定 原子吸收光谱法

B.1 范围

本方法规定了汞中铁含量的测定方法。

本方法适用于汞中铁含量的测定。

B.2 原理

在附录 A 的灼烧残渣中加入混合酸进行溶解，在硝酸介质中，使用空气-乙炔火焰于原子吸收光谱仪波长 248.3 nm 处测量铁的吸光度。

B.3 试剂

B.3.1 盐酸（ρ1.19 g/mL），优级纯。

B.3.2 硝酸（ρ1.42 g/mL），优级纯。

B.3.3 混合酸（硝酸＋盐酸＝1＋3），优级纯。

B.3.4 硝酸（1＋1），优级纯。

B.3.5 铁标准贮备溶液：准确称取 0.100 0 g 金属铁（≥99.99%）于 250 mL 烧杯中，加入 20 mL 硝酸（1＋1），盖上表面皿，在低温电热板上加热溶解后取下，冷却移入 1 000 mL 容量瓶中，用水稀释至刻度，混匀。此溶液 1 mL 含 100 μg 铁。

B.4 仪器

原子吸收光谱仪，附铁元素空心阴极灯。

在仪器最佳工作状态下，凡能达到下列指标者，均可使用：

——特征浓度：在与测量溶液基本相一致的溶液中，铁的特征浓度不大于 0.165 μg/mL。

——精密度：用最高浓度的标准溶液测量 10 次吸光度，其标准偏差应不超过平均吸光度的 1.0%；用最低浓度的标准溶液（不是“零”浓度标准溶液）测量 10 次吸光度，其标准偏差应不超过最高浓度标准溶液平均吸光度的 0.5%。

——工作曲线线性：将工作曲线按浓度等分成 5 段，最高段的吸光度差值与最低段的吸光度差值之比，应不小于 0.8。

B.5 试样溶液的制备

于附录 A 灼烧的残渣中加入 5 mL 混合酸（B.3.3），置于低温电热板上蒸至近干，再加硝酸（1＋1）10 mL 溶解，在蒸发过程中轻轻摇动蒸发皿，待完全溶解后，取下冷却，移入 50 mL 容量瓶中，用水稀释至刻度，混匀。

B.6 空白溶液的制备

随同试样做空白试验。

B.7 测定步骤

使用空气乙炔火焰，于原子吸收光谱仪波长 248.3 nm 处，以水调零，与系列标准溶液同时，测量铁的吸光度，减去随同空白溶液的吸光度。从工作曲线上查出相应铁的浓度。

B.7.1 工作曲线的绘制

B.7.1.1 移取 0 mL，1.00 mL，2.00 mL，3.00 mL、4.00 mL、5.00 mL 铁标准溶液，分别置于 100 mL 容量瓶中，加入 8 mL 硝酸(1+1)，用水稀释至刻度，混匀。该系列标准溶液的浓度分别为 0 μg/mL、1.00 μg/mL、2.00 μg/mL、3.00 μg/mL、4.00 μg/mL、5.00 μg/mL。

B.7.1.2 在与测量试液相同条件下，以水调零，测量系列标准溶液的吸光度，减去系列标准溶液中“零”浓度溶液的吸光度，以铁浓度为横坐标，吸光度为纵坐标，绘制工作曲线。

B.7.2 分析结果的计算

按式(B.1)计算铁的质量分数 w_{Fe}：

$$w_{Fe}=\frac{\rho_1 \cdot V_1 \times 10^{-6}}{m_0}\times 100 \qquad \text{(B.1)}$$

式中：

m_0——样品质量，单位为克(g)；

V_1——试液总体积，单位为毫升(mL)；

ρ_1——自工作曲线上查得铁的浓度，单位为微克每毫升(μg/mL)。

试验结果中没有说明的数值修约按照 GB/T 8170 规定执行。

附　录　C
（规范性附录）
汞化学分析方法　铅含量的测定　原子吸收光谱法

C.1　范围

本方法规定了汞中铅含量的测定方法。

本方法适用于汞中铅含量的测定。

C.2　原理

在附录A的灼烧残渣中加入混合酸进行溶解，在硝酸介质中，使用空气-乙炔火焰于原子吸收光谱仪波长283.3 nm处测量铅的吸光度。

C.3　试剂

C.3.1　盐酸（ρ1.19 g/mL），优级纯。

C.3.2　硝酸（ρ1.42 g/mL），优级纯。

C.3.3　混合酸（硝酸＋盐酸＝1＋3），优级纯。

C.3.4　硝酸（1＋1），优级纯。

C.3.5　铅标准溶液：称取0.100 0 g金属铅（≥99.99%）于250 mL烧杯中，加入20 mL硝酸（1＋1），盖上表面皿，在低温电热板上加热溶解后，取下冷却，移入1 000 mL容量瓶中，用水稀释至刻度，混匀。此溶液1 mL含100 μg铅。

C.4　仪器

原子吸收光谱仪，附铅元素空心阴极灯。

在仪器最佳工作状态下，凡能达到下列指标者，均可使用。

——特征浓度：在与测量溶液基本相一致的溶液中，铅的特征浓度不大于0.217 μg/mL。

——精密度：用最高浓度的标准溶液测量10次吸光度，其标准偏差应不超过平均吸光度的1.0%；用最低浓度的标准溶液（不是"零"浓度标准溶液）测量10次吸光度，其标准偏差应不超过最高浓度标准溶液平均吸光度的0.5%。

——工作曲线线性：将工作曲线按浓度等分成5段，最高段的吸光度差值与最低段的吸光度差值之比，应不小于0.8。

C.5　试样溶液的制备

于附录A灼烧残渣中加入5 mL混合酸，置于低温电热板上蒸至近干，再加入10 mL硝酸（1＋1）溶解，在蒸发过程中轻轻摇动蒸发皿，待完全溶解后取下冷却，移入50 mL容量瓶中，用水稀释至刻度，混匀。

C.6 空白溶液的制备

随同试样做空白试验。

C.7 测定步骤

使用空气乙炔火焰，于原子吸收光谱仪波长 283.3 nm 处，以水调零，与系列标准溶液同时，测量铅的吸光度，减去随同空白溶液的吸光度。从工作曲线上查出相应的铅的浓度。

C.7.1 工作曲线的绘制

C.7.1.1 移取 0 mL、1.00 mL、2.00 mL、3.00 mL、4.00 mL、5.00 mL 铅标准溶液，分别置于 100 mL 容量瓶中，加入 8 mL 硝酸(1+1)，用水稀释至刻度，混匀。该系列标准溶液的浓度分别为 0 μg/mL、1.00 μg/mL、2.00 μg/mL、3.00 μg/mL、4.00 μg/mL、5.00 μg/mL。

C.7.1.2 在与测量试液相同条件下，以水调零，测量系列标准溶液的吸光度，减去系列标准溶液中“零”浓度溶液的吸光度，分别以铅浓度为横坐标，吸光度为纵坐标，绘制工作曲线。

C.8 分析结果的计算

按式(C.1)计算铅的质量分数 w_{Pb}：

$$w_{Pb} = \frac{\rho_1 \cdot V_1 \times 10^{-6}}{m_0} \times 100 \qquad \text{(C.1)}$$

式中：

m_0——样品质量，单位为克(g)；

V_1——试液总体积，单位为毫升(mL)；

ρ_1——自工作曲线上查得铅的浓度，单位为微克每毫升(μg/mL)。

试验结果中没有说明的数值修约按照 GB/T 8170 规定执行。

ICS 25.160.20
J 33

中华人民共和国国家标准

GB/T 983—2012
代替 GB/T 983—1995

不锈钢焊条

Covered electrodes for manual metal arc welding of stainless and heat-resisting steels

(ISO 3581:2003, Welding consumables—Covered electrodes for manual metal arc welding of stainless and heat-resisting steels—Classification, MOD)

2012-11-05 发布　　2013-03-01 实施

中华人民共和国国家质量监督检验检疫总局
中国国家标准化管理委员会　发布

前　言

本标准按照 GB/T 1.1—2009 给出的规则起草。

本标准是对 GB/T 983—1995《不锈钢焊条》的修订。与 GB/T 983—1995 相比，主要修改内容如下：

——焊条的分类和型号按 ISO 3581:2003 进行；

——删除了焊条熔敷金属化学成分铬含量小于 11%的 E502-XX、E505-XX、E7Cr-XX、E5MoV-XX、E9Mo-XX、E11MoVNi-XX 和 E11MoVNiW-XX 七个焊条型号；

——E317MoCuL-XX 型号编制为 E317LMoCu-XX；

——E318V-XX、E330MoMnWNb-XX 和 E16-25MoN-XX 三个焊条型号的 Cu 含量由 0.5%调整为 0.75%。E318V-XX 的 Si 含量由不大于 0.90%调整为 1.00%，S 含量由 0.030%调整为 0.03%，与 E318-XX 保持一致；其他焊条型号的化学成分按 ISO 3581:2003 进行了相应调整；

——增加了焊接位置“4”，适用于包括向下立焊的全位置焊接；

——焊条的力学性能要求按 ISO 3581:2003 进行了调整。

本标准使用重新起草法修改采用国际标准 ISO 3581:2003《焊接材料　不锈钢和耐热钢焊条电弧焊用药皮焊条　分类》(英文版)。

本标准与 ISO 3581:2003 的主要技术性差异及其原因如下：

——删除了规范性引用文件中引用的国际标准，直接引用我国已相应转化的国内相关标准，便于执行；

——焊条型号中未采用“ES”代表不锈钢焊条，仍采用“E”代表焊条，便于实际操作；

——保留了 E317MoCu-XX、E317MoCuL-XX、E318V-XX、E330MoMnWNb-XX 和 E16-25MoN-XX 五个焊条型号，技术要求进行了相应的调整，以适应我国技术条件；

——增加了 E309H-XX、E316LMn-XX、E2594-XX、E2595-XX、E3155-XX 和 E33-31-XX 六个焊条型号，以满足实际应用需求；

——保留了焊条偏心度的技术指标，以便于操作；

——保留了熔敷金属耐腐蚀性能和焊缝铁素体含量的技术要求，以适用我国技术条件。

为便于使用，本标准还做了如下编辑性修改：

——标准名称修改为“不锈钢焊条”；

——标准结构方面，按分类和型号、技术要求、试验方法、检验规则、包装、标志和质量证明进行编写。

本标准由全国焊接标准化技术委员会(SAC/TC 55)提出并归口。

本标准起草单位：哈尔滨焊接研究所、天津市金桥焊材集团有限公司、上海申嘉电焊条有限公司、四川大西洋焊接材料股份有限公司、北京金威焊材有限公司、天津大桥焊材集团有限公司、常州华通焊业股份有限公司。

本标准起草人：储继君、李连胜、侯来昌、郑晓海、李典钊、边境、李志提、李振华、齐万利。

本标准代替了 GB/T 983—1995。

GB/T 983—1995 的历次版本发布情况为：

——GB/T 983—1967、GB/T 983—1976、GB/T 983—1985。

不 锈 钢 焊 条

1 范围

本标准规定了不锈钢焊条的型号、技术要求、试验方法、检验规则、包装、标志和质量证明。

本标准适用于熔敷金属中铬含量大于11%的不锈钢焊条。

2 规范性引用文件

下列文件对于本文件的应用是必不可少的。凡是注日期的引用文件，仅注日期的版本适用于本文件。凡是不注日期的引用文件，其最新版本(包括所有的修改单)适用于本文件。

GB/T 1954 铬镍奥氏体不锈钢焊缝铁素体含量测量方法(GB/T 1954—2008,ISO 8249:2000,MOD)

GB/T 2652 焊缝及熔敷金属拉伸试验方法(GB/T 2652—2008,ISO 5178:2001,IDT)

GB/T 4334 金属和合金的腐蚀 不锈钢晶间腐蚀试验方法(GB/T 4334—2008,ISO 3651-1:1998、ISO 3651-2:1998,MOD)

GB/T 16672 焊缝 工作位置 倾角和转角的定义(GB/T 16672—1996,ISO 6947:1993,IDT)

GB/T 20878 不锈钢和耐热钢 牌号及化学成分

GB/T 25774.1 焊接材料的检验 第1部分:钢、镍及镍合金熔敷金属力学性能试样的制备及检验(GB/T 25774.1—2010,ISO 15792-1:2000,MOD)

GB/T 25774.3 焊接材料的检验 第3部分:T型接头角焊缝试样的制备及检验(GB/T 25774.3—2010,ISO 15792-3:2000,IDT)

GB/T 25775 焊接材料供货技术条件 产品类型、尺寸、公差和标志(GB/T 25775—2010,ISO 544:2003,MOD)

GB/T 25777 焊接材料熔敷金属化学分析试样制备方法(GB/T 25777—2010,ISO 6847:2000,IDT)

GB/T 25778 焊接材料采购指南(GB/T 25778—2010,ISO 14344:2002,MOD)

3 型号

3.1 型号划分

焊条型号按熔敷金属化学成分、焊接位置和药皮类型等进行划分。药皮类型的简要说明参见附录A,不同标准之间的型号对照参见附录B。

3.2 型号编制方法

焊条型号由四部分组成:

a) 第一部分用字母“E”表示焊条;
b) 第二部分为字母“E”后面的数字表示熔敷金属的化学成分分类,数字后面的“L”表示碳含量较低,“H”表示碳含量较高,如有其他特殊要求的化学成分,该化学成分用元素符号表示放在后面,见表1;

c） 第三部分为短划“-”后的第一位数字，表示焊接位置，见表 2；

d） 第四部分为最后一位数字，表示药皮类型和电流类型，见表 3。

3.3 型号示例

本标准中完整焊条型号示例如下：

```
E  308-1  6
│   │  │  └──────表示药皮类型为金红石型，适用于交直流两用焊接
│   │  └─────────表示焊接位置
│   └────────────表示熔敷金属化学成分分类代号
└────────────────表示焊条
```

表 1 熔敷金属化学成分

焊条型号[a]	化学成分（质量分数）[b] %									
	C	Mn	Si	P	S	Cr	Ni	Mo	Cu	其他
E209-XX	0.06	4.0～7.0	1.00	0.04	0.03	20.5～24.0	9.5～12.0	1.5～3.0	0.75	N：0.10～0.30 V：0.10～0.30
E219-XX	0.06	8.0～10.0	1.00	0.04	0.03	19.0～21.5	5.5～7.0	0.75	0.75	N：0.10～0.30
E240-XX	0.06	10.5～13.5	1.00	0.04	0.03	17.0～19.0	4.0～6.0	0.75	0.75	N：0.10～0.30
E307-XX	0.04～0.14	3.30～4.75	1.00	0.04	0.03	18.0～21.5	9.0～10.7	0.5～1.5	0.75	—
E308-XX	0.08	0.5～2.5	1.00	0.04	0.03	18.0～21.0	9.0～11.0	0.75	0.75	—
E308H-XX	0.04～0.08	0.5～2.5	1.00	0.04	0.03	18.0～21.0	9.0～11.0	0.75	0.75	—
E308L-XX	0.04	0.5～2.5	1.00	0.04	0.03	18.0～21.0	9.0～12.0	0.75	0.75	—
E308Mo-XX	0.08	0.5～2.5	1.00	0.04	0.03	18.0～21.0	9.0～12.0	2.0～3.0	0.75	—
E308LMo-XX	0.04	0.5～2.5	1.00	0.04	0.03	18.0～21.0	9.0～12.0	2.0～3.0	0.75	—
E309L-XX	0.04	0.5～2.5	1.00	0.04	0.03	22.0～25.0	12.0～14.0	0.75	0.75	—
E309-XX	0.15	0.5～2.5	1.00	0.04	0.03	22.0～25.0	12.0～14.0	0.75	0.75	—
E309H-XX	0.04～0.15	0.5～2.5	1.00	0.04	0.03	22.0～25.0	12.0～14.0	0.75	0.75	—

表 1（续）

焊条型号[a]	化学成分（质量分数）[b] %									
	C	Mn	Si	P	S	Cr	Ni	Mo	Cu	其他
E309LNb-XX	0.04	0.5～2.5	1.00	0.040	0.030	22.0～25.0	12.0～14.0	0.75	0.75	Nb+Ta：0.70～1.00
E309Nb-XX	0.12	0.5～2.5	1.00	0.04	0.03	22.0～25.0	12.0～14.0	0.75	0.75	Nb+Ta：0.70～1.00
E309Mo-XX	0.12	0.5～2.5	1.00	0.04	0.03	22.0～25.0	12.0～14.0	2.0～3.0	0.75	—
E309LMo-XX	0.04	0.5～2.5	1.00	0.04	0.03	22.0～25.0	12.0～14.0	2.0～3.0	0.75	—
E310-XX	0.08～0.20	1.0～2.5	0.75	0.03	0.03	25.0～28.0	20.0～22.5	0.75	0.75	—
E310H-XX	0.35～0.45	1.0～2.5	0.75	0.03	0.03	25.0～28.0	20.0～22.5	0.75	0.75	—
E310Nb-XX	0.12	1.0～2.5	0.75	0.03	0.03	25.0～28.0	20.0～22.0	0.75	0.75	Nb+Ta：0.70～1.00
E310Mo-XX	0.12	1.0～2.5	0.75	0.03	0.03	25.0～28.0	20.0～22.0	2.0～3.0	0.75	—
E312-XX	0.15	0.5～2.5	1.00	0.04	0.03	28.0～32.0	8.0～10.5	0.75	0.75	—
E316-XX	0.08	0.5～2.5	1.00	0.04	0.03	17.0～20.0	11.0～14.0	2.0～3.0	0.75	—
E316H-XX	0.04～0.08	0.5～2.5	1.00	0.04	0.03	17.0～20.0	11.0～14.0	2.0～3.0	0.75	—
E316L-XX	0.04	0.5～2.5	1.00	0.04	0.03	17.0～20.0	11.0～14.0	2.0～3.0	0.75	—
E316LCu-XX	0.04	0.5～2.5	1.00	0.040	0.030	17.0～20.0	11.0～16.0	1.20～2.75	1.00～2.50	—
E316LMn-XX	0.04	5.0～8.0	0.90	0.04	0.03	18.0～21.0	15.0～18.0	2.5～3.5	0.75	N：0.10～0.25
E317-XX	0.08	0.5～2.5	1.00	0.04	0.03	18.0～21.0	12.0～14.0	3.0～4.0	0.75	—
E317L-XX	0.04	0.5～2.5	1.00	0.04	0.03	18.0～21.0	12.0～14.0	3.0～4.0	0.75	—
E317MoCu-XX	0.08	0.5～2.5	0.90	0.035	0.030	18.0～21.0	12.0～14.0	2.0～2.5	2	—
E317LMoCu-XX	0.04	0.5～2.5	0.90	0.035	0.030	18.0～21.0	12.0～14.0	2.0～2.5	2	—
E318-XX	0.08	0.5～2.5	1.00	0.04	0.03	17.0～20.0	11.0～14.0	2.0～3.0	0.75	Nb+Ta：6×C～1.00

表 1（续）

焊条型号[a]	化学成分（质量分数）[b] %									
	C	Mn	Si	P	S	Cr	Ni	Mo	Cu	其他
E318V-XX	0.08	0.5～2.5	1.00	0.035	0.03	17.0～20.0	11.0～14.0	2.0～2.5	0.75	V：0.30～0.70
E320-XX	0.07	0.5～2.5	0.60	0.04	0.03	19.0～21.0	32.0～36.0	2.0～3.0	3.0～4.0	Nb+Ta：8×C～1.00
E320LR-XX	0.03	1.5～2.5	0.30	0.020	0.015	19.0～21.0	32.0～36.0	2.0～3.0	3.0～4.0	Nb+Ta：8×C～0.40
E330-XX	0.18～0.25	1.0～2.5	1.00	0.04	0.03	14.0～17.0	33.0～37.0	0.75	0.75	—
E330H-XX	0.35～0.45	1.0～2.5	1.00	0.04	0.03	14.0～17.0	33.0～37.0	0.75	0.75	—
E330MoMn-WNb-XX	0.20	3.5	0.70	0.035	0.030	15.0～17.0	33.0～37.0	2.0～3.0	0.75	Nb:1.0～2.0 W：2.0～3.0
E347-XX	0.08	0.5～2.5	1.00	0.04	0.03	18.0～21.0	9.0～11.0	0.75	0.75	Nb+Ta：8×C～1.00
E347L-XX	0.04	0.5～2.5	1.00	0.040	0.030	18.0～21.0	9.0～11.0	0.75	0.75	Nb+Ta：8×C～1.00
E349-XX	0.13	0.5～2.5	1.00	0.04	0.03	18.0～21.0	8.0～10.0	0.35～0.65	0.75	Nb+Ta：0.75～1.20 V:0.10%～0.30 Ti≤0.15 W:1.25%～1.75
E383-XX	0.03	0.5～2.5	0.90	0.02	0.02	26.5～29.0	30.0～33.0	3.2～4.2	0.6～1.5	—
E385-XX	0.03	1.0～2.5	0.90	0.03	0.02	19.5～21.5	24.0～26.0	4.2～5.2	1.2～2.0	—
E409Nb-XX	0.12	1.00	1.00	0.040	0.030	11.0～14.0	0.60	0.75	0.75	Nb+Ta：0.50～1.50
E410-XX	0.12	1.0	0.90	0.04	0.03	11.0～14.0	0.70	0.75	0.75	—
E410NiMo-XX	0.06	1.0	0.90	0.04	0.03	11.0～12.5	4.0～5.0	0.40～0.70	0.75	—
E430-XX	0.10	1.0	0.90	0.04	0.03	15.0～18.0	0.6	0.75	0.75	—
E430Nb-XX	0.10	1.00	1.00	0.040	0.030	15.0～18.0	0.60	0.75	0.75	Nb+Ta：0.50～1.50
E630-XX	0.05	0.25～0.75	0.75	0.04	0.03	16.00～16.75	4.5～5.0	0.75	3.25～4.00	Nb+Ta：0.15～0.30
E16-8-2-XX	0.10	0.5～2.5	0.60	0.03	0.03	14.5～16.5	7.5～9.5	1.0～2.0	0.75	—

表 1（续）

焊条型号[a]	化学成分（质量分数）[b] %									
	C	Mn	Si	P	S	Cr	Ni	Mo	Cu	其他
E16-25MoN-XX	0.12	0.5～2.5	0.90	0.035	0.030	14.0～18.0	22.0～27.0	5.0～7.0	0.75	N：≥0.1
E2209-XX	0.04	0.5～2.0	1.00	0.04	0.03	21.5～23.5	7.5～10.5	2.5～3.5	0.75	N：0.08～0.20
E2553-XX	0.06	0.5～1.5	1.0	0.04	0.03	24.0～27.0	6.5～8.5	2.9～3.9	1.5～2.5	N：0.10～0.25
E2593-XX	0.04	0.5～1.5	1.0	0.04	0.03	24.0～27.0	8.5～10.5	2.9～3.9	1.5～3.0	N：0.08～0.25
E2594-XX	0.04	0.5～2.0	1.00	0.04	0.03	24.0～27.0	8.0～10.5	3.5～4.5	0.75	N：0.20～0.30
E2595-XX	0.04	2.5	1.2	0.03	0.025	24.0～27.0	8.0～10.5	2.5～4.5	0.4～1.5	N：0.20～0.30 W：0.4～1.0
E3155-XX	0.10	1.0～2.5	1.00	0.04	0.03	20.0～22.5	19.0～21.0	2.5～3.5	0.75	Nb+Ta：0.75～1.25 Co：18.5～21.0 W：2.0～3.0
E33-31-XX	0.03	2.5～4.0	0.9	0.02	0.01	31.0～35.0	30.0～32.0	1.0～2.0	0.4～0.8	N：0.3～0.5

注：表中单值均为最大值。

[a] 焊条型号中-XX 表示焊接位置和药皮类型，见表 2 和表 3；

[b] 化学分析应按表中规定的元素进行分析。如果在分析过程中发现其他化学成分，则应进一步分析这些元素的含量，除铁外，不应超过 0.5%。

表 2　焊接位置代号

代　　号	焊接位置[a]
−1	PA、PB、PD、PF
−2	PA、PB
−4	PA、PB、PD、PF、PG

[a] 焊接位置见 GB/T 16672，其中 PA＝平焊、PB＝平角焊、PD＝仰角焊、PF＝向上立焊、PG＝向下立焊。

表 3　药皮类型代号

代　　号	药皮类型	电流类型
5	碱性	直流
6	金红石	交流和直流[a]
7	钛酸型	交流和直流[b]

[a] 46 型采用直流焊接；

[b] 47 型采用直流焊接。

4 技术要求

4.1 尺寸

焊条尺寸应符合 GB/T 25775 规定。

4.2 药皮

4.2.1 焊条药皮应均匀、紧密地包覆在焊芯周围，焊条药皮上不应有影响焊接质量的裂纹、气泡、杂质及脱落等缺陷。

4.2.2 焊条引弧端药皮应倒角，焊芯端面应露出。焊条沿圆周的露芯应不大于圆周的 1/2。焊条长度方向上的露芯长度应不大于焊芯直径的 2/3 或 2.4 mm 两者的较小值。

4.2.3 焊条偏心度应符合如下规定：

a) 直径不大于 2.5 mm 的焊条，偏心度应不大于 7%；

b) 直径为 3.2 mm(3.0 mm)和 4.0 mm 的焊条，偏心度应不大于 5%；

c) 直径不小于 5.0 mm(4.8 mm)的焊条，偏心度应不大于 4%。

偏心度计算方法见公式(1)及图 1。

$$P=\frac{T_1-T_2}{(T_1+T_2)/2}\times 100\% \quad \cdots\cdots(1)$$

式中：

P——焊条偏心度；

T_1——焊条断面药皮最大厚度＋焊芯直径；

T_2——焊条同一断面药皮最小厚度＋焊芯直径。

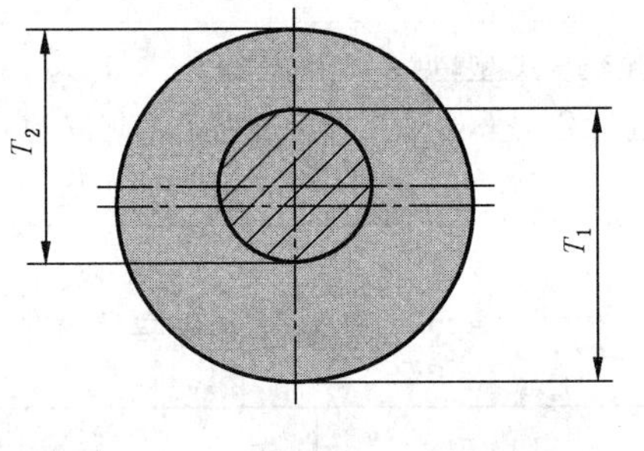

图 1 焊条偏心度测量示意图

4.3 T 型接头角焊缝

4.3.1 角焊缝的试件检查按 GB/T 25774.3 规定。

4.3.2 角焊缝的试验要求应符合表 4 规定。

表 4 角焊缝要求

单位为毫米

焊接位置及药皮类型	电流类型	焊条尺寸	焊接位置	试板厚度 t	试板宽度 w	试板长度 l	焊脚尺寸	两焊脚长度差	凸度
-15	直流反接	4.0	PF	6～10	≥50	≥250	≤8.0	—	≤2.0
		4.0	PB 和 PD	6～10			≥6.0	≤1.5	≤1.5
		5.0(4.8)	PB	10			≥8.0	≤1.5	≤2.0
		6.0(5.6 或 6.4)	PB	10			≥10.0	≤2.0	≤2.0

表 4（续） 单位为毫米

焊接位置及药皮类型	电流类型	焊条尺寸	焊接位置	试板厚度 t	试板宽度 w	试板长度 l	焊脚尺寸	两焊脚长度差	凸度
—16	交流	4.0	PF	6～10	≥50	≥250	≤8.0	—	≤2.0
		4.0	PB 和 PD	6～10			≥6.0	≤1.5	≤1.5
		5.0(4.8)	PB	10			≥8.0	≤1.5	≤2.0
		6.0(5.6 或 6.4)	PB	10			≥10.0	≤2.0	≤2.0
—17	交流	4.0	PF	6～10	≥50	≥250	≤12.0	—	≤2.0
		4.0	PB 和 PD	6～10			≥8.0	≤1.5	≤1.5
		5.0(4.8)	PB	10			≥8.0	≤1.5	≤2.0
		6.0(5.6 或 6.4)	PB	10			≥10.0	≤2.0	≤2.0
—25	直流反接	4.0	PB	10～12	≥50	≥250	≥8.0	≤1.5	≤1.5
		5.0(4.8)					≥8.0	≤1.5	≤2.0
		6.0(5.6 或 6.4)					≥10.0	≤2.0	≤2.0
—26 —27	交流	4.0	PB	10～12	≥50	≥250	≥8.0	≤1.5	≤1.5
		5.0(4.8)					≥8.0	≤1.5	≤2.0
		6.0(5.6 或 6.4)					≥10.0	≤2.0	≤2.0
—45 —46 —47	直流反接	2.5(2.4)	PG	6～10	≥50	≥250	≥5.0	—	≤2.0[a]
		3.2(3.0)	PG				≥6.0		≤3.0[a]
		4.0	PG				≥8.0		≤4.0[a]
		5.0(4.8)	PG				≥10.0		≤5.0[a]

[a] 最大凹度值。

4.4 熔敷金属化学成分

熔敷金属化学成分应符合表 1 规定。

4.5 熔敷金属力学性能

熔敷金属拉伸试验结果应符合表 5 规定。

4.6 熔敷金属耐腐蚀性能

熔敷金属耐腐蚀性能由供需双方协商确定。

4.7 焊缝铁素体含量

焊缝铁素体含量由供需双方协商确定，有关焊缝铁素体含量参见附录 C。

表 5 熔敷金属力学性能

焊条型号	抗拉强度 R_m MPa	断后伸长率 A %	焊后热处理
E209-XX	690	15	—
E219-XX	620	15	—
E240-XX	690	25	—

表 5（续）

焊条型号	抗拉强度 R_m MPa	断后伸长率 A %	焊后热处理
E307-XX	590	25	—
E308-XX	550	30	—
E308H-XX	550	30	—
E308L-XX	510	30	—
E308Mo-XX	550	30	—
E308LMo-XX	520	30	—
E309L-XX	510	25	—
E309-XX	550	25	—
E309H-XX	550	25	—
E309LNb-XX	510	25	—
E309Nb-XX	550	25	—
E309Mo-XX	550	25	—
E309LMo-XX	510	25	—
E310-XX	550	25	—
E310H-XX	620	8	—
E310Nb-XX	550	23	—
E310Mo-XX	550	28	—
E312-XX	660	15	—
E316-XX	520	25	—
E316H-XX	520	25	—
E316L-XX	490	25	—
E316LCu-XX	510	25	—
E316LMn-XX	550	15	—
E317-XX	550	20	—
E317L-XX	510	20	—
E317MoCu-XX	540	25	—
E317LMoCu-XX	540	25	—
E318-XX	550	20	—
E318V-XX	540	25	—
E320-XX	550	28	—
E320LR-XX	520	28	—
E330-XX	520	23	—
E330H-XX	620	8	—
E330MoMnWNb-XX	590	25	—

表 5（续）

焊条型号	抗拉强度 R_m MPa	断后伸长率 A %	焊后热处理
E347-XX	520	25	—
E347L-XX	510	25	—
E349-XX	690	23	—
E383-XX	520	28	—
E385-XX	520	28	—
E409Nb-XX	450	13	[a]
E410-XX	450	15	[b]
E410NiMo-XX	760	10	[c]
E430-XX	450	15	[a]
E430Nb-XX	450	13	[a]
E630-XX	930	6	[d]
E16-8-2-XX	520	25	—
E16-25MoN-XX	610	30	—
E2209-XX	690	15	—
E2553-XX	760	13	—
E2593-XX	760	13	—
E2594-XX	760	13	—
E2595-XX	760	13	—
E3155-XX	690	15	—
E33-31-XX	720	20	—

注：表中单值均为最小值。

[a] 加热到 760 ℃～790 ℃，保温 2 h，以不高于 55 ℃/h 的速度炉冷至 595 ℃以下，然后空冷至室温；

[b] 加热到 730 ℃～760 ℃，保温 1 h，以不高于 110 ℃/h 的速度炉冷至 315 ℃以下，然后空冷至室温；

[c] 加热到 595 ℃～620 ℃，保温 1 h，然后空冷至室温；

[d] 加热到 1 025 ℃～1 050 ℃，保温 1 h，空冷至室温，然后在 610 ℃～630 ℃，保温 4 h 沉淀硬化处理，空冷至室温。

5 试验方法

5.1 熔敷金属力学性能试验

5.1.1 试验用母材

力学性能试验用母材应采用与焊条熔敷金属化学成分相当的试板。若采用其他母材，应采用试验焊条在坡口面和垫板面至少焊接三层隔离层，隔离层的厚度加工后不小于 3 mm。

5.1.2 试件制备

5.1.2.1 熔敷金属力学性能试验采用 Φ4.0 mm 的焊条，电流采用制造商推荐的最大电流值的 70%～90%进行焊接，对于交直流两用的焊条，试验时应采用交流。

5.1.2.2 力学性能试件按 GB/T 25774.1 进行制备，采用试件类型 1.3。在确保熔敷金属不受母材的影响下，也可以采用其他方法。但仲裁试验时，应按 GB/T 25774.1 要求进行试件制备。

5.1.2.3 试验前，焊条应按制造商推荐的烘干规范烘干。

5.1.2.4 试板定位焊后，启焊时试板温度应加热到表 6 规定的预热温度，并在焊接过程中保持道间温度，试板温度超过时，应在静态大气中冷却。用表面温度计、测温笔或热电偶测量道间温度。

5.1.2.5 试件制备由 7～9 层完成，每层由二道焊道完成，最后两层允许分别由三道焊道完成，同一焊道的焊接方向不允许改变。Φ4.0 mm 以外的其他尺寸焊条，焊层及焊道数按制造商推荐进行。

5.1.3 焊后热处理

试件要求焊后热处理时，应在加工拉伸试样之前进行，热处理条件按表 5 规定。

5.1.4 拉伸试验

5.1.4.1 熔敷金属拉伸试样尺寸及取样位置按 GB/T 25774.1 规定。

5.1.4.2 熔敷金属拉伸试验应按 GB/T 2652 进行。

表 6 预热温度和道间温度

焊条型号	合金类型	预热温度和道间温度 ℃
E410-XX	马氏体和铁素体铬不锈钢	200～300
E409Nb-XX	马氏体和铁素体铬不锈钢	150～260
E430-XX	马氏体和铁素体铬不锈钢	150～260
E430Nb-XX	马氏体和铁素体铬不锈钢	150～260
E410NiMo-XX	软马氏体不锈钢	100～260
E630-XX	软马氏体不锈钢	100～260
其他	奥氏体和铁素体—奥氏体双相不锈钢	≤150

5.2 熔敷金属化学分析试验

5.2.1 熔敷金属化学分析试样允许在力学性能试件上或拉断后的拉棒上制取，仲裁试验时，按 GB/T 25777 规定进行。

5.2.2 试样的化学分析可采用任何适宜的化学分析方法，仲裁试验时，按供需双方确认的化学分析方法进行。

5.3 T 型接头角焊缝试验

5.3.1 T 型接头角焊缝试验用母材要求如下：

a) 奥氏体型及 E630 型焊条应采用与熔敷金属化学成分相当的不锈钢板，或者采用 GB/T 20878 中 06Cr19Ni10 型、12Cr18Ni9 型、022Cr19Ni10 型等不锈钢板；

b) E409Nb、E410、E410NiMo、E430 及 E430Nb 型焊条应采用 GB/T 20878 中 06Cr13 或 12Cr13

型不锈钢板；

c) 其他类型焊条应采用与熔敷金属化学成分相当的不锈钢板或碳钢、低合金钢板。

5.3.2 T型接头角焊缝试验的试件制备按 GB/T 25774.3 进行。

5.3.3 每种药皮类型焊条要求的电流类型、焊条尺寸、焊接位置及试板尺寸按表4规定进行。

5.4 熔敷金属耐腐蚀性能试验

熔敷金属耐腐蚀性能试验按 GB/T 4334 进行。

5.5 焊缝铁素体含量测定

焊缝铁素体含量测定按 GB/T 1954 进行。

6 检验规则

成品焊条由制造厂质量检验部门按批检验。

6.1 批量划分

每批焊条的批量划分按 GB/T 25778 规定进行。

6.2 取样方法

每批焊条检验时，按照需要数量至少在三个部位取有代表性的样品。

6.3 验收

每批焊条按 GB/T 25778 进行验收。

6.4 复验

任何一项检验不合格时，该项检验应加倍复验。对于化学分析，仅复验那些不满足要求的元素。当复验拉伸试验时，抗拉强度及断后伸长率同时作为复验项目。其试样可在原试件上截取，也可在新焊制的试件上截取。加倍复验结果均应符合该项检验的规定。

7 包装、标志和质量证明

7.1 包装

7.1.1 焊条按批号每 1 kg、2 kg、2.5 kg、5 kg 净质量或按相应根数进行包装。包装应封口，保证焊条在正常的贮存条件下不致变质损坏。

7.1.2 若干包焊条应装箱，以保证在正常运输、搬运和贮存过程中不致破损。

7.2 标志和质量证明

焊条的标志和质量证明按 GB/T 25775 规定。

附 录 A
（资料性附录）
焊条药皮类型

本标准中有三种焊条药皮类型。

A.1 碱性药皮类型 5

此类型药皮含有大量碱性矿物质和化学物质，如石灰石（碳酸钙）、白云石（碳酸钙、碳酸镁）和萤石（氟化钙）。焊条通常只使用直流反接。

A.2 金红石药皮类型 6

此类型药皮含有大量金红石矿物质，主要是二氧化钛（氧化钛）。这类焊条药皮中含有低电离元素。使用此类焊条可以使用交直流焊接。

A.3 钛酸型药皮类型 7

此类型药皮是已改进的金红石类，使用一部分二氧化硅代替氧化钛。此类药皮特征是熔渣流动性好，引弧性能良好，电弧易喷射过渡。但是不适用于薄板的立向上位置的焊接。

附　录　B
（资料性附录）
焊条型号对照

为便于应用，提供了本标准焊条型号与其他相关标准的焊条型号之间的对应关系，见表 B.1。

表 B.1　焊条型号对照表

本标准	ISO 3581:2003	AWS A5.4M:2006	GB/T 983—1995
E209-XX	ES209-XX	E209-XX	E209-XX
E219-XX	ES219-XX	E219-XX	E219-XX
E240-XX	ES240-XX	E240-XX	E240-XX
E307-XX	ES307-XX	E307-XX	E307-XX
E308-XX	ES308-XX	E308-XX	E308-XX
E308H-XX	ES308H-XX	E308H-XX	E308H-XX
E308L-XX	ES308L-XX	E308L-XX	E308L-XX
E308Mo-XX	ES308Mo-XX	E308Mo-XX	E308Mo-XX
E308LMo-XX	ES308LMo-XX	E308LMo-XX	E308MoL-XX
E309L-XX	ES309L-XX	E309L-XX	E309L-XX
E309-XX	ES309-XX	E309-XX	E309-XX
E309H-XX	—	E309H-XX	—
E309LNb-XX	ES309LNb-XX	—	—
E309Nb-XX	ES309Nb-XX	E309Nb-XX	E309Nb-XX
E309Mo-XX	ES309Mo-XX	E309Mo-XX	E309Mo-XX
E309LMo-XX	ES309LMo-XX	E309LMo-XX	E309MoL-XX
E310-XX	ES310-XX	E310-XX	E310-XX
E310H-XX	ES310H-XX	E310H-XX	E310H-XX
E310Nb-XX	ES310Nb-XX	E310Nb-XX	E310Nb-XX
E310Mo-XX	ES310Mo-XX	E310Mo-XX	E310Mo-XX
E312-XX	ES312-XX	E312-XX	E312-XX
E316-XX	ES316-XX	E316-XX	E316-XX
E316H-XX	ES316H-XX	E316H-XX	E316H-XX
E316L-XX	ES316L-XX	E316L-XX	E316L-XX
E316LCu-XX	ES316LCu-XX	—	—
E316LMn-XX	—	E316LMn-XX	—
E317-XX	ES317-XX	E317-XX	E317-XX
E317L-XX	ES317L-XX	E317L-XX	E317L-XX
E317MoCu-XX	—	—	E317MoCu-XX

表 B.1（续）

本标准	ISO 3581:2003	AWS A5.4M:2006	GB/T 983—1995
E317LMoCu-XX	—	—	E317MoCuL-XX
E318-XX	ES318-XX	E318-XX	E318-XX
E318V-XX	—	—	E318V-XX
E320-XX	ES320-XX	E320-XX	E320-XX
E320LR-XX	ES320LR-XX	E320LR-XX	E320LR-XX
E330-XX	ES330-XX	E330-XX	E330-XX
E330H-XX	ES330H-XX	E330H-XX	E330H-XX
E330MoMnWNb-XX	—	—	E330MoMnWNb-XX
E347-XX	ES347-XX	E347-XX	E347-XX
E347L-XX	ES347L-XX	—	—
E349-XX	ES349-XX	E349-XX	E349-XX
E383-XX	ES383-XX	E383-XX	E383-XX
E385-XX	ES385-XX	E385-XX	E385-XX
E409Nb-XX	ES409Nb-XX	E409Nb-XX	—
E410-XX	ES410-XX	E410-XX	E410-XX
E410NiMo-XX	ES410NiMo-XX	E410NiMo-XX	E410NiMo-XX
E430-XX	ES430-XX	E430-XX	E430-XX
E430Nb-XX	ES430Nb-XX	E430Nb-XX	—
E630-XX	ES630-XX	E630-XX	E630-XX
E16-8-2-XX	ES16-8-2-XX	E16-8-2-XX	E16-8-2-XX
E16-25MoN-XX	—	—	E16-25MoN-XX
E2209-XX	ES2209-XX	E2209-XX	E2209-XX
E2553-XX	ES2553-XX	E2553-XX	E2553-XX
E2593-XX	ES2593-XX	E2593-XX	—
E2594-XX	—	E2594-XX	—
E2595-XX	—	E2595-XX	—
E3155-XX	—	E3155-XX	—
E33-31-XX	—	E33-31-XX	—

附 录 C
（资料性附录）
焊缝铁素体含量

C.1 一般原则

不锈钢焊缝金属中的铁素体含量对于焊接结构的制造和使用性能有重要影响。为了防止问题发生，常常要规定一定的铁素体含量。铁素体含量最初采用百分含量(%)表示，目前通用的是用铁素体数(FN)表示。

C.2 铁素体的作用

在奥氏体不锈钢焊件中，铁素体最重要和有益的作用是可以降低某些不锈钢焊缝的热裂纹倾向。铁素体含量的下限要求对于避免产生裂纹是必要的，除其他因素外，铁素体含量与焊缝金属成分存在一定关系。但当铁素体含量超过一定的限制，可能会降低力学性能或耐腐蚀性能，也可能两者同时存在。在适用并允许的规范内，所要求的铁素体含量可以通过调整形成铁素体的元素(如铬)与产生奥氏体元素(如镍)的比率来确定。

C.3 成分和组织间的关系

焊缝中铁素体含量一般用磁性检测仪进行测量，测量结果用铁素体数(FN)表示。由于成分和组织是相关联的，即铁素体元素(铬当量)和奥氏体元素(镍当量)，因此铁素体含量也可以通过相图进行估算。

C.4 铁素体的形成

通常热裂纹受凝固模式影响。最终的铁素体含量和形式取决于结晶过程和随后的固体状态。热裂纹的敏感性按照以下凝固模式的顺序降低：单相奥氏体、初生奥氏体、混合型和单相铁素体、初生铁素体。虽然铁素体数和凝固模式都主要取决于化学成分，它们之间的关系并不总是明确的。

C.5 焊接条件的影响

焊缝金属的铁素体含量不仅仅是由所选择的焊接材料决定。除了母材的稀释影响以外，铁素体含量在很大程度上还受到焊接条件的影响。许多因素可以改变焊缝金属的化学成分。这些成分中影响最大的是氮，它可以通过焊接电弧进入焊缝金属。高电弧电压能够使铁素体数显著降低。其他的因素是通过药皮中的氧化物减少铬含量，或者是从二氧化碳中增加碳含量。很高的热输入也可以产生一定的影响，特别是对双相钢的影响。当未经稀释的焊缝金属中的铁素体含量与制造厂出具的质量证明不相符时，可能是由上述中的一种或者多种因素造成的。

C.6 热处理的影响

不锈钢母材通常经过退火和淬火处理。而大多数焊接接头是在焊态下应用。但在有些场合，焊件可能或者必须进行焊后热处理。焊后热处理可以在某些程度上减少由磁性检测仪测定的 FN，甚至可以降低到零。

C.7 铁素体含量的测定

C.7.1 关注不锈钢焊件铁素体含量的各方应该相互协商。这些各方应该包括焊接材料的制造商、焊接材料用户、标准或者规程制定机构等。因此测定铁素体含量最基本的方法应具有再现性。最早不锈钢焊缝金属中对铁素体的研究是通过金相学进行的，然而，由于铁素体非常细小，形状也不规则，并且在基体中分布不均匀，给测定带来难度。此外，金相检验是破坏性试验，不适用于在线质量监控。

C.7.2 因为铁素体具有磁性，容易从奥氏体中区分出来。奥氏体焊缝金属的磁性反应与铁素体含量大约成正比。可以根据这种特性确定铁素体仪器的校准规程，用于测定铁素体的含量。磁性反应也受铁素体成分的影响(高合金铁素体将比同等数量的低合金铁素体的磁性反应小)。

国际上多家机构和组织已经证实或达成共识，目前还不能真正准确地测出焊缝的“铁素体百分比”。因此引入了“铁素体数 FN”。采用铁素体数这种检测方式最重要的原因是众多检测机构和组织对相同的焊件都能给出波动很小的铁素体测量值，以此形成铁素体数的测量体系。

C.7.3 在铁素体数测量体系中，使用一级标样标定一级测量仪器[1)]，一级测量仪器用来测量均匀焊缝金属试样(二级标样)中的铁素体数，其数值可以做为二级标样标定现场环境中使用的其他铁素体测量仪器。

C.7.4 关于二级标样的制备在 ISO 8249 中有规程，范围在 0 FN～28 FN 以及 0 FN～100 FN，误差≤±1 FN。

C.8 铁素体数 FN 的测量

对于铁素体的规定和测定，重要的是有实际意义。在纯奥氏体的焊缝金属中，是没必要规定铁素体含量的。但对最大值为 0.5 的 FN，是可以实现测量的。规定和要求一个接近于焊接操作和测量再现性范围的铁素体含量是没有意义的。因此，规定值在 5 FN～10 FN 或者 40 FN～70 FN 是可以实现的。然而，对于 5 FN～6 FN 或者 45 FN～55 FN 的规定是不现实的。

整个焊缝金属的铁素体数在一个很小的波动范围内是难以实现的，这是由于焊道间的重叠区域的重新加热从而形成热处理，减少了局部铁素体含量。同样在圆弧表面、非常接近磁性母材的边缘、或者粗糙表面(包括焊缝表面上的波纹)，也很难保证铁素体数在一个很小的波动范围内，测量应沿平滑焊道的中线进行。

---

1) GB/T 1954—2008，铬镍奥氏体不锈钢焊缝铁素体含量测量方法。

ICS 29.160.01
K 22

中华人民共和国国家标准

GB/T 1032—2012
代替 GB/T 1032—2005

三相异步电动机试验方法

Test procedures for three-phase induction motors

(IEC 60034-2-1:2007, Rotating electrical machines—
Part 2-1:Standard methods for determining losses and
efficiency from tests(excluding machines for traction vehicles), NEQ)

2012-06-29 发布 2012-11-01 实施

中华人民共和国国家质量监督检验检疫总局
中国国家标准化管理委员会 发布

前　　言

本标准按照 GB/T 1.1—2009 给出的规则起草。

本标准代替 GB/T 1032—2005《三相异步电动机试验方法》，与 GB/T 1032—2005 相比，除编辑性修改外主要技术变化如下：

——修改了兆欧表的选择（见 5.1.1.2，表 1），增加了吸收比和极化指数的测量方法；

——增加了 5.1.2 其他绝缘电阻的测定；

——增加了 6.6.3.4 其他热试验方法，GB/T 21211—2007 中规定的其他适用方法，如感应电动机叠加法（见 GB/T 21211—2007 的第 6 章），感应电动机等效负载法（见 GB/T 21211—2007 的第 10 章）；

——增加了绕组星接不对称电压空载试验（Eh-star）法测定感应电动机的负载杂散损耗（见 10.6.6）；

——增加了试验方法与效率测量不确定度（见 11.1.2）；

——增加了轴承电流的测定（见 12.12）；

——删除了额定负载时负载杂散损耗 P_s 值按电动机额定输入功率的 0.5%确定的全部内容（见 2005 版的 9.5.4.3）；

——删除了额定负载时负载的杂散损耗 P_s 值按 9.5.4.2 确定的全部内容（见 2005 版的 9.5.4.2）；

——删除了附录 D（见 2005 版）。

请注意本文件的某些内容可能涉及专利。本文件的发布机构不承担识别这些专利的责任。

本标准与 IEC 60034-2-1：2007《旋转电机（牵引电机除外）确定损耗和效率的试验方法》的一致性程度为非等效。

本标准由中国电器工业协会提出。

本标准由全国旋转电机标准化技术委员会（SAC/TC 26）归口。

本标准负责起草单位：上海电器科学研究所（集团）有限公司、哈尔滨大电机研究所、湘潭电机股份有限公司、山东华力电机集团股份有限公司、无锡华达电机有限公司、江苏清江电机制造有限公司、卧龙电气集团股份有限公司、江门市江晟电机厂有限公司、佳木斯电机股份有限公司、江苏锡安达防爆电机股份有限公司、广东省东莞电机有限公司、浙江金龙电机股份有限公司、苏州江南电梯（集团）有限公司、长沙电机厂有限责任公司、浙江西玛电机有限公司、西门子电机（中国）有限公司、利莱森玛电机科技（福州）有限公司、浙江华年电机有限公司、哈尔滨电机厂交直流电机有限责任公司、煤炭科学研究总院上海分院测试中心、上海电机系统节能工程技术研究中心有限公司、上海电器设备检测所、上海电科电机科技有限公司。

本标准参加起草单位：江苏大中电机股份有限公司、安徽皖南电机股份有限公司、西安泰富西玛电机有限公司、湖南天能电机制造有限公司、山西电机制造有限公司、博山特型电机有限公司、开封电机制造有限公司、浙江中龙电机股份有限公司、SEW-电机（苏州）有限公司、安徽明腾机电设备有限公司、六安江淮电机有限公司、广东省中山市威特电机有限公司、威海泰富西玛电机有限公司、浙江永发机电有限公司、重庆赛力盟电机有限责任公司、安波电机集团股份有限公司、上海曼科电机制造有限公司、江苏环球特种电机有限公司。

本标准主要起草人：金惟伟、王传军、倪立新、富立新、李素平、王庆东、吴国华、周国保、杨钟杠、刘权、崔剑、陆进生、刘征良、叶叶、任寿萱、白祖辉、杨仙方、王庆中、程建全、吴志凌、高明会、张健、王学智、刘国平。

本标准所代替标准的历次版本发布情况为：

——GB/T 1032—1968；

——GB/T 1032—1985；

——GB/T 1032—2005。

三相异步电动机试验方法

1 范围

本标准规定了三相异步电动机的试验要求和试验方法。

本标准适用于三相异步电动机。

2 规范性引用文件

下列文件对于本文件的应用是必不可少的。凡是注日期的引用文件，仅注日期的版本适用于本文件。凡是不注日期的引用文件，其最新版本（包括所有的修改单）适用于本文件。

GB 755—2008 旋转电机 定额和性能

GB 10068—2008 轴中心高为 56 mm 及以上电机的机械振动 振动的测量、评定及限值

GB/T 10069.1—2006 旋转电机噪声测定方法及限值 第1部分：旋转电机噪声测定方法

GB/T 21211—2007 等效负载和叠加试验技术 间接法确定旋转电机温升

GB/T 22715—2008 交流电机定子成型线圈耐冲击电压水平

GB/T 22719.1—2008 交流低压电机散嵌绕组匝间绝缘 第1部分：试验方法

GB/T 22719.2—2008 交流低压电机散嵌绕组匝间绝缘 第2部分：试验限值

JB/T 7836.1—2005 电机用电加热器 第1部分：通用技术条件

JB/T 10500.1—2005 电机用埋置式热电阻 第1部分：一般规定、测量方法和检验规则

IEC 60034-2-1:2007 旋转电机（牵引电机除外）确定损耗和效率的试验方法

3 主要符号

$\cos\varphi$——功率因数

f ——电源频率（Hz）

I_1 ——定子线电流（A）

I_0 ——空载线电流（A）

I_K ——堵转线电流（A）

I_N ——额定电流（A）

K_1 ——定子绕组导体材料在 0 ℃时电阻温度系数的倒数

铜 $K_1=235$；

铝 $K_1=225$，除非另有规定；

如用其他材料，另行规定。

K_2 ——转子绕组导体材料在 0 ℃时电阻温度系数的倒数

铜 $K_2=235$；

铝 $K_2=225$，除非另有规定；

如用其他材料，另行规定。

J ——转动惯量（$kg \cdot m^2$）

n ——试验时测得的转速（r/min）

n_s ——同步转速(r/min)
p ——极对数
P_1 ——输入功率(W)
P_2 ——输出功率(W)
P_N ——额定(输出)功率(W)
P_{Fe} ——铁耗(W)
P_{fw} ——风摩耗(W)
P_L ——剩余损耗(W)
P_s ——负载杂散损耗(W)
P_0 ——空载输入功率(W)
P_K ——堵转时的输入功率(W)
P_{cu1} ——在试验温度下定子绕组 I^2R 损耗(W)
P_{cu2} ——在试验温度下转子绕组 I^2R 损耗(W)
P_{cu1s} ——在规定温度(θ_s)下定子绕组 I^2R 损耗(W)
P_{cu2s} ——在规定温度(θ_s)下转子绕组 I^2R 损耗(W)
P_T ——总损耗(W)
P_{mech} ——轴功率(W)
R_1 ——定子绕组初始(冷)端电阻的平均值(Ω)
R_N ——额定负载热试验结束时测取的第一点定子绕组热态端电阻(Ω)
R_t ——试验温度下测得(或求得)的定子绕组端电阻(Ω)
R_s ——换算到规定温度(θ_s)时的定子绕组端电阻(Ω)
R_0 ——空载试验(每个电压点)定子绕组端电阻(Ω)
R_c ——确定温升用的绕组初始(冷)端电阻(Ω)
s_t ——试验时测得(或求得)的转差(r/min)
s ——转差率
s_s ——换算到规定温度(θ_s)时的转差率
T_c ——转矩读数修正值(N·m)
T_t ——转矩读数(N·m)
T_{d0} ——空载(与测功机连接)转矩读数(N·m)
T ——修正后的转矩(N·m)
T_K ——堵转时转矩(N·m)
T_{max} ——最大转矩(N·m)
T_{maxt} ——在试验电压 U_t 下测得的最大转矩(N·m)
T_{min} ——最小转矩(N·m)
T_{mint} ——在试验电压 U_t 下测得的最小转矩(N·m)
U ——端电压(V)
U_0 ——空载试验端电压(V)
U_K ——堵转试验端电压(V)
U_N ——额定电压(V)
θ_c ——测量 R_c 时绕组的实际温度(℃)
θ_1 ——测量初始(冷)电阻 R_1 时的绕组温度(℃)
θ_t ——试验时测得的定子绕组最高温度(℃)
θ_a ——负载试验时冷却介质温度(℃)

θ_b ——热试验时冷却介质温度(℃)

θ_{ref} ——标准规定的基准温度(℃)

θ_s ——计算效率用的规定温度(℃)

θ_w ——额定负载热试验达到热稳定状态时定子绕组工作温度(℃)

θ_0 ——空载试验时定子绕组温度(℃)

η ——效率

注：更多的符号和下标，在相关条款中说明。

4 试验要求

4.1 概述

三相异步电动机的性能不仅与电源电压和频率的数值相关，同时与电压波形和电压系统的对称性及频率的偏差和稳定性有关。只有使用符合要求的电源(见 4.2)和测试仪器(见 4.3)且仔细正确测量才能得到准确的试验数据。

4.2 试验电源

4.2.1 电压

4.2.1.1 端电压波形

试验电压的谐波电压因数(HVF)应不超过以下数值(按 GB 755—2008 中 7.2.1.1 的规定)：

0.03——N 设计电动机；

0.02——未加说明的其他电动机。

热试验时，试验电源的谐波电压因数(HVF)应不超过 0.015(按 GB 755—2008 中 8.3.1 的规定)。

4.2.1.2 三相电压系统的对称性

三相电压系统的负序分量应小于正序分量的 0.5%，且零序分量的影响应予消除(按 GB 755—2008 中 8.3.1 的规定)。

4.2.2 频率

试验过程中频率的波动量应在额定频率的±0.3%范围内(见 IEC 60034-2-1:2007 中 5.4.2)。

此要求不适用于等值电路法(见 11.6)。

4.3 测试仪器与测量要求

4.3.1 概述

大多数仪器的准确度等级通常以满量程的百分数表示。因此，应尽量按实际读数的需要，选择低量程仪表。

影响仪器测量结果准确度的因素：

a) 信号源负载；

b) 引接线校正；

c) 仪器的量程、使用条件和校准。

4.3.2 电量测量

4.3.2.1 有效值

除非另外指明，否则所有电压和电流的测量值均为有效值(rms)。

4.3.2.2 电量测量仪器

电量测量仪器的准确度等级应不低于0.5级(兆欧表除外)。用低不确定度试验方法(见11.1.2)测定电机效率时，为保证试验结果的准确性和重复性，仪器的准确度等级应不低于0.2级。

电子仪器是多用途的，与无源仪器(非电子式)相比，有非常大的输入阻抗，无需因仪器自身损耗而修正读数。但高输入阻抗仪器对干扰更为敏感。应依实践经验，采取减少干扰的措施。

4.3.2.3 仪用互感器(或传感器)

测量用仪用互感器的准确度等级应不低于0.2级。

4.3.2.4 电压测量

测量端电压的信号线应接到电机绕组引出线端子，如现场不允许这样连接，应计算由此引起的误差并对读数作校正。应同时测量端电压U_{UV}、U_{VW}、U_{WU}，取其算术平均值计算电动机的性能。

4.3.2.5 电流测量

应同时测量电动机的每相线电流，用三相线电流的算术平均值计算电动机的性能。

使用电流互感器时，接入二次回路仪器的总阻抗(包括连接导线)应不超过其额定阻抗值。

对$I_N<5$ A的电动机，除堵转试验外，不应使用电流互感器。

4.3.2.6 功率测量

应采用两表(两台单相功率表)法测量三相电动机的输入功率，也可采用一台三相功率表或三台单相功率表测量输入功率。功率表的电压信号线应接到绕组引出线端子。

如仪器仪表损耗影响试验结果的准确性，可按附录A对仪器仪表损耗及其误差进行修正。

4.3.3 电阻测量

4.3.3.1 电阻测量仪

绕组的直流电阻用双臂电桥或单臂电桥，或数字式微欧计测量，准确度等级应不低于0.2级。

4.3.3.2 测量方法

按5.2的规定。

4.3.4 频率测量

频率表的准确度等级应不低于0.1级。

4.3.5 转速或转差测量

4.3.5.1 转速测量

转速测量仪的准确度应在0.1%以内或误差在1 r/min以内，取二者误差最小者。

4.3.5.2 转差测量

如用感应线圈法或闪光测速仪直接测量转差，其电源应为被试电机电源。

4.3.5.2.1 闪光法

在电动机转轴的端面上，画出与电机极数相同数量的扇形片，并用荧光灯或氖灯照明。供给闪光灯具的电源必须为被试电机的电源。试验时，用秒表测定扇形片转动 N 次所需的时间 t(s)，转差 s_t 按式(1)计算：

$$s_t = 60N/t \qquad (1)$$

4.3.5.2.2 感应线圈法

在电动机轴伸附近，放置一只带铁芯的多匝线圈，线圈与磁电式检流计或阴极示波器连接。试验时，用秒表测定检流计指针或示波器波形全摆动 N 次所需的时间 t(s)，转差 s_t 按式(2)计算：

$$s_t = 60N/pt \qquad (2)$$

式中：

p——电机的极对数。

4.3.6 转矩测量

4.3.6.1 转矩传感器及测量仪的选择

测量效率时转矩传感器及测量仪的准确度等级应不低于 0.2 级。

用于其他试验时应不低于 0.5 级。

4.3.6.2 转矩测量

应使用合适规格的转矩传感器及测量仪进行负载试验(A 法、B 法)。

转矩传感器及测量仪的标称转矩应不超过被试电机额定转矩的 2 倍。在被试电机为额定转速时，测得的联轴器及测功机(或负载电机)的风摩耗应不大于被试电机额定输出的 15%，转矩变化的敏感度应达到额定转矩的 0.25%。应极为仔细准确地测量机械功率。

4.3.7 温度测量

4.3.7.1 温度计法

温度计(包括检温计)的最大允许误差为±1 ℃。

4.3.7.2 电阻法测量绕组温度

按 6.7.1 和 6.8.1 所述方法测量。

5 试验准备

5.1 绝缘电阻的测定

5.1.1 绕组对机壳及绕组相互间绝缘电阻的测定

5.1.1.1 测量时电机的状态

测量电机绕组的绝缘电阻时，应分别在实际冷状态下和热状态(热试验后)下进行。检查试验时，如无其他规定，允许在实际冷状态下进行测量。测量绝缘电阻时应同时测量并记录绕组温度，在实际冷状态下测量时可取周围介质温度作为绕组温度。

5.1.1.2 兆欧表的选择

测量绕组对机壳及绕组相互间绝缘电阻，应根据被测绕组的额定电压按表1选择兆欧表。

表1 兆欧表的选择

单位为伏特

被测绕组额定电压 U_N	绝缘电阻直流测量电压
$U_N \leqslant 1\ 000$	500
$1\ 000 < U_N \leqslant 2\ 500$	1 000
$2\ 500 < U_N \leqslant 5\ 000$	2 500
$5\ 000 < U_N \leqslant 12\ 000$	5 000
$U_N > 12\ 000$	10 000

5.1.1.3 测量方法

测量绕组绝缘电阻时，如各相绕组的始末端均引出，则应分别测量各绕组对机壳及绕组相互间的绝缘电阻，这时不参加试验的其他绕组和埋置检温计等元件应与铁芯或机壳作电气连接，机壳应接地。如三相绕组已在电机内部连接仅引出3个出线端时，则测量所有连在一起的绕组对机壳的绝缘电阻。对于绕线转子电动机应分别测量定子绕组和转子绕组的绝缘电阻。

测量时，应在试验电压施加1 min后读取数据，并记录绕组温度。

若测量吸收比 R_{60}/R_{15}，则应测取15 s和60 s时的绝缘电阻。

若测量极化指数 R_{10}/R_1，则应测取1 min和10 min时的绝缘电阻。

绝缘电阻测量结束后，每个回路应对地放电。

5.1.2 其他绝缘电阻的测定

5.1.2.1 轴承绝缘电阻的测定

轴承绝缘电阻用不大于1 000 V的兆欧表测量。

5.1.2.2 埋置式检温计绝缘电阻的测定

埋置式检温计绝缘电阻按JB/T 10500.1—2005的规定测定。

5.1.2.3 加热器绝缘电阻的测定

加热器绝缘电阻按JB/T 7836.1—2005的规定测定。

5.2 绕组在实际冷状态下直流端电阻和相电阻的测定

5.2.1 实际冷状态下绕组温度 θ_1 的测定

用温度计测定绕组温度。试验前电机应在室内放置一段时间，用温度计(或埋置检温计)测得的绕组温度与冷却介质温度之差应不超过2 K。对大、中型电机，温度计的放置时间应不少于15 min。

按短时工作制(S2工作制)试验的电机，在试验开始时的绕组温度与冷却介质温度差应不超过5 K。

5.2.2 绕组直流端电阻的测定

绕组出线端 U 与 V，V 与 W，W 与 U 间的直流电阻称为端电阻，分别记为 R_{UV}、R_{VW} 和 R_{WU}。绕组直流端电阻可用电桥法、微欧计法、直流电压表-电流表法或其他方法测量。

5.2.2.1 电桥法

使用电桥测量时，每一电阻应测量 3 次，每次应在电桥重新平衡后测取读数。每次读数与 3 次读数的算术平均值之差，应不大于平均值的 ±0.5%，取其平均值作为电阻的实际值。

如绕组的端电阻在 1 Ω 及以下时，必须用双臂电桥测量。

5.2.2.2 微欧计法

当采用自动检测装置或数字式微欧计等仪表测量绕组端电阻时，通过被测绕组的试验电流应不超过其正常运行时电流的 10%，通电时间不应超过 1 min。若电阻小于 0.01 Ω，则通过被测绕组的电流不宜太小。

5.2.2.3 直流电压表-电流表法

图 1a）中 R_b 为调节限流电阻，R 为被测绕组端电阻，V 为电压表，A 为电流表。图 1a）适用于电压表内阻与被测电阻之比大于 200，图 1b）适用于电压表内阻与被测电阻之比小于 200。

测量时，所加电流不应超过绕组额定电流值的 10%，每次通电时间不超过 1 min。测量时应同时读取电流值和电压值。每一电阻至少在 3 个不同电流值下进行测量。每个测量值与几次测量值的算术平均值之差应不大于平均值的 ±0.5%，取其平均值作为被测电阻的实际值。

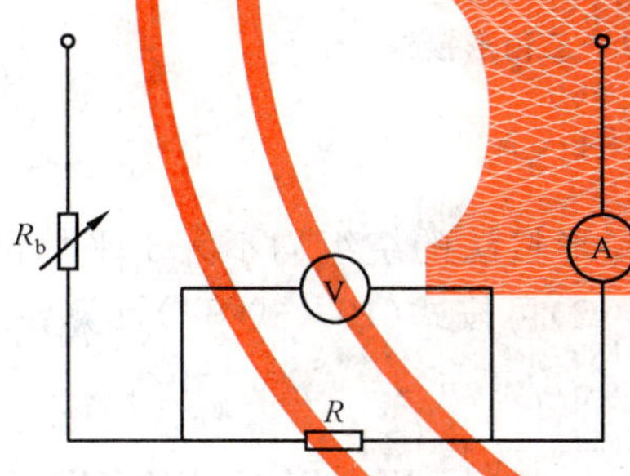

a）

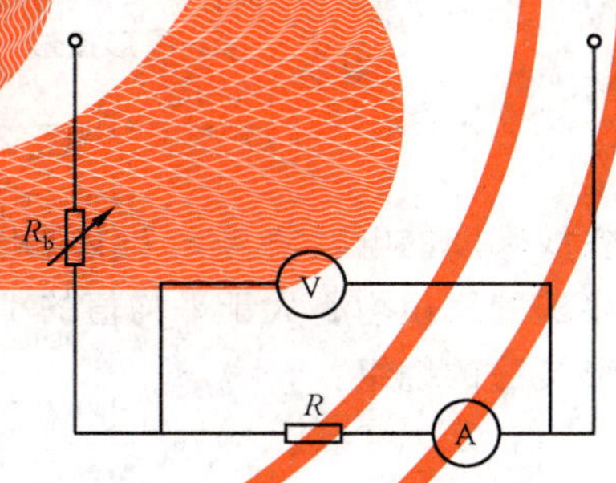

b）

图 1 电压表-电流表法原理接线图

5.2.2.4 绕组初始端电阻的算术平均值 R_1（Ω）

$$R_1 = (R_{UV} + R_{VW} + R_{WU})/3 \quad \cdots\cdots(3)$$

式中：

R_{UV}，R_{VW}，R_{WU}——按 5.2.2 的规定测得的端电阻值。

5.2.2.5 相电阻的计算

根据测量的端电阻值，各相电阻值（Ω）按式（4）～式（9）计算：

对星形接法的绕组：

$$R_U = R_{med} - R_{VW} \quad \cdots\cdots(4)$$

$$R_V = R_{med} - R_{WU} \tag{5}$$

$$R_W = R_{med} - R_{UV} \tag{6}$$

对三角形接法的绕组：

$$R_U = \frac{R_{VW}R_{WU}}{R_{med} - R_{UV}} + R_{UV} - R_{med} \tag{7}$$

$$R_V = \frac{R_{WU}R_{UV}}{R_{med} - R_{VW}} + R_{VW} - R_{med} \tag{8}$$

$$R_W = \frac{R_{UV}R_{VW}}{R_{med} - R_{WU}} + R_{WU} - R_{med} \tag{9}$$

$$R_{med} = \frac{R_{UV} + R_{VW} + R_{WU}}{2}$$

式中：

R_{UV},R_{VW},R_{WU}——分别为出线端 U 与 V、V 与 W、W 与 U 间测得的端电阻值，单位为欧姆(Ω)。

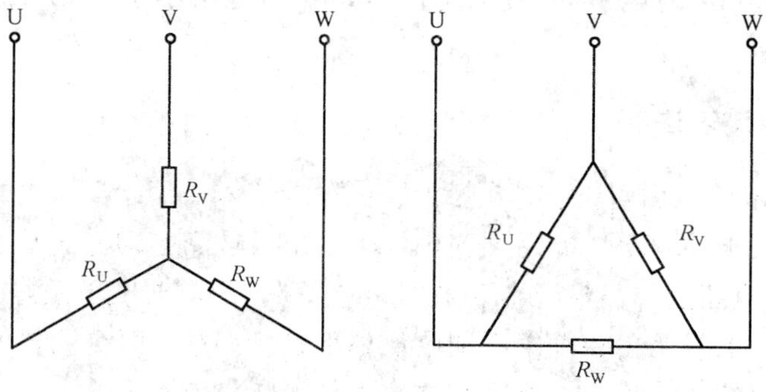

a）星形接法　　　　b）三角形接法

图 2　三相绕组接法示意图

如果各线端间的电阻值与 3 个线端电阻的平均值之差，对星形接法的绕组均不大于平均值的 2%，对三角形接法的绕组均不大于平均值的 1.5%时，则相电阻 R_{1p}(Ω)可按式(10)、式(11)计算：

对星形接法的绕组：

$$R_{1p} = \frac{1}{2}R_1 \tag{10}$$

对三角形接法的绕组：

$$R_{1p} = \frac{3}{2}R_1 \tag{11}$$

式中：

R_1——端电阻的平均值，按 5.2.2.4 确定，单位为欧姆(Ω)。

5.2.3　绕组直流相电阻的测定

如需测定相电阻，应按 5.2.1 的规定测定绕组温度 θ_1，按 5.2.2.1，5.2.2.2 和 5.2.2.3 规定的方法测量相电阻 R_U、R_V 和 R_W，相电阻的平均值 R_{1p}(Ω)按式(12)计算：

$$R_{1p} = (R_U + R_V + R_W)/3 \tag{12}$$

5.2.4　注意事项

测量时，电动机的转子静止不动。定子绕组端电阻应在电机的出线端上测量。绕线转子电动机，转子绕组端电阻应尽可能在绕组与集电环连接的接线片上测量。

检查试验时，每一个电阻可测量一次。

6 热试验

6.1 目的

热试验的目的是确定电机在额定负载条件下运行时定子绕组的工作温度和电机某些部分温度高于冷却介质温度的温升。

6.2 一般性说明

应对被试电机予以防护以阻挡其他机械产生的气流对被试电机的影响，一般非常轻微的气流足以使热试验结果产生很大的偏差。引起周围空气温度快速变化的环境条件对温升试验是不适宜的，电机之间应有足够的空间，允许空气自由流通。

6.2.1 测温装置

热试验开始时，应检查所有测温装置确信其未因杂散磁场的影响而增加温度测量的误差。

6.2.2 全封闭式电机转子及其他零部件温度的测量

全封闭式电机转子及其他零部件温度在断电停机后用测温装置快速测取。

6.3 热试验冷却介质温度的测定

6.3.1 空气冷却电机

对采用周围空气冷却的电机，应在冷却空气进入电机的途径中进行多点测量(2～3 点)。测点安置在距电机约 1 m～2 m 处，处于电机高度的一半的位置，并应防止外来辐射热及气流的影响。取各测点读数的算术平均值作为冷却介质温度。

6.3.2 外冷却器电机

对采用外接冷却器及管道通风冷却的电机，应在冷却介质进入电机的入口处测量冷却介质的温度。

6.3.3 内冷却器电机

对采用内冷却器冷却的电机，冷却介质的温度应在冷却器的出口处测量；对有水冷冷却器的电机，水温应在冷却器的入口处测量。

6.4 试验结束时冷却介质温度的确定

6.4.1 连续工作制(S1)和断续周期工作制(S3)电机

对连续定额和断续周期工作制定额的电机，试验结束时的冷却介质温度，应取在整个试验过程最后的 1/4 时间内，按相同时间间隔测得的温度计读数的平均值。

6.4.2 短时定额电机

对短时定额的电机，试验结束时的冷却介质温度，若定额为 30 min 及以下，取试验开始与结束时的温度计读数的平均值；若定额为 30 min～90 min，取 1/2 试验时间温度计的读数与结束时的温度计读数的平均值。

6.5 电机绕组及其他各部分温度的测量

6.5.1 绕组温度的测量

电机绕组的温度用电阻法或用温度计法测量，如电机有埋置检温计，可用检温计测量。

6.5.2 铁芯温度的测量

铁芯温度用温度计测量，对大、中型电机，测点应不少于2个，取几个温度计读数的最高值作为铁芯温度。

6.5.3 轴承温度的测量

轴承温度用温度计测量。对于滑动轴承，温度计放入轴承的测温孔内或者放在接近轴瓦的表面处，对于滚动轴承，温度计放在最接近轴承外圈处。

6.5.4 集电环温度的测量

电机停机后，立即用温度计测量集电环表面的温度，取测得的最高值作为集电环温度。

6.6 热试验方法

6.6.1 概述

热试验方法有直接法和间接法，应优先采用直接法，间接法仅限用连续工作制电机。

间接法包括降低电压负载法、降低电流负载法、定子叠频法及GB/T 21211—2007规定的其他适用方法。

6.6.2 直接法

直接法热试验应在额定频率、额定电压和额定负载或铭牌电流下进行。

6.6.2.1 连续工作制(S1)电机

热试验应在额定负载下持续进行，直到电机各部分温度达到稳定时为止。

试验过程中，每隔30 min记录一次被试电机的三相端电压U、三相线电流I_1、输入功率P_1、频率f、转速n或转差s_t、转矩T_t(A法和B法)、绕组温度θ_w(埋置检温计或热电偶温度计测得)，以及定子铁芯、轴承、风道进出口冷却介质温度和周围冷却介质的温度θ_b。

6.6.2.2 短时工作制(S2)电机

试验应从实际冷状态开始，试验持续时间按定额的规定。试验过程中，根据工作时限长短，选择每隔5 min～15 min读取并记录一次试验数据。其他试验要求同6.6.2.1。

6.6.2.3 断续周期工作制(S3)电机

如无其他规定，试验时每一个工作周期应为10 min，读取并记录一次试验数据，直到电机各部分温度达到热稳定状态为止。温度的测定应在最后一个工作周期负载时间的一半终了时进行。为了缩短试验时间，在试验开始时负载可适当地持续一段时间。

对绕线转子电动机，每次起动时，应在转子绕组中串入附加电阻或电抗，将起动电流的平均值限制在2倍额定电流(基准负载持续率时的额定电流值)范围内。每一工作周期的运行结束时，电动机应在3 s内停止转动。

其他试验要求同6.6.2.1。

6.6.2.4 多种定额电机

具有多种定额的电机(如多速或油井用电机),应在出现最高温升的定额状态下进行热试验。如事先无法预知,应分别在每种定额状态进行试验。双频电机可在任一方便的频率下进行试验,只是要把负载调节到等效于一个频率下运行的负载,且电机以该频率运行时将会出现最大温升。

使用系数大于1.0的电机,应在使用系数负载状态下进行热试验,以确定电机的温升值。按第10章和第11章中的规定计算电机性能时,应当用使用系数为1.0(额定功率)时的热试验数值。

6.6.3 间接法

6.6.3.1 降低电压负载法

采用降低电压负载时,应进行下列热试验:

a) 以额定频率和额定电压进行空载热试验,并确定此时的定子绕组温升 $\Delta\theta_0$、铁芯温升 $\Delta\theta_{Fe0}$。

b) 以额定频率、额定电流和1/2额定电压进行热试验,并确定此时定子绕组温升 $\Delta\theta_r$、铁芯温升 $\Delta\theta_{Fer}$。此时,额定电流按11.7.3.2.2的方法确定。试验要求按6.6.2.1中的规定。

对应于额定功率时的绕组温升 $\Delta\theta_N$(K)和铁芯温升 $\Delta\theta_{FeN}$(K)按式(13)和式(14)确定:

$$\Delta\theta_N = a\Delta\theta_0 + \Delta\theta_r \qquad (13)$$

$$\Delta\theta_{FeN} = a\Delta\theta_{Fe0} + \Delta\theta_{Fer} \qquad (14)$$

式中:

$$a = \frac{P_0 - P_{0r}}{P_0}$$

P_0 ——额定电压时的空载输入功率,单位为瓦特(W),由空载试验求取;

P_{0r}——1/2额定电压时的空载输入功率,单位为瓦特(W),由空载试验求取。

6.6.3.2 降低电流负载法

采用降低负载电流法时,应进行下列热试验:

a) 以额定频率和额定电压进行空载热试验,确定此时的定子绕组温升 $\Delta\theta_a$(K);

b) 以额定频率、降低的电压和最大可能的电流($I \geqslant 0.7\ I_N$)进行部分负载下的热试验,确定此时的绕组温升 $\Delta\theta_b$(K);

c) 以额定频率和对应于b)试验的电压进行空载热试验,确定此时的绕组温升 $\Delta\theta_c$(K)。

已知 $\Delta\theta_a$、$\Delta\theta_b$ 和 $\Delta\theta_c$,连接 $\Delta\theta_b$ 和 $\Delta\theta_c$ 两点作一直线(参见图3),通过 $\Delta\theta_a$ 点作 $\Delta\theta_b$ 和 $\Delta\theta_c$ 两点连线的平行线。此平行线与横坐标 $(I/I_N)^2=1$ 点的垂线交点 $\Delta\theta_N$(K),即为被试电机在额定电压和额定电流时的绕组温升。

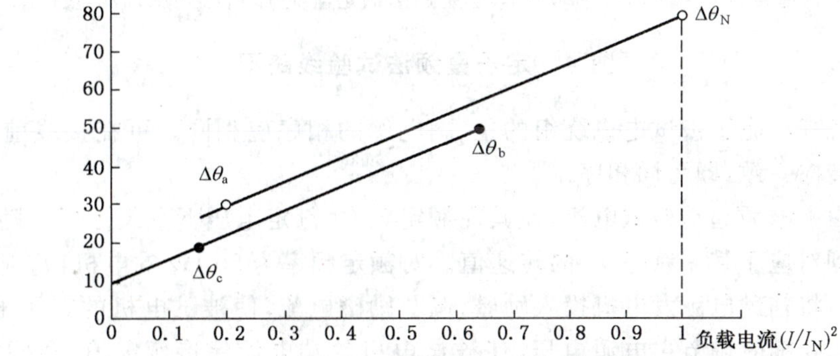

图3 降低电流负载法确定 $\Delta\theta_N$

6.6.3.3 **定子叠频法**

试验线路如图 4 所示。主电源和副电源均为发电机。副电源发电机的额定电流应不小于被试电机的额定电流,电压等级应与被试电机相同。

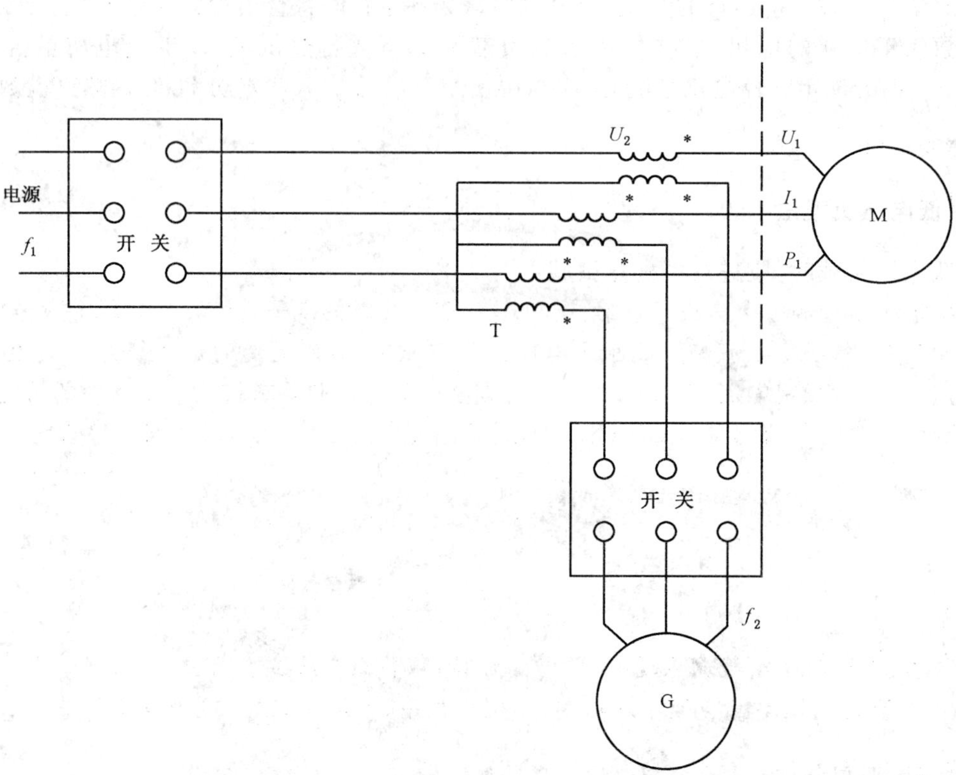

说明:

M——被试电动机;

T——串接变压器;

G——辅助电源发电机;

U_1——端电压(额定电压);

f_1——频率(额定频率);

I_1——感应电机的初级电流;

U_2——辅助电压;

f_2——辅助电源频率;

P_1——输入功率。

注 1:辅助电源相序应与主电源相同。

注 2:U_2 应小于 U_1(通常为 U_1 的 10%~20%),U_2 是产生额定电流 I_1 所必须施加的电压值。

图 4 定子叠频法试验线路图

采用定子叠频法时,施于被试电机绕组的主、副电源的相序应相同。可在接线前由主、副电源分别起动被试电机,若转向一致,即为同相序。

试验时,首先由主电源起动被试电机,使其在额定频率、额定电压下空载运行。随后,起动副电源机组,将其转速调节到对应于某一频率 f_2 的转速值。对额定频率为 50 Hz 的电机,f_2 应在 38 Hz~42 Hz 范围内选择。然后,将辅助电源发电机投入励磁,调节励磁电流,使被试电机的定子电流达到满载电流值。在加载过程中,要随时调节主电源电压,使被试电机的端电压保持额定值,并同时保持频率 f_2 不变。被试电机在额定电压时满载电流值可按 11.6 或 11.8 的方法确定。试验要求同 6.6.2.1。

在调节被试电机的负载时，如仪表指针摆动较大或被试电机和试验电源设备的振动较大，应先降低副电源电压，选择另一个频率 f_2 的值(调整副电源机组的转速)，再行试验。

能达到上述试验目标的静态变频电源，亦可用于定子叠频法试验，静态变频电源应符合试验电源(见 4.2)的要求。

6.6.3.4 其他热试验方法

GB/T 21211—2007 中规定的其他适用方法，如感应电动机叠加法(见 GB/T 21211—2007 中的第 6 章)，感应电动机等效负载法(见 GB/T 21211—2007 中第 10 章)。

6.6.4 试验程序

6.6.4.1 初始状态

连续工作制(S1)电机可在小于额定温度的任一温度下开始进行热试验。除非另有规定，短时工作制(S2)电机，只能在电机各部分温度与冷却介质温度相差不大于 5 K 时开始进行热试验。

6.6.4.2 允许适当过载

连续定额电机，达到热平衡可能需要较长的时间，为了缩短试验时间，在预热阶段允许适当过载(25%～35%)。

6.6.4.3 温度测量

试验过程中，可用酒精温度计测取冷却介质温度，定子铁芯温度，机座温度，轴承温度及进口处和出口处的冷却介质温度。

热试验过程中，可用局部检温计测取电机各部分的温度。当用几个局部检温计测取绕组温度时，应当记录全部检温计的温度读数，取其中的最大值作为由局部检温计测取的绕组温度。通常不需要停机后读取检温计读数。

当电机装有几只埋置检温计时，热试验过程中应当记录全部检温计的读数，取其中的最大值作为由埋置检温计测取的绕组温度。

电机的定子绕组(绕线电动机转子绕组)的温度应优先采用断电停机后测得的电阻确定(见 6.6.4.5，6.7，6.8)。

6.6.4.4 热试验持续时间

对连续工作制(S1)电机，热试验应进行到相隔 30 min 的两个相继读数之间温升变化在 1 K 以内为止。但对温升不易稳定电机，热试验应进行到相隔 60 min 的两个相继读数之间的温升变化在 2 K 以内为止。

对非连续工作制电机，读数的时间间隔应与其时间定额一致。

6.6.4.5 断电停机后热电阻的确定

应测量断电停机后的绕组端电阻，并以第一点电阻值确定电机的温升。

热试验结束应迅速断电停机。要仔细地安排试验程序和适当数量的试验人员，尽快地测取电阻读数以获得可靠的数据。

从断电瞬间算起，如在表 2(见 GB 755—2008，表 5)规定的时间间隔内读到了第一点热电阻读数 R_N，则用此电阻值计算绕组温升。

表 2 时间间隔

额定输出功率(P_N)/kW 或 kVA	切断电源后的时间间隔/s
$P_N \leqslant 50$	30
$50 < P_N \leqslant 200$	90
$200 < P_N \leqslant 5\,000$	120
$5\,000 < P_N$	按协议

如不能在表 2 规定的延滞时间内读到第一点热电阻读数，应尽快以 20 s～60 s 的时间间隔读取附加的电阻读数。至少要读取 5～10 个读数，把这些读数作为时间的函数绘制成曲线，建议用半对数坐标纸，电阻绘制在对数标尺上，以外推到表 2 按电机定额规定的延滞时间的电阻值作为第一点热电阻 R_N。如果停机后测得结果显示出温度继续上升，则应取热电阻最大值作为 R_N，如不能在表 2 列出的 2 倍时间内读到第一点读数，则应协议确定最大延滞时间。

热电阻和冷电阻应当用同一电阻测量仪并在同一引出线端子测量。

6.7 温升

当电机用周围空气直接冷却时，温升是测得的绕组温度减去冷却介质温度。如电机是用远处或冷却器来的空气通风冷却，温升是测得的绕组温度减去进入电机的空气温度。如在海拔不超过 1 000 m 处，冷却空气温度在 10 ℃～40 ℃之间进行试验，温升不作修正。

如试验地点海拔超过 1 000 m，或冷却空气温度超过 40 ℃，或这两种情况同时存在，温升限值按 GB 755—2008 中的 8.10 中的规定修正。

6.7.1 电阻法确定定子绕组温升

绕组的平均温升 $\Delta\theta$(K) 按式(15)计算：

$$\Delta\theta = \frac{R_N - R_c}{R_c} \times (K_1 + \theta_c) + \theta_c - \theta_b \qquad \cdots\cdots(15)$$

式中：

R_N——断电停机后测得的第一点热态端电阻，单位为欧姆(Ω)；

R_c——热试验开始前测得的冷态绕组端电阻，单位为欧姆(Ω)；

θ_b——热试验结束时冷却介质温度，单位为摄氏度(℃)；

θ_c——测量 R_c 时绕组实际温度，单位为摄氏度(℃)。

6.7.1.1 额定负载下绕组温升的确定

如果热试验时电机的负载不等于额定负载，对应于额定负载时的绕组温升 $\Delta\theta_N$ 按下述方法确定。

6.7.1.1.1 连续工作制(S1)定额电机

当 $\frac{I_1 - I_N}{I_N}$ 在±10%范围内时：

$$\Delta\theta_N = \Delta\theta\left(\frac{I_N}{I_1}\right)^2\left[1 + \frac{\Delta\theta(I_N/I_1)^2 - \Delta\theta}{K_1 + \Delta\theta + \theta_b}\right] \qquad \cdots\cdots(16)$$

当 $\frac{I_1 - I_N}{I_N}$ 在±5%范围内时：

$$\Delta\theta_N = \Delta\theta\left(\frac{I_N}{I_1}\right)^2 \qquad \cdots\cdots(17)$$

式中：

I_N ——额定电流，即额定功率时的电流，单位为安培(A)，从工作特性曲线上求得；

I_1 ——热试验时的电流，单位为安培(A)，取在整个试验过程最后的1/4时间内，按相等时间间隔测得的电流平均值；

$\Delta\theta$——对应于试验电流 I_1 的绕组温升，单位为开尔文(K)(见6.7.1)。

如 $\frac{I_1-I_N}{I_N}$ 大于±10%，应重新做热试验。

6.7.1.1.2 短时工作制(S2)和断续周期工作制(S3)电机

当 $\frac{I_1-I_N}{I_N}$ 在±5%范围内时：

$$\Delta\theta_N=\Delta\theta\left(\frac{I_N}{I_1}\right)^2 \quad (18)$$

如 $\frac{I_1-I_N}{I_N}$ 大于±5%，应重做热试验。

6.7.2 埋置检温计(ETD)法

以埋置检温计各元件的最高读数作为确定绕组温度的依据(按GB 755—2008的8.6.3中的规定)。

6.7.3 温度计法

任一温度计的最高读数即为绕组或其他部分的温度(按GB 755—2008的8.6.4中的规定)。

6.8 额定负载下绕组工作温度 θ_w 的确定

绕组工作温度是指电机在额定负载热试验过程中达到热稳定状态时绕组的温度。绕组工作温度可用电阻法(见6.8.1)或局部温度计法(如热电偶温度计，见6.8.2)确定。

6.8.1 电阻法确定绕组工作温度 θ_w(℃)

6.8.1.1 热态端电阻 R_w 的确定

热试验断电停机后，按6.6.4.5中所述的外推法，作热电阻读数对断电后冷却时间(t)的关系曲线，此曲线外推至 $t=0$ 时的电阻值即为 R_w。

6.8.1.2 绕组的工作温度 θ_w 的确定

$$\theta_w=\frac{R_w}{R_c}\times(K_1+\theta_c)-K_1 \quad (19)$$

式中：

R_w ——外推至 $t=0$ 时的热态端电阻，单位为欧姆(Ω)，见6.8.1.1；

R_c，θ_c ——按6.7.1中的规定。

6.8.2 局部温度计法(如热电偶温度计)确定绕组的工作温度 θ_w(℃)

任一温度计的最高读数即为绕组的工作温度 θ_w。

6.9 计算效率用规定温度 θ_s 的确定

6.9.1 冷却介质基准温度

冷却介质基准温度为25 ℃。

6.9.2 规定温度 θ_s(℃)

规定温度是绕组工作温度 θ_w 修正到冷却介质温度为 25 ℃时的温度值。

θ_s 值按下列先后次序选择其中一方法确定：

a) 直接法进行额定负载热试验，按 6.8.1 所述的电阻法确定绕组工作温度 θ_w。

$$\theta_s = \theta_w + 25 - \theta_b \quad \cdots\cdots\cdots\cdots(20)$$

b) 由热电偶温度计直接测得绕组工作温度 θ_w(见 6.8.2)，按 a)确定 θ_s。

c) 如 a)项试验报告自签发之日起未超过 12 个月，对同一结构和同一电气设计的完全相同的电机用 a)项的 θ_s 值。

d) 按间接法(见 6.6.3)确定绕组工作温度 θ_w，按 a)确定 θ_s。

e) 当不能测取额定负载热试验下绕组工作温度 θ_w 时，假定规定温度 θ_s 等于表 3 中所列按绝缘结构热分级规定的基准温度 θ_{ref}。

$$\theta_s = \theta_{ref} \quad \cdots\cdots\cdots\cdots(21)$$

表 3 基准温度

绝缘结构热分级	基准温度 θ_{ref}/℃
A、E	75
B	95
F	115
H	130

如按照低于绝缘结构的热分级规定温升或温度限值，则应按该较低的热分级规定其基准温度。

7 负载特性试验

7.1 概述

负载试验的目的是确定电机的效率、功率因数、转速、定子电流、输入功率等与输出功率的关系。试验采用直接负载法，用合适的设备(如直流电机为负载电机或三相异步电机为负载电机等)给电动机加负载。负载电机的轴线应与被试电机轴线对中并保证安全运行。

7.2 负载试验

试验应在额定电压和额定频率下进行。开始读取并记录试验数据之前，定子绕组温度与额定负载热试验测得的温度差应不超过 5 K。

在 6 个负载点处给电机加负载。4 个负载点大致均匀分布在不小于 25%～100%额定负载之间(包括 100%额定负载)，在大于 100%但不超过 150%额定负载之间适当选取 2 个负载点。电机加负载的过程是从最大负载开始，依次降低到最小负载。试验应尽可能快地完成，以减少试验过程中电机温度变化对试验结果的影响。

在每个负载点处，测取 U、I_1、P_1、T_t(如 A 法，B 法)、n(或 s_t)、f、θ_t(或 R_t)及 θ_a。

推荐使用温度传感器(埋置于定子线圈端部)测量绕组的温度 θ_t。

当按 B 法或 A 法测定电机效率时，必须测取每个负载点的 θ_t 或 R_t；当按 C 法、E 法或 E1 法确定电机效率时，允许采用本条 a)规定的方法确定每个负载点处的电阻值；当按本标准规定的其他方法确定电机效率时，允许采用本条 b)规定的方法确定每个负载点处的电阻值。

a) 大于和等于100%额定负载点的电阻值是最大负载点读数之前的电阻值。小于100%额定负载各点的电阻值按与负载成线性关系确定，起点是100%额定负载时的电阻值，末点是最小负载读数之后的电阻值。

b) 负载试验结束并断电停机后，按6.6.4.5所述的方法，立即测取定子绕组端电阻对冷却时间 t 的关系曲线，取外推到 $t=0$ 时的电阻值作为各负载点的电阻值。

7.3 转矩读数修正值 T_c 的确定

本方法适用于转矩测量仪与被试电机之间有轴承的情况。

7.3.1 被试电动机经转矩测量仪与负载电机耦接测试

负载电机如为直流电机，其电枢绕组开路，不励磁。如负载电机为三相异步电机，不接电源。

被试电机在额定电压和额定频率下运行，测量并记录输入功率 P_{d0}(W)、定子电流 I_{d0}(A)、转速 n_{d0}(r/min)、转矩 T_{d0}(N·m)、绕组温度 θ_{d0}(℃)或绕组端电阻 R_{d0}(Ω)、频率 f(Hz)。

计算：

转差率 $s_{d0}=1-n_{d0}/n_s$；$n_s=60f/p$；定子 I^2R 损耗 P_{cud0}，单位为瓦特(W)：

$$P_{cud0}=1.5I_{d0}^2R_{d0} \qquad (22)$$

7.3.2 被试电动机空载测试

被试电机与转矩测量仪和负载电机脱开，在额定电压和额定频率下空载运行。测量并记录输入功率 P_0(W)、定子电流 I_0(A)、绕组温度 θ_0(℃)[或绕组端电阻 R_0(Ω)]。

按式(23)计算定子 I^2R 的损耗 P_{cu0}，单位为瓦特(W)：

$$P_{cu0}=1.5{I_0}^2R_0 \qquad (23)$$

7.3.3 转矩读取修正值 T_c(N·m)

$$T_c=9.549\times\frac{(P_{d0}-P_{cud0}-P_{Fe})(1-s_{d0})-(P_0-P_{cu0}-P_{Fe})}{n_{d0}}-T_{d0} \qquad (24)$$

式中：

P_{d0}，P_{cud0}，s_{d0}，n_{d0}，T_{d0}——按7.3.1确定；

P_0，P_{cu0}——按7.3.2确定；

P_{Fe}——空载额定电压铁耗，单位为瓦特(W)，按8.3确定。

7.4 轴转矩

$$T=T_t+T_c \qquad (25)$$

式中：

T——轴转矩，单位为牛顿米(N·m)；

T_t——转矩读数，单位为牛顿米(N·m)，见7.2；

T_c——转矩读数修正值，单位为牛顿米(N·m)，按7.3确定。

7.5 轴功率

$$P_{mech}=\frac{T\times n}{9.549} \qquad (26)$$

式中：

P_{mech}——轴功率，单位为瓦特(W)；

T ——轴转矩，单位为牛顿米(N·m)，按7.4确定；

n ——转速，单位为转每分钟(r/min)，见7.2。

8 空载试验

8.1 空载电流和空载损耗的测定

空载试验是指电机作为空载电动机运行，其轴端无有效机械功率输出的试验。绕线转子电动机的转子绕组应在集电环上短路。

建议在热试验和负载试验之后进行空载试验。在读取并记录试验数据之前，电机的输入功率应稳定，即相隔30 min输入功率的相继两个读数之差应不大于前一个读数的3%。对水-空气冷却电机，在热试验(或负载试验)后应立即切断水源。

检查试验时，空载运行时间可以适当缩短。

被试电机施以额定频率的可变电压，电压变化范围从125%的额定电压逐步降低电压到空载电流为最小或不稳定的最小电流为止。在125%和60%额定电压之间，其中包括额定电压，按均匀分布至少取5个电压点。在约50%额定电压和最低电压之间至少取4个电压点。测取的电压点数多，求取的风摩耗和铁耗值会更为准确。

在每个电压点，测取P_0、U_0、I_0，并应同时测取绕组温度θ_0或端电阻R_0。如测得θ_0，根据电阻与温度关系确定端电阻R_0的三相平均值，单位为欧姆(Ω)：

$$R_0 = R_1 \times \frac{K_1 + \theta_0}{K_1 + \theta_1} \qquad \cdots\cdots(27)$$

式中：

R_1——定子绕组初始(冷)端电阻，单位为欧姆(Ω)，按5.2.2.4确定；

θ_1——测量R_1时定子绕组温度，单位为摄氏度(℃)，按5.2.1确定。

当用A法或B法确定效率时，应确定每一电压点的R_0；当用其他方法确定效率时，在读取最低电压点的读数之后，断电停机后测取若干个端电阻读数，作此电阻读数对冷却时间(t)的关系曲线，取此曲线外推至$t=0$时的电阻值作为端电阻R_0。

8.1.1 空载特性曲线

在125%额定电压至最低电压(空载电流回升点除外)范围内，作P_0和I_0对(U_0/U_N)的关系曲线，即空载特性曲线(见图5)。

从曲线上求取$U_0=U_N$时的I_0、P_0。

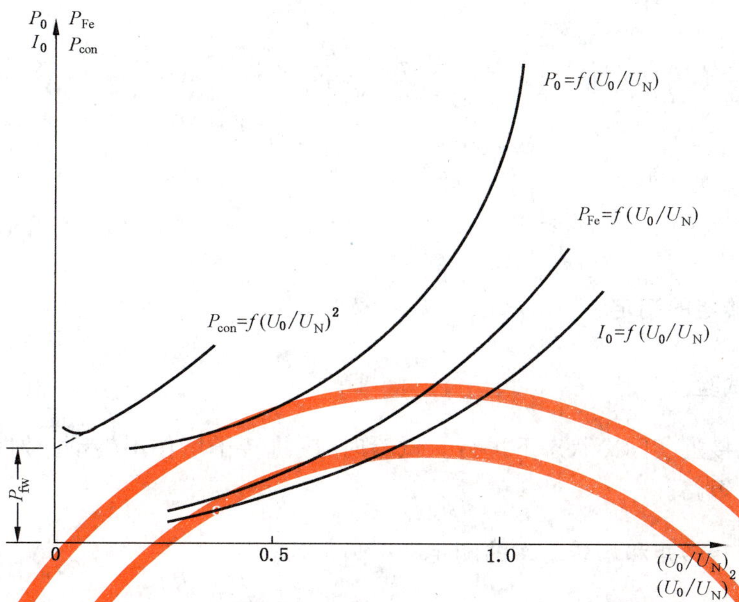

图 5　空载特性曲线

8.1.2　空载损耗

空载输入功率 P_0 就是电动机在空载运行时的总损耗。总损耗包括定子 I^2R 损耗、铁耗和风摩耗。因为空载时电动机的转速接近同步转速，即转差率 $s\approx0$，所以空载时转子 I^2R 损耗可忽略不计。

8.1.3　恒定损耗 P_{con}

空载输入功率减去试验温度下定子 I^2R 损耗的差，即为恒定损耗。恒定损耗等于风摩耗与铁耗之和。

对应于 8.1 中记录的每一电压点，求取恒定损耗 P_{con}，单位为瓦特(W)：

$$P_{con}=P_0-1.5I_0^2R_0 \quad\cdots\cdots(28)$$

式中：

P_0——空载输入功率，单位为瓦特(W)(见 8.1)；

I_0——空载电流，单位为安培(A)(见 8.1)；

R_0——空载试验温度下端电阻的平均值，单位为欧姆(Ω)(见 8.1)。

8.2　风摩耗 P_{fw} 的确定

对约 50%额定电压至最低电压点范围内的各测试点值，作 P_{con} 对 $(U_0/U_N)^2$ 的曲线(见图 5)，将此直线延长至零电压，零电压处纵轴上的截距即为风摩耗 P_{fw}。

认为风摩耗 P_{fw} 与负载无关。

8.3　铁耗 P_{Fe} 的确定

对 60%额定电压和 125%额定电压之间的各电压点，作 $P_{Fe}=P_{con}-P_{fw}$ 对 U_0/U_N 的关系曲线。不同负载时的铁耗根据电压 U_b/U_N 在曲线上求得。

$$U_b=\sqrt{\left(U-\frac{\sqrt{3}}{2}I_1R_t\cos\varphi\right)^2+\left(\frac{\sqrt{3}}{2}I_1R_t\sin\varphi\right)^2} \quad\cdots\cdots(29)$$

式中：

$$\cos\varphi = \frac{P_1}{\sqrt{3}UI_1}$$

$$\sin\varphi = \sqrt{1-\cos^2\varphi}$$

注 1：U、I_1、P_1 及 R_t 见 7.2。

注 2：空载额定电压铁耗按 $U_b = U_N$ 确定。

9 堵转电流和堵转转矩的测定

9.1 额定频率堵转试验

堵转试验在电机接近实际冷状态下进行。试验时，应将转子堵住不转动。对绕线转子电动机应将转子绕组在集电环上短路。

9.1.1 堵转电流、堵转转矩和堵转功率的测定

9.1.1.1 测取堵转特性曲线，即堵转电流 I_K、堵转转矩 T_K 与外施电压 U_K 的关系曲线(见图 6)

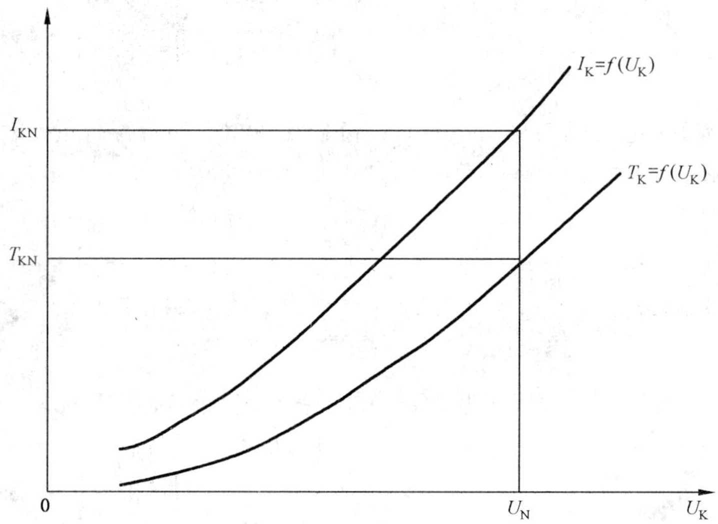

图 6 堵转特性曲线

试验时，施于定子绕组的电压尽可能从不低于 0.9 倍额定电压开始，然后逐步降低电压至定子电流接近额定电流为止，其间共测取 5～7 点读数。每点应同时测取下列数值：U_K、I_K、T_K、P_K 及绕组温度 θ_K。每点读数时，通电持续时间应不超过 10 s，以免绕组过热。

检查试验时，可仅在额定电流值附近测取一点堵转时的 U_K、I_K 和 P_K。

如限于设备，对 100 kW 以下的电动机，堵转试验时的最大 I_K 应不低于 4.5 倍 I_N；对 100 kW～300 kW 的电动机，应不低于 2.5～4.0 倍 I_N；对 300 kW～500 kW 的电动机，应不低于 1.5～2.0 倍 I_N；对 500 kW 以上的电动机，应不低于 1.0～1.5 倍 I_N。在最大电流至额定电流范围内，均匀地测取不少于 4 点读数。

对 100 kW 以上的电动机，如限于设备不能实测转矩时，允许按 9.1.2.2 确定转矩。此时每点应测取 U_K、I_K、P_K 及定子绕组温度 θ_K 或端电阻 R_K。

对分马力电动机试验时，定子绕组上施以额定电压，转子在 90°机械角度内的 3 个等分位置上分别测定 U_K、I_K、P_K、T_K。此时，堵转电流取其中的最大值，堵转转矩取其中的最小值。

检查试验时，可在额定电压下，任一转子位置上测定。

9.1.2 堵转试验结果计算

9.1.2.1 额定电压时堵转电流 I_{KN} 和堵转转矩 T_{KN} 的确定

a) 若堵转试验时的最大电压在 0.9～1.1 倍额定电压范围内，堵转电流 I_{KN} 和堵转转矩 T_{KN} 可由堵转特性曲线查取(图 6)；若堵转试验时的最大电压低于 0.9 倍 U_N，应作 $\lg I_K = f(\lg U_K)$ 曲线，从最大电流点延长曲线上查取堵转电流 I_{KN}。此时，堵转转矩 T_{KN}(N·m)按式(30)求取：

$$T_{KN} = T_K \left(\frac{I_{KN}}{I_K}\right)^2 \qquad (30)$$

式中：

T_K——在最大试验电流 I_K 时测得的或算得的转矩，单位为牛顿米(N·m)。

b) 对 750 W 及以下电动机，若试验电压在 0.9～1.1 倍额定电压范围内，则堵转电流 I_{KN} 和堵转转矩 T_{KN}(N·m)按式(31)、式(32)求取：

$$I_{KN} = I_K \cdot \frac{U_N}{U_K} \qquad (31)$$

$$T_{KN} = T_K \cdot \left(\frac{U_N}{U_K}\right)^2 \qquad (32)$$

9.1.2.2 由堵转输入功率求取堵转转矩

如不能直接测量堵转转矩，可按式(33)求取堵转转矩的近似值(N·m)：

$$T_K = 9.549 \times \frac{C_1(P_K - P_{Kcu1} - P_{Fe})}{n_s} \qquad (33)$$

式中：

T_K ——堵转转矩，单位为牛顿米(N·m)；

P_K ——堵转时输入功率，单位为瓦特(W)；

P_{Kcu1}——试验电流下定子 I^2R 损耗，单位为瓦特(W)；

P_{Fe} ——试验电压下铁耗，单位为瓦特(W)，根据(U_K/U_N)，在图 5 中的 P_{Fe} 曲线上查取；

n_s ——同步转速，单位为转每分钟(r/min)；

C_1 ——计及非基波损耗的降低系数。

注：C_1 在 0.9～1.0 之间变化，如无经验可循，建议取 $C_1=0.91$。

9.2 低频堵转试验

对采用圆图计算法(见 11.8)求取工作特性的深槽和双笼型电动机，还应在 1/2 额定频率下进行堵转试验(见 11.8.2.1.3)。堵转时的电流和试验要求与 9.1.1.1 相同。对采用等值电路法(见 11.6)求取工作特性的电动机，应在 1/4 额定频率下进行堵转试验(见 11.6.1.3)。

10 各项损耗的确定方法

10.1 概述

各项损耗，包括：

a) 规定温度下定子绕组 I^2R 损耗，按 10.2 确定；

b) 规定温度下转子绕组 I^2R 损耗，按 10.3 确定；

c) 风摩耗，按 8.2 确定；

d) 铁耗，按 8.3 确定；

e) 负载杂散损耗,按10.6确定。

10.2 规定温度下定子 I^2R 损耗的确定

10.2.1 规定温度(θ_s)下定子绕组端电阻 R_s(Ω)

$$R_s = R_1 \times \frac{K_1 + \theta_s}{K_1 + \theta_1} \qquad (34)$$

式中:

R_1——定子绕组初始(冷)端电阻,单位为欧姆(Ω),按5.2.2.4确定;

θ_1——测量 R_1 时的定子绕组温度,单位为摄氏度(℃),按5.2.1确定;

θ_s——绕组规定温度,单位为摄氏度(℃),按6.9.2确实。

10.2.2 规定温度(θ_s)下定子绕组 I^2R 损耗 P_{cu1s}(W)

$$P_{cu1s} = 1.5 I_1^2 R_s \qquad (35)$$

式中:

I_1——定子电流测量值,单位为安培(A),见7.2;

R_s——规定温度下定子绕组端电阻,单位为欧姆(Ω),按10.2.1确定。

注:用同一 R_s 值计算不同负载点规定温度下定子 I^2R 损耗。

10.3 规定温度下转子绕组 I^2R 损耗的确定

10.3.1 试验温度下转差率 s

$$s = \frac{n_s - n}{n_s}, \text{或} \quad s = s_t / n_s \qquad (36)$$

式中:

n_s——同步转速,单位为转每分钟(r/min);

$$n_s = 60 f / p$$

n——实测转速,单位为转每分钟(r/min),见7.2;

s_t——实测转差,单位为转每分钟(r/min),见7.2;

f——试验电源频率,单位为赫兹(Hz),见7.2。

10.3.2 规定温度下转差率 s_s 的确定

$$s_s = s \times \frac{K_2 + \theta_s}{K_2 + \theta_t} \qquad (37)$$

式中:

s——转差率,按10.3.1确定;

θ_t——测量转速 n 或转差 s_t 时定子绕组温度,单位为摄氏度(℃),见7.2;

θ_s——规定温度,单位为摄氏度(℃),按6.9.2确定。

10.3.3 规定温度下转子绕组 I^2R 损耗 P_{cu2s}(W)

$$P_{cu2s} = (P_1 - P_{cu1s} - P_{Fe}) \times s_s \qquad (38)$$

式中:

P_1——输入功率,单位为瓦特(W),见7.2;

P_{cu1s}——规定温度下定子 I^2R 损耗,单位为瓦特(W),按10.2.2确定;

P_{Fe}——铁耗,单位为瓦特(W),按8.3确定;

s_s ——规定温度下转差率，按 10.3.2 确定。

10.4 风摩耗 P_{fw} 的确定

按 8.2 确定。

10.5 铁耗 P_{Fe} 的确定

按 8.3 确定。

10.6 负载杂散损耗 P_s 的确定

10.6.1 概述

负载杂散损耗是指总损耗中未计入定子 I^2R 损耗、转子 I^2R 损耗、风摩耗和铁耗中的那部分损耗。

确定负载杂散损耗的试验方法有：剩余损耗法、取出转子试验和反转试验法，推荐值法和绕组星接不对称电压空载试验法（Eh-star 法）。

应优先采用相对不确定度低的试验方法（见 11.1.2）。

10.6.2 剩余损耗法（适用于 B 法）

负载试验中测得的输入功率与测得输出机械功率之差即为视在总损耗，从此视在总损耗中减去定子 I^2R 损耗、试验温度下转子 I^2R 损耗、风摩耗和铁耗之后，剩余的那部分即为剩余损耗。通过对剩余损耗试验数据的线性回归分析和相关分析求取负载杂散损耗。

按 B 法确定效率时，规定用剩余损耗法确定负载杂散损耗。确定剩余损耗的试验程序和计算方法见 11.3.2.3。

10.6.3 取出转子试验和反转试验

10.6.3.1 概述

本试验由两项独立试验组成。

a） 取出转子试验——测定基频杂散损耗；

b） 反转试验——测定高频杂散损耗。

10.6.3.2 取出转子试验——测定基频杂散损耗 P_{sf}

10.6.3.2.1 试验方法

电机抽去转子，可能感应电流的端盖及其他结构件应就位。定子绕组施以额定频率的对称低电压。试验从大电流值开始，逐步降低，在 1.1～0.5 倍额定电流范围内至少测取 6 点读数。每点应同时读取 P_1，I_1 和 θ_t（或 R_t）。

10.6.3.2.2 基频杂散损耗 P_{sf} 的计算

输入功率 P_1 减去定子绕组在试验温度下的 I^2R 损耗即为基频杂散损耗 P_{sf}（W）：

$$P_{sf}=P_1-1.5I_1^2R_t \qquad (39)$$

式中：

R_t ——试验温度下绕组端电阻，单位为欧姆（Ω）；

$$R_t=R_1\times\frac{K_1+\theta_t}{K_1+\theta_1}$$

R_1 ——定子绕组初始(冷端)电阻,单位为欧姆(Ω),按 5.2.2.4 确定;

θ_1 ——测量 R_1 时的绕组温度,单位为摄氏度(℃),按 5.2.1 确定;

θ_t ——试验时测得的绕组温度,单位为摄氏度(℃),见 10.6.3.2.1;

I_1 ——定子线电流,单位为安培(A),见 10.6.3.2.1;

P_1 ——输入功率,单位为瓦特(W),见 10.6.3.2.1。

10.6.3.3 反转试验——测定计算用高频杂散损耗 P'_{sh}

优先采用测功机反转法。

10.6.3.3.1 测功机反转法

10.6.3.3.1.1 试验方法

测功机的功率,在与被试电机相同的转速下,应不大于被试电机额定功率的 15%。采用转矩测量仪时,转矩传感器标称转矩应不大于被试电机额定转矩的 15%。

将测功机或传感器(由其他动力机驱动)与被试电机耦接。

驱动被试电动机转子,使之与定子旋转磁场相反方向达到同步转速(如试验电源不是额定频率,应为对应于实际频率的同步转速)。待试验机组机械耗稳定后,在被试电机的定子绕组上施以额定频率三相对称的低电压。试验从大电流值开始,逐步降低。在 1.1～0.5 倍额定电流范围内,至少测取 6 点读数,每点应同时测取 P_1、I_1、T_d 和 θ_t(或端电阻 R_t)。

断开被试电机的电源,机组仍应保持同步转速运转,测取 T_{d0}。

如为绕线转子电动机,转子绕组端子应在集电环上短接。

注:反转试验功率因数较低,可能要求对功率表读数作相应误差修正。

10.6.3.3.1.2 高频杂散损耗 P'_{sh}(W)的计算方法

$$P'_{sh}=P_d-P_{d0}-(P_1-1.5I_1{}^2R_t) \qquad (40)$$

式中:

P_d ——被试电机轴端输入功率,单位为瓦特(W);

$$P_d=T_d\cdot n_s/9.549$$

P_{d0}——在被试电机在 $I_1=0$ 时轴端输入功率,单位为瓦特(W);

$$P_{d0}=T_{d0}\cdot n_s/9.549$$

P_1 ——定子输入功率,单位为瓦特(W),见 10.6.3.3.1.1;

I_1 ——定子线电流,单位为安培(A),见 10.6.3.3.1.1;

R_t ——试验温度下定子绕组端电阻,单位为欧姆(Ω),R_t 按 10.6.3.2.2 中的方法确定。

10.6.3.3.2 异步反转法

10.6.3.3.2.1 试验方法

选择一台与被试电机功率相等或接近,极数相同的异步电机作为驱动电机,将它与被试电机用联轴器联接。驱动电机施以额定频率、额定电压(或接近额定电压)。在试验过程中,频率和电压应保持不变。被试电机施以额定频率三相对称低电压,其旋转磁场方向应与驱动电机旋转方向相反,被试电机运转在电磁制动状态。试验时先起动驱动电机,待机械耗稳定后,在低电压下接通被试电机电源,使定子电流达到额定值,预热 10 min。如在热试验后立即进行本项试验,则不需预热。

试验从大电流开始,依次降低,在 1.1～0.5 倍额定电流范围内至少测取 6 点读数。每点应同时测取被试电机的 P_1、I_1、θ_t(或 R_t)和驱动电机的输入功率 P_{a1}。切断被试电机电源,读取驱动电机的输入

功率 P_{a0}。

10.6.3.3.2.2 高频杂散损耗 P'_{sh}(W)的计算方法

$$P'_{sh}=P_{a1}-P_{a0}-(P_1-1.5I_1^2R_t) \qquad (41)$$

式中：

P_{a1}——驱动电机的输入功率，单位为瓦特(W)，见 10.6.3.3.2.1；

P_{a0}——在被试电机的 $I_1=0$ 时驱动电机的输入功率，单位为瓦特(W)，见 10.6.3.3.2.1；

P_1——被试电机定子输入功率，单位为瓦特(W)，见 10.6.3.3.2.1；

I_1——被试电机定子线电流，单位为安培(A)，见 10.6.3.3.2.1；

R_t——试验温度下被试电机定子绕组端电阻，单位为欧姆(Ω)，R_t 按 10.6.3.2.2 中的方法确定。

10.6.3.4 负载杂散损耗 P_s 的确定

10.6.3.4.1 转子电流 I_2 的近似值

分别计算取出转子试验(见 10.6.3.2.1)和反转试验(见 10.6.3.3.1 或 10.6.3.3.2)转子电流 I_2 的近似值，单位为安培(A)：

$$I_2=\sqrt{I_1^2-I_0^2} \qquad (42)$$

式中：

I_1——定子电流，单位为安培(A)(分别见 10.6.3.2.1 和 10.6.3.3.1.1 或 10.6.3.3.2.1)；

I_0——试验电压下空载电流，单位为安培(A)，由图 5 求取。

10.6.3.4.2 求取负载杂散损耗 P_s

分别绘制 $P_{sf}=f(I_2)$ 和 $P'_{sh}=f(I_2)$ 关系曲线(见图 7)。从图 7 中查得对应于同一 I_2 的 P_{sf} 和 P'_{sh} 数值，被试电机的负载杂散损耗 P_s(W)为：

$$P_s=P'_{sh}+2P_{sf} \qquad (43)$$

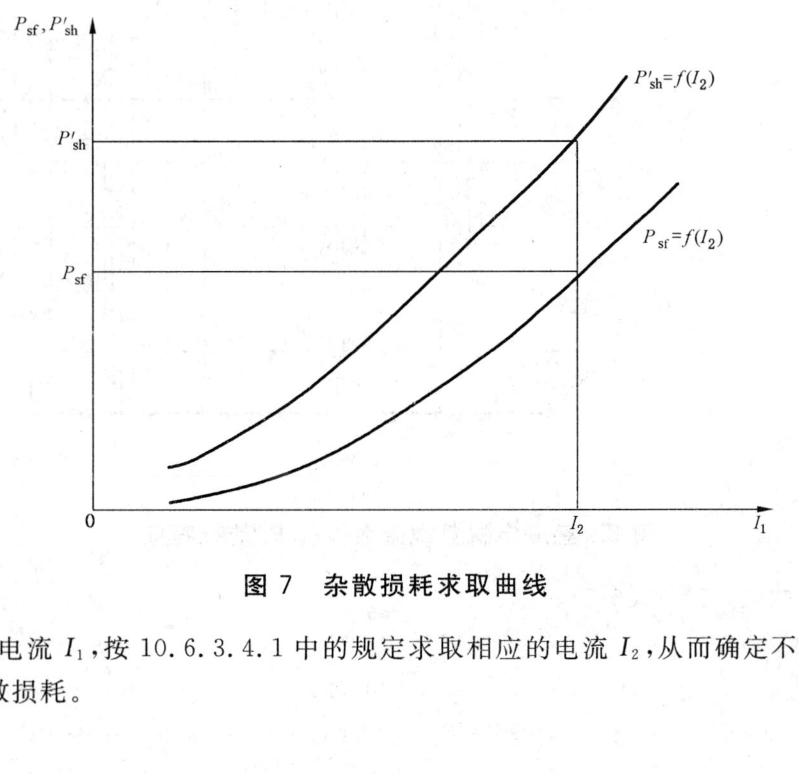

图 7 杂散损耗求取曲线

根据不同负载电流 I_1，按 10.6.3.4.1 中的规定求取相应的电流 I_2，从而确定不同负载(包括额定负载)下的负载杂散损耗。

10.6.4 绕线转子电动机杂散损耗的另一种直接测量法

在此方法中,转子通以直流电流励磁,定子绕组经电流表短接以读取定子电流,利用其他动力把转子驱动到同步转速,调节转子励磁,使定子绕组内电流达到要求确定负载杂散损耗的电流值。测量加励磁和不加励磁时驱动转子的机械功率(P_r 和 P_f)。

$$P_s = P_r - P_f - \text{试验温度下的定子绕组 } I^2R \text{ 损耗} \quad \cdots\cdots(44)$$

至少测取 6 个负载点读数,绘制出负载杂散损耗对定子绕组电流平方的关系曲线,从曲线上确定负载杂散损耗 P_s。

10.6.5 推荐值法

额定负载时的杂散损耗按图 8 曲线或公式确定。

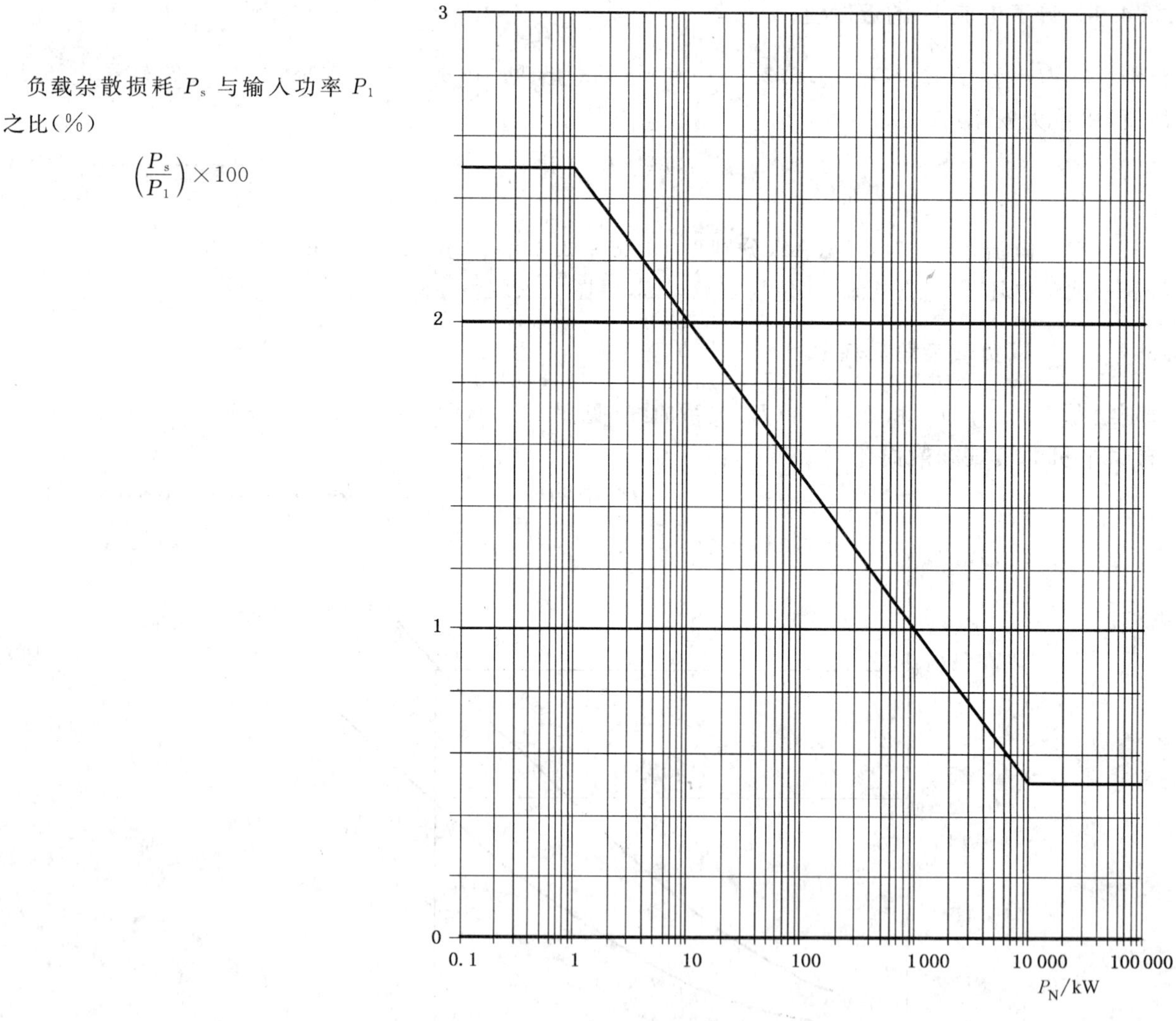

图 8 感应电机负载杂散损耗 P_s 的推荐值

曲线的数值可按式(45)～式(47)表述:

对 $P_N \leqslant 1$ kW	$P_s = P_1 \times 0.025$	……(45)
对 1 kW $< P_N <$ 10 000 kW	$P_s = P_1 \times [0.025 - 0.005\lg P_N]$	……(46)
对 $P_N \geqslant$ 10 000 kW	$P_s = P_1 \times 0.005$	……(47)

非额定负载点杂散损耗按与$(I_1^2-I_0^2)/(I_N^2-I_0^2)$成比例确定。

注：此曲线不代表平均值，而是大量试验值的上包络线，而且在大多数情况下，曲线给出的负载杂散损耗值比10.6.2或10.6.3测得的值大。I_0为$U_0=U_N$时的空载电流，按8.1.1确定。

10.6.6 绕组星接不对称电压空载试验(Eh-star)法(等同采用IEC 60034-2-1:2007中的6.4.5.5和8.2.2.5.4)

10.6.6.1 试验程序

本试验要求被试电动机在不平衡供电电压下作空载电动机运行。试验线路见图9。

试验时，定额为△接法的电动机应改为Y接法。星点不得连接至系统的中性点或接地，以避免有零序电流。

电动机的第三(W)相应经电阻器R_{eh}(见图9)接至电源线上，R_{eh}的典型值约为：

对定额为Y接法的电动机：

$$R'_{eh}=\frac{U_N}{\sqrt{3}\,I_N}\times 0.2 \qquad (48)$$

对定额为△接法的电动机：

$$R'_{eh}=\frac{\sqrt{3}\times U_N}{I_N}\times 0.2 \qquad (49)$$

试验时的电阻器R_{eh}应是可调的，使正序电流$I_{(1)}$保持在负序电流的30%以下，并且转速保持在接近额定转速的通常范围内。推荐试验开始时的实际电阻R_{eh}与典型值R'_{eh}相差不大于20%。

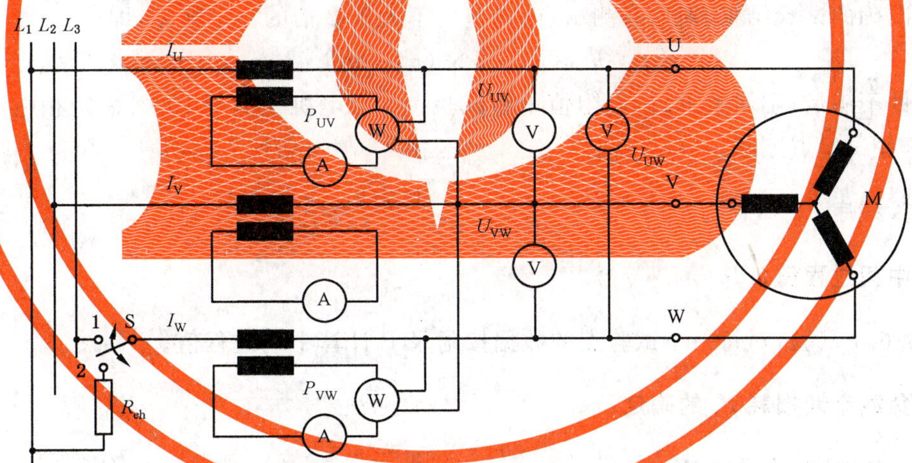

图9 Eh-star试验线路图

试验电流I_t(A)按式(50)、式(51)计算：

对定额为Y接法的电动机：

$$I_t=\sqrt{I_N^2-I_0^2} \qquad (50)$$

对定额为△接法的电动机：

$$I_t=\frac{\sqrt{I_N^2-I_0^2}}{\sqrt{3}} \qquad (51)$$

试验电压U_t按式(52)、式(53)计算：

对定额为Y接法的电动机：

$$U_t=U_N \qquad (52)$$

对定额为△接法的电动机：

$$U_t = U_N \cdot \sqrt{3} \qquad \cdots\cdots(53)$$

在读取试验数据之前，空载损耗须达到8.1规定的稳定状态。

试验前和试验后测量和记录V和W之间的端电阻(R_{VW})。

为了避免三相严重不平衡发热，试验应在电机为冷态时开始并尽可能快地完成。

在降低电压[(25%～40%)U_N]的情况下较大的电机可能只在不接电阻R_{eh}时起动(开关S置于1位置，见图9)，起动完成后，切换开关至位置2接入电阻R_{eh}。

较小的电动机可以接入电阻R_{eh}启动。这种情况下，不需要开关。

改变电源电压选6点做试验。所选试验点应近似均布在额定相电流的150%和75%范围内，此电流在V相(I_V)测取。试验从最大电流开始，依次递减至最小电流。

100%试验电流及较小试验电流试验点的端电阻R_{VW}是在最小读数(试验结束时)之后的测定值。

对大于100%电流的端电阻，可以用完成试验前后的数据，按与电流的线性关系来确定。试验电阻按6.6.4.5所述的外推法确定。

每一个试验点记录I_U,I_V,I_W,U_{UV},U_{VW},U_{WU},P_{UV},P_{WV},n。

注1：在本试验中不用相电阻的平均值；

注2：电阻也可由安装在绕组上的温度传感器测量定子绕组温度来确定。每一个负载点的电阻可用该点的绕组温度与试验开始前测得的电阻和温度之间的关系来确定；

注3：一些惯用的一体式功率表通过内部人为星接使三相达到对称。然而，在本试验中，电源是人为不对称的。因此，本质上确保其既不能星点接地，也不能形成人为星点。必须用图9的试验线路。

为了得到准确的试验结果，对所有测试点，转差应不大于2倍的额定转差，即

$$n > n_s - 2 \times (n_s - n_N)$$

如果此条件不满足，则增大R_{eh}的电阻值重新试验。如果电机在低于100%额定相电流时运行仍然不稳定，可将这些试验点删除。

10.6.6.2 计算程序

10.6.6.2.1 中间过程值计算

根据10.6.6.1试验，对每一个试验点的数据按附录B计算中间过程值。

10.6.6.2.2 负载杂散损耗P_s的确定

10.6.6.2.2.1 P_{Lr}试验数据修匀

剩余损耗P_{Lr}对$[I_{i(2)}/I_t]^2$进行线性回归分析，按附录C所述的方法求取P_{Lr}的线性回归方程：

$$P_{Lr} = A \times \left[\frac{I_{i(2)}}{I_t}\right]^2 + B \qquad \cdots\cdots(54)$$

式中：

$I_{i(2)}$——内相电流的逆序分量，单位为安培(A)，按B.8确定；

I_t——试验电流，单位为安培(A)，见10.6.6.1；

A——斜率，按附录C确定；

B——截距，单位为瓦特(W)，按附录C确定。

10.6.6.2.2.2 相关系数

按附录C所述的方法求取相关系数r,r应不小于0.90。

10.6.6.2.2.3 负载杂散损耗 P_s(W)

$$P_s = A \times \left[\frac{I_{i(2)}}{I_t}\right]^2 \qquad \cdots\cdots(55)$$

10.7 总损耗及输出功率的确定

10.7.1 总损耗 P_T(W)

$$P_T = P_{cu1s} + P_{cu2s} + P_{Fe} + P_{fw} + P_s \qquad \cdots\cdots(56)$$

式中：

P_{cu1s}——规定温度下定子 I^2R 损耗,单位为瓦特(W),按 10.2.2 确定；

P_{cu2s}——规定温度下转子 I^2R 损耗,单位为瓦特(W),按 10.3.3 确定；

P_{Fe} ——铁耗,单位为瓦特(W),按 8.3 确定；

P_{fw} ——风摩耗,单位为瓦特(W),按 8.2 确定；

P_s ——负载杂散损耗,单位为瓦特(W),按 10.6 确定。

10.7.2 输出功率 P_2(W)

$$P_2 = P_1 - P_T \qquad \cdots\cdots(57)$$

式中：

P_1——输入功率,单位为瓦特(W),见 7.2；

P_T——总损耗,单位为瓦特(W),按 10.7.1 确定。

11 效率的确定

11.1 概述

效率是以同一单位表示的输出功率 P_2 和输入功率 P_1 之比,通常以百分数表示。输出功率 P_2 等于输入功率 P_1 减去总损耗 P_T,若已知 3 个变量(输入、总损耗和输出)中的两个,就可用式(58)、式(59)求取效率 η：

$$\eta = \frac{P_2}{P_1} \times 100\% \qquad \cdots\cdots(58)$$

$$\eta = \left(1 - \frac{P_T}{P_1}\right) \times 100\% \qquad \cdots\cdots(59)$$

除非另有规定,应在额定电压和额定频率下确定效率。若电压没有显著偏离额定值且符合 4.2.1 的要求,则由此求得的效率值是准确的。

11.1.1 确定效率的试验方法

确定效率的几种试验方法如下：

(1) A 法——输入-输出法；

(2) B 法——测量输入和输出功率的损耗分析法；

(3) C 法——成对电机双电源对拖回馈试验损耗分析法；

(4) E 法或 E1 法 ——测量输入功率的损耗分析法；

(5) F 法或 F1 法 ——等值电路法；

(6) G 法或 G1 法——降低电压负载法；

(7) H 法——圆图法。

不同试验方法确定的效率值不直接比较。

11.1.2 试验方法与效率的测量不确定度

效率的测量不确定度是指实际效率值的不确定度，通常应以数值表示，这需要足够多的试验样本来确定其具的有代表性和可比性的数据。

本标准采用相对不确定度，以区分不同试验方法效率测试结果的相对准确性，见表4。

"低不确定度"表示完全根据试验结果确定效率。表明效率测试值的不确定范围小，此法较准确。

"中不确定度"表示依据部分试验结果和简化物理模型确定效率。表明效率测试值的不确定范围为中等大小，此法的准确性为中等；

"高不确定度"表示依据部分试验结果和若干假设确定效率，表明效率测试值的不确定范围较大，此法的准确性较差。

表4 相对不确定度

试验方法		条款	推荐适用范围	相对不确定度
A法		11.2	不大于1 kW	低
B法		11.3	不大于400 kW	低
C法		11.4		中
E法或E1法		11.5		中/高
F法或F1法		11.6	中、大型电机	中/高
G法或G1法		11.7		中/高
H法		11.8	中、大型电机	高
确定P_s的方法	剩余损耗法	10.6.2	不大于400 kW	低
	反转法	10.6.3	中、大型电机	中/高
	推荐值法	10.6.5	中、大型电机	中/高
	Eh-star法	10.6.6	1 kW ～ 150 kW	中

11.1.3 试验方法的选择

应优先选择相对不确定度低的试验方法。

对于中大型电机，根据现场条件，采用合适的方法确定电机的效率。

11.2 A法——输入-输出法

11.2.1 概述

A法的特点是由测得的输出功率与输入功率之比就可知电机的效率。此直观效率值与测试时的冷却介质温度值有关。为提高测试结果的准确性和便于分析比较，需用修正到基准冷却介质温度(25 ℃)的输出功率和输入功率，计算电机的效率。

11.2.2 试验程序

11.2.2.1 定子绕组初始(冷)端电阻的测定

被试电机在冷却介质温度下(按5.2.1中的规定)测量并记录定子绕组端电阻R_1(按5.2.2.4确

定)和绕组温度 θ_1(按 5.2.1 确定)。

11.2.2.2 额定负载热试验

a) 试验方法,按 6.6 的规定;
b) 绕组工作温度 θ_w,按 6.8 确定;热态端电阻 R_w,按 6.8.1.1 确定。

11.2.2.3 负载特性试验

试验方法按 7.2 的规定;
测量并记录:U、f、I_1、P_1、n(或 s_t)、T_t、θ_t(或 R_t)、θ_a。

11.2.2.3.1 转矩读数修正值 T_c 的测定

T_c 按 7.3 确定。

11.2.2.4 轴转矩 T 的确定

轴转矩 T 按 7.4 确定。

11.2.2.5 空载试验

11.2.2.5.1 试验方法

按 8.1 的规定。

11.2.2.5.2 风摩耗 P_{fw} 的确定

P_{fw} 按 8.2 确定。

11.2.2.5.3 铁耗 P_{Fe} 的确定

P_{Fe} 按 8.3 确定。

11.2.3 计算

11.2.3.1 修正到基准冷却介质温度(25 ℃)的输入功率 P_{1c}

11.2.3.1.1 试验温度下定子 I^2R 损耗 P_{cu1}(W)

$$P_{cu1}=1.5I_1^2R_1\times\frac{K_1+\theta_t}{K_1+\theta_1} \quad\cdots\cdots(60)$$

式中:
θ_t ——各负载点处绕组温度,单位为摄氏度(℃),见 11.2.2.3;
R_1——绕组初始(冷)端电阻,单位为欧姆(Ω),见 11.2.2.1;
θ_1 ——测量 R_1 时的绕组温度,单位为摄氏度(℃),见 11.2.2.1;
I_1——定子电流,单位为安培(A),见 11.2.2.3。

11.2.3.1.2 修正到基准冷却介质温度(25 ℃)的定子 I^2R 损耗 P_{cu1c}(W)

$$P_{cu1c}=P_{cu1}\times\frac{K_1+25}{K_1+\theta_a} \quad\cdots\cdots(61)$$

式中:
P_{cu1}——见 11.2.3.1.1;

θ_a ——负载试验冷却介质温度，单位为摄氏度(℃)，见 11.2.2.3。

11.2.3.1.3 定子 I^2R 损耗增量 ΔP_{cu1}(W)

$$\Delta P_{cu1}=P_{cu1}-P_{cu1c} \qquad (62)$$

式中：

P_{cu1} ——见 11.2.3.1.1；

P_{cu1c}——见 11.2.3.1.2。

11.2.3.1.4 试验温度下转子 I^2R 损耗 P_{cu2}(W)

11.2.3.1.4.1 试验温度下转差率 s

$$s=\frac{n_s-n}{n_s} \qquad (63)$$

式中：

n_s ——同步转速，单位为转每分钟(r/min)；

$$n_s=60\ f/p$$

f ——频率，单位为赫兹(Hz)，见 11.2.2.3；

n ——转速，单位为转每分钟(r/min)，见 11.2.2.3。

注：如实测转差 s_t，则 $n=n_s-s_t$。

11.2.3.1.4.2 试验温度下转子 I^2R 损耗 P_{cu2}(W)

$$P_{cu2}=(P_1-P_{cu1}-P_{Fe})\times s \qquad (64)$$

式中：

P_1 ——输入功率，单位为瓦特(W)，见 11.2.2.3；

P_{cu1}——试验温度下定子 I^2R 损耗，单位为瓦特(W)，见 11.2.3.1.1；

P_{Fe} ——铁耗，单位为瓦特(W)，见 11.2.2.5.3；

s ——试验温度下转差率，见 11.2.3.1.4.1。

11.2.3.1.5 修正到基准冷却介质温度(25 ℃)的转子 I^2R 损耗 P_{cu2c}(W)

$$P_{cu2c}=P_{cu2}\times\frac{K_2+25}{K_2+\theta_a} \qquad (65)$$

式中：

P_{cu2}——试验温度下转子 I^2R 损耗，单位为瓦特(W)，见 11.2.3.1.4.2；

θ_a ——负载试验时冷却介质温度，单位为摄氏度(℃)，见 11.2.2.3。

11.2.3.1.6 转子 I^2R 损耗增量 ΔP_{cu2}(W)

$$\Delta P_{cu2}=P_{cu2}-P_{cu2c} \qquad (66)$$

式中：

P_{cu2} ——见 11.2.3.1.4.2；

P_{cu2c}——见 11.2.3.1.5。

11.2.3.1.7 修正到基准冷却介质温度(25 ℃)的输入功率 P_{1c}(W)

$$P_{1c}=P_1-\Delta P_{cu1}-\Delta P_{cu2} \qquad (67)$$

式中：

P_1 ——输入功率，单位为瓦特(W)，见 11.2.2.3；

ΔP_{cu1}——按 11.2.3.1.3 确定；

ΔP_{cu2}——按 11.2.3.1.6 确定。

11.2.3.2 修正到基准冷却介质温度(25 ℃)的输出功率 P_{2c}

11.2.3.2.1 修正到基准冷却介质温度(25 ℃)的转差 s_{tc}(r/min)

$$s_{tc}=(n_s-n)\times\frac{K_2+25}{K_2+\theta_a} \quad\cdots\cdots(68)$$

式中：

n_s——同步转速，单位为转每分钟(r/min)，按 11.2.3.1.4 确定；

n ——实测转速，单位为转每分钟(r/min)，见 11.2.2.3；

θ_a——负载试验冷却介质温度，单位为摄氏度(℃)，见 11.2.2.3。

11.2.3.2.2 修正到基准冷却介质温度(25 ℃)的转速 n_c(r/min)

$$n_c=n_s-s_{tc} \quad\cdots\cdots(69)$$

11.2.3.2.3 修正到基准冷却介质温度(25 ℃)的输出功率 P_{2c}(W)

$$P_{2c}=\frac{T\times n_c}{9.549} \quad\cdots\cdots(70)$$

式中：

T ——轴转矩，单位为牛顿米(N·m)，见 11.2.2.4；

n_c ——修正到基准冷却介质温度(25 ℃)的转速，单位为转每分钟(r/min)，见 11.2.3.2.2。

11.2.3.3 效率 η

$$\eta=\frac{P_{2c}}{P_{1c}}\times 100\% \quad\cdots\cdots(71)$$

式中：

P_{2c}——修正到基准冷却介质温度(25 ℃)的输出功率，单位为瓦特(W)，见 11.2.3.2.3；

P_{1c}——修正到基准冷却介质温度(25 ℃)的输入功率，单位为瓦特(W)，见 11.2.3.1.7。

11.2.3.4 功率因数 $\cos\varphi$

$$\cos\varphi=\frac{P_{1c}}{\sqrt{3}UI_1} \quad\cdots\cdots(72)$$

式中：

P_{1c}——修正到基准冷却介质温度(25 ℃)的输入功率，单位为瓦特(W)，见 11.2.3.1.7；

U ——端电压测试值，单位为伏特(V)，见 11.2.2.3；

I_1 ——定子电流测试值，单位为安培(A)，见 11.2.2.3。

11.2.3.5 负载特性曲线

作定子电流 I_1(A)(见 11.2.2.3)、修正后输入功率 P_{1c}(W)(见 11.2.3.1.7)、修正后的转速 n_c(r/min)(见 11.2.3.2.2)、效率 η(见 11.2.3.3)及功率因数 $\cos\varphi$(见 11.2.3.4)对修正后输出功率 P_{2c}(W)(见 11.2.3.2.3)的关系曲线。

11.2.3.6 指定负载点特性参数

从负载特性曲线上求取150%、125%、100%、75%、50%和25%额定负载时的I_1(A)、P_{1c}(W)、n_c(r/min)、η和$\cos\varphi$的值。

11.2.3.7 A法计算格式

型号________ 设计________ 机座号______ 定额___________ 相数________
频率____Hz 电压________V 极数________ 温升限值_______ 工作制_______
产品编号________

表5 A法计算格式

序号	项目	数据来源或计算	负载点					
			1	2	3	4	5	6
1	定子绕组初始(冷)端电阻 R_1/Ω	见11.2.2.1						
2	测量 R_1 时绕组温度 θ_1/℃	见11.2.2.1						
3	定子绕组温度 θ_t/℃	见11.2.2.3						
4	负载试验冷却介质温度 θ_a/℃	见11.2.2.3						
5	端电压 U/V	见11.2.2.3						
6	定子线电流 I_1/A	见11.2.2.3						
7	输入功率 P_1/W	见11.2.2.3						
8	频率 f/Hz	见11.2.2.3						
9	同步转速 n_s/(r/min)	(9)=60×(8)/p						
10	实测转速 n/(r/min)	见11.2.2.3或(10)=(9)−(11)						
11	实测转差 s_t/(r/min)	见11.2.2.3或(11)=(9)−(10)						
12	转差率 s	(12)=(11)/(9)						
13	修正到25 ℃冷却介质温度的转差 s_{tc}/(r/min)	(13)=(11)×(K_2+25)/[K_2+(4)]						
14	修正到25 ℃冷却介质温度的转速 n_c/(r/min)	(14)=(9)−(13)						
15	转矩读数 T_t/N·m	见11.2.2.3						
16	转矩读数修正值 T_c/N·m	见11.2.2.3.1						
17	轴转矩 T/N·m	(17)=(15)+(16)						
18	修正到25 ℃冷却介质温度的输出功率 P_{2c}/W	(18)=(17)×(14)/9.549						
19	铁耗 P_{Fe}/W	各负载点铁耗,见11.2.2.5.3						
20	试验温度下定子绕组端电阻 (R_t)/Ω	(20)=(1)×(K_1+(3))/[K_1+(2)]						
21	试验温度下定子 I^2R 损耗 P_{cu1}/W	(21)=1.5×(6)^2×(20)						

表 5（续）

序号	项　目	数据来源或计算	负载点					
			1	2	3	4	5	6
22	修正到 25 ℃冷却介质温度定子 I^2R 损耗 P_{cu1c}/W	(22)＝(21)×(K_1＋25)/[K_1＋(4)]						
23	定子 I^2R 损耗增量 ΔP_{cu1}/W	(23)＝(21)-(22)						
24	试验温度下转子 I^2R 损耗 P_{cu2}/W	(24)＝[(7)－(21)－(19)]×(12)						
25	修正到 25 ℃冷却介质温度转子 I^2R 损耗 P_{cu2c}/W	(25)＝(24)×(K_2＋25)/[K_2＋(4)]						
26	转子 I^2R 损耗增量 ΔP_{cu2}/W	(26)＝(24)－(25)						
27	修正到 25 ℃冷却介质温度定子输入功率 P_{1c}/W	(28)＝(7)－(22)－(26)						
28	效率 η	(29)＝100×(18)/(27)						
29	功率因数 $\cos\varphi$	(30)＝(27)/[$\sqrt{3}$×(5)×(6)]						
注：带括号数字指本表序号所指的参量。								

11.3 B 法——测量输入和输出功率的损耗分析法

11.3.1 试验程序

11.3.1.1 定子绕组初始(冷)端电阻的测定

被试电机在冷却介质温度下(按 5.2.1 中的规定)，测量并记录定子绕组端电阻 R_1(按 5.2.2.4 确定)和绕组温度 θ_1(按 5.2.1 确定)。

11.3.1.2 额定负载热试验

11.3.1.2.1 试验方法

按 6.6 的规定。

11.3.1.2.2 绕组工作温度 θ_w(℃)

θ_w 按 6.8 确定，热态端电阻 R_w 按 6.8.1.1 确定。

11.3.1.2.3 绕组规定温度 θ_s(℃)

θ_s 按 6.9.2 的 a)、b)或 c)确定。

11.3.1.3 负载特性试验

试验方法按 7.2 的规定。

测量并记录：U、f、I_1、P_1、n(或 s_t)、T_t、θ_t(或 R_t)、θ_a。

11.3.1.3.1 转矩读数修正值 T_c 的测定

T_c 按 7.3 确定。

11.3.1.4 轴转矩 T 的确定

轴转矩 T 按 7.4 确定。

11.3.1.5 空载试验

11.3.1.5.1 试验方法及试验要求

按 8.1 的规定。

11.3.1.5.2 风摩耗 P_{fw} 的确定

P_{fw} 按 8.2 确定。

11.3.1.5.3 铁耗 P_{Fe} 的确定

P_{Fe} 按 8.3 确定。

11.3.2 计算

11.3.2.1 风摩耗 P_{fw}(W)

见 11.3.1.5.2。

11.3.2.2 铁耗 P_{Fe}(W)

见 11.3.1.5.3。

11.3.2.3 负载杂散损耗 P_s 的确定

11.3.2.3.1 试验温度(θ_t)下定子 I^2R 损耗 P_{cu1}(W)

$$P_{cu1} = 1.5 I_1^2 R_1 \times \frac{K_1 + \theta_t}{K_1 + \theta_1} \qquad \cdots\cdots (73)$$

式中：

θ_t ——各负载点绕组温度，单位为摄氏度(℃)，见 11.3.1.3；

R_1——绕组初始(冷)端电阻，单位为欧姆(Ω)，见 11.3.1.1；

θ_1 ——测量 R_1 时绕组温度，单位为摄氏度(℃)，见 11.3.1.1；

I_1 ——定子电流，单位为安培(A)，见 11.3.1.3。

11.3.2.3.2 试验温度下转子 I^2R 损耗 P_{cu2}(W)

11.3.2.3.2.1 试验温度下转差率 s

$$s = \frac{n_s - n}{n_s} \qquad \cdots\cdots (74)$$

式中：

n_s ——同步转速，单位为转每分钟(r/min)；

$$n_s = 60 \times f/p$$

f ——频率,单位为赫兹(Hz),见11.2.2.3;

n ——转速,单位为转每分钟(r/min),见11.2.2.3。

注:如实测转差 s_t,则 $n=n_s-s_t$。

11.3.2.3.2.2 试验温度下转子 I^2R 损耗 P_{cu2}(W)

$$P_{cu2}=(P_1-P_{cu1}-P_{Fe})\times s \tag{75}$$

式中:

P_1 ——输入功率测量值,单位为瓦特(W),见11.3.1.3;

P_{cu1} ——试验温度下定子 I^2R 损耗,单位为瓦特(W),见11.3.2.3.1;

P_{Fe} ——铁耗,单位为瓦特(W),见11.3.2.2;

s ——试验温度转差率,按11.3.2.3.2.1确定。

注:如实测转差 s_t,则 $n=n_s-s_t$。

11.3.2.3.3 轴功率 P_{mech} 的确定(W)

$$P_{mech}=\frac{T\times n}{9.549} \tag{76}$$

式中:

T ——轴转矩,单位为牛顿米(N·m),见11.3.1.4;

n ——转速,单位为转每分钟(r/min),见11.3.1.3。

11.3.2.3.4 视在总损耗 P_{ST}(W)

$$P_{ST}=P_1-P_{mech} \tag{77}$$

式中:

P_1 ——输入功率,单位为瓦特(W),见11.3.1.3;

P_{mech} ——轴功率,单位为瓦特(W),见11.3.2.3.3。

11.3.2.3.5 剩余损耗 P_L(W)

$$P_L=P_{ST}-(P_{fw}+P_{Fe}+P_{cu1}+P_{cu2}) \tag{78}$$

式中:

P_{ST} ——视在总损耗,单位为瓦特(W),见11.3.2.3.4;

P_{fw} ——风摩耗,单位为瓦特(W),见11.3.2.1;

P_{Fe} ——铁耗,单位为瓦特(W),见11.3.2.2;

P_{cu1} ——试验温度下定子 I^2R 损耗,单位为瓦特(W),见11.3.2.3.1;

P_{cu2} ——试验温度下转子 I^2R 损耗,单位为瓦特(W),见11.3.2.3.2。

11.3.2.3.6 剩余损耗 P_L 对 T^2 的线性回归分析

由于 P_L 与 T^2 呈线性关系,对其进行线性回归分析(方法见附录C)得到:

斜率 A;

截距 B(W);

相关系数 r。

如果相关系数 r(按附录C求取)小于0.95,剔除最差的一点后再进行回归分析。如果 $r\geqslant0.95$,则用第二次回归分析的结果。如果 r 仍小于0.95,说明测试仪器或试验读数,或二者均有较大误差,应查明产生误差的原因并校正,再重新做试验。

11.3.2.3.7 负载杂散损耗 P_s(W)

$$P_s = A \times T^2 \quad \cdots\cdots(79)$$

式中：

A ——斜率，见 11.3.2.3.6；

T ——轴转矩，单位为牛顿米(N·m)，见 11.3.1.4。

11.3.2.4 规定温度(θ_s)下定子 I^2R 损耗 P_{cu1s}(W)

$$P_{cu1s} = 1.5 I_1^2 R_1 \times \frac{K_1 + \theta_s}{K_1 + \theta_1} \quad \cdots\cdots(80)$$

式中：

I_1——定子线电流，单位为安培(A)，见 11.3.1.3；

R_1——定子绕组初始(冷)端电阻，单位为欧姆(Ω)，见 11.3.1.1；

θ_1——测量 R_1 时定子绕组温度，单位为摄氏度(℃)，见 11.3.1.1；

θ_s——规定温度，单位为摄氏度(℃)，见 11.3.1.2.3。

11.3.2.5 规定温度(θ_s)下转子 I^2R 损耗 P_{cu2s}(W)

11.3.2.5.1 规定温度(θ_s)下转差率 s_s

$$s_s = s \times \frac{K_2 + \theta_s}{K_2 + \theta_t} \quad \cdots\cdots(81)$$

式中：

s ——试验温度转差率，见 11.3.2.3.2.1；

θ_t——测量转速 n 时定子绕组温度，单位为摄氏度(℃)，见 11.3.1.3；

θ_s——规定温度，单位为摄氏度(℃)，见 11.3.1.2.3。

11.3.2.5.2 规定温度(θ_s)下转子 I^2R 损耗 P_{cu1s}(W)

$$P_{cu2s} = (P_1 - P_{cu1s} - P_{Fe}) \times s_s \quad \cdots\cdots(82)$$

式中：

P_1 ——输入功率，单位为瓦特(W)，见 11.3.1.3；

P_{cu1s} ——规定温度(θ_s)下定子 I^2R 损耗，单位为瓦特(W)，见 11.3.2.4；

P_{Fe} ——铁耗，单位为瓦特(W)，见 11.3.2.2；

s_s ——规定温度(θ_s)下转差率，见 11.3.2.5.1。

11.3.2.5.3 规定温度(θ_s)下的转速 n_c(r/min)

$$n_c = (1 - s_s) \times n_s \quad \cdots\cdots(83)$$

式中：

n_s ——同步转速，单位为转每分钟(r/min)，见 11.3.2.3.2.1；

s_s ——规定温度(θ_s)下转差率，见 11.3.2.5.1。

11.3.2.6 总损耗 P_T(W)

$$P_T = P_{fw} + P_{Fe} + P_s + P_{cu1s} + P_{cu2s} \quad \cdots\cdots(84)$$

式中：

P_{fw} ——风摩耗，单位为瓦特(W)，见 11.3.2.1；

P_{Fe} ——铁耗,单位为瓦特(W),见 11.3.2.2;

P_s ——负载杂散损耗,单位为瓦特(W),按 11.3.2.3.7;

P_{cu1s} ——规定温度下定子 I^2R 损耗,单位为瓦特(W),见 11.3.2.4;

P_{cu2s} ——规定温度下转子 I^2R 损耗,单位为瓦特(W),见 11.3.2.5。

11.3.2.7 **输出功率 P_2(W)**

$$P_2 = P_1 - P_T \tag{85}$$

式中:

P_1——输入功率,单位为瓦特(W),见 11.3.1.3;

P_T——总损耗,单位为瓦特(W),见 11.3.2.6。

11.3.2.8 **效率 η**

$$\eta = \frac{P_2}{P_1} \times 100\% \tag{86}$$

式中:

P_2——输出功率,单位为瓦特(W),见 11.3.2.7;

P_1——输入功率,单位为瓦特(W),见 11.3.1.3。

11.3.2.9 **功率因数 $\cos\varphi$**

$$\cos\varphi = \frac{P_1}{\sqrt{3}UI_1} \tag{87}$$

式中:

P_1——输入功率,单位为瓦特(W),见 11.3.1.3;

I_1 ——定子电流,单位为安培(A),见 11.3.1.3;

U ——端电压,单位为伏特(V),见 11.3.1.3。

11.3.2.10 **负载特性曲线**

作定子电流 I_1(A)(见 11.3.1.3),输入功率 P_1(W)(见 11.3.1.3),转速 n_c(r/min)(见 11.3.2.5.3),效率η(见 11.3.2.8)及功率因数 $\cos\varphi$(见 11.3.2.9)对输出功率 P_2(W)(见 11.3.2.7)的关系曲线。

11.3.2.11 **指定负载点特性参数**

从负载特性曲线上求取 150%,125%,100%,75%,50%和 25%额定负载时的 I_1(A),P_1(W),n_c(r/min),η 和 $\cos\varphi$ 的值。

11.3.2.12 **B 法计算格式**

表 6 B 法计算格式

序号	项 目	数据来源或计算
1	定子绕组初始(冷)端电阻 R_1/Ω	见 11.3.1.1
2	测量 R_1 时绕组温度 θ_1/℃	见 11.3.1.1
3	额定负载热试验绕组工作温度 θ_w/℃	见 11.3.1.2.2
4	热试验冷却介质温度 θ_b/℃	见 11.3.1.2.1

表 6（续）

序号	项　目	数据来源或计算
5	负载试验绕组温度 θ_t/℃	见 11.3.1.3
6	负载试验冷却介质温度 θ_a/℃	见 11.3.1.3
7	规定温度 θ_s/℃	(7)＝(3)－(4)＋25
8	频率 f/Hz	见 11.3.1.3
9	同步转速 n_s/(r/min)	(9)＝60×(8)/p
10	转速 n/(r/min)	见 11.3.1.3，或(10)＝(9)－(11)
11	转差 s_t/(r/min)	见 11.3.1.3，或(11)＝(9)－(10)
12	转差率 s	(12)＝(11)/(9)
13	端电压 U/V	见 11.3.1.3
14	定子线电流 I_1/A	见 11.3.1.3
15	定子输入功率 P_1/W	见 11.3.1.3
16	风摩耗 P_{fw}/W	见 11.3.2.1
17	各负载点铁耗 P_{Fe}/W	见 11.3.2.2
18	P_{cu1} 在试验温度(θ_t)下定子 I^2R 损耗/W	(18)＝1.5×(14)^2×(1)×[K_1＋(5)]/[K_1＋(2)]
19	P_{cu2} 在试验温度(θ_t)下转子 I^2R 损耗/W	(19)＝[(15)－(17)－(18)]×(12)
20	各负载点转矩读数 T_t/N·m	见 11.3.1.3
21	转矩读数修正值 T_c/N·m	见 11.3.1.3.1
22	轴转矩 T/(N·m)	(22)＝(20)＋(21)
23	轴功率 P_{mech}/W	(23)＝(10)×(22)/9.549
24	剩余损耗 P_L/W	(24)＝(15)－(23)－(16)－(17)－(18)－(19)
25	截距 B	见 11.3.2.3.6
26	斜率 A	见 11.3.2.3.6
27	相关系数 r	见 11.3.2.3.6
28	负载杂散损耗 P_s/W	(28)＝(26)×(22)^2
29	规定温度(θ_s)下定子 I^2R 损耗 P_{cu1s}/W	(29)＝1.5×(14)^2×(1)×[K_1＋(7)]/[K_1＋(2)]
30	规定温度(θ_s)下转差 s_{tc}/(r/min)	(30)＝(11)×[K_2＋(7)]/[K_2＋(5)]
31	规定温度(θ_s)下转速 n_c/(r/min)	(31)＝(9)－(30)
32	规定温度(θ_s)下转差率 s_s	(32)＝(30)/(9)
33	规定温度(θ_s)下转子 I^2R 损耗 P_{cu2s}/W	(32)＝[(15)－(17)－(29)]×(30)/(9)
34	总损耗 P_T/W	(33)＝(16)＋(17)＋(28)＋(29)＋(33)
35	输出功率 P_2/W	(34)＝(15)－(34)
36	效率 η	(35)＝100×(35)/(15)
37	功率因数 $\cos\varphi$	(30)＝(15)/[$\sqrt{3}$×(13)×(14)]
注：带括号数字指本表序号所指的参量。		

11.4 C法——成对电机双电源对拖回馈试验损耗分析法

有两台完全相同的成对电机可用时，可用此法确定电机的效率。将两台电机耦接在一起。电气上接在两个电源上，其中一个是可调(电压、频率)电源。两个电源都必须符合4.2.1.1和4.2.1.2的要求，必须既能输出功率又能吸收功率。

11.4.1 试验程序

为了分析叙述方便，接到额定频率电源的电机记为M1，接到可调频、调压电源的电机记为M2。

11.4.1.1 定子绕组初始(冷)端电阻的测定

M1电机和M2电机在冷却介质温度下(按5.2.1的规定)，分别测量并记录定子绕组端电阻 R_1(按5.2.2.4确定)和绕组温度 θ_1(按5.2.1确定)。

11.4.1.2 两台电机空载试验

按8.1的规定进行空载试验。

按8.2和8.3，分别确定M1电机和M2电机的风摩耗 P_{fw} 和负载下的铁耗 P_{Fe}。

11.4.1.3 加载试验

11.4.1.3.1 加载方法

两台电机耦接在一起，将M1(被试)电机接到额定电压和额定频率电源上，M2(辅助)电机接到可调(电压、频率)的电源上。降低M2电机的供电电压和频率，给M1电机加负载。此时，M1电机作为电动机运行，M2电机作为发电机运行。M2电机端电压除以该电压的频率应保持等于其额定电压除以额定频率(称为额定压/频比)。

11.4.1.3.2 额定负载热试验

将M1电机加载到额定电流并按6.6.2规定进行热试验，按6.8的规定确定绕组工作温度 θ_w，按6.9.2中的a)、b)或c)的规定确定绕组的规定温度 θ_s。

11.4.1.3.3 负载特性试验

11.4.1.3.3.1 M1作为电动机负载试验

M1电机在额定电压和额定频率下运行，降低M2(辅助)电机的端电压和频率，给M1电机加负载。此时M1电机为电动机运行，M2电机为发电机运行。在调节M2电机的端电压和频率时，应保持压/频比为额定值。

试验从最大负载开始，依次降到最小负载。试验应尽快完成以减少试验过程中温度变化对试验结果的影响。

在25%～100%额定负载之间，按大致均匀分布取4个负载点(包括100%额定负载)，在大于100%但不超过150%额定负载之间取2个负载点。读取并记录M1电机在每个负载点的定子输入功率 P_1、定子线电流 I_1、端电压 U、频率 f、绕组温度 θ_t(或端电阻 R_t)、转速 n(或转差 s_t)、冷却介质温度 θ_a。同时读取并记录M2电机在该负载点的定子输出功率 P_1'、线电流 I_1'、端电压 U'、绕组温度 θ_t'(或端电阻 R_t')、电源频率 f'。M2电机与M1电机的转速相同，但由于电源频率不同，所以同步转速不同，转差率不同。

11.4.1.3.3.2 **M1 作为发电机负载试验**

升高 M2 电机的电源频率和端电压(保持额定压/频比),使 M2 电机作电动机运行。M1 电机仍保持在额定电压和额定频率下作发电机运行。

M1 电机作为发电机运行,而 M2 电机作为电动机运行时,测量仪表及互感器接线位置均不变。由于功率反向流动,所有仪表的校正误差可减至最小。仪用互感器的相角误差是累积的,精确校正相角误差是很重要的。因为这种误差会使所求得的损耗小于真实值。

测量并记录 M1 电机和 M2 电机试验数据,测量和记录项目与 11.4.1.3.3.1 相同。

11.4.2 **计算**

11.4.2.1 **风摩耗 P_{fw}**

P_{fw}按 11.4.1.2 确定。

11.4.2.2 **铁耗 P_{Fe}**

P_{Fe}按 11.4.1.2 确定。

11.4.2.3 **负载杂散损耗 P_s**

11.4.2.3.1 **M1 电机在电动机状态下负载杂散损耗 P_{s1}(W)**

用 11.4.1.3.3.1 测得的试验数据,按下述方法求取 M1 电机在电动机状态下的负载杂散损耗:

[1] 利用测得的电流值,计算在试验温度下每台电机的定子 I^2R 损耗;

[2] 利用测得的以同步转速表示的 M1 电动机转差率计算 M1 电动机转子 I^2R 损耗:

电动机转差率 ×(电动机输入功率 − 定子 I^2R 损耗 − 铁耗)

[3] 利用测得的以同步转速表示的发电机转差率计算 M2 电机转子 I^2R 损耗:

发电机转差率 ×(发电机输出功率 + 定子 I^2R 损耗 + 铁耗)

[4] 由测得的总损耗(等于 M1 电机的输入功率与 M2 电机输出功率差值)减去两台电机的定子 I^2R 损耗、转子 I^2R 损耗、铁耗及风摩耗之和,即为两台电机的总杂散损耗;

[5] 假定负载杂散损耗与转子电流平方成比例,可求得:

M1(被试)电机在电动机状态下的负载杂散损耗:

$$P_{s1} = [4] \times \frac{[2]}{[2]+[3]} \qquad \cdots\cdots(88)$$

11.4.2.3.2 **M1 电机在发电机状态下负载杂散损耗 P_{s2}(W)**

用 11.4.1.3.3.2 测得的试验数据,按 11.4.2.3.1 所述的方法,求取 M1 电机在发电机状态下的负载杂散损耗 P_{s2}:

$$P_{s2} = [4] \times \frac{[3]}{[2]+[3]} \qquad \cdots\cdots(89)$$

11.4.2.3.3 **负载杂散耗平均值 P_{sL}(W)**

取 M1 电机在电动机状态下和发电机状态下同一负载时的杂散损耗 P_{s1} 和 P_{s2} 的平均值作为该负载点负载杂散损耗的平均值 P_{sL}:

$$P_{sL} = \frac{1}{2}(P_{s1} + P_{s2}) \qquad \cdots\cdots(90)$$

11.4.2.3.4 同一负载点转子电流近似值的平均值 I_{2avg}(A)

M1 电机在电动机状态时转子电流 $I_{2(M)}$：

$$I_{2(M)}=\sqrt{I_{1(M)}^2-I_0^2} \qquad (91)$$

M1 电机在发电机状态时转子电流 $I_{2(G)}$：

$$I_{2(G)}=\sqrt{I_{1(G)}^2-I_0^2} \qquad (92)$$

转子平均电流 I_{2avg}：

$$I_{2avg}=\frac{1}{2}(I_{2(M)}+I_{2(G)}) \qquad (93)$$

式中：

$I_{1(M)}$——M1 电机在电动机状态时每一负载点定子电流，单位为安培(A)，见 11.4.1.3.3.1；

$I_{1(G)}$——M1 电机在发电机状态时每一负载点定子电流，单位为安培(A)，见 11.4.1.3.3.2；

I_0 ——额定电压空载电流，单位为安培(A)，见 11.4.1.2。

11.4.2.3.5 负载杂散损耗平均值 P_{sL} 的线性回归分析

P_{sL} 与 I_{2avg}^2 呈线性关系，将 P_{sL} 数据对 I_{2avg}^2 进行线性回归分析(回归分析方法按附录 C)，得到回归方程：

$$P_{sL}=A\times(I_{2avg}^2)+B \qquad (94)$$

式中：

A ——斜率(按附录 C 求得)；

B ——截距(按附录 C 求取)。

相关系数 r 按附录 C 求取。

如果分析结果显示斜率 A 为负数或相关系数 $r<0.9$，则应删去最差一点重新回归分析，如果斜率 A 为正且 $r\geqslant 0.9$，则用第二次回归分析结果。如果斜率 A 仍为负数或 $r<0.9$，此次试验不符合要求，表明测试仪表或读数，或二者均有误差。应分析产生误差的原因并改正，重做负载试验。

11.4.2.3.6 负载杂散损耗 P_s(W)

$$P_s=A\times(I_{2(M)})^2 \qquad (95)$$

式中：

A ——斜率，见 11.4.2.3.5；

$I_{2(M)}$ ——M1 电机作为电动机运行时的转子电流，单位为安培(A)，见 11.4.2.3.4。

11.4.2.4 M1 电机规定温度(θ_s)下定子 I^2R 损耗 P_{culs}(W)

$$P_{culs}=1.5I_1^2R_1\times\frac{K_1+\theta_s}{K_1+\theta_1} \qquad (96)$$

式中：

I_1 ——M1 电机作为电动机时各负载点的定子电流，单位为安培(A)，见 11.4.1.3.3.1；

R_1——初始(冷)端电阻，单位为欧姆(Ω)，见 11.4.1.1；

θ_1 ——测量 R_1 时定子绕组温度，单位为摄氏度(℃)，见 11.4.1.1；

θ_s ——规定温度，单位为摄氏度(℃)，见 11.4.1.3.2。

11.4.2.5 **M1 电机规定温度(θ_s)下转子绕组 I^2R 损耗 P_{cu2s}(W)**

$$P_{cu2s}=(P_1-P_{cu1s}-P_{Fe})\times\frac{n_s-n}{n_s}\times\frac{K_2+\theta_s}{K_2+\theta_t} \quad\cdots\cdots(97)$$

式中：

n_s——同步转速，单位为转每分钟(r/min)；

$$n_s=60\times f/p$$

n ——各负载点实测转速，单位为转每分钟(r/min)，见 11.4.1.3.3.1，如实测较差为 s_t，则 $n=n_s-s_t$；

θ_t ——测量转速 n 时 M1 电机定子绕组温度，单位为摄氏度(℃)，见 11.4.1.3.3.1；

θ_s ——规定温度，单位为摄氏度(℃)，见 11.4.1.3.2；

P_1 ——M1 电机的定子输入功率，单位为瓦特(W)，见 11.4.1.3.3.1；

P_{cu1s}——M1 电机规定温度(θ_s)下定子 I^2R 损耗，单位为瓦特(W)，见 11.4.2.4；

P_{Fe} ——M1 电机在各负载点的铁耗，单位为瓦特(W)，见 11.4.2.2；

f ——M1 电机的电源频率，单位为赫兹(Hz)，见 11.4.1.3.3.1。

11.4.2.6 **M1 电机的总损耗 P_T(W)**

$$P_T=P_{fw}+P_{Fe}+P_s+P_{cu1s}+P_{cu2s} \quad\cdots\cdots(98)$$

式中：

P_{fw} ——风摩耗，单位为瓦特(W)，见 11.4.2.1；

P_{Fe} ——各负载点铁耗，单位为瓦特(W)，见 11.4.2.2；

P_s ——负载杂散损耗，单位为瓦特(W)，见 11.4.2.3.6；

P_{cu1s}——规定温度下定子 I^2R 损耗，单位为瓦特(W)，见 11.4.2.4；

P_{cu2s}——规定温度下转子 I^2R 损耗，单位为瓦特(W)，见 11.4.2.5。

11.4.2.7 **M1 电机输出功率 P_2(W)**

$$P_2=P_1-P_T \quad\cdots\cdots(99)$$

式中：

P_1——M1 电机输入功率，单位为瓦特(W)，见 11.4.1.3.3.1；

P_T——总损耗，单位为瓦特(W)，见 11.4.2.6。

11.4.2.8 **M1 电机效率 η**

$$\eta=\frac{P_2}{P_1}\times100\% \quad\cdots\cdots(100)$$

式中：

P_2——输出功率，单位为瓦特(W)，见 11.4.2.7；

P_1——输入功率，单位为瓦特(W)，见 11.4.1.3.3.1。

11.4.2.9 **M1 电机功率因数 $\cos\varphi$**

$$\cos\varphi=\frac{P_1}{\sqrt{3}UI_1} \quad\cdots\cdots(101)$$

式中：

P_1——输入功率，单位为瓦特(W)，见 11.4.1.3.3.1；

U ——端电压，单位为伏特(V)，见 11.4.3.3.1；

I_1 ——定子线电流，单位为安培(A)，见 11.4.1.3.3.1。

11.4.2.10 C 法计算格式

表 7 C 法计算格式

序号	项　　目	M1 电机数据来源或计算
1	定子绕组初始(冷)端电阻 R_1/Ω	见 11.4.1.1
2	测量 R_1 时绕组温度 θ_1/℃	见 11.4.1.1
3	绕组规定温度 θ_s/℃	见 11.4.1.3.2
4	热试验冷却冷却介质温度 θ_b/℃	见 11.4.1.3.2
5	负载试验定子绕组温度 θ_t/℃	见 11.4.1.3.3.1
6	负载试验冷却冷却介质温度 θ_a/℃	见 11.4.1.3.3.1
7	频率 f/Hz	见 11.4.1.3.3.1
8	同步转速 n_s/(r/min)	(8)＝60×(7)/p
9	转速 n/(r/min)	见 11.4.1.3.3.1，或(9)＝(8)－(10)
10	转差 s_t/(r/min)	见 11.4.1.3.3.1，或(10)＝(8)－(9)
11	试验温度下(θ_t)转差率 s	(11)＝[(8)－(9)]/(8)或(11)＝(10)/(8)
12	端电压 U/V	见 11.4.1.3.3.1
13	定子线电流 I_1/A	见 11.4.1.3.3.1
14	定子输入功率 P_1/W	见 11.4.1.3.3.1
15	风摩耗 P_{fw}/W	见 11.4.2.1
16	各负载点铁耗 P_{Fe}/W	见 11.4.2.2
17	规定温度(θ_s)下的转差率 s_s	(17)＝[(8)－(9)]/(8)×[K_2＋(3)]/[K_2＋(5)]
18	规定温度(θ_s)下定子 I^2R 损耗 P_{cu1s}/W	(18)＝1.5×(13)^2×(1)×[K_1＋(3)]/[K_1＋(2)]
19	规定温度(θ_s)下转子 I^2R 损耗 P_{cu2s}/W	(19)＝[(14)－(16)－(18)]×(17)
20	负载杂散损耗 P_s/W	见 11.4.2.3.6
21	总损耗 P_T/W	(21)＝(15)＋(16)＋(18)＋(19)＋(20)
22	输出功率 P_2/W	(22)＝(14)－(21)
23	效率 η	(23)＝100×(22)/(14)
24	cosφ	(24)＝(14)/[$\sqrt{3}$×(12)×(13)]
注：带括号的数字指本表序号所指的参量。		

11.5 E 法或 E1 法——测量输入功率的损耗分析法

测量定子输入功率，从输入功率中减去总损耗即为输出功率。总损耗等于规定温度下定子 I^2R 损耗，规定温度下转子 I^2R 损耗、铁耗、风摩耗及负载杂散损耗之和。

E 法与 E1 法的唯一区别是，E 法是通过试验确定负载杂散损耗，而 E1 法是按推荐值(见 10.6.5)确定负载杂散损耗。

11.5.1 试验程序

11.5.1.1 定子绕组初始(冷)端电阻的测定

被试电机在冷却介质温度下(按 5.2.1 中的规定),测量并记录端电阻 R_1(按 5.2.2.4 确定)和绕组温度 θ_1(按 5.2.1 确定)。

11.5.1.2 额定负载热试验

11.5.1.2.1 试验方法

按 6.6 的规定进行热试验。

11.5.1.2.2 绕组工作温度 θ_w(℃)

θ_w 按 6.8 确定。

11.5.1.2.3 绕组规定温度 θ_s(℃)

θ_s 按 6.9.2 的 a)、b)或 c)确定。

11.5.1.3 负载试验

试验方法,按 7.2 的规定。

测量并记录:U,f,I_1,P_1,n(或 s_t),θ_t(或 R_t),θ_a。

11.5.1.4 空载试验

11.5.1.4.1 试验方法

按 8.1 的规定。

11.5.1.4.2 风摩耗 P_{fw}(W)

P_{fw}按 8.2 确定。

11.5.1.4.3 铁耗 P_{Fe}(W)

P_{Fe}按 8.3 确定。

11.5.1.5 负载杂散损耗

a) E 法可采用取出转子试验和反转试验法(见 10.6.3),绕线转子电动机杂散损耗的测试法(见 10.6.4)或 Eh-star 法(见 10.6.6)确定负载杂散损耗。
b) E1 法按推荐值法(见 10.6.5)确定负载杂散损耗 P_s。

11.5.2 计算

11.5.2.1 风摩耗 P_{fw}

P_{fw}见 11.5.1.4.2。

11.5.2.2 铁耗 P_{Fe}

P_{Fe}见 11.5.1.4.3。

11.5.2.3 **规定温度($\boldsymbol{\theta_s}$)下定子 $\boldsymbol{I^2R}$ 损耗 $\boldsymbol{P_{cu1s}}$(W)**

$$P_{cu1s} = 1.5 I_1^2 R_1 \times \frac{K_1 + \theta_s}{K_1 + \theta_1} \quad \cdots\cdots (102)$$

式中:

I_1 ——定子线电流,单位为安培(A),见 11.5.1.3;

R_1——定子绕组初始(冷)端电阻,单位为欧姆(Ω),见 11.5.1.1;

θ_1 ——测量 R_1 时绕组温度,单位为摄氏度(℃),见 11.5.1.1;

θ_s ——规定温度,单位为摄氏度(℃),见 11.5.1.2.3。

11.5.2.4 **规定温度($\boldsymbol{\theta_s}$)下转子 $\boldsymbol{I^2R}$ 损耗 $\boldsymbol{P_{cu2s}}$(W)**

$$P_{cu2s} = (P_1 - P_{cu1s} - P_{Fe}) \times \frac{n_s - n}{n_s} \times \frac{K_2 + \theta_s}{K_2 + \theta_t} \quad \cdots\cdots (103)$$

式中:

P_1 ——定子输入功率,单位为瓦特(W),见 11.5.1.3;

P_{cu1s} ——规定温度(θ_s)下定子 I^2R 损耗,单位为瓦特(W),见 11.5.2.3;

P_{Fe} ——各负载点铁耗,单位为瓦特(W),见 11.5.1.4.3;

f ——频率,单位为赫兹(Hz),见 11.5.1.3;

n_s ——同步转速,单位为转每分钟(r/min);

$$n_s = 60 \times f/p$$

n ——转速,单位为转每分钟(r/min),见 11.5.1.3,如实测转差为 s_t,则 $n=n_s-s_t$;

θ_t ——测转速 n 时定子绕组温度,单位为摄氏度(℃),见 11.5.1.3;

θ_s ——规定温度,单位为摄氏度(℃),见 11.5.1.2.3。

11.5.2.5 **负载杂散损耗 $\boldsymbol{P_s}$(W)**

a) E 法负载杂散损耗为 11.5.1.5 a)的测试值。

b) E1 法为负载杂散损耗为 10.6.5 给出的推荐值。

11.5.2.6 **总损耗 $\boldsymbol{P_T}$(W)**

$$P_T = P_{fw} + P_{Fe} + P_{cu1s} + P_{cu2s} + P_s \quad \cdots\cdots (104)$$

式中:

P_{fw} ——风摩耗,单位为瓦特(W),见 11.5.1.4.2;

P_{Fe} ——各负载铁耗,单位为瓦特(W),见 11.5.1.4.3;

P_{cu1s}——规定温度(θ_s)下定子 I^2R 损耗,单位为瓦特(W),见 11.5.2.3;

P_{cu2s}——规定温度(θ_s)下转子 I^2R 损耗,单位为瓦特(W),见 11.5.2.4;

P_s ——负载杂散损耗,单位为瓦特(W),见 11.5.2.5。

11.5.2.7 **输出功率 $\boldsymbol{P_2}$(W)**

$$P_2 = P_1 - P_T \quad \cdots\cdots (105)$$

式中:

P_1——定子输入功率,单位为瓦特(W),见 11.5.1.3;

P_T——总损耗,单位为瓦特(W),见 11.5.2.6。

11.5.2.8 **效率 η**

$$\eta=\frac{P_2}{P_1}\times 100\% \qquad\cdots\cdots(106)$$

式中：

P_2——输出功率，单位为瓦特(W)，见 11.5.2.7；

P_1——定子输入功率，单位为瓦特(W)，见 11.5.1.3。

11.5.2.9 **功率因数 $\cos\varphi$**

$$\cos\varphi=\frac{P_1}{\sqrt{3}UI_1} \qquad\cdots\cdots(107)$$

式中：

P_1——定子输入功率，单位为瓦特(W)，见 11.5.1.3；

U——端电压，单位为伏特(V)，见 11.5.1.3；

I_1——定子线电流，单位为安培(A)，见 11.5.1.3。

11.5.2.10 **E 法或 E1 法计算格式**

表 8 E 法或 E1 法计算格式

序号	项 目	数据来源或计算
1	定子绕组初始(冷)端电阻 R_1/Ω	见 11.5.1.1
2	测量 R_1 时绕组温度 θ_1/℃	见 11.5.1.1
3	负载试验绕组温度 θ_t/℃	见 11.5.1.3
4	负载试验冷却介质温度 θ_a/℃	见 11.5.1.3
5	规定温度 θ_s/℃	见 11.5.1.2.3
6	频率 f/Hz	见 11.5.1.3
7	同步转速 n_s/(r/min)	(7)＝ 60×(6)/p
8	转速 n/(r/min)	见 11.5.1.3，或(8)＝(7)－(9)
9	转差 s_t/ (r/min)	(9)＝(7)－(8)，或实测值，见 11.5.1.3
10	转差率 s	(10)＝(9)/(7)
11	端电压 U/V	见 11.5.1.3
12	定子线电流 I_1/A	见 11.5.1.3
13	定子输入功率 P_1/W	见 11.5.1.3
14	风摩耗 P_{fw}/W	见 11.5.1.4.2
15	各负载点铁耗 P_{Fe}/W	见 11.5.1.4.3
16	规定温度(θ_s)下定子 I^2R 损耗 P_{cu1s}/W	(16)＝1.5×(12)^2×(1)×[K_1＋(5)]/[K_1＋(2)]
17	规定温度(θ_s)转差率 s_s/(r/min)	(17)＝(10)×[K_2＋(5)]/[K_2＋(3)]
18	规定温度(θ_s)转速 n_c/(r/min)	(18)＝[1－(17)]×(7)
19	规定温度(θ_s)下转子 I^2R 损耗 P_{cu2s}/W	(19)＝[(13)－(16)－(15)]×(17)

表 8（续）

序号	项　　目	数据来源或计算
20	负载杂散损耗 P_s/W	见 11.5.2.5
21	总损耗 P_T/W	(21)＝(14)＋(15)＋(16)＋(19)＋(20)
22	输出功率 P_2/W	(22)＝(13)－(21)
23	效率 η	(23)＝100×(22)/(13)
24	功率因数 $\cos\varphi$	(24)＝(13)/[$\sqrt{3}$×(11)×(12)]
注：带括号数字指本表序号所指参量。		

11.6　F 法或 F1 法——等值电路法

如不能进行负载试验，可依据图 10 所示等值电路求取电机的运行特性(效率、功率因数、转速等)。等值电路中的参数是用空载试验和阻抗试验得出的试验数据求得的，能否精确的预测正常运行范围内的电机特性，首先取决于电阻 R_2 与低频电流实际转子电阻的接近程度；其次取决于电抗 X_2 与低频电流实际转子漏抗的接近程度。因此，在确定低频转子特性的试验中有必要采取极为仔细的方法。

F 法与 F1 法唯一的区别是，F 法是通过试验确定负载杂散损耗，F1 法按推荐值(见 10.6.5)确定负载杂散损耗。

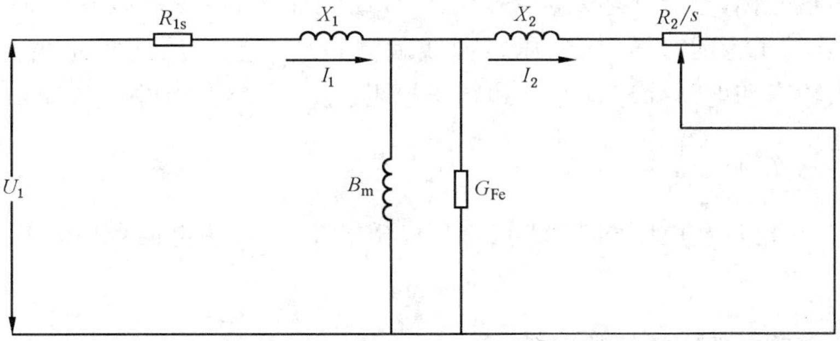

图 10　等值电路图

11.6.1　试验程序

11.6.1.1　定子绕组初始(冷)端电阻的测定

被试电机在冷却介质温度下(按 5.2.1 中的规定)测量并记录端电阻 R_1(按 5.2.2.4 确定)和绕组温度 θ_1(按 5.2.1 确定)。

相电阻 R_U、R_V、R_W 按 5.2.2.5 计算或按 5.2.3 确定。

11.6.1.2　空载试验

11.6.1.2.1　试验方法

按 8.1 的规定。

11.6.1.2.2　风摩耗 P_{fw}(W)

P_{fw} 按 8.2 确定。

11.6.1.2.3 铁耗 P_{Fe}(W)

P_{Fe}按8.3确定。

11.6.1.3 低频堵转试验

在最大频率为25%额定频率和额定电流下进行转子堵转阻抗试验。

笼型电动机转子是一个对称的导电排绕组,因此,无论转子处于相对于定子的任何位置,电动机的阻抗实际上是相同的。绕线转子电动机的阻抗随转子相对于定子的位置变动而变化,故有必要进行预堵转试验以确定转子在某一位置时的阻抗为平均值。绕线转子电机,在测取读数之前,转子应短接。确定角位移的办法是使转子缓慢地转动,观察定子电流的变化。记录定子电流变化完成一个循环时转子必须转过的角位移。定转子每极每相为整数槽的三相电机,此角位移等于三分之二极距,每极每相为分数槽绕组的电机,此角位移可大到整个极距。

绕线转子电动机的转子应堵住不能自由转动。逐步地增加所施加的电压,直到电流接近于额定值。读取和记录各相的电压、电流值,各相电压要平衡。保持同一电压值,慢慢地转动转子,记录在一个完整循环中电流的最大值和最小值。而后,把转子堵住在前面所记录的电流最大和最小之间平均值的位置,进行阻抗试验。

a) 在几个不同电压数值下,同时读取各相的电压、电流及输入功率。在接近满载电流处取值要特别注意,应同时记录定子绕组温度或电阻,注意不要使绕组过热。试验从最大电流开始读数,依次读取较低的电流读数。这样有助于均衡温度。

b) 以电压作为横坐标,电流和输入功率为纵坐标绘制曲线,伏安曲线通常是一条直线,在高值处稍许上翘,若转子为闭口槽,低电压时曲线就清楚地上翘。从这些曲线上根据与所求电流值对应的输入功率和电压确定总电抗和转子电阻。

11.6.2 计算

本条计算中的电压、电流和电阻均为相电压(V)、相电流(A)、相电阻(Ω)的三相算数平均值,功率为三相功率(W)。

11.6.2.1 求取等值电路参数所需的数据

11.6.2.1.1 额定数据

U_N——额定电压,单位为伏特(V);
I_1——额定电流,单位为安培(A);
P_N——额定功率,单位为瓦特(W);
f_N——额定频率,单位为赫兹(Hz);
n_s——同步转速,单位为转每分钟(r/min)。

11.6.2.1.2 定子绕组相电阻 R_{1s}(Ω)

换算至规定温度(θ_s)的相电阻值 R_{1s}。

11.6.2.1.3 对应额定电压时的空载试验数据

I_0——空载电流,单位为安培(A);
P_0——空载输入功率,单位为瓦特(W);
P_{Fe}——铁耗,单位为瓦特(W),按8.3确定;

P_{fw}——风摩耗，单位为瓦特（W），按 8.2 确定；

R_{10}——空载试验结束时的定子相电阻，单位为欧姆（Ω）。

11.6.2.1.4 **低频堵转试验数据**

f_K ——堵转试验时的频率，单位为赫兹（Hz）；

I_{1K} ——堵转试验时的电流，单位为安培（A）；

U_{1K}——堵转时的电压，单位为伏特（V）；

P_{1K}——堵转时的输入功率，单位为瓦特（W）；

R_{1K}——堵转试验结束时的定子相电阻，单位为欧姆（Ω）；

θ_{1K} ——测电阻 R_{1k} 时绕组温度，单位为摄氏度（℃）。

11.6.2.1.5 **负载杂散损耗 P_s**

F 法按取出转子试验和反转试验（见 10.6.3）确定 P_s；

F1 法按推荐值法（见 10.6.5）确定 P_s。

11.6.2.1.6 **定子和转子电抗的设计值**

a） 定子和转子电抗的设计值按式（108）、式（109）求取，单位为欧姆（Ω）：

定子电抗：

$$[X_1]=X_1^*\left(\frac{3U_N^2}{P_N}\right) \quad \cdots\cdots(108)$$

转子电抗：

$$[X_2]=X_2^*\left(\frac{3U_N^2}{P_N}\right) \quad \cdots\cdots(109)$$

式中：

X_1^*，X_2^*——定子和转子电抗的标幺值（设计值）。

b） 定子电抗与转子电抗的比值：

$$\left[\frac{X_1}{X_2}\right]=\frac{[X_1]}{[X_2]} \quad \cdots\cdots(110)$$

c） 励磁电抗的估算值，单位为欧姆（Ω）：

$$[X_m]\approx\frac{U_N}{I_0}-[X_1] \quad \cdots\cdots(111)$$

并求出：

$$\left[\frac{X_1}{X_m}\right]=\frac{[X_1]}{[X_m]} \quad \cdots\cdots(112)$$

11.6.2.2 **等值电路参数的求取**

等值电路如图 10。下列所有的转子参数，均为折算至定子侧的数值。

11.6.2.2.1 **X_m、X_1 初值的求取**

假定：$X_1=[X_1]$；$\frac{X_1}{X_m}=\left[\frac{X_1}{X_m}\right]$；$\frac{X_1}{X_2}=\left[\frac{X_1}{X_2}\right]$

用上述假定值按式（113）求取 X_m、X_{1K} 和 X_1 的初值：

$$X_m=\frac{3U_N{}^2}{Q_0-3I_0{}^2X_1}\cdot\frac{1}{\left(1+\frac{X_1}{X_m}\right)^2} \quad \cdots\cdots(113)$$

式中：

Q_0——空载时的无功功率，单位为乏(var)，按下式求取：

$$Q_0 = \sqrt{(3U_N I_0)^2 - P_0{}^2}$$

$$X_{1K} = \frac{Q_K}{3I_{1K}^2\left(1 + \left[\frac{X_1}{X_2}\right] + \frac{X_1}{X_m}\right)}\left(\left[\frac{X_1}{X_2}\right] + \frac{X_1}{X_m}\right) \quad \cdots\cdots(114)$$

式中：

Q_K——堵转时的无功功率，单位为乏(var)，按下式求取：

$$Q_K = \sqrt{(3U_{1K} I_{1K})^2 - P_{1K}^2}$$

$$X_1 = \frac{f_N}{f_K} X_{1K} \quad \cdots\cdots(115)$$

11.6.2.2.2 用迭代法精确求取 X_m、X_1 的值

利用已求得的 X_m、X_1 的初值，重新计算 $\frac{X_1}{X_m}$，仍取 $\frac{X_1}{X_2} = \left[\frac{X_1}{X_2}\right]$，按 11.6.2.2.1 中的公式求出 X_m，X_{1K}和 X_1 值，不断重复上述过程，直至求得的 X_m 和 X_1 相邻值变化小于 0.1%为止。

11.6.2.2.3 转子电抗 X_2(Ω)和励磁电纳 B_m(S)的求取

$$X_{2K} = \frac{X_{1K}}{\left[\frac{X_1}{X_2}\right]} \quad \cdots\cdots(116)$$

$$X_2 = \frac{f_N}{f_K} \times X_{2K} \quad \cdots\cdots(117)$$

$$B_m = \frac{1}{X_m} \quad \cdots\cdots(118)$$

11.6.2.2.4 铁芯电导 G_{Fe}的求取(S)

$$G_{Fe} = \frac{P_{Fe}}{3U_N^2}\left(1 + \frac{X_1}{X_m}\right)^2 \quad \cdots\cdots(119)$$

$$R_{Fe} = \frac{1}{G_{Fe}} \quad \cdots\cdots(120)$$

11.6.2.2.5 转子电阻 R_2 的求取

11.6.2.2.5.1 转子电阻 R_{2K}(Ω)

$$R_{2K} = \left(\frac{P_{1K}}{3I_{1K}^2} - R_{1K}\right) \times \left(1 + \frac{X_2}{X_m}\right)^2 - \left(\frac{X_2}{X_1}\right)^2 (X_{1K}{}^2 G_{Fe}) \quad \cdots\cdots(121)$$

11.6.2.2.5.2 修正到规定温度(θ_s)下定子相电阻 R_{1s}(Ω)

$$R_{1s} = R_{1K} \times \frac{K_1 + \theta_s}{K_1 + \theta_{1K}} \quad \cdots\cdots(122)$$

式中：

R_{1K}——定子绕组相电阻，单位为欧姆(Ω)，见 11.6.2.1.4；

θ_{1K}——测量 R_{1K}时绕组温度，单位为摄氏度(℃)，见 11.6.2.1.4；

θ_s——规定温度，单位为摄氏度(℃)，按 6.9.2 确定。

11.6.2.2.5.3 修正到规定温度(θ_s)下转子相电阻 R_2(Ω)

$$R_2 = R_{2K} \times \frac{K_2 + \theta_s}{K_2 + \theta_{1K}} \qquad \cdots\cdots(123)$$

式中：

R_{2K}——见 11.6.2.2.5.1；

θ_s ——按 6.9.2 确定；

θ_{1K} ——见 11.6.2.1.4。

11.6.2.2.5.4 绕线转子电机转子绕组相电阻 R_2

绕线转子电机，用式(124)求取转子绕组相电阻 R_2，单位为欧姆(Ω)：

$$R_2 = R'_{2\,\mathrm{ref}} K_U{}^2 \qquad \cdots\cdots(124)$$

式中：

$R'_{2\mathrm{ref}}$——修正至规定温度未折算至定子侧的转子相电阻；

K_U ——变压比(转子绕组开路时，定、转子绕组电压比，$K_U = U_{10}/U_{20}$)。

11.6.2.3 工作特性的求取

11.6.2.3.1 计算步骤

(1) 转差率 s 假设值：根据额定负载时的预期转速，确定相应的转差率，其他负载的转差率按与负载成比例确定假设值；

(2) R_2 按 11.6.2.2.5.3 或 11.6.2.2.5.4 确定；

(3) 求取 $\frac{R_2}{s}$；

(4) 求取 X_2，按 11.6.2.2.3 确定；

(5) $Z_2^2 = \left(\frac{R_2}{s}\right)^2 + X_2^2$；$Z_2 = \sqrt{\left(\frac{R_2}{s}\right)^2 + X_2^2}$；

(6) $G_2 = \frac{R_2}{sZ_2^2}$；

(7) 求取 G_{Fe}，见 11.6.2.2.4；

(8) $G = G_2 + G_{Fe}$；

(9) $B_2 = \frac{X_2}{Z_2^2}$；

(10) 求取 B_m(见 11.6.2.2.3)；

(11) $B = B_2 + B_m$；

(12) $Y^2 = G^2 + B^2$，$Y = \sqrt{G^2 + B^2}$；

(13) $R_g = \frac{G}{Y^2}$；

(14) 求取 R_{1s}(见 11.6.2.2.5.2)；

(15) $R = R_g + R_{1s}$；

(16) $X_g = \frac{B}{Y^2}$；

(17) 求取 X_1(见 11.6.2.2.2 迭代法求得的 X_1 值)；

(18) $X = X_g + X_1$；

(19) $Z = \sqrt{R^2 + X^2}$；

(20) $I_1=\frac{U_N}{Z}$；

(21) $I_2=\frac{I_1}{Z_2Y}$；

(22) $P_1=3I_1^2R$；

(23) $P_M=3I_2^2\frac{R_2}{s}$；

(24) $P_{cu1}=3I_1^2R_{1s}$；

(25) $P_{Fe}=3I_1^2\frac{G_{Fe}}{Y^2}$；

(26) $P_{cu2}=sP_M$；

(27) 求取 P_{fw}，按 11.6.2.1.3 确定；

(28) 求取 P_s，F 法按 10.6.3 确定，F1 法按 10.6.5 确定；

(29) $P_T=P_{cu1}+P_{cu2}+P_{Fe}+P_{fw}+P_s$；

(30) $P_2=P_1-P_T$；

(31) $\eta=\left(1-\frac{P_T}{P_1}\right)\times 100\%$；

(32) $\cos\varphi=\frac{R}{Z}$；

(33) $n_s=60f_N/p$；

(34) $n=n_s(1-s)$；

(35) $T=9.549\times\frac{P_2}{n}$；

(36) $s_p=R_2/\sqrt{R_1^2+(X_1+X_2)^2}$（$s_p$ 为产生最大转矩 T_{max}时转差率）。

11.6.2.3.2 工作特性曲线

11.6.2.3.2.1 迭代法确定各负载点的参数

设某一负载点的输出功率为 P_m，第一次假定的转差率 $s_{(1)}$，算出的输出功率为 $P_{m(1)}$，如果 $P_{m(1)}$ 不等于 P_m，且二者之差大于 P_m 的 0.1%，重新假设转差率 $s_{(2)}$，按上述步骤重新计算，直至算出的 $P_{m(2)}$ 与 P_m 之差小于 P_m 的 0.1%为止。

$s_{(2)}$ 可按式(125)估算：

$$s_{(2)}=s_{(1)}\times\left[1+\frac{P_m-P_{m(1)}}{P_m}\right] \qquad \cdots\cdots(125)$$

11.6.2.3.2.2 绘制特性曲线

作 6 个负载点的定子电流 I_1、输入功率 P_1、效率 η、功率因数 $\cos\varphi$ 及转速 n 对输出功率 P_2 的关系曲线。从曲线上查取指定负载时的工作参数。

11.6.2.3.2.3 F 法或 F1 法计算格式

表 9　F 法或 F1 法计算格式

序号	项　目	数据来源或计算
1	转差率 s	每个负载点的假设值
2	修正到规定温度(θ_s)的转子电阻 R_2/Ω	见 11.6.2.2.5.3 或 11.6.2.2.5.4 的 R_2 值

表 9（续）

序号	项　　目	数据来源或计算
3	$R_2/s/\Omega$	(3)=(2)/(1)
4	转子电抗 X_2/Ω	见 11.6.2.2.3 的 X_2 值
5	转子阻抗的平方 Z_2^2	$(5)=(3)^2+(4)^2$
6	转子电导 G_2/S	(6)=(3)/(5)
7	铁芯电导 G_{Fe}/S	见 11.6.2.2.4 的 G_{Fe} 值
8	转子和激磁回路电导 G/S	(8)=(6)+(7)
9	转子电纳 B_2/S	(9)=(4)/(5)
10	磁化电纳 B_m/S	见 11.6.2.2.3 的 B_m 值
11	转子与激磁回路电纳 B/S	(11)=(9)+(10)
12	转子与激磁回路导纳 Y^2/S	$(12)=(8)^2+(11)^2$
13	转子与激磁回路电导 R_g/Ω	(13)=(8)/(12)
14	修正到规定温度(θ_s)的定子绕组相电阻 R_{1s}/Ω	见 11.6.2.2.5.2 的 R_{1s} 值
15	总电阻 R/Ω	(15)=(13)+(14)
16	转子与激磁回路电抗 X_g/Ω	(16)=(11)/(12)
17	定子电抗 X_1/Ω	见 11.6.2.2.2 迭代法求得的 X_1 值
18	总电抗 X/Ω	(18)=(16)+(17)
19	总阻抗 Z/Ω	$(19)=\sqrt{(15)^2+(18)^2}$
20	定子电流 I_1/A	$(20)=U_N/(19)$
21	转子电流 I_2/A	$(21)=(20)/\sqrt{(5)\times(12)}$
22	定子功率 P_1/W	$(22)=3\times(20)^2\times(15)$
23	电磁功率 P_m/W	$(23)=3\times(21)^2\times(3)$
24	定子 I^2R 损耗 P_{cu1s}/W	$(24)=3\times(20)^2\times(14)$
25	铁耗 P_{Fe}/W	$(25)=3\times(20)^2\times(7)/(12)$
26	转子 I^2R 损耗 P_{cu2s}/W	$(26)=(1)\times(23)$
27	风摩耗 P_{fw}/W	见 11.6.2.1.3
28	负载杂散损耗 P_s/W	F 法按 10.6.3；F1 法按 10.6.5
29	总损耗 P_T/W	(29)=(24)+(25)+(26)+(27)+(28)
30	输出功率 P_2/W	(30)=(22)−(29)
31	效率 η	$(31)=100\times(30)/(22)$
32	功率因数 $\cos\varphi$	(32)=(15)/(19)

表 9（续）

序号	项　　目	数据来源或计算
33	同步转速 n_s/(r/min)	$(33)=60f_N/p$
34	转速 n/(r/min)	$(34)=(33)\times[1-(1)]$
35	转矩 T/(N·m)	$(35)=9.549\times(30)/(34)$
36	产生最大转矩时的转差率 s_p	$(36)=(2)/\sqrt{(14)^2+[(4)+(17)]^2}$
注：带括号数字指本表序号所指参量。		

11.7 G 法或 G1 法——降低电压负载法

11.7.1 概述

本法适用于无法进行满载试验的中大型电机，本法是假设当转速保持恒定时，随着电压的降低电机的负载电流随电压同比减少，功率随电压的平方减少。

11.7.2 试验程序

11.7.2.1 定子绕组初始(冷)端电阻的测定

被试电机在冷却介质温度(按 5.2.1 中的规定)下，测量并记录端电阻 R_1(按 5.2.2.4 确定)和绕组温度 θ_1(按 5.2.1 确定)。

11.7.2.2 空载试验

试验方法按 8.1 的规定。

11.7.2.2.1 额定电压、额定频率空载试验

试验方法及试验要求按 8.1 的规定。

11.7.2.2.2 风摩耗 P_{fw}

P_{fw} 按 8.2 确定。

11.7.2.2.3 空载额定电压下的铁耗 P_{Fe}

P_{Fe} 按 8.3 确定。

11.7.2.2.4 测定降低电压为 U_r 时的空载电流 I_{0r}、输入功率 P_{0r}

11.7.2.3 降低电压负载试验

被试电机在额定频率、1/2 额定电压和 1/2 额定电流下进行预热试验，接近热稳定状态时，保持额定频率和 1/2 额定电压不变。在空载电流至 0.6 倍额定电流范围内至少测取 6 点读数(大致均匀分布)，每点应读取并记录：三相端电压 U_r(V)，三相线电流 I_{1r}(A)，输入功率 P_{1r}(W)，定子绕组温度 θ_t(℃)转速 n(r/min)或转差 s_t(r/min)及频率 f(Hz)。测定完毕后迅速断电停机，测量定子绕组端电阻。

11.7.3 计算

11.7.3.1 作 $P_{1r}=f(I_{1r})$ 和 $s_s=f(I_{1r})$ 曲线

按 10.3.1 和 10.3.2 确定规定温度 θ_s(按 6.9.2 中的规定)下的转差率 s_s，作 $P_{1r}=f(I_{1r})$ 和 $s_s=$

$f(I_{1r})$曲线(见图 11)。

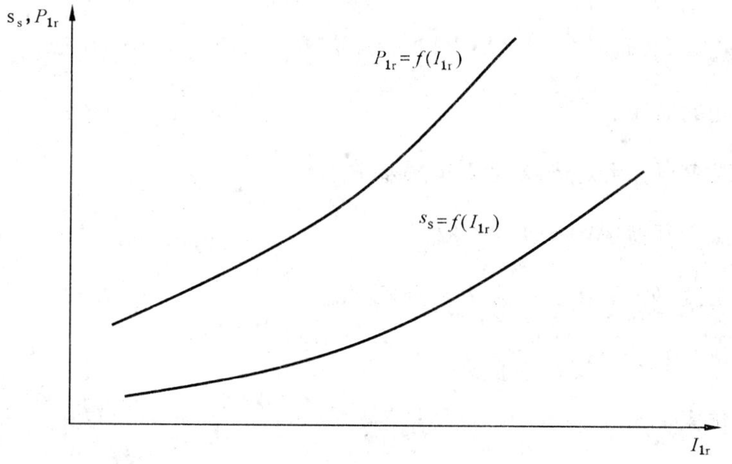

图 11　P_{1r}和 s_s 对 I_{1r}的关系曲线

11.7.3.2　效率的计算

额定功率时的效率按下述方法求取。

11.7.3.2.1　额定电压时的输入功率 P_1

假定定子电流 I_{1r}为 1/2 额定电流,从图 11 中查取对应 I_{1r}的输入功率 P_{1r},则额定电压时的输入功率 P_1 按式(126)求取,单位为瓦特(W):

$$P_1 = P_{1r} \times \left(\frac{U_N}{U_r}\right)^2 \qquad \cdots\cdots(126)$$

11.7.3.2.2　额定电压且输入功率为 P_1 时定子电流 I_1

I_1 按式(127)求取,单位为安培(A):

$$I_1 = \sqrt{(I'_{1r})^2 + \Delta I_0^2 - 2I'_{1r}\Delta I_0 \cos\left(\frac{\pi}{2} + \varphi_r\right)} \qquad \cdots\cdots(127)$$

其中:

$I'_{1r} = I_{1r}\dfrac{U_N}{U_r}$;

$\varphi_r = \arccos \dfrac{P_{1r}}{\sqrt{3}U_r I_{1r}}$;

$\Delta I_0 = I_0 \sin\varphi_0 - I_{0r}\left(\dfrac{U_N}{U_r}\right)\sin\varphi_{0r}$;

$\varphi_0 = \arccos \dfrac{P_0}{\sqrt{3}U_N I_0}$;

$\varphi_{0r} = \arccos \dfrac{P_{0r}}{\sqrt{3}U_r I_{0r}}$。

式中:

I_0,P_0 ——分别为电动机在额定电压时的空载电流(A)和空载输入功率(W);

I_{0r},P_{0r}——分别为电动机在降低电压时的空载电流(A)和空载输入功率(W)。

11.7.3.2.3 额定负载时的转差率 s_s

根据定子电流 I_{1r}(见 11.7.3.2.1),从图 11 中查取 s_s。

11.7.3.2.4 各项损耗的确定

11.7.3.2.4.1 规定温度(θ_s)下定子绕组 I^2R 损耗 P_{cu1s}

按 10.2 确定,单位为瓦特(W)。

11.7.3.2.4.2 规定温度(θ_s)下转子绕组 I^2R 损耗 P_{cu2s}

按 10.3 确定,单位为瓦特(W)。

11.7.3.2.4.3 风摩耗 P_{fw}

按 11.7.2.2.2 的规定,单位为瓦特(W)。

11.7.3.2.4.4 铁耗 P_{Fe}

按 11.7.2.2.3 的规定,单位为瓦特(W)。

11.7.3.2.4.5 负载杂散损耗 P_s

G 法按取出转子试验和反转试验(见 10.6.3)确定 P_s,单位为瓦特(W),G1 法按推荐值(见10.6.5)法确定 P_s。

11.7.3.2.5 总损耗 P_T(W)

$$P_T = P_{cu1s} + P_{cu2s} + P_{fw} + P_{Fe} + P_s \qquad (128)$$

11.7.3.2.6 输出功率 P_2(W)

$$P_2 = P_1 - P_T \qquad (129)$$

式中:

P_1——输入功率,单位为瓦特(W),按 11.7.3.2.1 确定。

如求得的输出功率 P_2 与额定功率 P_N 之差大于额定功率的 0.1%,则应重新假设定子电流 I_{1r}(见 11.7.3.2.1),重复计算 11.7.3.2.1 至 11.7.3.2.6 直至 P_2 与 P_N 之差小于 P_N 的 0.1%为止。

11.7.3.2.7 额定功率时的效率 η

$$\eta = \frac{P_2}{P_1} \times 100\% \qquad (130)$$

式中:

P_2——见 11.7.3.2.6;

P_1——见 11.7.3.2.1。

11.7.3.2.8 功率因数 $\cos\varphi$

$$\cos\varphi = \frac{P_1}{\sqrt{3}U_N I_1} \qquad (131)$$

式中:

P_1——见 11.7.3.2.1;

I_1——见 11.7.3.2.2。

11.8 H 法——圆图法

圆图法是根据电动机的空载试验和堵转试验数据，利用圆图求取电动机额定功率时的效率，功率因数和转差率的一种方法。圆图法适用于不能进行负载试验的中、大型电动机。

圆图法计算公式中的电压、电流和电阻均为相电压(V)、相电流(A)和相电阻(Ω)的三相平均值，功率为三相功率(W)。

11.8.1 绕线转子和普通笼型电动机的圆图法

11.8.1.1 试验程序

11.8.1.1.1 定子绕组(包括绕线电动机转子绕组)初始(冷)端电阻的测定

被试电机在冷却介质温度下(按 5.2.1 中的规定)测量并记录端电阻 R_1(按 5.2.2.4 确定)和绕组温度 θ_1(按 5.2.1 确定)。

相电阻 R_U、R_V、R_W 按 5.2.2.5 或 5.2.3 确定。

11.8.1.1.2 空载试验

11.8.1.1.2.1 试验方法及试验要求

按 8.1 的规定。

11.8.1.1.2.2 风摩耗 P_{fw}

按 8.2 确定，单位为瓦特(W)。

11.8.1.1.2.3 额定电压铁耗 P_{Fe}

按 8.3 确定，单位为瓦特(W)。

11.8.1.1.3 额定频率堵转试验

采用圆图计算法求取工作特性，堵转试验应在 1.0～1.1 倍 I_N 范围内的某一电流下进行。若采用圆图计算法求取最大转矩，堵转试验应在 2.0～2.5 倍 I_N 范围内的某一电流下进行。

对绕线转子电动机，由于在同一试验电流下，外施电压随转子位置不同而不同，此时，电动机应在电压为平均值的转子位置上进行堵转试验。

试验时，电源的频率应稳定，功率测量应按需要采用低功率因数功率表，其电压回路应接至被试电机的出线端。被试电机通电后，应迅速进行试验，并同时读取 U_K、I_K 和 P_K。试验结束后，立即测量定子绕组和转子绕组(对绕线转子电动机)的端电阻。其他要求同 9.1.1。

11.8.1.2 计算

11.8.1.2.1 圆图法所需参数的计算

a) 定子绕组相电阻 R_{1s}：换算至规定温度时的电阻值，单位为欧姆(Ω)。

b) 转子绕组相电阻 R_{2ref}(对绕线转子电机)：折算到定子侧的电阻值，折算方法如下：

$$R_{2ref} = R'_{2ref} K_U^2 \qquad (132)$$

式中：

R'_{2ref}——换算至规定温度未折算至定子侧的转子绕组相电阻；

K_U ——转子绕组开路时变压比，按式(133)求取：

$$K_U = \frac{U_{10}}{U_{20}} \quad \cdots\cdots(133)$$

式中：

U_{10}——转子绕组开路时定子绕组的相电压；

U_{20}——转子绕组开路时转子绕组的相电压。

c) 由空载试验求得的参数：

空载电流的有功分量 I_{0R}，单位为安培(A)：

$$I_{0R} = \frac{P_0}{3U_N} \quad \cdots\cdots(134)$$

空载电流的无功分量 I_{0X}，单位为安培(A)：

$$I_{0X} = \sqrt{I_0^2 - I_{0R}^2} \quad \cdots\cdots(135)$$

d) 由额定频率堵转试验求得的参数：

等值阻抗 Z_K，单位为欧姆(Ω)：

$$Z_K = \frac{U_K}{I_K} \quad \cdots\cdots(136)$$

等值电阻 R_K，单位为欧姆(Ω)：

$$R_K = \frac{P_K}{3I_K^2} \quad \cdots\cdots(137)$$

等值电抗 X_K，单位为欧姆(Ω)：

$$X_K = \sqrt{Z_K^2 - R_K^2} \quad \cdots\cdots(138)$$

再按下述方法求出参数 R、X、Z 的数值：

对 A、E、B 级绝缘：

$$R = R_K \quad \cdots\cdots(139)$$

对 F、H 级绝缘：

$$R = 1.13R_K \quad \cdots\cdots(140)$$

$$X = X_K \quad \cdots\cdots(141)$$

$$Z = \sqrt{R^2 + X^2} \quad \cdots\cdots(142)$$

e) 堵转电流值 I_{KN}，单位为安培(A)：

$$I_{KN} = \frac{U_N}{Z} \quad \cdots\cdots(143)$$

堵转电流的有功分量 I_{KR}，单位为安培(A)：

$$I_{KR} = I_{KN}\frac{R}{Z} \quad \cdots\cdots(144)$$

堵转电流的无功分量 I_{KX}，单位为安培(A)：

$$I_{KX} = I_{KN}\frac{X}{Z} \quad \cdots\cdots(145)$$

11.8.1.2.2 效率、功率因数和转差率的求取

额定功率 P_N 时的效率、功率因数及转差率按下列步骤求取：

$$K = I_{KR} - I_{0R} \quad \cdots\cdots(146)$$

$$H = I_{KX} - I_{0X} \quad \cdots\cdots(147)$$

$$I_{2K} = \sqrt{H^2 + K^2} \quad \cdots\cdots(148)$$

由 $\tan\alpha = \frac{H}{K}$ 求出 α、$\cos\alpha$、$\sin\alpha$：

$$K_3 = I_{2K}^2 \frac{R_{1s}}{U_N} \tag{149}$$

$$K_4 = K - K_3 \text{(对普通笼型电机)} \tag{150}$$

$$K_4 = \frac{K_3 R_{2ref}}{R_{1s}} \text{(对绕线转子电机)} \tag{151}$$

$$I_R = \frac{P_N + P_s}{3U_N} \tag{152}$$

$$a = \frac{I_{2K}}{2} - I_R \cos\alpha \tag{153}$$

$$b = a - \sqrt{a^2 - I_R^2} \tag{154}$$

$$b_1 = b\cos\alpha \tag{155}$$

$$b_2 = b\sin\alpha \tag{156}$$

$$c = \frac{b_1 K_2}{K} \tag{157}$$

$$d = c + I_R \tag{158}$$

$$I_{1R} = I_{0R} + b_1 + I_R \tag{159}$$

$$I_{1X} = I_{0X} + b_2 \tag{160}$$

定子电流 I_1，单位为安培(A)：

$$I_1 = \sqrt{I_{1R}^2 + I_{1X}^2} \tag{161}$$

功率因数 $\cos\varphi$：

$$\cos\varphi = \frac{I_{1R}}{I_1} \tag{162}$$

转差率 s：

$$s = \frac{c}{d} \tag{163}$$

各项损耗：铁耗 P_{Fe}按 11.8.1.1.2.3 确定、风摩耗 P_{fw}按 11.8.1.1.2.2 确定、规定温度(θ_s)下定子绕组 I^2R 损耗 P_{cu1s}按 10.2 确定、杂散损耗 P_s 按 10.6.5 推荐值确定；规定温度(θ_s)下转子绕组 I^2R 损耗 P_{cu2s}按式(164)求取，单位为瓦特(W)：

$$P_{cu2s} = \frac{s(P_N + P_{fw} + P_s)}{1 - s} \tag{164}$$

总损耗 P_T，单位为瓦特(W)：

$$P_T = P_{cu1s} + P_{cu2s} + P_{Fe} + P_{fw} + P_s \tag{165}$$

效率 η：

$$\eta = \frac{P_N}{P_N + P_T} \times 100\% \tag{166}$$

11.8.2 深槽和双笼电动机的圆图法

11.8.2.1 试验程序

11.8.2.1.1 定子绕组初始(冷)端电阻的测定

在冷却介质温度下(按 5.2.1 中的规定)测量并记录端电阻 R_1(确定方法按 5.2.2.4)和绕组温度 θ_1(确定方法按 5.2.1)。

相电阻 R_U、R_V、R_W 按 5.2.2.5 或 5.2.3 确定。

11.8.2.1.2 空载试验

11.8.2.1.2.1 试验方法及实验要求

按 8.1 的规定。

11.8.2.1.2.2 风摩耗 P_{fw}

P_{fw}按 8.2 确定，单位为瓦特(W)。

11.8.2.1.2.3 额定电压铁耗 P_{Fe}

P_{Fe}按 8.3 确定，单位为瓦特(W)。

11.8.2.1.3 额定频率和$\frac{1}{2}$额定频率堵转试验

额定频率堵转试验方法及要求按 11.8.1.1.3 的规定。$\frac{1}{2}$额定频率堵转试验时的堵转电流及试验要求与 11.8.1.1.3 相同。

11.8.2.2 计算

11.8.2.2.1 圆图法所需参数计算

圆图计算法所需参数如下：

a) 定子绕组相电阻 R_{1s}：换算至规定温度时的电阻值。

b) 由空载试验求得的参数：

空载电流的有功分量 I_{0R}，单位为安培(A)：

$$I_{0R}=\frac{P_0}{3U_N} \quad\cdots\cdots(167)$$

空载电流的无功分量 I_{0X}，单位为安培(A)：

$$I_{0X}=\sqrt{I_0^2-I_{0R}^2} \quad\cdots\cdots(168)$$

c) 由额定频率堵转试验求得的参数：

等值阻抗 Z'_K，单位为欧姆(Ω)：

$$Z'_K=\frac{U'_K}{I'_K} \quad\cdots\cdots(169)$$

等值电阻 R'_K，单位为欧姆(Ω)：

$$R'_K=\frac{P'_K}{3I'^2_K} \quad\cdots\cdots(170)$$

等值电抗 X'_K，单位为欧姆(Ω)：

$$X'_K=\sqrt{Z'^2_K-R'^2_K} \quad\cdots\cdots(171)$$

d) 由$\frac{1}{2}$额定频率堵转试验求得的参数：

等值阻抗 Z''_K，单位为欧姆(Ω)：

$$Z''_K=\frac{U''_K}{I''_K} \quad\cdots\cdots(172)$$

等值电阻 R''_K，单位为欧姆(Ω)：

$$R''_K=\frac{P''_K}{3I''^2_K} \quad\cdots\cdots(173)$$

等值电抗 X''_{K}：

$$X''_{K} = \sqrt{Z''^{2}_{K} - R''^{2}_{K}} \quad \cdots\cdots(174)$$

e) 按下述方法求出修正后参数 R、X、Z 的数值：

$$h = \frac{2X''_{K} - X'_{K}}{R'_{K} - R''_{K}} \quad \cdots\cdots(175)$$

$$m = \frac{4 + h^{2}}{3} \quad \cdots\cdots(176)$$

等值电阻 $R(\Omega)$ 的求取：

对 A、E、B 级绝缘：

$$R = R'_{K} - m(R'_{K} - R''_{K}) \quad \cdots\cdots(177)$$

对 F、H 级绝缘：

$$R = 1.13 \times [R'_{K} - m(R'_{K} - R''_{K})] \quad \cdots\cdots(178)$$

等值电抗 X，单位为欧姆(Ω)：

$$X = X'_{K} + m(2X''_{K} - X'_{K}) \quad \cdots\cdots(179)$$

等值阻抗 Z，单位为欧姆(Ω)：

$$Z = \sqrt{R^{2} + X^{2}} \quad \cdots\cdots(180)$$

f) 堵转电流值 I_{KN}，单位为安培(A)：

$$I_{KN} = \frac{U_{N}}{Z} \quad \cdots\cdots(181)$$

堵转电流的有功分量 I_{KR}，单位为安培(A)：

$$I_{KR} = I_{KN}\frac{R}{Z} \quad \cdots\cdots(182)$$

堵转电流的无功分量 I_{KX}，单位为安培(A)：

$$I_{KX} = I_{KN}\frac{X}{Z} \quad \cdots\cdots(183)$$

额定功率 P_{N} 时的效率、功率因数及转差率按下列步骤求取：

$$K = I_{KR} - I_{0R} \quad \cdots\cdots(184)$$

$$H = I_{KX} - I_{0X} \quad \cdots\cdots(185)$$

$$I_{2K} = \sqrt{H^{2} + K^{2}} \quad \cdots\cdots(186)$$

由 $\tan\alpha = \frac{H}{K}$ 求出 α，$\cos\alpha$，$\sin\alpha$

$$K_{3} = \frac{I^{2}_{2K} R_{1s}}{U_{N}} \quad \cdots\cdots(187)$$

$$K_{4} = K - K_{3} \quad \cdots\cdots(188)$$

$$I_{R} = \frac{P_{N} + P_{s}}{3U_{N}} \quad \cdots\cdots(189)$$

$$a = \frac{I_{2K}}{2} - I_{R}\cos\alpha \quad \cdots\cdots(190)$$

$$b = a - \sqrt{a^{2} - I^{2}_{R}} \quad \cdots\cdots(191)$$

$$b_{1} = b\cos\alpha \quad \cdots\cdots(192)$$

$$b_{2} = b\sin\alpha \quad \cdots\cdots(193)$$

$$c = \frac{b_{1}K_{4}}{K} \quad \cdots\cdots(194)$$

$$d = c + I_{R} \quad \cdots\cdots(195)$$

$$I_{1R}=I_{0R}+b_1+I_R \qquad (196)$$

$$I_{1X}=I_{0X}+b_2 \qquad (197)$$

定子电流 I_1，单位为安培(A)：

$$I_1=\sqrt{I_{1R}^2+I_{1X}^2} \qquad (198)$$

功率因数 $\cos\varphi$：

$$\cos\varphi=\frac{I_{1R}}{I_1} \qquad (199)$$

转差率 s：

$$s=\frac{c}{d} \qquad (200)$$

各项损耗：铁耗 P_{Fe}按 11.8.2.1.2.3 确定，风摩耗 P_{fw}按 11.8.2.1.2.2 确定，规定温度(θ_s)下定子绕组 I^2R 损耗 P_{cu1s}按 10.2 确定，杂散损耗 P_s 按 10.6.5 中的规定求取，规定温度(θ_s)下转子绕组 I^2R 损耗 P_{cu2s}按式(201)求取，单位为瓦特(W)：

$$P_{cu2s}=\frac{s(P_N+P_{fw}+P_s)}{1-s} \qquad (201)$$

总损耗 P_T，单位为瓦特(W)：

$$P_T=P_{Fe}+P_{fw}+P_{cu1s}+P_{cu2s}+P_s \qquad (202)$$

效率 η：

$$\eta=\frac{P_N}{P_N+P_T}\times 100\% \qquad (203)$$

12 其他试验项目

12.1 最大转矩的测定

12.1.1 概述

最大转矩的测量方法有下列几种：

a) 测功机或校正过直流电机法；

b) 转矩测量仪法；

c) 转矩转速仪法；

d) 圆图计算法。

采用上述 a)、b)、c)3 种方法时，应在额定频率、额定电压下进行测定，如试验电压不能达到额定电压，最大转矩值应按 12.1.6 中的规定换算。

12.1.2 测功机或校正过直流电机法

测功机或校正过直流电机作被试电机的负载，最大转矩从测功机测力计上读出，或按试验时的转速和直流电机的电枢电流 I_a，从直流电机的校正曲线 $T_d=f(I_a)$上求得。

直流电机可用准确度为 0.5 级的测功机校正或用损耗分析法校正。直流电机应在发电机状态下采用 0.5 级准确度的测功机进行校正。校正时，在所需的各种转速下，待剩磁稳定后保持励磁电流不变，测取电枢电流 I_a 与轴上转矩 T_d 的校正曲线 $T_d=f(I_a)$。试验时，直流电机的转向和励磁电流与校正时相同。试验过程中，励磁电流应保持不变。

试验时，将被试电机与测功机或校正过直流电机用联轴器联接，使两者的旋转方向一致。逐渐增加被试电机的负载至测功机测力计读数或校正过直流电机的电枢电流出现最大值，读取此数值和被试电机的端电压。采用校正过直流机时，需同时读取转速值。

试验过程中，应防止被试电机过热而影响测量的准确性。被试电机的端电压应在其出线端上测量。

12.1.3 转矩测量仪法

用转矩测量仪法测定最大转矩时，必须测取被试电机的转矩转速特性曲线，最大转矩从曲线上求取。

转矩转速特性曲线可逐点测定后由人工描绘，也可用自动记录仪直接描绘。对分马力和小型电机，这两种方法均可采用。对滚动轴承的中型电机应采用前者。逐点测定转矩转速特性曲线时，测取的点数应满足正确求取各种转矩(最大转矩、最小转矩、同步转矩和堵转转矩)的需要。在这些转矩附近。测量点应尽可能密一些。

试验过程中，应防止被试电机过热而影响测量的准确性，必要时，转矩转速特性曲线可分段测量。以直流电机作负载时，被试电机与传感器、直流电机用联轴器联接。直流电机他励，其电枢由可调电压和可变极性的电源供电。被试电机与直流电机的转向应一致。调节直流电机的电源电压，逐渐增加被试电机的负载，并同时读取转矩、转速和电压值。或用自动记录仪描绘转矩转速特性曲线，被试电机端电压与转速的关系曲线。用自动记录仪描绘曲线时，建议在被试电机转速上升和下降的情况下测取两条转矩转速特性曲线，取其平均值。每条曲线的描绘时间应不少于 15 s。

12.1.4 转矩转速仪法

转矩转速仪是应用电动机在空载启动过程中，其加速度正比于电机转矩的原理而制成的摄取转矩转速特性曲线的仪器。

本方法限于大、中型电机采用。

为了提高测量的准确性，试验时，应根据被试电机的启动时间，正确选取微分参数和滤波参数；显示图形的线条要细，干扰纹波要小；转矩定标要尽量准确。并应同时摄取被试电机端电压与转速关系曲线。

12.1.5 圆图计算法

如限于设备，对立式电机和 100 kW 以上的电机，允许采用圆图计算法求取最大转矩。此时，电动机应按 11.8.1.1.3 的规定进行堵转试验。

圆图计算法公式中的电压、电流和电阻为相电压(V)、相电流(A)和相电阻(Ω)的三相平均值；功率为三相功率值(W)。

12.1.5.1 圆图计算法所需参数

a) 定子绕组相电阻 R_{1s}

换算至规定温度时的电阻值。

b) 由空载试验求得的参数

空载电流的有功分量 I_{0R}，单位为安培(A)：

$$I_{0R}=\frac{P_0-P_{fw}}{3U_N} \qquad \cdots\cdots(204)$$

空载电流的无功分量 I_{0X}，单位为安培(A)：

$$I_{0X}=\sqrt{I_0^2-I_{0R}^2} \qquad \cdots\cdots(205)$$

c) 由堵转试验求得的参数

堵转电流 I_{KN}，单位为安培(A)：

$$I_{KN}=I_K\frac{U_N}{U_K} \quad \cdots\cdots(206)$$

堵转功率 P_{KN}，单位为瓦特(W)：

$$P_{KN}=P_K\left(\frac{U_N}{U_K}\right)^2 \quad \cdots\cdots(207)$$

堵转电流的有功分量 I_{KR}，单位为安培(A)：

$$I_{KR}=\frac{P_{KN}}{3U_N} \quad \cdots\cdots(208)$$

堵转电流的无功分量 I_{KX}，单位为安培(A)：

$$I_{KX}=\sqrt{I_{KN}^2-I_{KR}^2} \quad \cdots\cdots(209)$$

12.1.5.2 最大转矩的求取

$$K=I_{KR}-I_{0R} \quad \cdots\cdots(210)$$

$$H=I_{KX}-I_{0X} \quad \cdots\cdots(211)$$

$$r=\frac{1}{2}\left(H+\frac{K^2}{H}\right) \quad \cdots\cdots(212)$$

$$I_{2K}=\sqrt{K^2+H^2} \quad \cdots\cdots(213)$$

$$K_3=\frac{I_{2K}^2R_{1s}}{U_N} \quad \cdots\cdots(214)$$

由 $\tan\beta=\frac{H}{K_3}$ 求出 β、$\tan\frac{\beta}{2}$

$$T=3rU_N\tan\frac{\beta}{2} \quad \cdots\cdots(215)$$

$$P_m=\frac{P_N+P_{fw}+P_s}{1-s} \quad \cdots\cdots(216)$$

最大转矩倍数：

$$K_T=\frac{C_T\cdot T}{P_m} \quad \cdots\cdots(217)$$

式中：

C_T——对 10 kW 及以上的笼型电机，取 $C_T=0.9$；对绕线转子电机和小于 10 kW 的笼型电机，取 $C_T=1.0$。

最大转矩 T_{max}，单位为牛顿米(N·m)：

$$T_{max}=K_TT_N \quad \cdots\cdots(218)$$

式中：

T_N——额定转矩，单位为牛顿米(N·m)。

12.1.6 最大转矩的换算

当试验电压 U_t 低于 0.9 倍额定电压时，应在 1/3～2/3 额定电压范围内，均匀测取 3 个不同电压下的最大转矩值。作 $\lg T_{maxt}=f(\lg U_t)$ 曲线，延长曲线，求出对应于额定电压时的最大转矩 T_{max}。

12.2 最小转矩的测定

12.2.1 概述

笼型电动机在起动过程中最小转矩的测量方法有下列几种：

a) 测功机或校正过直流电机法；

b) 转矩测量仪法；

c) 转矩转速仪法。

测定时，被试电机应接近实际冷状态，在额定频率和额定电压下进行。如试验电压不能达到额定电压，最小转矩值应按12.2.5换算。

12.2.2 测功机或校正过直流电机法

用测功机或校正过直流电机作被试电机的负载，最小转矩从测功机测力计上读出，或按试验时的转速和校正过直流电机的电枢电流，从直流电机的校正曲线 $T_d=f(I_a)$ 上求得。

直流电机的校正和使用时的要求同12.1.2。

试验时，将被试电机与测功机或校正过直流电机用联轴器联接，先在低电压下确定被试电机出现最小转矩的中间转速（即同步转速的1/13～1/7范围内的某一转速，机组在该转速下能稳定运行而不升速）。断开被试电机的电源，调节测功机或校正过直流电机的电源电压，使其转速约为中间转速的1/3。然后合上被试电机的电源，迅速调节测功机的电源电压（或励磁电流）或校正过直流电机的电源电压。直至测功机的测力计读数或校正过直流电机的电枢电流出现最小值，读取此数值和被试电机的端电压。采用校正过直流电机时，需同时读取转速值。

用测功机作负载时，当测功机与被试电机的转向相同，而不能测得最小转矩时，可改变测功机电源电压的极性再行测试。

试验过程中，应防止被试电机过热。

12.2.3 转矩测量仪法

用转矩测量仪法测定最小转矩时，必须测取被试电机的转矩转速特性曲线，最小转矩从曲线上求取。

试验方法及要求同12.1.3。转矩转速曲线应从堵转状态开始使转速逐渐升高进行测取。

12.2.4 转矩转速仪法

用转矩转速仪法测定最小转矩的方法同12.1.4。

12.2.5 最小转矩的换算

当试验电压在0.95～1.05倍额定电压范围内时，最小转矩 T_{min} 按式（219）求取，单位为牛顿米（N·m）：

$$T_{min}=T_{mint}\left(\frac{U_N}{U_t}\right)^2 \qquad \cdots\cdots(219)$$

式中：

T_{mint}——在试验电压 U_t 下测得的最小转矩，单位为牛顿米（N·m）。

当试验电压低于0.95倍额定电压时，应在1/3～2/3额定电压范围内，均匀测取3个不同电压下的最小转矩值，作 $\lg T_{mint}=f(\lg U_t)$ 曲线，延长曲线，求出对应于额定电压时的最小转矩 T_{min}。

12.3 转动惯量的测定

12.3.1 悬挂转子摆动法

12.3.1.1 单钢丝法

采用单钢丝扭转摆动比较法测定电机转子的转动惯量。

选择密度均匀的金属制成假转子，假转子形状应为简单的圆柱体，以便能用下式较准确地计算出假

转子的转动惯量 J'。假转子的质量应能将所选用的钢丝拉直且钢丝不变形。把假转子可靠地悬挂在长度 $l\geqslant 0.5$ m 的钢丝一端，钢丝的另一端固定在支架上，钢丝轴线应与假转子轴线同心且垂直地面。

将假转子绕心轴扭转一个适当角度，仔细测量往复摆动次数 N 及所需时间 t(s)，求得摆动周期平均值 T'_P($T'_P=N/t$)。被试电机转子在相同的条件下重复上述试验，按以上方法求得其摆动周期的平均值 T_P，按下式计算被试电机的转动惯量 J。

假转子的转动惯量 J'(kg · m²)按式(220)计算：

$$J'=\frac{mD^2}{8} \qquad \cdots\cdots(220)$$

式中：

D ——圆柱体直径，单位为米(m)；

m ——直径 D 部分的圆柱体质量，单位为千克(kg)。

被试电机转子的转动惯量 J(kg · m²)按式(221)计算：

$$J=J'\frac{T_P{}^2}{T'^2_P} \qquad \cdots\cdots(221)$$

式中：

T_P ——被试电机转子的摆动周期平均值，单位为秒(s)；

T'_P ——假转子的摆动周期平均值，单位为秒(s)。

12.3.1.2 双钢丝法

用两根平行的钢丝将被试电机转子悬挂起来，使其转轴中心线与地面垂直。扭转转子使其产生以轴线为中心的摆动。转轴中心线的扭角应不大于10°。仔细测取若干次摆动所需的时间，求出摆动周期的平均值 T_P。转动惯量 J(kg · m²)按式(222)求取：

$$J=\frac{T_P{}^2a^2}{l}\cdot\frac{mg}{(4\pi)^2} \qquad \cdots\cdots(222)$$

式中：

g ——重力加速度，单位为米每二次方秒(m/s²)；

a ——两钢丝之间的距离，单位为米(m)；

l ——钢丝的长度，单位为米(m)；

m——被试电机转子的质量，单位为千克(kg)。

12.3.2 空载减速法

此法用于测定功率为100 kW以上电机的转动惯量。

试验时，使被试电机的转速升高并超过同步转速，然后，切断电源或脱开驱动机械，在1.1～0.9倍同步转速范围内，测定转速变化 Δn(r/min)所需的时间 Δt(s)。转动惯量 J(kg · m²)按式(223)计算：

$$J=\frac{3\,600P_{fw}\Delta t}{4\pi^2 n_s\Delta n} \qquad \cdots\cdots(223)$$

12.3.3 辅助摆锤法

此法用于测定具有滚动轴承电机的转动惯量。

将一个质量已知的辅助摆锤用质量尽可能小的臂杆固定于被试电机转轴端面中心上，摆锤臂杆应与轴线成直角。当转轴上带有皮带轮或半个联轴器时，也可用它们来固定摆锤。

试验时，摆锤的初始位置与静止位置的偏移应不大于15°，在开始摆动后，测量2～3次摆动所需的时间，求出摆动周期的平均值 T_P。以摆锤通过静止位置的瞬间作为测量摆动周期的起始点。转动惯量 J(kg · m²)按式(224)计算：

$$J=m\cdot r\left(\frac{T_P{}^2 g}{4\pi^2}-r\right) \qquad \cdots\cdots(224)$$

式中：

m ——辅助摆锤的质量，单位为千克(kg)；

r ——辅助摆锤的重心到转轴中心线的距离，单位为米(m)；

T_P——辅助摆锤摆动周期的平均值，单位为秒(s)。

对功率为 10 kW～1 000 kW 的电机，选用辅助摆锤时，应使摆动周期为 3 s～8 s。为了校核，建议在摆锤质量略有不同的情况下重复进行测定。

对绕线转子电动机和交流换向器电动机，试验必须在电刷全部提起时进行。

12.4 短时过转矩试验

短时过转矩试验应在额定电压、额定频率下进行。

试验时，电动机在热状态下，逐渐增加负载，使其转矩达到 GB 755—2008 中的 9.4.1 或各类型电机标准所规定的过转矩数值，历时 15 s。

如限于设备，允许在试验时用测量定子电流代替转矩的测量，此时，定子电流值应等于 1.1 倍的过转矩倍数乘以额定电流值。

12.5 匝间冲击耐电压试验

如需进行此项试验，按 GB/T 22715—2008 和 GB/T 22719.1—2008、GB/T 22719.2—2008 规定的方法进行。

12.6 工频耐电压试验

试验电源的频率为工频，电压波形尽可能为正弦波形。

12.6.1 试验要求(按 GB 755—2008 中 9.2 的规定)

a) 耐电压试验在电机静止的状态下进行。试验前，应先测量绕组的绝缘电阻。如需要进行超速和短时过转矩试验时，该项试验应在这些试验之后进行，型式试验时，该项试验还应在热试验后电动机接近热状态下进行。

b) 试验时，电压应施于绕组与机壳之间，此时其他不参与试验的绕组均应和铁芯及机壳作电气连接。对额定电压在 1 kV 以上的电机，若每相的两端均单独引出时，则应每相逐一进行试验。

c) 试验变压器应有足够的容量，可按下列方法选择：

对低压电动机，每 1 kV 试验电压，试验变压器的容量应不小于 1 kVA；

对高压电动机，当其电容量较大时，试验变压器的容量应大于式(225)求得的计算容量S_T(kVA)：

$$S_T=2\pi fCU_tU_{TN}\times10^{-3} \qquad \cdots\cdots(225)$$

式中：

C ——被试电机的电容，单位为法拉(F)；

U_t ——试验电压，单位为伏特(V)；

U_{TN}——试验变压器高压侧的额定电压，单位为伏特(V)。

对分马力电动机，每 1 kV 试验电压，试验变压器的容量应不小于 0.5 kVA。

d) 额定电压在 3 kV 及以上的电动机进行耐电压试验时，建议在试验变压器接线柱与被试绕组之间并联接入放电铜球。试验电压应在试验变压器的高压侧进行测量。

e) 试验前，应采取切实安全的防护措施，试验中发现异常情况，应立即切断试验电源，并将绕组对地放电。

12.6.2 试验电压和时间

试验电压的数值按 GB 755—2008 中 9.2 的规定。

试验应从不超过试验电压全值的一半开始，然后均匀地或以每步不超过全值 5%逐步增至试验电压全值，电压从半值增至全值的时间应不少于 10 s。全值试验电压值应符合 GB 755—2008 表 16 中的规定，并维持 1 min。

当对批量生产的 200 kW(或 kVA)及以下，额定电压 $U_N \leqslant 1$ kV 的电机进行常规试验时，1 min 试验可用 1 s 的试验代替，但试验电压值应为 GB 755—2008 表 16 规定值的 120%。

12.7 转子电压的测定

绕线转子电动机及交流换向器电动机需进行转子电压测定。

测量时，转子应静止不转动，转子绕组开路，定子绕组上施以额定频率的额定电压，在转子集电环间分别测量各线间的电压值。如发现有电压不平衡现象，通常是在几个不同的转子位置读取转子电压，取算术平均值作为转子电压。

对转子电压超过 600 V 的电动机，施于定子绕组上的电压，可以适当降低。

12.8 超速试验

如各类型电机标准中无规定时，超速试验允许在冷态下进行。对大型电机，允许对转子单独进行超速试验。

试验时，将电动机的转速提高到 1.2 倍最高额定转速或各类型电机标准中规定的转速，或规定的最高转速，历时 2 min。

超速的方法有下列两种：

a) 提高被试电机的电源频率；

b) 用原动机直接驱动或通过变速驱动被试电机。

超速试验时，应采取安全防护措施，尽可能远距离测量转速。

12.9 噪声的测定

噪声的测定按 GB/T 10069.1—2006 的规定进行。

12.10 振动的测定

振动的测定按 GB 10068—2008 的规定进行。

12.11 轴电压的测定

轴电压测定见图 12。

试验前应分别检查轴承座与金属垫片、金属垫片与金属底座间的绝缘电阻，确保电动机绝缘良好。

在电动机轴承与机壳之间加装绝缘环(轴承和转轴之间垫入干燥的绝缘片)或者使用绝缘轴承，确保电动机轴承绝缘良好。

第一次测定时，被试电机应在额定电压、额定频率下空载运行，用高内阻毫伏表测量轴电压 U_1，然后用导线 A 将转轴一端与地短接，测量另一轴承座对地轴电压 U_2，测量完毕将导线 A 拆除。试验时测点表面与毫伏表引线的接触应良好。

第二次测定时，被试电机在额定电流、额定频率下额定负载运行，测量轴承电压 U_3。

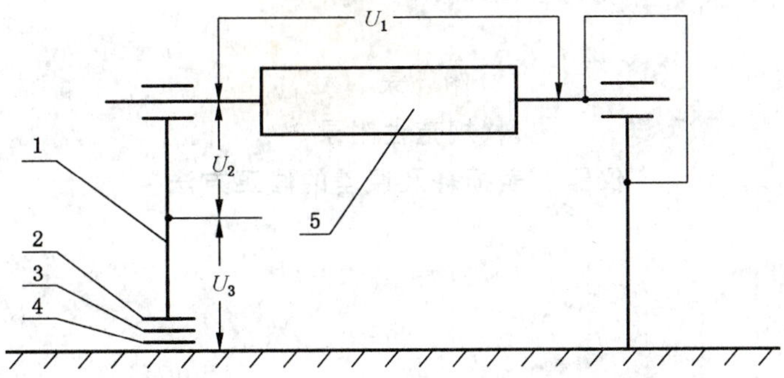

说明：

1——轴承座；

2——绝缘垫片；

3——金属垫片；

4——绝缘垫片；

5——转子。

图 12　轴电压测量示意图

12.12　轴承电流的测定

对使用滚动轴承的电动机，轴承电流按图 13 进行测量。

在电动机非轴伸端的轴承与机壳之间加装绝缘环（轴承和转轴之间垫入干燥的绝缘片）或者使用绝缘轴承，确保电动机轴承绝缘良好。

将电流表串联到与轴承绝缘层两面接触的金属件上，分别在额定电压、额定频率下空载运行，测量电流值，即为轴承电流。

对使用滑动轴承和滚动轴承的电动机，如不能按上述方法测量，可采用轴上放置电流互感器的方法测量轴电流。

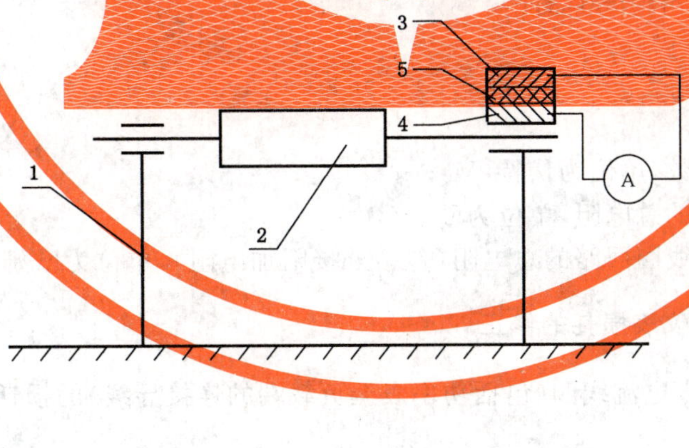

说明：

1　——轴承座；

2　——转子；

3，4——与轴承绝缘体两面接触的金属部件；

5　——轴承绝缘体。

图 13　轴承电流测量示意图

附 录 A
（规范性附录）
仪器仪表损耗及误差的修正方法

A.1 仪表损耗的修正

当电压表、电流表和功率表按照图 A.1 或图 A.2 接线时，其仪表损耗的修正按下列方法进行。

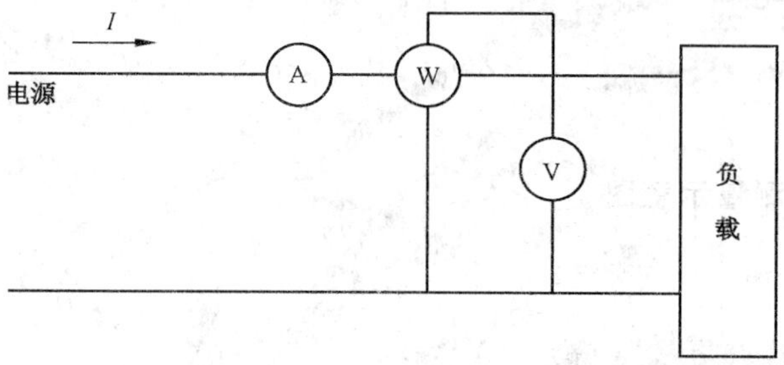

图 A.1

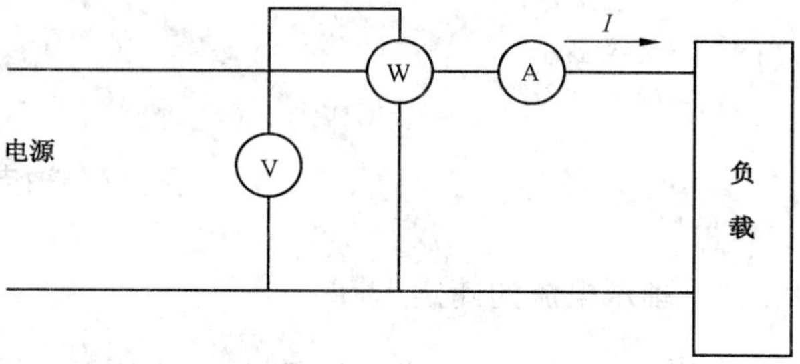

图 A.2

A.1.1 按图 A.1 接线时，仪表损耗的修正

此时，电压表的损耗 P_V 和无补偿的功率表电压线圈回路的损耗 P_W 按式(A.1)、式(A.2)计算。并将它们从测得的功率中减去。

$$P_V=\frac{U^2}{R_V} \qquad \cdots\cdots(A.1)$$

$$P_W=\frac{U^2}{R_{WV}} \qquad \cdots\cdots(A.2)$$

式中：

U ——电压表的读数，单位为伏特(V)；

R_V ——电压表回路的总电阻，单位为欧姆(Ω)；

R_{WV}——功率表电压线圈回路的总电阻(包括外接附加电阻)，单位为欧姆(Ω)。

A.1.2 按图 A.2 接线时仪表损耗的修正

此时，电流表和功率表电流线圈(包括功率表至负载端的连接导线)的损耗 P_A 按式 A.3 计算，并将它从测得的功率中减去。

$$P_A=I^2\times(R_A+R_{WA}+R) \qquad \cdots\cdots(A.3)$$

式中：

I ——电流表的读数，单位为安特(A)；

R_A ——电流表的内阻，单位为欧姆(Ω)；

R_{WA}——功率表电流线圈回路的总电阻(包括外接附加电阻)，单位为欧姆(Ω)；

R ——功率表至负载端连接导线(包括开关等)的电阻，单位为欧姆(Ω)。

A.2 仪表刻度误差的修正

根据电流表、电压表、功率表指示的数值 I_A、U_V、P_W 按式(A.4)～式(A.6)进行刻度误差的修正。

$$I' = I_A + \Delta I \quad\cdots\cdots(A.4)$$

$$U' = U_V + \Delta U \quad\cdots\cdots(A.5)$$

$$P'_W = P_W + \Delta P_W \quad\cdots\cdots(A.6)$$

式中：

$\Delta I, \Delta U, \Delta P_W$——分别为电流表、电压表和功率表的刻度修正值，可从仪表的校验报告中获得。

A.3 互感器变比误差的修正

电流互感器和电压互感器的变比误差，可以从互感器校验报告中获得。当互感器副边的实际负载与校验中的负载不同时，其变比误差可以由互感器不同负载时的变比特性曲线来估算。

A.3.1 互感器的实际变比

电流互感器的实际变比：

$$K_I = K_{In}(1 - \gamma_I) \quad\cdots\cdots(A.7)$$

电压互感器的实际变比

$$K_U = K_{Un}(1 - \gamma_U) \quad\cdots\cdots(A.8)$$

式中：

K_{In}, K_{Un}——分别为电流互感器和电压互感器的标称变比；

γ_I, γ_U ——电流互感器和电压互感器的变比误差。

A.3.2 对测量值的修正

电流互感器原边的实际电流：

$$I = K_I I' \quad\cdots\cdots(A.9)$$

电压互感器原边的实际电压：

$$U = K_U U' \quad\cdots\cdots(A.10)$$

修正后的功率：

$$P = K_U K_I P'_W \quad\cdots\cdots(A.11)$$

A.4 互感器相角误差的修正

功率测量中的相角误差包括：

a) 功率表电压线圈回路中的相角误差；

b) 电流互感器的相角误差；

c) 电压互感器的相角误差。

A.4.1 功率表电压线圈回路中的相角误差 α

相角误差 α 按式(A.12)求取：

$$\alpha = \arctan \frac{X_W}{R_W} \quad\cdots\cdots(A.12)$$

式中：

R_W ——功率表电压线圈回路的总电阻(包括外接附加电阻)，单位为欧姆(Ω)；

X_W ——功率表电压线圈的感抗，单位为欧姆(Ω)。按式(A.13)求取：

$$X_W = 2\pi f L \quad\cdots\cdots(A.13)$$

式中：

L——功率表电压线圈的电感，单位为亨利(H)。可从功率表的刻度盘上获得。

相角误差 α 符号的决定：当 X_W 为容抗时，取"＋"号；当 X_W 为感抗时，取"－"号。对无补偿的功率表，其电压线圈为感抗。

A.4.2 电流互感器的相角误差 β_I

电流互感器的相角误差 β_I 可以从互感器校验报告中获得。当互感器副边的实际负载与校验中的负载不同时，其相角误差 β_I 可以由互感器不同负载时的相角特性曲线来估算。

相角误差 β_I 符号的决定：当副边电流超前原边电流时，取"＋"号；滞后时，取"－"号。对无补偿的电流互感器，副边电流超前原边电流。

A.4.3 电压互感器的相角误差 β_U

电压互感器相角误差 β_U 的确定方法与电流互感器相同。

相角误差 β_U 符号的决定：当副边电压超前原边电压时，取"＋"号；滞后时，取"－"号，对无补偿的电压互感器，副边电压滞后原边电压。

A.4.4 功率测量值的修正

修正前的表观功率 S 及功率因数 $\cos\varphi'$ 按式(A.14)～式(A.16)决定：

$$S=UI \tag{A.14}$$

$$\cos\varphi'=\frac{P}{S} \tag{A.15}$$

$$\varphi'=\arccos\left(\frac{P}{S}\right) \tag{A.16}$$

实际的功率因数 $\cos\varphi$ 按式(A.17)求取：

$$\cos\varphi=\cos(\varphi'-\alpha+\beta_I-\beta_U) \tag{A.17}$$

相角修正系数 K_φ 按式(A.18)求取：

$$K_\varphi=\frac{\cos\varphi}{\cos\varphi'} \tag{A.18}$$

经相角误差修正后，实际功率值按式(A.19)求取：

$$P_c=PK_\varphi \tag{A.19}$$

附 录 B
(规范性附录)
绕组星接不对称电压空载试验(Eh-star)法测试值的计算[1)]

B.1 根据试验结果求取以下复数电压和复数电流

$$\underline{U}_{UV}=U_{UV}$$

$$U'_{WU}=\frac{U_{VW}^2-U_{WU}^2-U_{UV}^2}{2U_{UV}}$$

$$U''_{WU}=\sqrt{U_{WU}^2-U'^2_{WU}}$$

$$U'_{VW}=-U_{UV}-U'_{WU}$$

$$U''_{VW}=-U''_{WU}$$

$$I'_{V}=-\frac{(P_{UV}-P_{VW})+U_{WU}\cdot I_{W}}{U_{UV}}$$

在以上公式中,假设电流 I_W 和电压 U_{WU} 同相。如果电阻器中有明显的电抗分量,用以下公式计算。

$$I'_{V}=-\frac{(P_{UV}-P_{VW})+R_{eh}\cdot I_{W}^2}{U_{UV}}$$

式中:R_{eh}是电阻的实测值。

$$I''_{V}=\sqrt{I_{V}^2-I'^2_{V}}$$

$$k_1=\frac{1}{2\cdot I_{V}^2}\cdot(I_{W}^2-I_{U}^2-I_{V}^2)$$

$$I'_{U}=k_1\cdot I'_{V}+\sqrt{\left(k_1^2-\frac{I_{U}^2}{I_{V}^2}\right)(I'^2_{V}-I_{V}^2)}$$

$$I''_{U}=\frac{k_1\cdot I_{V}^2-I'_{U}\cdot I'_{V}}{I''_{V}}$$

$$I'_{W}=-I'_{U}-I'_{V}$$

$$I''_{W}=-I''_{U}-I''_{V}$$

B.2 根据复数端电压和线电流确定内端电压

$$\underline{U}_{iUV}=\underline{U}_{UV}+\frac{R_{VW}}{2}\cdot(\underline{I}_{V}-\underline{I}_{U})$$

$$\underline{U}_{iVW}=\underline{U}_{VW}+\frac{R_{VW}}{2}\cdot(\underline{I}_{W}-\underline{I}_{V})$$

$$\underline{U}_{iWU}=\underline{U}_{WU}+\frac{R_{VW}}{2}\cdot(\underline{I}_{U}-\underline{I}_{W})$$

---

1) 等同采用 IEC 60034-2-1:2007 中的附录 B。

B.3 分解端电压为正序和逆序分量($a=e^{2\pi/3}$)

$$\underline{U}_{iLL(1)}=\frac{1}{3}(\underline{U}_{iUV}+\underline{a}\cdot\underline{U}_{iVW}+\underline{a}^2\cdot\underline{U}_{iWU})$$

$$\underline{U}_{iLL(2)}=\frac{1}{3}(\underline{U}_{iUV}+\underline{a}^2\cdot\underline{U}_{iVW}+\underline{a}\cdot\underline{U}_{iWU})$$

B.4 求取内相电压 UI 的正序和逆序分量

$$\underline{U}_{i(1)}=\frac{1}{\sqrt{3}}\cdot e^{-j\frac{\pi}{6}}\cdot\underline{U}_{iLL(1)}$$

$$\underline{U}_{i(2)}=\frac{1}{\sqrt{3}}\cdot e^{j\frac{\pi}{6}}\cdot\underline{U}_{iLL(2)}$$

B.5 求取不对称内相电压

$$\underline{U}_{iU}=\underline{U}_{i(1)}+\underline{U}_{i(2)}$$

$$\underline{U}_{iV}=\underline{a}^2\cdot\underline{U}_{i(1)}+\underline{a}\cdot\underline{U}_{i(2)}$$

$$\underline{U}_{iW}=\underline{a}\cdot\underline{U}_{i(1)}+\underline{a}^2\cdot\underline{U}_{i(2)}$$

B.6 求取铁耗电阻

$$R_{Fe}=\frac{U_t^2}{P_{Fe}}$$

式中：

U_t ——按 10.6.6.1 确定；

P_{Fe}——按 8.2 确定。

$$\underline{I}_{FeU}=\frac{\underline{U}_{iU}}{R_{Fe}}$$

$$\underline{I}_{FeV}=\frac{\underline{U}_{iV}}{R_{Fe}}$$

$$\underline{I}_{FeW}=\frac{\underline{U}_{iW}}{R_{Fe}}$$

B.7 求取内相电流

$$\underline{I}_{iU}=\underline{I}_U-\underline{I}_{FeU}$$

$$\underline{I}_{iV}=\underline{I}_V-\underline{I}_{FeV}$$

$$\underline{I}_{iW}=\underline{I}_W-\underline{I}_{FeW}$$

B.8 求取内相电流的正序和负序分量

$$\underline{I}_{i(1)}=\frac{1}{3}(\underline{I}_{iU}+\underline{a}\cdot\underline{I}_{iV}+\underline{a}^2\cdot\underline{I}_{iW})$$

$$\underline{I}_{i(2)}=\frac{1}{3}(\underline{I}_{iU}+\underline{a}^{2}\cdot\underline{I}_{iV}+\underline{a}\cdot\underline{I}_{iW})$$

为了获得准确的结果，正序电流的绝对值 $I_{i(1)}$ 应小于负序电流绝对值 $I_{i(2)}$ 的 30%。如果不符合此条件，通过改变 R_{eh} 的值重做试验。

B.9 求取电磁功率

$$P_{\delta(1)}=3(U'_{i(1)}\cdot I'_{i(1)}+U''_{i(1)}\cdot I''_{i(1)})$$
$$P_{\delta(2)}=3(U'_{i(2)}\cdot I'_{i(2)}+U''_{i(2)}\cdot I''_{i(2)})$$

B.10 求取负载杂散损耗

$$P_{Lr}=k\cdot[(1-s)\cdot(P_{\delta(1)}-P_{\delta(2)})-P_{fw}]$$

式中：

$$k=\frac{1}{1+\left(\frac{I_{i(1)}}{I_{i(2)}}\right)^{2}}$$

附 录 C
（资料性附录）
线性回归分析

C.1 概述

线性回归分析的目的是找出两组变量之间的数学关系，以便用一组变量求出另一组变量。线性回归分析认为如果这两组变量呈线性关系，即用两组变量的一对值（T^2，P_L）画图，则这些点几乎为一直线。这些点与直线的吻合程度由相关系数 r 表示。

C.2 方法

C.2.1 数据准备

计算表 C.1。

表 C.1 线性回归数据表

序号	T^2	P_L	$(T^2)^2$	$(P_L)^2$	$P_L \times T^2$
1					
2					
3					
4					
5					
6					
	Σ	Σ	Σ	Σ	Σ

注：T 为根据 11.3.1.4 确定输出转矩（N·m）。
P_L 为根据 11.3.2.3.5 确定的剩余杂散损耗（W）。

C.2.2 回归方程

$$P_L = A \times T^2 + B$$

C.2.3 斜率 *A* 的确定

用式（C.11）计算 A：

$$A = \frac{i\sum(P_L T^2) - \sum P_L \sum T^2}{i\sum(T^2)^2 - (\sum T^2)^2} \qquad \text{(C.1)}$$

式中：
i——负载试验的点数。

C.2.4 截距 *B* 的确定

由式（C.2）计算 B：

$$B=\frac{\sum P_{\mathrm{L}}}{i}-A\frac{\sum T^{2}}{i} \qquad \cdots\cdots\cdots\cdots\cdots\cdots\cdots\cdots\cdots\cdots\text{(C. 2)}$$

C.2.5　相关系数 r 的确定

由式(C.3)计算 r：

$$r=\frac{i\sum(P_{\mathrm{L}}T^{2})-(\sum P_{\mathrm{L}})(\sum T^{2})}{\sqrt{[i\sum(T^{2})^{2}-(\sum T^{2})^{2}]\cdot[i\sum P_{\mathrm{L}}^{2}-(\sum P_{\mathrm{L}})^{2}]}} \qquad \cdots\cdots\cdots\cdots\cdots\cdots\text{(C. 3)}$$

参 考 文 献

[1] IEC 61972:2002 三相笼型异步电动机损耗和效率的确定

ICS 59.060.10
B 32

中华人民共和国国家标准

GB 1103.1—2012
部分代替 GB 1103—2007

棉花　第1部分：锯齿加工细绒棉

Cotton—Part 1: Saw ginned upland cotton

2012-11-14 发布　　2013-09-01 实施

中华人民共和国国家质量监督检验检疫总局
中国国家标准化管理委员会　发布

前　言

GB 1103 的本部分的全部技术内容为强制性。

GB 1103《棉花》分为两个部分：

——第 1 部分：锯齿加工细绒棉；

——第 2 部分：皮辊加工细绒棉。

本部分为 GB 1103 的第 1 部分。

本部分按照 GB/T 1.1—2009 给出的规则起草。

本部分部分代替 GB 1103—2007《棉花　细绒棉》，与 GB 1103—2007 相比，除编辑性修改外，主要技术变化如下：

——取消了品级，增加了颜色级、轧工质量指标及检验方法；

——将色特征级修改为颜色级；

——增加了“白棉、淡点污棉、淡黄染棉、黄染棉、主体颜色级、轧工质量”的定义；

——增加了颜色级划分、颜色分级图和颜色级实物标准；

——增加了颜色级检验的感官检验和大容量快速棉纤维测试仪（以下简称“纤维快速测试仪”）检验的内容；

——增加了轧工质量划分、轧工质量分档条件、轧工质量参考指标和轧工质量实物标准；

——增加了轧工质量采取感官检验的内容；

——修改了“公定重量”的定义；

——删除了“准重、籽棉准重衣分率”的定义和计算方法；

——将成包皮棉品质检验和重量检验修改为可以分开抽样、检验、出证；

——修改了籽棉抽样数量；

——将皮棉滑道抽样修改为成包前检验抽样；

——取消了逐包检验时按检验单元检验含杂率的规定；

——将马克隆值“按 GB/T 6498 检验时，随机抽取批样数量的 30%作为马克隆值试验样品”修改为对批样逐样测试马克隆值；

——修改了籽棉和成包皮棉的检验项目、检验顺序和组批规则；

——将按批检验的棉花质量标识，修改为按“棉花主体颜色级、长度级、主体马克隆值级”顺序标示；

——修改了成包皮棉异性纤维含量分档的范围值；

——增加了“断裂比强度、长度整齐度指数”分档代号；

——取消了“六、七级棉花的长度均按 25 毫米计，记为 25.0 mm”的限制。

请注意本文件的某些内容可能涉及专利。本文件的发布机构不承担识别这些专利的责任。

本部分由中国纤维检验局提出并归口。

本部分起草单位：中国纤维检验局、农业部种植业管理司、供销总社棉麻局、中国棉花协会、中国棉纺织行业协会、全国棉花交易市场、郑州商品交易所、中国储备棉管理总公司。

本部分主要起草人：徐水波、杨照良、熊宗伟、王丹涛、于小新、叶戬春、刘从九、杨宝富、李博晰、江风、阮旭良、唐淑荣、陆世栋、梁继华、范琥跃、侯振武。

本部分所代替标准的历次版本发布情况为：

——GB 1103—1972、GB 1103—1999、GB 1103—2007。

引　言

2003 年 9 月，国务院批准了《棉花质量检验体制改革方案》(以下简称《方案》)。《方案》明确提出要力争用五年左右的时间，采用科学、统一、与国际接轨的棉花检验技术标准体系，在棉花加工环节实行仪器化、普遍性的权威检验，建立起符合我国国情、与国际通行做法接轨、科学权威的棉花质量检验体制，并明确要求制定适应仪器化检验的棉花质量标准及相关技术规范，研制适用于仪器化检验的棉花颜色分级图及其应用软件。

据此，中国纤维检验局会同有关部门对国家标准 GB 1103—1999《棉花　细绒棉》进行了修订，并由国家质量监督检验检疫总局和国家标准化管理委员会批准、发布、实施了 GB 1103—2007《棉花　细绒棉》。该标准主要增加了仪器化检验的质量指标，但仍然保留了棉花品级指标。由于仪器设备无法检验棉花品级，因此目前棉花质量检验体制改革还没有全面实现棉花质量仪器化检验目标。

为了进一步推进棉花质量检验体制改革，尽早实现仪器化检验，迫切需要推出棉花颜色分级指标。但对我国传统的、重要的品级指标进行改革，推出全新的满足仪器化检验要求的颜色级指标，是一项极其复杂的、难度很大的系统工程。为此，各有关部门开展了大量的科研工作。从 2004 年开始，中国纤维检验局牵头开展了棉花颜色分级体系的研究，收集了我国不同棉区有代表性的棉样，制作了颜色级实物标准和轧工质量实物标准，建立了颜色分级图。2008、2009、2010 棉花年度，在生产、收购、加工、检验、使用环节共同组织开展了棉花颜色级验证试验工作，修改完善颜色分级体系。2011 棉花年度，在上述环节开展了棉花颜色分级取代品级检验的试点工作，并已取得较好效果，目前已具备全面推行棉花颜色分级的条件。

2010 年全国棉花工作电视电话会议明确提出“要抓紧出台全面采用仪器化质量指标体系的国家棉花质量标准”，为了贯彻落实 2010 年全国棉花工作电视电话会议精神，经商农业部种植业管理司、全国供销合作总社棉麻局、中国棉花协会、中国棉纺织行业协会等各相关部门，共同建议加快 GB 1103 标准修订进程，2012 年发布新标准，2013 棉花年度(2013 年 9 月 1 日起)实施，以进一步促进棉花质检体制改革。

鉴于棉花细绒棉存在锯齿加工和皮辊加工两种不同加工方式，而目前的棉花颜色分级体系是基于锯齿细绒棉的基础上建立的，尚不能适应皮辊棉仪器化检验的要求，因此皮辊棉仍保留品级指标及其检验方法。考虑到在一个标准中同时保留品级、颜色级质量指标，既不利于废止品级，也会造成一个标准中同时规定品级、颜色级从而导致标准体例、内容的混乱，因此需将 GB 1103 修订为 2 个部分，即 GB 1103.1—2012《棉花　第 1 部分：锯齿加工细绒棉》和 GB 1103.2—2012《棉花　第 2 部分：皮辊加工细绒棉》，其中，锯齿加工细绒棉采用颜色分级指标体系，皮辊加工细绒棉仍维持品级指标体系。本文件就是在这样的背景下进行修订的。

棉花　第1部分:锯齿加工细绒棉

1　范围

GB 1103的本部分规定了锯齿加工的细绒棉的质量要求、抽样、检验方法、检验规则、检验证书、包装及标志、储存与运输等要求。

本部分适用于生产、收购、加工、贸易、仓储和使用的锯齿加工的细绒棉。

2　规范性引用文件

下列文件对于本文件的应用是必不可少的。凡是注日期的引用文件,仅注日期的版本适用于本文件。凡是不注日期的引用文件,其最新版本(包括所有的修改单)适用于本文件。

GB/T 6102.1　原棉回潮率试验方法　烘箱法

GB/T 6102.2　原棉回潮率试验方法　电阻法

GB/T 6103　原棉疵点试验方法　手工法

GB/T 6498　棉纤维马克隆值试验方法

GB/T 6499　原棉含杂率试验方法

GB 6975　棉花包装

GB/T 8170　数值修约规则与极限数值的表示和判定

GB/T 13786　棉花分级室的模拟昼光照明

GB/T 19617　棉花长度试验方法　手扯尺量法

GB/T 20392　HVI棉纤维物理性能试验方法

3　术语和定义

下列术语和定义适用于本文件。

3.1

颜色级　color grade

棉花颜色的类型和级别。类型依据黄色深度确定,级别依据明暗程度确定。

3.2

白棉　white cotton

颜色特征表现为洁白、乳白、灰白的棉花。

3.3

淡点污棉　light spotted cotton

颜色特征表现为白中略显阴黄或有淡黄点的棉花。

3.4

淡黄染棉　light yellow stained cotton

颜色特征表现为整体显阴黄或灰中显阴黄的棉花。

3.5

黄染棉 yellow stained cotton

颜色特征表现为整体泛黄的棉花。

3.6

主体颜色级 major color grade

按批检验时，占有80%及以上的颜色级，其余颜色级仅与其相邻，且类型不超过2个、级别不超过3个。

3.7

轧工质量 preparation

籽棉经过加工后，皮棉外观形态粗糙程度及所含疵点种类的多少。

3.8

毛重 gross weight

棉花及其包装物重量之和。

3.9

净重 net weight

毛重扣减包装物重量后的重量。

3.10

公定重量 conditioned weight

净重按棉花实际含杂率和实际回潮率折算成标准含杂率和公定回潮率后的重量。

3.11

籽棉公定衣分率 conditioned lint percentage of seed cotton

从籽棉上轧出的皮棉公定重量占相应籽棉重量的百分数。

3.12

异性纤维 foreign fiber

混入棉花中的非棉纤维和非本色棉纤维，如化学纤维、毛发、丝、麻、塑料膜、塑料绳、染色线(绳、布块)等。

3.13

成包皮棉异性纤维含量 the content of foreign fiber in a baled cotton

从样品中挑拣出的异性纤维的重量与被挑拣样品重量之比，用克每吨(g/t)表示。

3.14

危害性杂物 dangerous foreign matters

混入棉花中的硬杂物和软杂物，如金属、砖石及异性纤维等。

4 质量要求

4.1 颜色级

4.1.1 颜色级划分

4.1.1.1 依据棉花黄色深度将棉花划分为白棉、淡点污棉、淡黄染棉、黄染棉4种类型。依据棉花明暗程度将白棉分5个级别，淡点污棉分3个级别，淡黄染棉分3个级别，黄染棉分2个级别，共13个级别。

4.1.1.2 白棉3级为颜色级标准级。

4.1.1.3 颜色级用两位数字表示，第一位是级别，第二位是类型。颜色级代号见表 1。

表 1 颜色级代号

级 别	类 型			
	白棉	淡点污棉	淡黄染棉	黄染棉
1 级	11	12	13	14
2 级	21	22	23	24
3 级	31	32	33	
4 级	41			
5 级	51			

4.1.1.4 颜色级文字描述见附录 A。颜色级文字描述对应的籽棉形态是籽棉“四分”(分摘、分晒、分存、分售)的依据。

4.1.2 颜色分级图

颜色级的分布和范围由颜色分级图表示，参见附录 B。

4.1.3 颜色级实物标准

4.1.3.1 根据颜色级文字描述和颜色分级图制作颜色级实物标准。

4.1.3.2 制作白棉 4 个级、淡点污棉 2 个级、淡黄染棉 2 个级和黄染棉 1 个级的颜色级实物标准，均为每一级的底线标准。每个类型的最低级不制作实物标准。

4.1.3.3 颜色级实物标准分保存本、副本和仿制本。

4.1.3.4 保存本为副本每年更新的依据；副本为仿制本制作的依据。

4.1.3.5 副本和仿制本应每年更新，并保持各级程度的稳定。

4.1.3.6 颜色级实物标准是感官评定颜色级的依据。

4.1.3.7 副本和仿制本使用期限为一年(自当年 9 月 1 日至次年 8 月 31 日)。

4.2 轧工质量

4.2.1 轧工质量划分

根据皮棉外观形态粗糙程度、所含疵点种类及数量的多少，轧工质量分好、中、差三档。分别用 P1、P2、P3 表示。

4.2.2 轧工质量分档条件

轧工质量分档条件见附录 C。

4.2.3 轧工质量参考指标

轧工质量参考指标参见附录 D。

4.2.4 轧工质量实物标准

4.2.4.1 根据轧工质量分档条件和轧工质量参考指标制作轧工质量实物标准。每一档均为底线标准。

4.2.4.2 轧工质量实物标准分保存本、副本和仿制本。

4.2.4.3 保存本为副本更新的依据；副本为仿制本制作的依据。

4.2.4.4 轧工质量实物标准是评定棉花轧工质量的依据。

4.2.4.5 副本和仿制本应每年更新，并保持各级程度的稳定。

4.2.4.6 轧工质量实物标准使用期限为一年（自当年9月1日至次年8月31日）。

4.3 长度

4.3.1 长度以1 mm为级距，分级如下：

25毫米，包括25.9 mm及以下；

26毫米，包括26.0 mm～26.9 mm；

27毫米，包括27.0 mm～27.9 mm；

28毫米，包括28.0 mm～28.9 mm；

29毫米，包括29.0 mm～29.9 mm；

30毫米，包括30.0 mm～30.9 mm；

31毫米，包括31.0 mm～31.9 mm；

32毫米，32.0 mm及以上。

4.3.2 28毫米为长度标准级。

4.3.3 棉花手扯长度实物标准根据纤维快速测试仪测定的棉花上半部平均长度结果定值。

4.4 马克隆值

4.4.1 马克隆值分三个级，即A、B、C级。B级分为B1、B2两档，C级分为C1、C2两档。B级为马克隆值标准级。

4.4.2 马克隆值分级分档见表2。

表2 马克隆值分级分档

分级	分档	马克隆值
A级	A	3.7～4.2
B级	B1	3.5～3.6
	B2	4.3～4.9
C级	C1	3.4及以下
	C2	5.0及以上

4.5 回潮率

棉花公定回潮率为8.5%，棉花回潮率最高限度为10.0%。

4.6 含杂率

棉花标准含杂率为2.5%。

4.7 断裂比强度

断裂比强度分档及代号见表3。

表 3 断裂比强度分档及代号

分档	代号	断裂比强度/(cN/tex)
很强	S1	≥31.0
强	S2	29.0～30.9
中等	S3	26.0～28.9
差	S4	24.0～25.9
很差	S5	<24.0
注：断裂比强度为 3.2 mm 隔距，HVI 校准棉花标准(HVICC)校准水平。		

4.8 长度整齐度指数

长度整齐度指数分档及代号见表 4。

表 4 长度整齐度指数分档及代号

分档	代号	长度整齐度指数/%
很高	U1	≥86.0
高	U2	83.0～85.9
中等	U3	80.0～82.9
低	U4	77.0～79.9
很低	U5	<77.0

4.9 危害性杂物

4.9.1 采摘、交售、收购和加工棉花中的要求

4.9.1.1 在棉花采摘、交售、收购和加工中严禁混入危害性杂物。

4.9.1.2 采摘、交售棉花，禁止使用易产生异性纤维的非棉布口袋，禁止用有色的或非棉线、绳扎口。

4.9.1.3 收购、加工棉花时，发现混有金属、砖石、异性纤维及其他危害性杂物的，必须挑拣干净后方可收购、加工。

4.9.2 成包皮棉异性纤维含量

成包皮棉异性纤维含量分档及代号见表 5。

表 5 成包皮棉异性纤维含量分档及代号

分档	代号	成包皮棉异性纤维含量/(g/t)
无	N	0.00
低	L	<0.30
中	M	0.30～0.70
高	H	>0.70

5 抽样

5.1 抽样原则

5.1.1 抽样应具有代表性。
5.1.2 抽样分籽棉抽样和成包皮棉抽样。

5.2 籽棉抽样

5.2.1 收购籽棉抽样

收购籽棉采取多点随机取样方法。

1 t及以下抽取1个样品；1 t以上、5 t及以下抽取3个样品；5 t以上、10 t及以下抽取5个样品；10 t以上抽取7个样品。每个样品不少于1.5 kg。

5.2.2 籽棉大垛抽样

籽棉大垛采取在不同方位、多点、多层随机取样方法，取样深度不低于30 cm。

以垛为单位抽样，抽样数量：10 t及以下大垛抽3个样品；10 t以上、50 t及以下大垛抽5个样品；50 t以上大垛抽7个样品。每个样品不少于1.5 kg。

5.3 成包皮棉抽样

5.3.1 按批抽样

5.3.1.1 重量检验抽样：含杂率抽样按每10包(不足10包的按10包计)抽1包，从每个取样棉包压缩面开包后，去掉棉包表层棉花后再均匀取样，形成一个总重量不少于600 g的含杂率检验实验室样品。再往棉包内层于距棉包外层10 cm～15 cm处，抽取回潮率检验样品约100 g，装入密封容器内密封，形成回潮率检验批样。

5.3.1.2 品质检验抽样：按每10包(不足10包的按10包计)抽1包，从每个取样棉包压缩面开包后，去掉棉包表层棉花，抽取完整成块样品约300 g，形成品质检验批样。

5.3.1.3 品质检验和重量检验同时进行的，则含杂率样品可从品质检验批样中抽取，回潮率样品按照5.3.1.1规定执行。

5.3.1.4 成包皮棉严禁在包头抽取样品。

5.3.1.5 成包前检验抽样：棉花加工单位可以从总集棉主管道观察窗抽样。在整批棉花的成包过程中，每10包(不足10包的按10包计)抽样一次。每次随机抽取约300 g样品供回潮率、颜色级、轧工质量、长度、马克隆值和含杂率检验。每次再随机抽取不少于2 kg样品，合并后作为该批棉花异性纤维含量的检验批样。

5.3.2 逐包抽样

5.3.2.1 逐包抽样仅适用于Ⅰ型棉包。

5.3.2.2 使用专用取样装置，在每个棉包的两个压缩面中部，分别切取长260 mm、宽105 mm或124 mm、重量不少于125 g的切割样品。

5.3.2.3 取样时，将每个切割样品按层平均分成两半，其中一个切割样品中对应棉包外侧的一半和另一个切割样品中对应棉包内侧的一半合并形成一个检验用样品，剩余的两半合并形成棉花加工单位留样。棉花样品应保持原切取的形状、尺寸，即样品为长方形且平整不乱。

5.3.3 棉花交易时的异性纤维抽样

棉花交易时，要求对批量交易成包皮棉异性纤维进行定量或定性检验的，可由交易有关方面协商确定具体的抽样方法和抽样数量。

6 检验方法

6.1 品质检验

6.1.1 颜色级检验

6.1.1.1 颜色级检验分感官检验和纤维快速测试仪检验。

6.1.1.2 颜色级感官检验按以下方法执行。

6.1.1.2.1 对照颜色级实物标准结合颜色级文字描述确定颜色级。

6.1.1.2.2 颜色级检验应在棉花分级室进行，分级室应符合 GB/T 13786 标准。

6.1.1.2.3 逐样检验颜色级。检验时，正确握持棉样，使样品表面密度和标准表面密度相似，在实物标准旁进行对照确定颜色级，逐样记录检验结果。

6.1.1.3 颜色级纤维快速测试仪检验，按 GB/T 20392 对抽取的检验用样品逐样检验。

6.1.1.4 检验结果计算。按批检验时，计算批样中各颜色级的百分比(结果修约到一位小数)。有主体颜色级的，要确定主体颜色级；无主体颜色级的，确定各颜色级所占百分比。逐包检验时，逐包出具反射率、黄色深度、颜色级检验结果。

6.1.2 轧工质量检验

6.1.2.1 依据轧工质量实物标准结合轧工质量分档条件感官确定轧工质量档次。

6.1.2.2 轧工质量检验应在棉花分级室进行，分级室应符合 GB/T 13786 标准。

6.1.2.3 逐样检验轧工质量。检验时，正确握持棉样，使样品表面密度和标准表面密度相似，在实物标准旁进行对照确定轧工质量档次，逐样记录检验结果。

6.1.2.4 按批检验时，计算批样中轧工质量各档次的百分比(结果修约到一位小数)。

6.1.2.5 逐包检验时，逐包出具轧工质量档次检验结果。

6.1.3 长度检验

6.1.3.1 棉花长度检验分手扯尺量法检验和纤维快速测试仪检验，以纤维快速测试仪检验为准。

6.1.3.2 棉花手扯长度实物标准作为校准手扯尺量长度的依据。

6.1.3.3 用手扯尺量法检验时，按 GB/T 19617 执行，并经常采用棉花手扯长度实物标准进行校准。

6.1.3.4 使用纤维快速测试仪检验时，按 GB/T 20392 执行。

6.1.3.5 检验结果计算。按批检验时，计算批样中各试样长度的算术平均值及各长度级的百分比。长度平均值对应的长度级定为该批棉花的长度级。逐包检验时，逐包出具长度值检验结果。

6.1.3.6 长度检验结果修约到一位小数。

6.1.4 马克隆值检验

6.1.4.1 按批检验时，按 GB/T 6498 或 GB/T 20392 逐样测试马克隆值。各个试验样品，根据马克隆值分别确定其马克隆值级及档次。计算批样中各马克隆值级所占的百分比，其中百分比最大的马克隆值级定为该批棉花的主体马克隆值级；计算批样中各档百分比及各档平均马克隆值。

6.1.4.2 逐包检验时，采用纤维快速测试仪检验，按 GB/T 20392 执行。逐包出具马克隆值及相应值级及档次检验结果。

6.1.4.3 马克隆值结果修约到一位小数。

6.1.5 异性纤维含量检验

6.1.5.1 异性纤维含量检验仅适用于成包皮棉，采用手工挑拣方法。

6.1.5.2 棉花加工单位对成包前抽取的异性纤维检验批样进行检验，其结果作为该批样所对应的棉包的异性纤维含量检验结果。

6.1.5.3 异性纤维含量检验结果保留两位小数。

6.1.6 断裂比强度检验

6.1.6.1 断裂比强度按 GB/T 20392 逐样进行检验。

6.1.6.2 按批检验时，计算批样中各档百分比及各档平均值。

6.1.6.3 逐包检验时，逐包出具断裂比强度值和档次检验结果。

6.1.6.4 断裂比强度检验结果保留一位小数。

6.1.7 长度整齐度指数检验

6.1.7.1 长度整齐度指数按 GB/T 20392 逐样进行检验。

6.1.7.2 按批检验时，计算批样中各档百分比及各档平均值。

6.1.7.3 逐包检验时，逐包出具长度整齐度指数和档次检验结果。

6.1.7.4 长度整齐度指数检验结果保留一位小数。

6.2 重量检验

6.2.1 含杂率检验

6.2.1.1 收购时可机检或估验，估验结果应经常与 GB/T 6499 的检验结果对照。对估验结果有异议时，以 GB/T 6499 的检验结果为准。

6.2.1.2 成包皮棉含杂率检验按 GB/T 6499 执行。

6.2.1.3 含杂率检验结果修约到一位小数。

6.2.2 回潮率检验

6.2.2.1 回潮率检验按 GB/T 6102.1 或 GB/T 6102.2 执行。对检验结果有异议时，以 GB/T 6102.1 为准。

6.2.2.2 回潮率检验结果修约到一位小数。

6.2.3 籽棉折合皮棉的公定重量检验

6.2.3.1 每份试样称量 1 kg。籽棉试样用锯齿衣分试轧机轧花。要求不出破籽。将轧出的皮棉称量。称量结果都精确到 1 g。

6.2.3.2 籽棉公定衣分率按照式(1)计算，结果保留一位小数：

$$L_0 = \frac{G}{G_0} \times \frac{(100-Z)\times(100+R_0)}{(100-Z_0)\times(100+R)} \times 100 \qquad \cdots\cdots(1)$$

式中：

L_0——籽棉公定衣分率，%；

G——从籽棉试样轧出的皮棉重量，单位为克(g)；

G_0——籽棉试样重量，单位为克(g)；

Z ——轧出皮棉实际含杂率,%;

Z_0——皮棉标准含杂率,%;

R_0——棉花公定回潮率,%;

R ——轧出皮棉实际回潮率,%。

6.2.3.3 一个以上试样时,以每个试样籽棉公定衣分率的算术平均值作为籽棉平均公定衣分率,结果保留一位小数。

6.2.3.4 籽棉折合皮棉的公定重量按式(2)计算,结果保留一位小数:

$$W_L = L \times W_0 \quad \cdots\cdots(2)$$

式中:

W_L ——籽棉折合皮棉的公定重量,单位为千克(kg);

W_0 ——籽棉重量,单位为千克(kg);

L ——相应籽棉公定衣分率,%。即一个试样时为 L_0,一个以上试样时为各试样的平均公定衣分率。

6.2.4 成包皮棉公定重量检验

6.2.4.1 逐包或多包称量成包皮棉毛重。称量毛重的衡器精度不低于1‰。称量时,应尽量接近衡器最大量程。

6.2.4.2 根据批量大小,从批中抽取有代表性的棉包2包~5包,开包称取包装物重量,计算单个棉包包装物的平均重量,修约到0.01 kg。

6.2.4.3 按式(3)计算每批棉花净重,修约到0.001 t:

$$W_2 = (W_1 - N \times M)/1\,000 \quad \cdots\cdots(3)$$

式中:

W_2——批棉花净重,单位为吨(t);

W_1——批棉花毛重,单位为千克(kg);

N ——批棉花棉包数量;

M ——单个棉包包装物平均重量,单位为千克(kg)。

6.2.4.4 按式(4)计算每批棉花的公定重量,修约到0.001 t:

$$W = W_2 \times \frac{(100 - \bar{Z}) \times (100 + R_0)}{(100 - Z_0) \times (100 + \bar{R})} \quad \cdots\cdots(4)$$

式中:

W ——批棉花公定重量,单位为吨(t);

$\bar{Z}$ ——批棉花平均含杂率,%;

$\bar{R}$ ——批棉花平均回潮率,%。

6.2.5 数值修约

均按GB/T 8170执行。

7 检验规则

7.1 检验项目

7.1.1 籽棉收购检验项目

颜色级、长度、回潮率、含杂率、籽棉公定衣分率、籽棉折合皮棉的公定重量。

7.1.2 成包皮棉检验项目

7.1.2.1 按批检验项目包括:颜色级、轧工质量、异性纤维、长度、马克隆值、回潮率、含杂率、公定重量;如采用纤维快速测试仪检验,增加反射率、黄色深度、长度整齐度指数、断裂比强度。

7.1.2.2 逐包检验项目包括:轧工质量、异性纤维、反射率、黄色深度、颜色级、马克隆值、长度、长度整齐度指数、断裂比强度。

7.2 检验顺序

7.2.1 籽棉收购检验顺序

危害性杂物、抽样、试轧衣分率、回潮率、含杂率、颜色级、长度、籽棉称量。

7.2.2 成包皮棉检验顺序

7.2.2.1 重量检验顺序:毛重、皮重、净重、回潮率、含杂率、公定重量。

7.2.2.2 品质检验顺序:轧工质量、颜色级、异性纤维、马克隆值、长度;采用纤维快速测试仪检验时,先感官检验轧工质量、异性纤维,再用纤维快速测试仪检验反射率、黄色深度、颜色级、马克隆值、长度、长度整齐度指数和断裂比强度。

7.3 成包皮棉组批规则

7.3.1 按批检验

7.3.1.1 棉花加工单位对成包皮棉进行组批,应具有主体颜色级、长度级(不应超过3个连续长度级)、主体马克隆值级,不符者应挑包整理。

7.3.1.2 成批棉花可以分证,不宜合证。如零星棉包需要合证,必须主体颜色级、长度级及主体马克隆值级相同,回潮率相差不超过1%,含杂率相差不超过0.5%。合证后的回潮率、含杂率按加权平均计算。

7.3.2 逐包检验

逐包检验的成包皮棉,卖方可按检验结果和买方需求组批销售。

8 检验证书

8.1 棉花检验证书

棉花检验证书是棉花的质量凭证,分为重量检验证书和品质检验证书。

8.2 重量检验证书

重量检验证书应载明下列内容:毛重、皮重、净重、回潮率、含杂率和公定重量。

8.3 品质检验证书

8.3.1 按批检验

品质检验证书应载明下列内容:主体颜色级及各颜色级的百分比、轧工质量各档百分比、长度级及各长度级百分比、主体马克隆值级、各档所占百分比及各档的平均马克隆值、异性纤维检验结果。如采用纤维快速测试仪检验,证书内容应增加长度整齐度指数平均值、档次及各档百分比,断裂比强度平均值、档次及各档百分比。

8.3.2 逐包检验

逐包出具品质检验证书。证书应载明下列内容：条码、轧工质量档次、异性纤维定性检验结果、反射率、黄色深度、颜色级、长度值、马克隆值、长度整齐度指数、断裂比强度值。

8.4 棉花检验证书的其他要求

棉花检验证书除上述内容外，还应注明产品名称、执行标准、产地、批号、包数、加工单位、检验单位、签发人，签发证书日期、证书编号、证书有效期及备注(合证棉花需在备注中注明)。

8.5 证书有效期

棉花品质检验证书有效期一年，从签发之日起计算。超过证书有效期的棉花应重新进行检验，按重新检验结果出证。

9 包装及标志

9.1 包装

9.1.1 成包时，必须包装完整，包型相同的各包重量相当。不应将棉短绒、不孕籽回收棉、油花、脚花及危害性杂物等混入包内。

9.1.2 棉花包装按 GB 6975 执行。

9.2 棉花质量标识

9.2.1 按批检验的成包皮棉应标示棉花质量标识。

9.2.2 棉花质量标识按棉花主体颜色级、长度级、主体马克隆值级顺序标示。

9.2.3 质量标识代号如下：

颜色级代号：按照颜色级代号标示；

长度级代号：25 毫米至 32 毫米，用“25”，……，“32”标示；

马克隆值级代号：A、B、C 级分别用 A、B、C 标示；

例如：白棉三级，长度 28 毫米，主体马克隆值级 B 级，质量标识为：3128B；

淡点污棉二级，长度 27 毫米，主体马克隆值级 B 级，质量标识为：2227B。

9.3 标志

9.3.1 按批检验

9.3.1.1 对用棉布包装的棉包，在棉包两头用黑色刷明标志，内容包括：棉花产地(省、自治区、直辖市和县)、棉花加工单位、棉花质量标识、批号、包号、毛重、异性纤维含量代号、生产日期。

9.3.1.2 对用塑料包装的棉包，在棉包两头采取不干胶粘贴或其他方式固定标签，标签载明内容同 9.3.1.1。

9.3.2 逐包检验

9.3.2.1 采用条码作为棉包标志，条码固定在棉布包装或塑料包装的棉包两头。

9.3.2.2 对用棉布包装的棉包，棉包两头用黑色刷明以下内容：棉花产地(省、自治区、直辖市和县)、棉花加工单位、批号、包号、毛重、异性纤维含量代号、生产日期。

9.3.2.3 对用塑料包装的棉包，在棉包两头采取不干胶粘贴或其他方式固定标签，标签载明内容同 9.3.2.2。

10 储存与运输

10.1 成包皮棉储存要求

成包皮棉在储存时要注意通风、防潮,防止发生霉变和火灾。

10.2 棉花在运输过程中的注意事项

10.2.1 棉花在运输过程中,要防止火灾、水浸、雨淋和污染。

10.2.2 棉花运输要货证相符,货证同行。按批检验的,一批棉花原则上不得分开装运,特殊情况下确需分开装运的,要证书或证书复印件、码单或码单复印件及货运单据齐全;同一车(船)内装有几个批次等级的,要做到批次、等级分舱、分层装运。

10.2.3 在中转环节,供、需双方不得更改质量标识,不得伪造检验证书。

附 录 A
（规范性附录）
颜色级文字描述

颜色级文字描述见表 A.1。

表 A.1 颜色级文字描述

颜色级	颜色特征	对应的籽棉形态
白棉一级	洁白或乳白，特别明亮	早、中期优质白棉，棉瓣肥大，有少量的一般白棉
白棉二级	洁白或乳白，明亮	早、中期好白棉，棉瓣大，有少量雨锈棉和部分的一般白棉
白棉三级	白或乳白，稍亮	早、中期一般白棉和晚期好白棉，棉瓣大小都有，有少量雨锈棉
白棉四级	色白略有浅灰，不亮	早、中期失去光泽的白棉
白棉五级	色灰白或灰暗	受到较重污染的一般白棉
淡点污棉一级	乳白带浅黄，稍亮	白棉中混有雨锈棉、少量僵瓣棉，或白棉变黄
淡点污棉二级	乳白带阴黄，显淡黄点	白棉中混有部分早、中期僵瓣棉或少量轻霜棉，或白棉变黄
淡点污棉三级	灰白带阴黄，有淡黄点	白棉中混有部分中、晚期僵瓣棉或轻霜棉，或白棉变黄、霉变
淡黄染棉一级	阴黄，略亮	中、晚期僵瓣棉、少量污染棉和部分霜黄棉，或淡点污棉变黄
淡黄染棉二级	灰黄，显阴黄	中、晚期僵瓣棉、部分污染棉和霜黄棉，或淡点污棉变黄、霉变
淡黄染棉三级	暗黄，显灰点	早期污染僵瓣棉、中晚期僵瓣棉、污染棉和霜黄棉，或淡点污棉变黄、霉变
黄染棉一级	色深黄，略亮	比较黄的籽棉
黄染棉二级	色黄，不亮	较黄的各种僵瓣棉、污染棉和烂桃棉

附　录　B
（资料性附录）
颜色分级图

颜色分级见图 B.1。

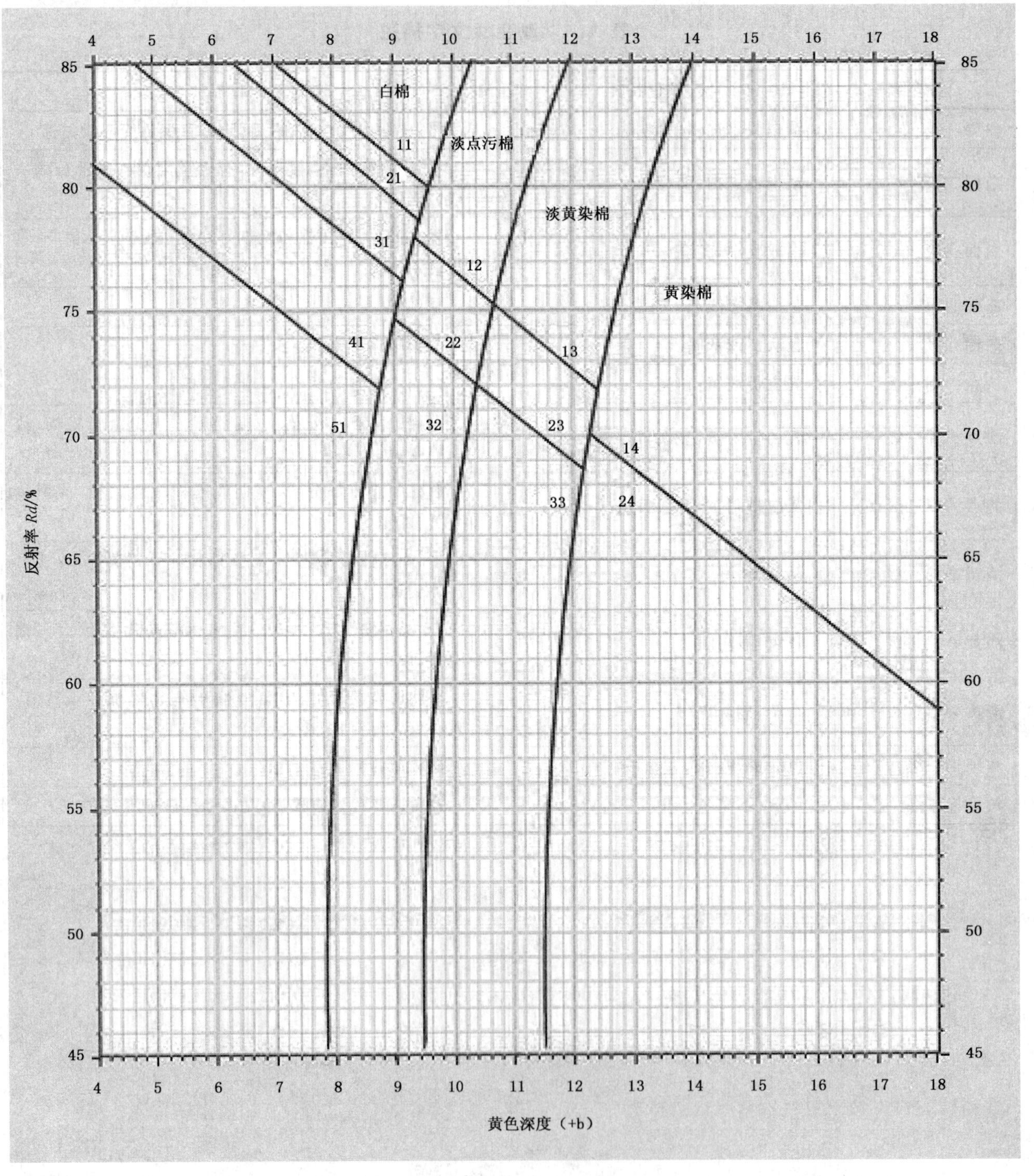

图 B.1　颜色分级图

附 录 C
（规范性附录）
轧工质量分档条件

轧工质量分档条件见表 C.1。

表 C.1 轧工质量分档条件

轧工质量分档	外观形态	疵点种类及程度
好	表面平滑，棉层蓬松、均匀，纤维纠结程度低	带纤维籽屑少，棉结少，不孕籽、破籽很少，索丝、软籽表皮、僵片极少
中	表面平整，棉层较均匀，纤维纠结程度一般	带纤维籽屑多，棉结较少，不孕籽、破籽少，索丝、软籽表皮、僵片很少
差	表面不平整，棉层不均匀，纤维纠结程度较高	带纤维籽屑很多，棉结稍多，不孕籽、破籽较少，索丝、软籽表皮、僵片少

附 录 D
（资料性附录）
轧工质量参考指标

轧工质量参考指标见表 D.1。

表 D.1 轧工质量参考指标

轧工质量分档	索丝、僵片、软籽表皮/(粒/100 g)	破籽、不孕籽/(粒/100 g)	带纤维籽屑/(粒/100 g)	棉结/(粒/100 g)	疵点总粒数/(粒/100 g)
好	≤230	≤270	≤800	≤200	≤1 500
中	≤390	≤460	≤1 400	≤300	≤2 550
差	>390	>460	>1 400	>300	>2 550

注 1：疵点包括索丝、软籽表皮、僵片、破籽、不孕籽、带纤维籽屑及棉结七种。

注 2：轧工质量参考指标仅作为制作轧工质量实物标准和指导棉花加工企业控制加工工艺的参考依据。

注 3：疵点检验按 GB/T 6103 执行。

ICS 59.060.10
B 32

中华人民共和国国家标准

GB 1103.2—2012
部分代替 GB 1103—2007

棉花　第2部分:皮辊加工细绒棉

Cotton—Part 2:Roller ginned upland cotton

2012-11-14 发布　　2013-09-01 实施

中华人民共和国国家质量监督检验检疫总局
中国国家标准化管理委员会　发布

前　　言

GB 1103 的本部分的全部技术内容为强制性。

GB 1103《棉花》分为两个部分：

——第 1 部分：锯齿加工细绒棉；

——第 2 部分：皮辊加工细绒棉。

本部分为 GB 1103 的第 2 部分。

本部分按照 GB/T 1.1—2009 给出的规则起草。

本部分部分代替 GB 1103—2007《棉花　细绒棉》，与 GB 1103—2007 相比，除编辑性修改外，主要技术变化如下：

——取消了色特征级质量指标，仍保留品级质量指标；

——修改了"公定重量"的定义；

——取消了"准重、籽棉准重衣分率"的定义和计算方法；

——将成包皮棉品质检验和重量检验修改为可以分开抽样、检验、出证；

——修改了籽棉抽样数量；

——将皮棉滑道抽样修改为成包前检验抽样；

——取消了逐包检验时按检验单元检验含杂率的规定；

——增加了"断裂比强度、长度整齐度指数"分档代号；

——将马克隆值"按 GB/T 6498 检验时，随机抽取批样数量的 30% 作为马克隆值试验样品"修改为对批样逐样测试马克隆值；

——修改了籽棉和成包皮棉的检验项目、检验顺序和组批规则；

——修改了成包皮棉异性纤维含量分档的范围值；

——取消了"六、七级棉花的长度均按 25 毫米计，记为 25.0 mm"的限制。

请注意本文件的某些内容可能涉及专利。本文件的发布机构不承担识别这些专利的责任。

本部分由中国纤维检验局归口。

本部分起草单位：中国纤维检验局、农业部种植业管理司、供销总社棉麻局、中国棉花协会、中国棉纺织行业协会、全国棉花交易市场、郑州商品交易所、中国储备棉管理总公司。

本部分主要起草人：徐水波、杨照良、熊宗伟、王丹涛、于小新、叶戬春、刘从九、杨宝富、李博晰、江风、阮旭良、唐淑荣、陆世栋、梁继华、范琥跃、侯振武。

本部分所代替标准的历次版本发布情况为：

——GB 1103—1972、GB 1103—1999、GB 1103—2007。

引　言

2003 年 9 月，国务院批准了《棉花质量检验体制改革方案》（以下简称《方案》），明确将建立仪器化检验体系作为我国今后棉花质量检验体制的发展方向，并明确要求研制适用于仪器化检验的我国棉花颜色图及其应用软件。经过几年的研究和试验验证，适用于锯齿加工的颜色分级体系已经基本建立，但尚不能适用于皮辊棉。目前，棉花流通市场中仍有一定份额的皮辊棉，且棉花纺织行业对皮辊棉存在客观的需求，因此需要保留原皮辊棉的品级指标及其检验方法等内容。但是，在一个标准中同时保留品级、颜色级两种质量指标和检验方式，既不利于取消品级指标，也会造成一个标准中同时规定品级、颜色级，从而导致标准体例、内容的混乱。经各有关部门协商同意，将国家标准 GB 1103—2007《棉花　细绒棉》修订为 GB 1103.1—2012《棉花　第 1 部分：锯齿加工细绒棉》和 GB 1103.2—2012《棉花　第 2 部分：皮辊加工细绒棉》，其中锯齿加工细绒棉采用颜色分级指标体系，皮辊加工细绒棉仍维持品级指标体系。本文件就是在这样的背景下进行修订的。

棉花　第2部分:皮辊加工细绒棉

1　范围

GB 1103的本部分规定了皮辊加工的细绒棉的质量要求、抽样、检验方法、检验规则、检验证书、包装及标志、储存与运输等要求。

本部分适用于生产、收购、加工、贸易、仓储和使用的皮辊加工的细绒棉。

2　规范性引用文件

下列文件对于本文件的应用是必不可少的。凡是注日期的引用文件,仅注日期的版本适用于本文件。凡是不注日期的引用文件,其最新版本(包括所有的修改单)适用于本文件。

GB/T 6102.1　原棉回潮率试验方法　烘箱法

GB/T 6102.2　原棉回潮率试验方法　电阻法

GB/T 6498　棉纤维马克隆值试验方法

GB/T 6499　原棉含杂率试验方法

GB 6975　棉花包装

GB/T 8170　数值修约规则与极限数值的表示和判定

GB/T 13786　棉花分级室的模拟昼光照明

GB/T 19617　棉花长度试验方法　手扯尺量法

GB/T 20392　HVI棉纤维物理性能试验方法

3　术语和定义

下列术语和定义适用于本文件。

3.1

主体品级　cotton major grade

按批检验时,占80%及以上的品级,其余品级仅与其相邻。

3.2

毛重　gross weight

棉花及其包装物重量之和。

3.3

净重　net weight

毛重扣减包装物重量后的重量。

3.4

公定重量　conditioned weight

净重按棉花实际含杂率和实际回潮率折算成标准含杂率和公定回潮率后的重量。

3.5

籽棉公定衣分率　conditioned lint percentage of seed cotton

从籽棉上轧出的皮棉公定重量占相应籽棉重量的百分数。

3.6

异性纤维　foreign fiber

混入棉花中的非棉纤维和非本色棉纤维，如化学纤维、毛发、丝、麻、塑料膜、塑料绳、染色线(绳、布块)等。

3.7

成包皮棉异性纤维含量　the content of foreign fiber in a baled cotton

从样品中挑拣出的异性纤维的重量与被挑拣样品重量之比，用克每吨(g/t)表示。

3.8

危害性杂物　dangerous foreign matters

混入棉花中的硬杂物和软杂物，如金属、砖石及异性纤维等。

4　质量要求

4.1　品级

4.1.1　品级划分

根据棉花的成熟程度、色泽特征、轧工质量，棉花品级分为七个级，即一至七级。三级为品级标准级。

4.1.2　品级条件

棉花品级条件见附录A。品级条件也是籽棉“四分”(分摘、分晒、分存、分售)的依据。

4.1.3　品级条件参考指标

品级条件参考指标参见附录B。

4.1.4　品级实物标准

4.1.4.1　根据品级条件和品级条件参考指标，制作品级实物标准。

4.1.4.2　品级实物标准分基本标准和仿制标准。

4.1.4.3　同级籽棉在正常轧工条件下轧出的皮棉产生同级皮辊棉基本标准。

注：符合附录B中轧工质量参考指标要求，视为正常轧工条件。

4.1.4.4　基本标准分保存本、副本、校准本。保存本为基本标准每年更新的依据；副本为品级实物标准仿制的依据；校准本用于仿制标准损坏、变异等情况下的修复、校对。

4.1.4.5　仿制标准根据基本标准副本的品级程度进行仿制。

4.1.4.6　仿制标准是评定棉花品级的依据。各级实物标准都是底线。

4.1.4.7　黄棉、灰棉、拔杆剥桃棉，由各产棉省、自治区、直辖市参照基本标准副本的品级程度制作参考棉样。最高品级不高于四级。

4.1.4.8　基本标准和仿制标准应每年更新，并保持各级程度的稳定。

4.1.4.9　基本标准和仿制标准使用期限为一年(自当年9月1日至次年8月31日)。

4.2　长度

4.2.1　长度以1 mm为级距，分级如下：

25毫米，包括25.9 mm及以下；

26毫米，包括26.0 mm～26.9 mm；

27 毫米，包括 27.0 mm～27.9 mm；

28 毫米，包括 28.0 mm～28.9 mm；

29 毫米，包括 29.0 mm～29.9 mm；

30 毫米，包括 30.0 mm～30.9 mm；

31 毫米，包括 31.0 mm～31.9 mm；

32 毫米，32.0 mm 及以上。

4.2.2　28 毫米为长度标准级。

4.2.3　棉花手扯长度实物标准根据纤维快速测试仪测定的棉花上半部平均长度结果定值。

4.3　马克隆值

4.3.1　马克隆值分三个级，即 A、B、C 级。B 级分为 B1、B2 两档，C 级分为 C1、C2 两档。B 级为马克隆值标准级。

4.3.2　马克隆值分级分档见表 1。

表 1　马克隆值分级分档

分　　级	分　　档	马克隆值
A 级	A	3.7～4.2
B 级	B1	3.5～3.6
	B2	4.3～4.9
C 级	C1	3.4 及以下
	C2	5.0 及以上

4.4　回潮率

棉花公定回潮率为 8.5%，棉花回潮率最高限度为 10.0%。

4.5　含杂率

棉花标准含杂率为 3.0%。

4.6　断裂比强度

断裂比强度分档及代号见表 2。

表 2　断裂比强度分档及代号

分　　档	代　　号	断裂比强度/(cN/tex)
很强	S1	≥31.0
强	S2	29.0～30.9
中等	S3	26.0～28.9
差	S4	24.0～25.9
很差	S5	＜24.0
注：断裂比强度为 3.2 mm 隔距，HVI 校准棉花标准(HVICC)校准水平。		

4.7 长度整齐度指数

长度整齐度指数分档及代号见表3。

表3 长度整齐度指数分档及代号

分 档	代 号	长度整齐度指数/%
很高	U1	≥86.0
高	U2	83.0～85.9
中等	U3	80.0～82.9
低	U4	77.0～79.9
很低	U5	<77.0

4.8 危害性杂物

4.8.1 采摘、交售、收购和加工棉花中的要求

4.8.1.1 在棉花采摘、交售、收购和加工中严禁混入危害性杂物。

4.8.1.2 采摘、交售棉花，禁止使用易产生异性纤维的非棉布口袋，禁止用有色的或非棉线、绳扎口。

4.8.1.3 收购、加工棉花时，发现混有金属、砖石、异性纤维及其他危害性杂物的，必须挑拣干净后方可收购、加工。

4.8.2 成包皮棉异性纤维含量

成包皮棉异性纤维含量分档及代号见表4。

表4 成包皮棉异性纤维含量分档及代号

分 档	代 号	成包皮棉异性纤维含量/(g/t)
无	N	0.00
低	L	<0.30
中	M	0.30～0.70
高	H	>0.70

5 抽样

5.1 抽样原则

5.1.1 抽样应具有代表性。

5.1.2 抽样分籽棉抽样和成包皮棉抽样。

5.2 籽棉抽样

5.2.1 收购籽棉抽样

收购籽棉采取多点随机取样方法。

1 t及以下抽取1个样品；1 t以上、5 t及以下抽取3个样品；5 t以上、10 t及以下抽取5个样品；10 t以上抽取7个样品。每个样品不少于1.5 kg。

5.2.2 籽棉大垛抽样

籽棉大垛采取在不同方位、多点、多层随机取样方法，取样深度不低于30 cm。

以垛为单位抽样，抽样数量：10 t及以下大垛抽3个样品；10 t以上、50 t及以下大垛抽5个样品；50 t以上大垛抽7个样品。每个样品不少于1.5 kg。

5.3 成包皮棉抽样

5.3.1 按批抽样

5.3.1.1 重量检验抽样：含杂率抽样按每10包(不足10包的按10包计)抽1包，从每个取样棉包压缩面开包后，去掉棉包表层棉花后再均匀取样，形成一个总重量不少于600 g的含杂率检验实验室样品。再往棉包内层于距棉包外层10 cm～15 cm处，抽取回潮率检验样品约100 g，装入密封容器内密封，形成回潮率检验批样。

5.3.1.2 品质检验抽样：按每10包(不足10包的按10包计)抽1包，从每个取样棉包压缩面开包后，去掉棉包表层棉花，抽取完整成块样品约300 g，形成品质检验批样。

5.3.1.3 品质检验和重量检验同时进行的，则含杂率样品可从品质检验批样中抽取，回潮率样品按照5.3.1.1规定执行。

5.3.1.4 成包皮棉严禁在包头抽取样品。

5.3.1.5 成包前检验抽样：棉花加工单位可以从总集棉主管道观察窗抽样。在整批棉花的成包过程中，每10包(不足10包的按10包计)抽样一次。每次随机抽取约300 g样品供回潮率、品级、长度、马克隆值和含杂率检验。每次再随机抽取不少于2 kg样品，合并后作为该批棉花异性纤维含量的检验批样。

5.3.2 逐包抽样

5.3.2.1 逐包抽样仅适用于Ⅰ型棉包。

5.3.2.2 使用专用取样装置，在每个棉包的两个压缩面中部，分别切取长260 mm、宽105 mm或124 mm、重量不少于125 g的切割样品。

5.3.2.3 取样时，将每个切割样品按层平均分成两半，其中一个切割样品中对应棉包外侧的一半和另一个切割样品中对应棉包内侧的一半合并形成一个检验用样品，剩余的两半合并形成棉花加工单位留样。棉花样品应保持原切取的形状、尺寸，即样品为长方形且平整不乱。

5.3.3 棉花交易时的异性纤维抽样

棉花交易时，要求对批量交易成包皮棉异性纤维进行定量或定性检验的，可由交易有关方面协商确定具体的抽样方法和抽样数量。

6 检验方法

6.1 品质检验

6.1.1 品级检验

6.1.1.1 检验品级，以品级实物标准结合品级条件确定。

6.1.1.2 品级检验应在棉花分级室进行，分级室应符合GB/T 13786标准。

6.1.1.3 逐样检验品级。检验时，手持棉样，压平、握紧，使棉样密度与品级实物标准密度相近，在实物标准旁进行对照确定品级，逐样记录检验结果。

6.1.1.4 计算批样中各品级的百分比(计算结果修约到1位小数)。有主体品级的，要确定主体品级，检验结果按主体品级和各相邻品级所占百分比出证；无主体品级的，按各品级所占百分比出证。

6.1.1.5 逐包检验时，逐包出具品级检验结果。

6.1.2 长度检验

6.1.2.1 棉花长度检验分手扯尺量法检验和纤维快速测试仪检验，以纤维快速测试仪检验为准。

6.1.2.2 棉花手扯长度实物标准作为校准手扯尺量长度的依据。

6.1.2.3 用手扯尺量法检验时，按 GB/T 19617 执行，并经常采用棉花手扯长度实物标准进行校准。

6.1.2.4 使用纤维快速测试仪检验时，按 GB/T 20392 执行。

6.1.2.5 检验结果计算。按批检验时，计算批样中各试样长度的算术平均值及各长度级的百分比。长度平均值对应的长度级定为该批棉花的长度级。逐包检验时，逐包出具长度值检验结果。

6.1.2.6 长度检验结果修约到一位小数。

6.1.3 马克隆值检验

6.1.3.1 按批检验时，按 GB/T 6498 或 GB/T 20392 逐样测试马克隆值。各个试验样品，根据马克隆值分别确定其马克隆值级及档次。计算批样中各马克隆值级所占的百分比，其中百分比最大的马克隆值级定为该批棉花的主体马克隆值级；计算批样中各档百分比及各档平均马克隆值。

6.1.3.2 逐包检验时，采用纤维快速测试仪检验，按 GB/T 20392 执行。逐包出具马克隆值及相应值级及档次检验结果。

6.1.3.3 马克隆值结果修约到一位小数。

6.1.4 异性纤维含量检验

6.1.4.1 异性纤维含量检验仅适用于成包皮棉，采用手工挑拣方法。

6.1.4.2 棉花加工单位对成包前抽取的异性纤维检验批样进行检验，其结果作为该批样所对应的棉包的异性纤维含量检验结果。

6.1.4.3 异性纤维含量检验结果保留两位小数。

6.1.5 断裂比强度检验

6.1.5.1 断裂比强度按 GB/T 20392 逐样进行检验。

6.1.5.2 按批检验时，计算批样中各档百分比及各档平均值。

6.1.5.3 逐包检验时，逐包出具断裂比强度值和档次检验结果。

6.1.5.4 断裂比强度检验结果保留一位小数。

6.1.6 长度整齐度指数检验

6.1.6.1 长度整齐度指数按 GB/T 20392 逐样进行检验。

6.1.6.2 按批检验时，计算批样中各档百分比及各档平均值。

6.1.6.3 逐包检验时，逐包出具长度整齐度指数和档次检验结果。

6.1.6.4 长度整齐度指数检验结果保留一位小数。

6.2 重量检验

6.2.1 含杂率检验

6.2.1.1 收购时可机检或估验，估验结果应经常与 GB/T 6499 的检验结果对照。对估验结果有异议时，以 GB/T 6499 的检验结果为准。

6.2.1.2 成包皮棉含杂率检验按 GB/T 6499 执行。

6.2.1.3 含杂率检验结果修约到一位小数。

6.2.2 回潮率检验

6.2.2.1 回潮率检验按 GB/T 6102.1 或 GB/T 6102.2 执行。对检验结果有异议时，以 GB/T 6102.1 为准。

6.2.2.2 回潮率检验结果修约到一位小数。

6.2.3 籽棉折合皮棉的公定重量检验

6.2.3.1 每份试样称量 1 kg。籽棉试样用衣分试轧机加工。要求不出破籽，轧工质量应符合轧工质量参考指标要求(参见附录 B)。将轧出的皮棉称量。称量结果都精确到 1 g。

6.2.3.2 籽棉公定衣分率按照式(1)计算，结果保留一位小数：

$$L_0=\frac{G}{G_0}\times\frac{(100-Z)\times(100+R_0)}{(100-Z_0)\times(100+R)}\times 100 \quad\cdots\cdots(1)$$

式中：

L_0——籽棉公定衣分率，%；

G——从籽棉试样轧出的皮棉重量，单位为克(g)；

G_0——籽棉试样重量，单位为克(g)；

Z——轧出皮棉实际含杂率，%；

Z_0——皮棉标准含杂率，%；

R_0——棉花公定回潮率，%；

R——轧出皮棉实际回潮率，%。

6.2.3.3 一个以上试样时，以每个试样籽棉公定衣分率的算术平均值作为籽棉平均公定衣分率，计算结果保留一位小数。

6.2.3.4 籽棉折合皮棉的公定重量按式(2)计算，结果保留一位小数：

$$W_L=L\times W_0 \quad\cdots\cdots(2)$$

式中：

W_L——籽棉折合皮棉的公定重量，单位为千克(kg)；

W_0——籽棉重量，单位为千克(kg)；

L——相应籽棉公定衣分率，%。即一个试样时为 L_0，一个以上试样时为各试样的平均公定衣分率。

6.2.4 成包皮棉公定重量检验

6.2.4.1 逐包或多包称量成包皮棉毛重。称量毛重的衡器精度不低于 1‰。称量时，应尽量接近衡器最大量程。

6.2.4.2 根据批量大小，从批中抽取有代表性的棉包 2 包～5 包，开包称取包装物重量，计算单个棉包包装物的平均重量，修约到 0.01 kg。

按式(3)计算每批棉花净重，修约到 0.001 t：

$$W_2=(W_1-N\times M)/1\,000 \quad\cdots\cdots(3)$$

式中：

W_2——批棉花净重，单位为吨(t)；

W_1——批棉花毛重，单位为千克(kg)；

N ——批棉花棉包数量；

M ——单个棉包包装物平均重量，单位为千克(kg)。

6.2.4.3 按式(4)计算每批棉花的公定重量，修约到 0.001 t：

$$W = W_2 \times \frac{(100 - \overline{Z}) \times (100 + R_0)}{(100 - Z_0) \times (100 + \overline{R})} \quad \cdots\cdots(4)$$

式中：

W ——批棉花公定重量，单位为吨(t)；

$\overline{Z}$ ——批棉花平均含杂率，%；

$\overline{R}$ ——批棉花平均回潮率，%。

6.2.5 数值修约

均按 GB/T 8170 执行。

7 检验规则

7.1 检验项目

7.1.1 籽棉收购检验项目

品级、长度、回潮率、含杂率、籽棉公定衣分率、籽棉折合皮棉的公定重量。

7.1.2 成包皮棉检验项目

7.1.2.1 按批检验项目包括：品级、异性纤维、马克隆值、长度、回潮率、含杂率、公定重量；如采用纤维快速测试仪检验，增加长度整齐度指数、断裂比强度。

7.1.2.2 逐包检验项目包括：品级、异性纤维、马克隆值、长度、长度整齐度指数、断裂比强度。

7.2 检验顺序

7.2.1 籽棉收购检验顺序

危害性杂物、抽样、试轧衣分率、回潮率、含杂率、品级、长度、籽棉称量。

7.2.2 成包皮棉检验顺序

7.2.2.1 重量检验顺序：毛重、皮重、净重、回潮率、含杂率、公定重量。

7.2.2.2 品质检验顺序：品级、异性纤维、马克隆值、长度；采用纤维快速测试仪检验时，先感官检验品级、异性纤维，再用纤维快速测试仪检验马克隆值、长度、长度整齐度指数和断裂比强度。

7.3 成包皮棉组批规则

7.3.1 按批检验

7.3.1.1 棉花加工单位对成包皮棉进行组批，应具有主体品级、长度级(不应超过 3 个连续长度级)、主体马克隆值级，不符者应挑包整理。

7.3.1.2 成批棉花可以分证，不宜合证。如零星棉包需要合证，必须主体品级、长度级及主体马克隆值级相同，回潮率相差不超过 1%，含杂率相差不超过 0.5%。合证后的回潮率、含杂率按加权平均计算。

7.3.2 逐包检验

逐包检验的成包皮棉，卖方可按检验结果和买方需求组批销售。

8 检验证书

8.1 棉花检验证书

棉花检验证书是棉花的质量凭证，分为重量检验证书和品质检验证书。

8.2 重量检验证书

重量检验证书应载明下列内容：毛重、皮重、净重、回潮率、含杂率和公定重量。

8.3 品质检验证书

8.3.1 按批检验

品质检验证书应载明下列内容：主体品级及各品级的百分比、长度级及各长度级百分比、主体马克隆值级、各档所占百分比及各档的平均马克隆值、异性纤维检验结果。如采用纤维快速测试仪检验，证书内容应增加长度整齐度指数平均值、档次及各档百分比，断裂比强度平均值、档次及各档百分比。

8.3.2 逐包检验

逐包出具品质检验证书。证书应载明下列内容：条码、品级、长度值、马克隆值、长度整齐度指数、断裂比强度值、异性纤维定性检验结果。

8.4 棉花检验证书的其他要求

棉花检验证书除上述内容外，还应注明产品名称、执行标准、产地、批号、包数、加工单位、检验单位、签发人，签发证书日期、证书编号、证书有效期及备注(合证棉花需在备注中注明)。

8.5 证书有效期

棉花品质检验证书有效期一年，从签发之日起计算。超过证书有效期的棉花应重新进行检验，按重新检验结果出证。

9 包装及标志

9.1 包装

9.1.1 成包时，必须包装完整，包型相同的各包重量相当。不得将棉短绒、不孕籽回收棉、油花、脚花及危害性杂物等混入包内。

9.1.2 棉花包装按 GB 6975 执行。

9.2 棉花质量标识

9.2.1 按批检验的成包皮棉应标示棉花质量标识。

9.2.2 棉花质量标识按棉花类型、主体品级、长度级、主体马克隆值级顺序标示。

9.2.3 质量标识代号如下：

品级代号：一级至七级，用“1”，……，“7”标示；

长度级代号：25 毫米至 32 毫米，用“25”，……，“32”标示；

马克隆值级代号：A、B、C 级分别用 A、B、C 标示；

皮辊棉代号：在质量标示符号下方加横线“—”表示。

例如：四级皮辊白棉，长度30毫米，主体马克隆值级B级，质量标识为：430B；

五级皮辊灰棉，长度28毫米，主体马克隆值级C级，质量标识为：G528C。

9.3 标志

9.3.1 按批检验

9.3.1.1 对用棉布包装的棉包，在棉包两头用黑色刷明标志，内容包括：棉花产地（省、自治区、直辖市和县）、棉花加工单位、棉花质量标识、批号、包号、毛重、异性纤维含量代号、生产日期。

9.3.1.2 对用塑料包装的棉包，在棉包两头采取不干胶粘贴或其他方式固定标签，标签载明内容同9.3.1.1。

9.3.2 逐包检验

9.3.2.1 采用条码作为棉包标志，条码固定在棉布包装或塑料包装的棉包两头。

9.3.2.2 对用棉布包装的棉包，棉包两头用黑色刷明以下内容：棉花产地（省、自治区、直辖市和县）、棉花加工单位、批号、包号、毛重、异性纤维含量代号、生产日期。

9.3.2.3 对用塑料包装的棉包，在棉包两头采取不干胶粘贴或其他方式固定标签，标签载明内容同9.3.2.2。

10 储存与运输

10.1 成包皮棉储存要求

成包皮棉在储存时要注意通风、防潮，防止发生霉变和火灾。

10.2 棉花在运输过程中的注意事项

10.2.1 棉花在运输过程中，要防止火灾、水浸、雨淋和污染。

10.2.2 棉花运输要货证相符，货证同行。按批检验的，一批棉花原则上不得分开装运，特殊情况下确需分开装运的，要证书或证书复印件、码单或码单复印件及货运单据齐全；同一车（船）内装有几个批次等级的，要做到批次、等级分舱、分层装运。

10.2.3 在中转环节，供、需双方不得更改质量标识，不得伪造检验证书。

附 录 A
（规范性附录）
品 级 条 件

品级条件见表 A.1。

表 A.1 品级条件

品级	籽 棉	皮辊棉		
		成熟程度	色泽特征	轧工质量
一级	早、中期优质白棉，棉瓣肥大，有少量一般白棉和带淡黄尖、黄线的棉瓣，杂质很少	成熟好	色洁白或乳白，丝光好，稍有淡黄染	黄根、杂质很少
二级	早、中期好白棉，棉瓣大，有少量轻雨锈棉和个别半僵棉瓣，杂质少	成熟正常	色洁白或乳白，有丝光，有少量淡黄染	黄根、杂质少
三级	早、中期一般白棉和晚期好白棉，棉瓣大小都有，有少量雨锈棉和个别僵瓣棉，杂质稍多	成熟一般	色白或乳白，稍见阴黄，稍有丝光，淡黄染、黄染稍多	黄根、杂质稍多
四级	早、中期较差的白棉和晚期白棉，棉瓣小，有少量僵瓣或轻霜、淡灰棉，杂质较多	成熟稍差	色白略带灰、黄，有少量污染棉	黄根、杂质较多
五级	晚期较差的白棉和早、中期僵瓣棉，杂质多	成熟较差	色灰白带阴黄，污染棉较多，有糟绒	黄根、杂质多
六级	各种僵瓣棉和部分晚期次白棉，杂质很多	成熟差	色灰黄，略带灰白，各种污染棉、糟绒多	杂质很多
七级	各种僵瓣棉、污染棉和部分烂桃棉，杂质很多	成熟很差	色灰暗，各种污染棉、糟绒很多	杂质很多

附　录　B
（资料性附录）
品级条件参考指标

品级条件参考指标见表 B.1。

表 B.1　品级条件参考指标

品　　级	成熟系数 ≥	断裂比强度/ (cN/tex) ≥	轧工质量	
			黄根率/ % ≤	毛头率/ % ≤
一级	1.6	30	0.3	0.4
二级	1.5	28	0.3	0.4
三级	1.4	28	0.5	0.6
四级	1.2	26	0.5	0.6
五级	1.0	26	0.5	0.6
注：断裂比强度为 3.2 mm 隔距，HVI 校准棉花标准(HVICC)校准水平。				

ICS 25.100.20
J 41

中华人民共和国国家标准

GB/T 1112—2012
代替 GB/T 1112.1～1112.3—1997

键槽铣刀

Slot drills
(ISO 1641-1:2003, End mills and slot drills—Part 1: Milling cutters with cylindrical shanks,
ISO 1641-2:2011, End mills and slot drills—Part 2: Milling cutters with Morse taper shanks, NEQ)

2012-12-31 发布 2013-07-01 实施

中华人民共和国国家质量监督检验检疫总局
中国国家标准化管理委员会 发布

前　言

本标准按照 GB/T 1.1—2009 给出的规则起草。

本标准是对 GB/T 1112.1—1997《键槽铣刀　第 1 部分：直柄键槽铣刀　型式和尺寸》，GB/T 1112.2—1997《键槽铣刀　第 2 部分：莫氏锥柄键槽铣刀　型式和尺寸》和 GB/T 1112.3—1997《键槽铣刀　第 3 部分：技术条件》的合并修订。

本标准代替 GB/T 1112.1～1112.3—1997。

本标准和 GB/T 1112.1～1112.3—1997 的技术性差异如下：

——将三个部分合并为一个标准；

——修改了前言；

——删除了 ISO 前言；

——修改了范围；

——修改了规范性引用文件；

——直柄键槽铣刀和锥柄键槽铣刀在长度上增加了推荐系列；

——锥柄键槽铣刀中增加了规格 6、规格 7、规格 8 和规格 38；

——修改了标记示例；

——技术条件中增加了柄部材料的要求；

——删除了性能试验的内容。

本标准使用重新起草法，参考 ISO 1641-1：2003《立铣刀和键槽铣刀　第 1 部分：直柄铣刀》和 ISO 1641-2：2011《立铣刀和键槽铣刀　第 2 部分：莫氏锥柄铣刀》编制，与其一致性程度为非等效。

本标准由中国机械工业联合会提出。

本标准由全国刀具标准化技术委员会(SAC/TC 91)归口。

本标准主要起草单位：成都成量工具集团有限公司、浙江省工具刃具检测与深加工技术研究重点实验室、常熟量具刃具厂、成都工具研究所有限公司。

本标准主要起草人：严松波、肖利萍、陈卫平、王俊文、李宪国、查国兵。

本标准所代替标准的历次版本发布情况为：

——GB/T 1112～1113—1981；

——GB/T 1112.1～1112.3—1997。

键槽铣刀

1 范围

本标准规定了普通直柄键槽铣刀、削平直柄键槽铣刀、2°斜削平直柄键槽铣刀、螺纹柄键槽铣刀和莫氏锥柄键槽铣刀的型式、尺寸、标记和技术条件等基本要求。

本标准适用于直径 2 mm～63 mm 键槽铣刀。

2 规范性引用文件

下列文件对于本文件的应用是必不可少的。凡是注日期的引用文件，仅注日期的版本适用于本文件。凡不注日期的引用文件，其最新版本（包括所有的修改单）适用于本文件。

GB/T 1443 机床和工具柄用自夹圆锥(GB/T 1443—1996,eqv ISO 296:1991)

GB/T 4133 莫氏圆锥的强制传动型式及尺寸(GB/T 4133—1984,eqv ISO 5413:1976)

GB/T 6118 立铣刀 技术条件

GB/T 6131.1 铣刀直柄 第1部分：普通直柄的型式和尺寸(GB/T 6131.1—2006,ISO 3338-1:1996,IDT)

GB/T 6131.2 铣刀直柄 第2部分：削平直柄的型式和尺寸(GB/T 6131.2—2006,ISO 3338-2:2000,MOD)

GB/T 6131.3 铣刀直柄 第3部分：2°斜削平直柄的型式和尺寸

GB/T 6131.4 铣刀直柄 第4部分：螺纹柄的型式和尺寸

3 型式和尺寸

3.1 直柄键槽铣刀

直柄键槽铣刀按其柄部型式不同分为四种型式，见图1～图4。按其长度不同分为短系列、标准系列和推荐系列。其尺寸按表1。柄部尺寸和偏差分别按 GB/T 6131.1、GB/T 6131.2、GB/T 6131.3 和 GB/T 6131.4 的规定。

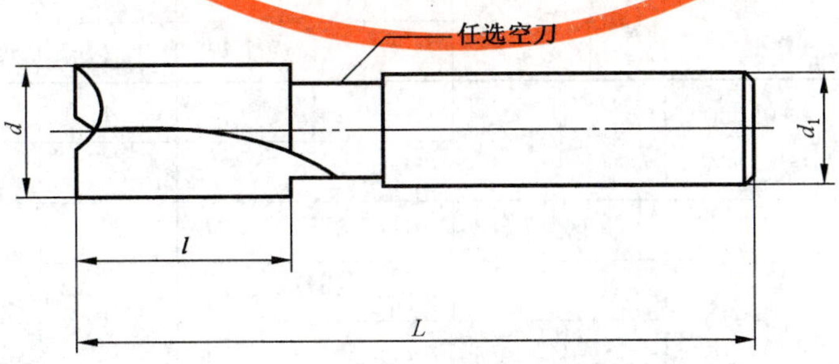

图1 普通直柄键槽铣刀

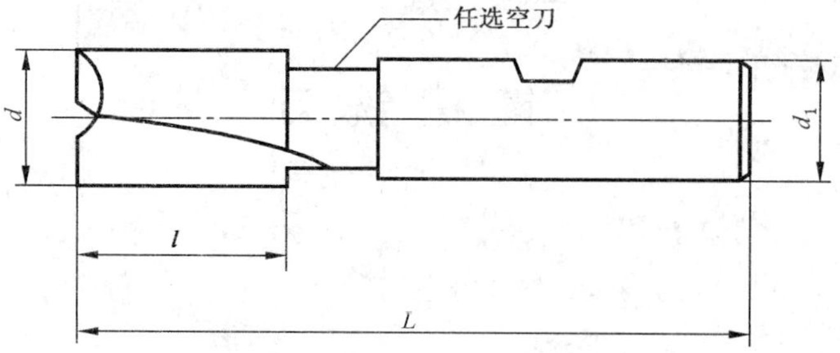

图 2　削平直柄键槽铣刀

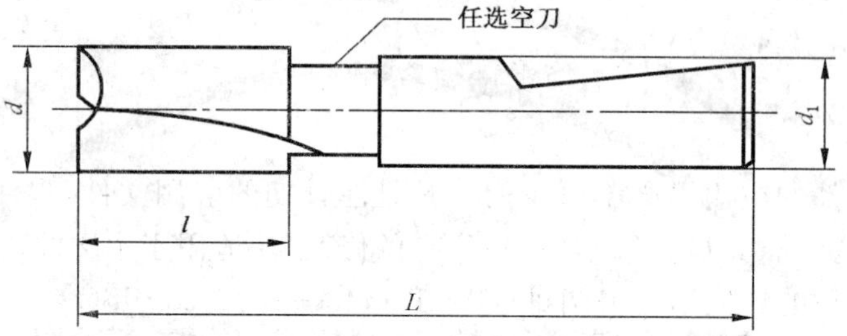

图 3　2°斜削平直柄键槽铣刀

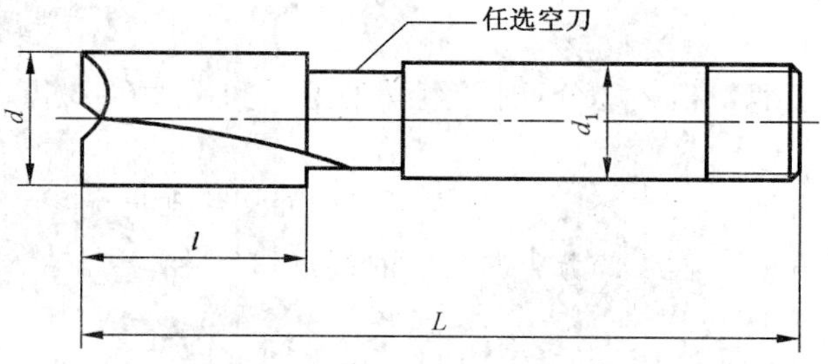

图 4　螺纹柄键槽铣刀

表 1　直柄键槽铣刀

单位为毫米

<table>
<tr><th colspan="3">d</th><th colspan="2" rowspan="3">d_1</th><th colspan="2">推荐系列</th><th colspan="2">短系列</th><th colspan="2">标准系列</th></tr>
<tr><th rowspan="2">基本尺寸</th><th colspan="2">极限偏差</th><th rowspan="2">l</th><th rowspan="2">L</th><th rowspan="2">l</th><th rowspan="2">L</th><th rowspan="2">l</th><th rowspan="2">L</th></tr>
<tr><th>e8</th><th>d8</th></tr>
<tr><td>2</td><td rowspan="2">−0.014
−0.028</td><td rowspan="2">−0.020
−0.034</td><td rowspan="2">3[a]</td><td rowspan="2">4</td><td>4</td><td>30</td><td>4</td><td>36</td><td>7</td><td>39</td></tr>
<tr><td>3</td><td>5</td><td>32</td><td>5</td><td>37</td><td>8</td><td>40</td></tr>
<tr><td>4</td><td rowspan="3">−0.020
−0.038</td><td rowspan="3">−0.030
−0.048</td><td colspan="2">4</td><td>7</td><td>36</td><td>7</td><td>39</td><td>11</td><td>43</td></tr>
<tr><td>5</td><td colspan="2">5</td><td>8</td><td>40</td><td rowspan="2">8</td><td>42</td><td rowspan="2">13</td><td>47</td></tr>
<tr><td>6</td><td colspan="2">6</td><td>10</td><td>45</td><td>52</td><td>57</td></tr>
<tr><td>7</td><td rowspan="3">−0.025
−0.047</td><td rowspan="3">−0.040
−0.062</td><td colspan="2" rowspan="2">8</td><td rowspan="2">14</td><td rowspan="2">50</td><td>10</td><td>54</td><td>16</td><td>60</td></tr>
<tr><td>8</td><td>11</td><td>55</td><td>19</td><td>63</td></tr>
<tr><td>10</td><td colspan="2">10</td><td>18</td><td>60</td><td>13</td><td>63</td><td>22</td><td>72</td></tr>
</table>

表 1（续） 单位为毫米

<table>
<tr><th colspan="3">d</th><th colspan="2" rowspan="2">d_1</th><th colspan="2">推荐系列</th><th colspan="2">短系列</th><th colspan="2">标准系列</th></tr>
<tr><th rowspan="2">基本尺寸</th><th colspan="2">极限偏差</th><th rowspan="2">l</th><th rowspan="2">L</th><th rowspan="2">l</th><th rowspan="2">L</th><th rowspan="2">l</th><th rowspan="2">L</th></tr>
<tr><th>e8</th><th>d8</th><th colspan="2"></th></tr>
<tr><td>12</td><td rowspan="4">−0.032
−0.059</td><td rowspan="4">−0.050
−0.077</td><td colspan="2">12</td><td>22</td><td>65</td><td rowspan="2">16</td><td rowspan="2">73</td><td rowspan="2">26</td><td rowspan="2">83</td></tr>
<tr><td>14</td><td>12</td><td>14[a]</td><td>24</td><td>70</td></tr>
<tr><td>16</td><td colspan="2">16</td><td>28</td><td>75</td><td rowspan="2">19</td><td rowspan="2">79</td><td rowspan="2">32</td><td rowspan="2">92</td></tr>
<tr><td>18</td><td>16</td><td>18[a]</td><td>32</td><td>80</td></tr>
<tr><td>20</td><td>−0.040
−0.073</td><td>−0.065
−0.098</td><td colspan="2">20</td><td>36</td><td>85</td><td>22</td><td>88</td><td>38</td><td>104</td></tr>
<tr><td colspan="11">当 $d\leqslant 14$ mm 时，根据用户要求 e8 级的普通直柄键槽铣刀柄部直径偏差允许按圆周刃部直径的偏差制造，并须在标记和标志上予以注明。
[a] 此尺寸不推荐采用；如采用，应与相同规格的键槽铣刀相区别。</td></tr>
</table>

3.2 莫氏锥柄键槽铣刀

莫氏锥柄键槽铣刀按其柄部型式不同分为两种型式，见图 5 和图 6，按其长度不同分为短系列、标准系列和推荐系列。其尺寸见表 2。

Ⅰ型莫氏锥柄键槽铣刀的柄部尺寸和公差按 GB/T 1443。Ⅱ型莫氏锥柄键槽铣刀的柄部尺寸和公差按 GB/T 4133。

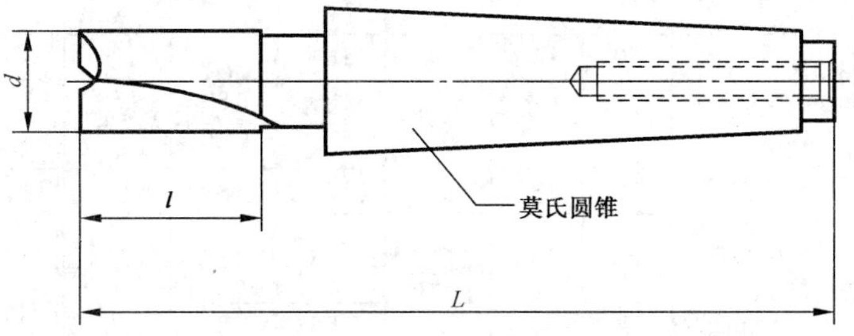

图 5 锥柄键槽铣刀Ⅰ型

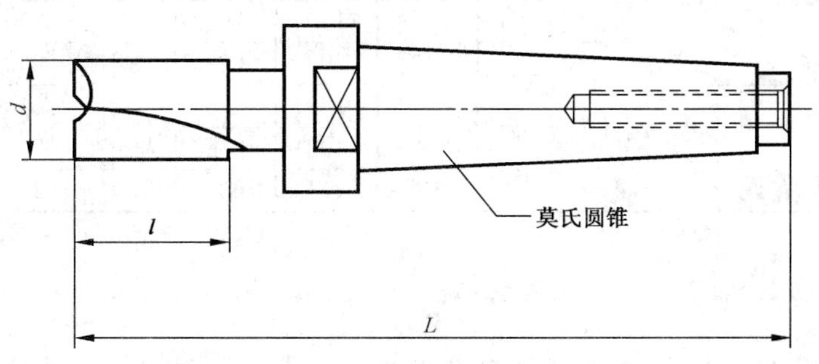

图 6 锥柄键槽铣刀Ⅱ型

表 2 锥柄键槽铣刀

单位为毫米

d 基本尺寸	d 极限偏差 e8	d 极限偏差 d8	推荐系列 l	推荐系列 L Ⅰ型	短系列 l	短系列 L Ⅰ型	短系列 L Ⅱ型	标准系列 l	标准系列 L Ⅰ型	标准系列 L Ⅱ型	莫氏锥柄号
6	−0.020 −0.038	−0.030 −0.048	—		8	78	—	13	83	—	1
7	−0.025 −0.047	−0.040 −0.062			10	80		16	86		
8					11	81		19	89		
10					13	83		22	92		
12	−0.032 −0.059	−0.050 −0.077			16	86		26	96		
12						101			111		2
14			24	110		86			96		1
14						101			111		2
16			28	115	19	104		32	117		
18			32	120							
20	−0.040 −0.073	−0.065 −0.098	36	125	22	107		38	123		
20						124			140		3
22						107			123		2
22						124			140		3
24			40	145	26	128		45	147		
25											
28			45	150							
32	−0.050 −0.089	−0.080 −0.119	50	155	32	134		53	155		
32			—			157	180		178	201	4
36						134	—		155	—	3
36			55	185		157	180		178	201	4
38			60	190	38	163	186	63	188	211	
40											
40			—			196	224		221	249	5
45			65	195		163	186		188	211	4
45			—			196	224		221	249	5
50			65	195	45	170	193	75	200	223	4
50			—			203	231		233	261	5
56	−0.060 −0.106	−0.100 −0.146				170	193		200	223	4
56						203	231		233	261	5
63					53	211	239	90	248	276	

3.3 长度公差

直柄和锥柄键槽铣刀的刃长 l 和总长 L 的公差为 js18。

3.4 标记示例

示例 1：直径 $d=8$ mm，e8 偏差的普通直柄标准系列键槽铣刀的标记为：

直柄键槽铣刀 8e8 GB/T 1112—2012

示例 2：直径 $d=8$ mm，e8 偏差的螺纹柄短系列键槽铣刀的标记为：

螺纹柄键槽铣刀 8e8 短 GB/T 1112—2012

示例 3：直径 d=8 mm，e8 偏差的螺纹柄推荐系列键槽铣刀的标记为：

螺纹柄键槽铣刀 8e8 推 GB/T 1112—2012

示例 4：直径 d=12 mm，总长 L=96 mm，Ⅰ型 e8 偏差的莫氏锥柄键槽铣刀的标记为：

莫氏锥柄键槽铣刀 12e8×96 GB/T 1112—2012

4 形状和位置公差

键槽铣刀的形状和位置公差由表 3 给出，检测方法按 GB/T 6118 执行。

表 3 形状和位置公差

单位为毫米

键槽铣刀直径 d	≤18	>18～50	>50～63
圆周刃对柄部轴线的径向圆跳动	0.02		0.03
端刃对柄部轴线的端面圆跳动	0.03	0.04	0.05
工作部分任意两截面的直径差	0.01	0.015	

5 材料和硬度

5.1 材料

5.1.1 键槽铣刀工作部分采用 W6Mo5Cr4V2 或同等性能的高速钢(代号 HSS)制造，也可采用 W6Mo5Cr4V2Al 或同等性能及以上高性能高速钢(代号 HSS-E)制造。

5.1.2 焊接键槽铣刀柄部采用 45 钢或同等性能的其他牌号钢材制造。

5.2 硬度

键槽铣刀工作部分：普通高速钢(HSS)d≤6 mm，不低于 62HRC；
d>6 mm，不低于 63HRC。
高性能高速钢(HSS-E)，不低于 64HRC。

键槽铣刀柄部：普通直柄、螺纹柄和锥柄，不低于 30HRC；
削平直柄和 2°斜削平直柄，不低于 50HRC。

6 外观和表面粗糙度

6.1 键槽铣刀的表面不应有裂纹，切削刃应锋利，不应有崩刃、钝口以及磨削烧伤等影响使用性能的缺陷。焊接柄部的键槽铣刀在焊缝处不应有砂眼和未焊透现象。

6.2 键槽铣刀的表面粗糙度按以下规定：

——刀齿前面和后面：Ra0.8 μm；

——普通直柄或螺纹柄柄部外圆：Ra1.25 μm；

——削平直柄、2°斜削平直柄和锥柄柄部外圆：Ra0.63 μm。

7 标志和包装

7.1 标志

7.1.1 产品上应标志：

a) 制造厂或销售商的商标(d_1≤5 mm 的键槽铣刀允许不标志商标)；

b) 键槽铣刀直径及偏差；

c) 高速钢代号($d_1 \leqslant 5$ mm 的键槽铣刀允许不标志)。

7.1.2 包装盒上应标志：

a) 制造厂或销售商的名称、地址和商标；

b) 键槽铣刀标记；

c) 高速钢牌号或代号；

d) 件数；

e) 制造年月。

注：如包装盒太小，也可在合格证、说明书等包装盒内文件上标志部分内容。

7.2 包装

键槽铣刀在包装前应经防锈处理，包装应牢靠，防止运输过程中的损伤。

ICS 27.020
J 92

中华人民共和国国家标准

GB/T 1151—2012
代替 GB/T 1151—1993

内燃机 主轴瓦及连杆轴瓦 技术条件

Internal combustion engines—Main and connecting rod bearings—Specifications

2012-12-31 发布 2013-07-01 实施

中华人民共和国国家质量监督检验检疫总局
中国国家标准化管理委员会 发布

前　言

本标准按照 GB/T 1.1—2009 给出的规则起草。

本标准代替 GB/T 1151—1993《内燃机主轴瓦及连杆轴瓦技术条件》。

本标准与 GB/T 1151—1993 相比，主要技术内容变化如下：

——修改了范围(见第 1 章，1993 年版的第 1 章)；

——增加了术语和定义(见第 3 章)；

——修改了名称与代号(见第 4 章，1993 年版的第 3 章)；

——修改了材料要求(见 5.2，1993 年版的 4.2)；

——修改了轴瓦壁厚公差、轴瓦宽度公差要求(见 5.3.1，1993 年版的 4.3.1.1 和 4.3.9)；

——修改了轴瓦合金厚度和同一片轴瓦上的合金厚度公差要求(见 5.3.2，1993 年版的 4.3.2 和 4.3.3)；

——修改了轴瓦对口面对外圆母线的平行度要求(见 5.3.4，1993 年版的 4.3.6)；

——增加了轴瓦高出度公差，删除了半圆周长公差要求(见 5.3.1，1993 年版的 4.3.5)；

——修改了轴瓦背面的贴合度要求(见 5.3.5，1993 年版的 4.3.7)；

——修改了自由弹张量要求(见 5.3.6，1993 年版的 4.3.8)；

——增加了轴瓦部分结构要素要求(见 5.3.7、5.3.8、5.3.9、5.3.10)；

——修改了轴瓦表面粗糙度要求(见 5.4，1993 年版的 4.4)；

——增加了轴瓦的结合强度要求(见 5.5)；

——修改了轴瓦外观质量要求(见 5.6，1993 年版的 4.5、4.6、4.7)；

——删除了轴瓦的保用期要求(1993 年版的 4.8)；

——修改了轴瓦钢背与合金的硬度检验方法(见 6.1，1993 年版的 5.2)；

——增加了部分尺寸公差和形位公差的检测方法(见 6.2.1、6.2.2、6.2.3、6.2.6)，与技术要求相对应；

——修改了轴瓦高出度、轴瓦对口面对外圆母线平行度以及轴瓦背面贴合度的检测方法(见6.2.4、6.2.5，1993 年版的 5.4、5.5、5.6)；

——增加了表面粗糙度、外观质量的检测方法(见 6.3、6.5)；

——修改了结合强度检验方法(见 6.4，1993 年版的 5.3)；

——修改了检验规则(见第 7 章，1993 年版的 5.7)；

——修改了标志、包装、运输和贮存(见第 8 章，1993 年版的第 6 章)；

——修改了附录 A 中的轴瓦材料(见附录 A，1993 年版的附录 A)；

——删除了附录 B，将相关内容写入对应的条款里(见 5.2.3，1993 年版的附录 B)。

本标准由中国机械工业联合会提出。

本标准由全国内燃机标准化技术委员会(SAC/TC 177)归口。

本标准由上海内燃机研究所负责起草。

本标准起草单位：上海内燃机研究所、安徽白兔湖汽配有限公司、重庆格希亚轴瓦有限公司、上海核威实业有限公司。

本标准主要起草人：苏晴华、肖世海、阳廷金、周剑平、陈进添、方玉华。

本标准所代替标准的历次版本发布情况为：

——GB 1151—1982、GB/T 1151—1993。

内燃机　主轴瓦及连杆轴瓦　技术条件

1　范围

本标准规定了内燃机主轴瓦和连杆轴瓦的结构与尺寸、技术要求、检验方法与检验规则、标志、包装、运输和贮存。

本标准适用于轴瓦外径为 500 mm 以内的往复活塞式内燃机(低速机除外)无法兰薄壁主轴瓦及连杆轴瓦(以下简称轴瓦)。

2　规范性引用文件

下列文件对于本文件的应用是必不可少的。凡是注日期的引用文件,仅注日期的版本适用于本文件。凡是不注日期的引用文件,其最新版本(包括所有的修改单)适用于本文件。

GB/T 191　包装储运图示标志

GB/T 231.1　金属材料　布氏硬度试验　第1部分:试验方法

GB/T 1800.1—2009　产品几何技术规范(GPS)　极限与配合　第1部分:公差、偏差和配合的基础

GB/T 2828.1　计数抽样检验程序　第1部分:按接收质量限(AQL)检索的逐批检验抽样计划

GB/T 2889.1　滑动轴承　术语、定义和分类　第1部分:设计、轴承材料及其性能

GB/T 4340.1　金属材料　维氏硬度试验　第1部分:试验方法

GB/T 4955　金属覆盖层　覆盖层厚度测量　阳极溶解库仑法

GB/T 4956　磁性基体上非磁性覆盖层　覆盖层厚度测量　磁性法

GB/T 6388　运输包装收发货标志

GB/T 6462　金属和氧化物覆盖层　厚度测量　显微镜法

GB/T 10610　产品几何技术规范(GPS)　表面结构　轮廓法　评定表面结构的规则和方法

GB/T 12613.7　滑动轴承　卷制轴套　第7部分:薄壁轴套壁厚测量

GB/T 18326　滑动轴承　薄壁滑动轴承用金属多层材料

GB/T 27939　滑动轴承　几何和材料质量特性的质量控制技术和检验

JB/T 9749.2　内燃机　轴瓦　第2部分:精密电镀减摩层轴瓦　检验规范

TB/T 2958　滑动轴承　薄壁轴瓦周长检验

3　术语和定义

GB/T 2889.1 界定的术语和定义适用于本文件。

4　结构与尺寸

轴瓦主要部位见图1,轴瓦常用尺寸代号见表1。

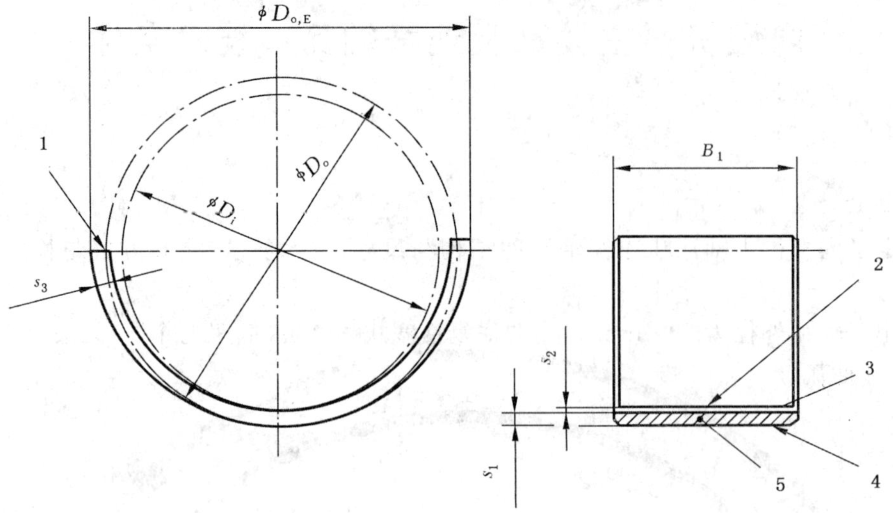

说明：
1——对口面；
2——滑动表面；
3——轴瓦合金；
4——轴瓦背面；
5——钢背。

图 1　轴瓦结构示意图

表 1　轴瓦常用尺寸代号

单位为毫米

序号	名　　称	代号
1	轴瓦宽度	B_1
2	轴瓦公称内径	D_i
3	轴瓦公称外径	D_o
4	轴瓦自由状态下(有自由弹张量)的对口处外径	$D_{o,E}$
5	轴瓦高出度	h
6	轴瓦自由弹张量	p
7	轴瓦钢背厚度	s_1
8	轴瓦合金厚度	s_2
9	轴瓦壁厚	s_3

5　技术要求

5.1　总则

产品应按经规定程序批准的产品图样及技术文件制造。

5.2　材料

5.2.1　钢背

钢背材料由供需双方商定。

用作钢背的钢的化学成分应根据供需双方的协议商定，一般使用低碳优质碳素结构钢。常用的钢背材料见附录A。

铜基轴瓦材料的钢背硬度应为110HBW～160HBW，铝基轴瓦材料的钢背硬度应为160HBW～220HBW，锡基轴瓦材料的钢背硬度应≥137HBW。

5.2.2 合金

5.2.2.1 合金材料有以下三类：

a) 铜基合金；

b) 铝基合金；

c) 锡基合金。

5.2.2.2 合金材料的牌号由供需双方商定，金相组织按相应的合金金相组织标准规定或产品图样规定。一般采用GB/T 18326规定的或符合性能要求的合金材料，推荐采用的合金材料见附录A。

5.2.3 电镀减摩层合金

电镀减摩层合金材料的牌号由供需双方商定，金相组织按相应的金相组织标准规定或产品图样规定。常用的镀层材料为：铅锡合金、铅锡铜合金和铅铟合金，其化学成分按GB/T 18326规定。

5.3 尺寸公差和形位公差

5.3.1 轴瓦壁厚公差、宽度公差和高出度公差按照表2规定。

表2 轴瓦壁厚公差、宽度公差、高出度公差和表面粗糙度

轴瓦公称外径 D_o mm	壁厚 s_3 mm	壁厚(s_3)公差[a] mm		宽度(B_1)公差[a] mm	高出度(h)公差[b] mm	表面粗糙度[c] Ra μm	
	优先选用的公称尺寸	无电镀减摩层	带电镀减摩层[d]			瓦背	滑动表面
$D_o \leqslant 50$	1.5 1.75 2 2.5	0.008	—	$^{0}_{-0.3}$	0.3	≤0.8	≤0.8
$50 < D_o \leqslant 80$	1.75 2 2.5 3	0.008	0.012	$^{0}_{-0.3}$	0.035	≤0.8	≤0.8
$80 < D_o \leqslant 120$	2 2.5 3 3.5	0.01	0.015	$^{0}_{-0.3}$	0.04	≤0.8	≤0.8
$120 < D_o \leqslant 160$	3 3.5 4 5	0.015	0.022	$^{0}_{-0.4}$	0.045	≤1.2	≤0.8

表 2（续）

轴瓦公称外径 D_o mm	壁厚 s_3 mm	壁厚(s_3)公差[a] mm		宽度(B_1)公差[a] mm	高出度(h)公差[b] mm	表面粗糙度[c] Ra μm	
	优先选用的公称尺寸	无电镀减摩层	带电镀减摩层[d]			瓦背	滑动表面
$160<D_o\leqslant200$	3.5 4 5	0.015	0.022	$^{0}_{-0.4}$	0.05	≤1.2	≤0.8
$200<D_o\leqslant250$	4 5 6	0.02	0.03	$^{0}_{-0.4}$	0.055	≤1.2	≤0.8
$250<D_o\leqslant315$	5 6 8	0.02	0.03	$^{0}_{-0.5}$	0.06	≤1.6	≤1.2
$315<D_o\leqslant400$	6 8 10	0.025	0.035	$^{0}_{-0.5}$	0.07	≤1.6	≤1.2
$400<D_o\leqslant500$	8 10 12	0.03	0.04	$^{0}_{-0.5}$	0.07	≤1.6	≤1.2

[a] 经用户与制造商共同商定。

[b] 电镀减摩层之后不再加工，对口面的轴瓦高出度公差应增加 0.01 mm。

[c] 带电镀减摩层的轴瓦表面粗糙度测量，可能会因测量装置的探针将软合金层划伤而不够安全。

[d] 对于大型轴瓦，往往使用较厚的电镀减摩层并需进行另外的加工，此种情况，应采用滑动表面无电镀减摩层的公差。

5.3.1.1 维修轴瓦的壁厚公差允许比规定值增加 0.005 mm。

5.3.1.2 在定位唇周围尺寸等于定位唇长度和宽度的范围内，其壁厚允许减薄 0.015 mm～0.035 mm。

5.3.1.3 在油孔周围 3 mm 范围内，其壁厚允许减薄 0.02 mm。

5.3.2 轴瓦合金厚度以及同一片轴瓦上的合金厚度公差按表 3 规定。

表 3 轴瓦合金厚度及同一片轴瓦上的合金厚度公差 单位为毫米

合金	合金厚度 s_2		同一片轴瓦上的合金厚度公差	
	$D_o\leqslant110$	$D_o>110$	$D_o\leqslant110$	$D_o>110$
铜基合金	0.20～0.50	0.30～1.00	≤0.20	≤0.50
铝基合金	0.20～0.50	0.30～1.00		
锡基合金	0.20～0.80	0.40～1.50		

5.3.3 电镀减摩层厚度为 0.01 mm～0.05 mm。

5.3.4 轴瓦对口面对外圆母线的平行度应小于或等于高出度公差。

5.3.5 轴瓦背面的贴合度按照表 4 规定，不贴合面应呈分散分布，其中最大集中面积应小于或等于钢背面积的10%。

表4 轴瓦背面的贴合度

单位为毫米

公称外径 D_o	贴合度
≤160	≥85%
>160	≥80%

5.3.6 轴瓦自由弹张量按照表5规定。

表5 轴瓦自由弹张量

单位为毫米

公称外径 D_o	自由弹张量 p
D_o≤110	0.3～2.0
110<D_o≤160	0.5～2.5
160<D_o≤200	1.0～3.5
200<D_o≤500	由供需双方商定

5.3.7 定位唇的宽度尺寸公差，采用GB/T 1800.1—2009中的IT12级，推荐定位唇和定位槽的配合采用b12/H12。定位唇到端面距离应大于或等于1.5倍的壁厚，最小为3 mm。

5.3.8 油槽和油孔的对称度按表6规定。

表6 油槽和油孔的对称度

单位为毫米

公称外径 D_o	对称度 x
D_o≤250	0.6
250<D_o≤400	0.8
400<D_o≤500	1.0

5.3.9 油槽槽底壁厚公差按表7规定。

表7 油槽槽底壁厚公差

单位为毫米

公称外径 D_o	油槽槽底壁厚公差 s_4
D_o≤80	$^{+0.3}_{0}$
80<D_o≤250	$^{+0.4}_{0}$
250<D_o≤400	$^{+0.5}_{0}$
400<D_o≤500	$^{+0.6}_{0}$

5.3.10 瓦口削薄高度尺寸应根据用途由供需双方商定，推荐值为 $a_6=D_i/10$。

5.4 轴瓦表面粗糙度

5.4.1 轴瓦滑动表面和瓦背表面粗糙度参数 Ra 值按照表2规定。

5.4.2 对口面表面粗糙度参数 Ra 值应小于或等于1.6 μm。

5.5 结合强度

合金层与钢背、电镀减摩层与合金层应结合良好，不得有脱离现象。

5.6 外观质量

5.6.1 轴瓦滑动表面和对口面应光滑平整，不允许有碰伤、凸起，但允许有色斑、测量压痕和表 8 所列的划痕。

表 8 划痕

公称外径 D_o mm	数量	深度 mm	宽度 mm
≤110	≤2 条	≤0.01	≤0.2
>110	≤5 条	≤0.02	≤0.2

5.6.2 钢背表面不得有毛刺、锈蚀、裂纹、凸起等缺陷，但允许有表 9 所列的凹痕存在。

表 9 凹痕

公称外径 D_o mm	数量	深度 mm	面积 mm²	间距 mm
≤110	≤3 处	≤0.2	≤4	>15
>110	≤6 处	≤0.2	≤10	>20

5.6.3 端面不允许有多于 3 处的轻微碰伤。

5.6.4 轴瓦表面镀层应均匀，不得有镀瘤、气泡或漏镀等缺陷。

6 检验方法

6.1 轴瓦材料的硬度

轴瓦双金属材料硬度的试验方法按 GB/T 231.1 或 GB/T 4340.1 规定，也可参考表 10 规定的加载方法。

表 10 钢背与合金的硬度检验方法

材料	厚度 mm	加载方法	环境温度 ℃
铜基合金	所有厚度	HBW2.5/31.25/30	18～24
铝基合金	>0.4～1.0	HBW1/5/300	
	>1.0	HBW2.5/31.25/30	
锡基合金	>0.3～0.5	HV0.3/10	
	>0.5～0.7	HV0.5/10	
	>0.7～1.0	HV1/10	
	>1.0～4.0	HBW5/25/180	
钢背	所有厚度	HBW2.5/62.5/30	

注 1：HV0.3/10 表示检验载荷为 2.94 N、加载时间为 10 s 时获得的维氏硬度。

注 2：HBW5/25/180 表示加载球头直径为 5 mm、检验载荷为 245.17 N、加载时间为 180 s 时获得的布氏硬度。

6.2 尺寸公差和形位公差

6.2.1 轴瓦壁厚测量按 GB/T 12613.7 规定，对 $B_1>90$ mm 和/或 $D_o>150$ mm 的轴瓦，测量带不少于 3 条，测量点不少于 10 点。

6.2.2 轴瓦合金厚度测量按 GB/T 6462 显微镜法、GB/T 4955 库仑法、GB/T 4956 磁性法测量，可根据工厂条件和工件情况选一种。

6.2.3 电镀减摩层厚度测量按 JB/T 9749.2 规定。

6.2.4 轴瓦高出度按照 TB/T 2958 规定的方法检验。

6.2.5 轴瓦对口面对外圆母线平行度以及轴瓦背面贴合度按照 TB/T 2958 规定的检验设备、模具和加载方法检验。

6.2.6 其他尺寸以及油槽和油孔对称度用游标卡尺或符合精度等级的量具检测。

6.3 表面粗糙度

轴瓦的内外圆表面粗糙度用表面粗糙度仪检测，检测和评定方法按 GB/T 10610 规定；轴瓦对口面的表面粗糙度用粗糙度比较样块检测或按供需双方共同选定的标样进行检查。

6.4 结合强度

合金层与钢背的结合强度按照 GB/T 27939 相关规定检验。

电镀减摩层与合金层结合强度按 JB/T 9749.2 规定检验；也可用无损加热试验，根据不同镀层的情况确定，将轴瓦加热到 150 ℃～180 ℃，保温 1 h，若镀层起泡，则为结合不良。

6.5 外观质量

轴瓦外观质量采用目测和符合精度等级的量具或仪器检测。

7 检验规则

7.1 轴瓦产品须经制造厂的质量检验部门按产品图样和有关技术文件检验合格后方能出厂。

7.2 订货单位抽验产品质量时，按 GB/T 2828.1 的规定进行，检验项目、抽样方法、评定方法和复验规则由供需双方商定。

8 标志、包装、运输和贮存

8.1 标志

8.1.1 每片轴瓦上应具有永久性标志，标志部位、尺寸和方法按产品图样或有关的技术文件规定，应注意不使产品受到损伤而影响使用。

8.1.2 在每片轴瓦上应标明：

a) 制造厂名称代号或商标；

b) 产品型号或尺寸代号；

c) 出厂序号或制造日期。

8.1.3 包装盒上应标明：

a) 制造厂名称、商标和地址；

b) 产品名称、型号及尺寸代号；

c) 数量；

d) 包装日期。

8.1.4 包装箱外表面的标志，应符合 GB/T 6388 和 GB/T 191 以及有关规定。一般应标明：

a) 商品分类图示标志；

b) 制造厂名称和地址；

c) 品名规格；

d) 数量；

e) 总质量及外形尺寸；

f) 执行标准号；

g) 质量认证标志；

h) 收货单位及地址；

i) “小心轻放”、“防潮”及“防压”等标记；

j) 出厂日期。

8.2 包装

8.2.1 轴瓦在包装前应清洁，并作防蚀处理，用结实不透水的包裹材料包装后再装入包装盒内。每一包装盒内应装入同一型号的轴瓦。

8.2.2 每只包装盒内应附有制造厂质量检验部门检验员签章的产品合格证。

8.2.3 用包装盒装好的轴瓦应装入有防蚀措施的干燥包装箱内，箱内轴瓦应固定牢固，并保证在正常运输过程中不致损伤。

8.3 运输

在运输过程中应防止雨淋、防止磕碰、防止受潮，保证正常运输中轴瓦产品不致损坏。

8.4 贮存

轴瓦应存放在通风和干燥的仓库内。在正常情况下，自出厂之日起，制造厂应保证产品在 12 个月内不致锈蚀。

附　录　A
（资料性附录）
轴瓦材料

A.1　钢背材料

常用钢背材料的化学成分和机械性能见表 A.1。

表 A.1　钢背材料

材料种类	化学成分（质量分数）%					机械性能	
	C	Si	Mn	P	S	屈服强度 MPa	抗拉强度 MPa
铜基的钢背材料（烧结）	0.07～0.14	—	0.35～0.65	≤0.035	≤0.035	≤280	295～430
	≤0.17	—	≤1.00	≤0.035	≤0.030	≥215	360～510
铜基的钢背材料（浇铸）	≤0.15	≤0.30	≤0.95	≤0.035	≤0.035	≥205	330～430
	≤0.21	≤0.30	≤1.40	≤0.035	≤0.035	≥245	400～510
铜基的钢背材料（浇铸）	0.07～0.14	—	0.35～0.65	≤0.035	≤0.035	≤280	295～430
	≤0.17	—	≤1.00	≤0.035	≤0.030	≥215	360～510
	≤0.15	≤0.30	≤0.95	≤0.035	≤0.035	≥205	330～430
铝基的钢背材料	≤0.15	≤0.05	≤0.60	≤0.035	≤0.035	—	≥270
	≤0.15	≤0.60	—	≤0.10	≤0.025	—	≥270

A.2　合金材料

推荐采用合金材料的化学成分和机械性能见表 A.2。

表 A.2　合金材料

合金牌号	硬度值	主要化学成分（质量分数）%
CuPb24Sn	45HBW～70HBW	Pb:19～27;Sn:0.6～2.0;Cu:余量
CuPb20Sn4	65HBW～90HBW	Pb:18～24;Sn:3.0～4.5;Cu:余量
CuPb24Sn4	60HBW～85HBW	Pb:19～27;Sn:3.0～4.5;Cu:余量
AlSn40Cu	25HBW～35HBW	Sn:35.0～45.0;Cu:0.4～1.2;Al:余量
AlSn20Cu	30HBW～40HBW	Sn:17.5～22.5;Cu:0.7～1.3;Al:余量

表 A.2（续）

合金牌号	硬度值	主要化学成分(质量分数) %
AlSn12Si2.5Pb1.7	35HBW～45HBW	Sn:10.0～14.0;Cu:0.4～1.3;Si:1.8～3.5;Pb:1.0～2.5;Al:余量
AlSn6Cu	35HBW～45HBW	Sn:5.5～7.0;Cu:0.7～1.3;Ni:0.7～1.3;Al:余量
AlZn5Si1.5Cu1Pb1Mg	45HBW～70HBW	Zn:4.5～5.5;Si:1.0～2.0;Cu:0.8～1.2;Pb:0.7～1.3;Mg:0.6;Al:余量
SnSb8Cu4	17HV～24HV	Sb:7.0～8.0;Cu:3.0～4.0;Sn:余量

ICS 77.140.99
H 57

中华人民共和国国家标准

GB/T 1234—2012
代替 GB/T 1234—1995

高电阻电热合金

High resistance alloys for electrical heating

2012-11-05 发布　　　　　　2013-05-01 实施

中华人民共和国国家质量监督检验检疫总局
中国国家标准化管理委员会　发布

前　言

本标准按照 GB/T 1.1—2009 给出的规则起草。

本标准代替 GB/T 1234—1995《高电阻电热合金》。

本标准与 GB/T 1234—1995 相比，主要变化如下：

——增加了“订货内容”(见第 3 章)；

——删除了尺寸要求中对铁铬铝 0Cr27Al7Mo2 单独规定(见 1995 年版的表 1)；

——盘条规格由 8.0 mm～10.0 mm 调整至 5.50 mm～12.00 mm，棒材规格由 12.0 mm～30.0 mm调整至 6.00 mm～150.0 mm，带材宽度由 250.0 mm 调整至 300.0 mm，并相应增加了尺寸允许偏差的规定(见表 1 和表 2，1995 年版的表 1 和表 2)；

——合金丝材的最小直径由 0.03 mm 调整至 0.02 mm，并相应增加了尺寸允许偏差的规定(见表 1和表 3，1995 年版的表 1 和表 3)；

——增加了较高精度电热电阻器用带材厚度尺寸精度的要求以及板材外形的要求(见表 5 和表 6，4.3)；

——调整了合金材的重量要求(见 4.2，1995 年版的 3.2)；

——增加了对合金微丝和箔材的非金属夹杂物控制的要求(见 5.9)；

——增加了 0Cr20Al6RE 和 0Cr24Al6RE 两个合金牌号及相关技术要求，取消了 0Cr21Al6 合金牌号(见表 11，1995 年版的表 9)；

——调整了部分合金牌号化学成分(见表 11，1995 年版的表 9)；

——删除了每米电阻值的范围，增加了每米电阻值及允许偏差，其直径上限由 1.00 mm 扩大至 5.50 mm(见表 14，1995 年版的表 12)；

——增加了合金推荐热处理制度(见 5.5.1)；

——增加了合金力学性能的要求(见 5.5.2)；

——修改了检验规则，增加了“型式检验”(见第 7 章，1995 年版的第 6 章)；

——修改了附录 A 和附录 B 中个别合金的最高使用温度和修正系数，并相应增加了新牌号的电阻温度修正系数和主要物理性能(见附录 A 和附录 B，1995 年版的附录 A 和附录 B)。

本标准由中国钢铁工业协会提出。

本标准由全国钢标准化技术委员会(SAC/TC 183)归口。

本标准起草单位：江苏新华合金电器有限公司、北京首钢吉泰安新材料有限公司、冶金工业信息标准研究院、国家不锈钢制品质量监督检验中心。

本标准主要起草人：华大凤、陈平、王树平、栾燕、李刚、华鹏、戴强。

本标准所代替标准的历次版本发布情况为：

——GB/T 1234—1976、GB/T 1234—1985、GB/T 1234—1995。

高电阻电热合金

1 范围

本标准规定了高电阻电热合金的牌号、订货内容、尺寸、外形、重量及允许偏差、技术要求、试验方法、检验规则、包装、标志和质量证明书等。

本标准适用于制造各种电加热元件和一般电阻元件用拉拔、轧制和锻造的镍铬、镍铬铁和铁铬铝高电阻电热合金丝材、板带材、棒材和盘条(以下简称为合金材)。

2 规范性引用文件

下列文件对于本文件的应用是必不可少的。凡是注日期的引用文件,仅注日期的版本适用于本文件。凡是不注日期的引用文件,其最新版本(包括所有的修改单)适用于本文件。

GB/T 223.3 钢铁及合金化学分析方法 二安替比林甲烷磷钼酸重量法测定磷量
GB/T 223.5 钢铁 酸溶硅和全硅含量的测定 还原型硅钼酸盐分光光度法
GB/T 223.8 钢铁及合金化学分析方法 氟化钠分离-EDTA滴定法测定铝含量
GB/T 223.9 钢铁及合金 铝含量的测定 铬天青S分光光度法
GB/T 223.11 钢铁及合金 铬含量的测定 可视滴定或电位滴定法
GB/T 223.23 钢铁及合金 镍含量的测定 丁二酮肟分光光度法
GB/T 223.25 钢铁及合金化学分析方法 丁二酮肟重量法测定镍量
GB/T 223.26 钢铁及合金 钼含量的测定 硫氰酸盐分光光度法
GB/T 223.28 钢铁及合金化学分析方法 α-安息香肟重量法测定钼量
GB/T 223.40 钢铁及合金 铌含量的测定 氯磺酚S分光光度法
GB/T 223.58 钢铁及合金化学分析方法 亚砷酸钠-亚硝酸钠滴定法测定锰量
GB/T 223.59 钢铁及合金 磷含量的测定 铋磷钼蓝分光光度法和锑磷钼蓝分光光度法
GB/T 223.60 钢铁及合金化学分析方法 高氯酸脱水重量法测定硅含量
GB/T 223.61 钢铁及合金化学分析方法 磷钼酸铵容量法测定磷量
GB/T 223.62 钢铁及合金化学分析方法 乙酸丁酯萃取光度法测定磷量
GB/T 223.63 钢铁及合金化学分析方法 高碘酸钠(钾)光度法测定锰量
GB/T 223.64 钢铁及合金 锰含量的测定 火焰原子吸收光谱法
GB/T 223.67 钢铁及合金 硫含量的测定 次甲基蓝分光光度法
GB/T 223.68 钢铁及合金化学分析方法 管式炉内燃烧后碘酸钾滴定法测定硫含量
GB/T 223.69 钢铁及合金 碳含量的测定 管式炉内燃烧后气体容量法
GB/T 223.70 钢铁及合金 铁含量的测定 邻二氮杂菲分光光度法
GB/T 223.71 钢铁及合金化学分析方法 管式炉内燃烧后重量法测定碳含量
GB/T 223.72 钢铁及合金 硫含量的测定 重量法
GB/T 223.73 钢铁及合金 铁含量的测定 三氯化钛-重铬酸钾滴定法
GB/T 223.79 钢铁 多元素含量的测定 X-射线荧光光谱法(常规法)
GB/T 223.85 钢铁及合金 硫含量的测定 感应炉燃烧后红外吸收法
GB/T 223.86 钢铁及合金 总碳含量的测定 感应炉燃烧后红外吸收法

GB/T 228.1　金属材料　拉伸试验　第1部分:室温试验方法
GB/T 232　金属材料　弯曲试验方法
GB/T 238　金属材料　线材　反复弯曲试验方法
GB/T 2976　金属材料　线材　缠绕试验方法
GB/T 6146　精密电阻合金电阻率测试方法
GB/T 10561—2005　钢中非金属夹杂物含量的测定　标准评级图显微检验法
GB/T 11170　不锈钢　多元素含量的测定　火花放电原子发射光谱法(常规法)
GB/T 13300　高电阻电热合金快速寿命试验方法
GB/T 20066　钢和铁　化学成分测定用试样的取样和制样方法
YB/T 5242　精密合金包装、标志和质量证明书的一般规定

3　订货内容

按本标准订货的合同或订单应包括下列内容：

a)　本标准编号；
b)　合金牌号；
c)　尺寸及精度；
d)　重量或数量；
e)　交货状态；
f)　需方提出的其他特殊要求，经供需双方协商确定，并在合同中注明。

4　尺寸、外形、重量及允许偏差

4.1　尺寸

4.1.1　合金丝材、棒材和盘条的公称尺寸应符合表1的规定。

表1　合金丝材、棒材和盘条的尺寸　　单位为毫米

合金牌号	公称直径		
	冷拉丝材	棒材	盘条
所有牌号	0.020～10.00	6.00～150.0	5.50～12.00

4.1.2　合金带材的公称尺寸应符合表2的规定。

表2　合金带材的公称尺寸　　单位为毫米

合金牌号	冷轧带材		热轧带材	
	公称厚度	公称宽度	公称厚度	公称宽度
所有牌号	0.050～4.00	5.0～300.0	2.5～5.0(卷状) >5.0～20.0(条状)	15.0～300.0

4.1.3　根据需方要求，经供需双方协商并在合同中注明，也可提供表1和表2以外的其他尺寸的合金。

4.2 尺寸允许偏差

4.2.1 合金丝材和盘条的直径允许偏差应符合表3的规定。考核每米电阻值的丝材，其尺寸允许偏差供参考。

4.2.2 合金棒材的直径允许偏差应符合表4的规定。考核每米电阻值的棒材，其尺寸允许偏差供参考。

4.2.3 合金板带材厚度与宽度的允许偏差应分别符合表5和表6普通精度的规定，较高精度电热电阻器用带材的允许偏差应符合表5和表6中较高精度的规定。根据供需双方协议，在保证每米电阻值不变的情况下，可以调整宽度的正、负偏差范围。

4.2.4 合金板带材最小长度应符合表7的规定，当焊接部位符合本标准要求时，允许同一炉号数支坯料焊接在一起。根据供需双方协议，可供定尺或倍尺板带材。

4.2.5 热轧(锻)棒材及冷(热)轧板带材的每根长度由供需双方协议确定。

4.2.6 根据需方要求，经供需双方协商并在合同中注明，也可以提供表3和表4以外尺寸允许偏差的合金材料。

表3 合金丝材和盘条直径的允许偏差

单位为毫米

类别	公称直径	直径允许偏差
冷拉钢丝	0.020～0.025	±0.002
	>0.025～0.030	±0.003
	>0.030～0.050	±0.005
	>0.050～0.10	±0.006
	>0.10～0.30	±0.008
	>0.30～0.50	±0.015
	>0.50～1.00	±0.020
	>1.00～3.00	±0.030
	>3.00～6.00	±0.035
	>6.00～8.00	±0.040
	>8.00～10.00	±0.050
热轧盘条	5.50～12.00	±0.40

表4 合金棒材直径的允许偏差

单位为毫米

类别	公称直径	不同加工方式的直径允许偏差		
		热加工	车削	磨光
热轧棒材	6.00～12.00	±0.40	—	±0.10
	>12.00～20.00	±0.50	—	±0.15
	>20.00～30.00	±0.60	—	±0.20
	>30.00～60.00	±1.00	±0.50	±0.25
热锻棒材	>50.00～100.0	±3.0	±1.50	—
	>100.0～150.0	±5.0	±2.50	—

表 5　合金板带材厚度的允许偏差

单位为毫米

类别	公称厚度	厚度允许偏差	
		普通精度	较高精度
冷轧带材	0.050～0.100	±0.010	±0.005
	＞0.100～0.200	±0.015	±0.010
	＞0.200～0.50	±0.020	±0.015
	＞0.50～1.00	±0.030	±0.025
	＞1.00～1.80	±0.040	±0.030
	＞1.80～2.50	±0.050	±0.040
	＞2.50～4.00	±0.060	±0.050
热轧带材	2.5～5.0	±0.25	±0.20
	＞5.0～7.0	±0.30	±0.25
	＞7.0～10.0	±0.40	±0.35
	＞10.0～20.0	±0.50	±0.45

表 6　合金板带材宽度的允许偏差

单位为毫米

类别	公称宽度	宽度允许偏差		
		切边		不切边
		普通精度	较高精度	
冷轧带材	5.0～10.0	±0.20	±0.10	−0.60
	＞10.0～20.0			−0.80
	＞20.0～30.0			−1.0
	＞30.0～50.0	±0.30	±0.15	−1.2
	＞50.0～100.0			±1.0
	＞100.0～200.0	±0.50	±0.25	±1.5
	＞200.0～300.0			±1.8
热轧带材	15.0～60.0	—		±1.5
	＞60.0～200.0	—		±2.5
	＞200.0～300.0	—		±3.0

表 7 合金板带材单支最小长度

类别	公称厚度/mm	单支最小长度/m
冷轧带材	0.05～0.10	10
	>0.10～0.30	20
	>0.30～1.00	15
	>1.00～2.00	10
	>2.00～4.00	5
热轧带材	2.5～5.0	10
	>5.0～7.0	3
	>7.0～10.0	2
	>10.0～20.0	1.5

4.3 外形

4.3.1 冷拉丝材的不圆度应不超过直径公差的一半。

4.3.2 热轧带材每米长度的镰刀弯应不大于 15 mm；冷轧带材每米长度的镰刀弯应符合表 8 普通精度的规定，较高精度电热电阻器用带材每米长度的镰刀弯应符合表 8 中较高精度的规定。

表 8 冷轧带材每米长度的镰刀弯

单位为毫米

公称宽度	每米镰刀弯 不大于		
	切边		不切边
	普通精度	较高精度	
<20.0	7.0	5.0	14.0
>20.0～50.0	4.0	3.0	8.0
>50.0～100.0	3.0	2.0	5.0
>100.0～150.0	2.5	2.0	5.0
>150.0～300.0	2.0	1.5	5.0

4.3.3 较高精度电热电阻器用卷切带（板材）的不平度应符合表 9 的规定。

表 9 较高精度电热电阻器用卷切带（板材）的不平度

单位为毫米

公称长度	不平度 不大于	
	普通级	较高级
任意长度	10	7

4.3.4 供方如能保证外形符合本标准规定时，可不作检查或部分抽检。

4.4 重量

4.4.1 每轴(盘)冷拉丝材重量应符合表10的规定，当焊接部位符合本标准要求时，允许同一炉号数支坯料焊接在一起。每轴(盘)最小单重的交货量不得超过该批总重量的10%。

4.4.2 热轧盘条每盘重量不得小于30 kg。

表10 每轴(盘)的重量

公称直径/mm	每轴(盘)重量/kg 不小于	
	标准重量	最小重量
0.020～0.030	0.03	0.015
>0.030～0.050	0.05	0.030
>0.050～0.100	0.10	0.060
>0.100～0.300	0.50	0.30
>0.300～0.50	0.80	0.50
>0.50～1.00	1.50	—
>1.00～2.00	6.00	—
>2.00～3.50	8.00	—
>3.50～6.00	12.00	—
>6.00	15.00	—

5 技术要求

5.1 化学成分

5.1.1 合金牌号及化学成分应符合表11的规定。

5.1.2 在保证合金性能符合本标准要求的条件下，可以对合金成分范围进行适当调整。

5.1.3 为了改善合金性能，允许在合金中添加适量稀土元素及其他元素。

表 11 合金的牌号及化学成分

合金牌号	化学成分(质量分数)/%									
	C	P	S	Mn	Si	Cr	Ni	Al	Fe	其他
	不大于									
Cr20Ni80	0.08	0.020	0.015	0.60	0.75～1.60	20.0～23.0	余	≤0.50	≤1.0	—
Cr30Ni70	0.08	0.020	0.015	0.60	0.75～1.60	28.0～31.0	余	≤0.50	≤1.0	—
Cr15Ni60	0.08	0.020	0.015	0.60	0.75～1.60	15.0～18.0	55.0～61.0	≤0.50	余	—
Cr20Ni35	0.08	0.020	0.015	1.00	1.00～3.00	18.0～21.0	34.0～37.0	—	余	—
Cr20Ni30	0.08	0.020	0.015	1.00	1.00～3.00	18.0～21.0	30.0～34.0	—	余	—
1Cr13Al4	0.12	0.025	0.020	0.50	≤0.70	12.0～15.0	≤0.60	4.0～6.0	余	—
0Cr20Al3	0.08	0.025	0.020	0.50	≤0.70	18.0～21.0	≤0.60	3.0～4.2	余	—
0Cr23Al5	0.06	0.025	0.020	0.50	≤0.60	20.5～23.5	≤0.60	4.2～5.3	余	—
0Cr20Al6RE	0.04	0.025	0.020	0.50	≤0.40	19.0～21.0	≤0.60	5.0～6.0	余	La+Ce、Co、Ti、Nb、Y、Zr、Hf 等元素中的一种或几种加入总量的 0.04～1.00
0Cr25Al5	0.06	0.025	0.020	0.50	≤0.60	23.0～26.0	≤0.60	4.5～6.5	余	—
0Cr21Al6Nb	0.05	0.025	0.020	0.50	≤0.60	21.0～23.0	≤0.60	5.0～7.0	余	Nb 加入量 0.5
0Cr24Al6RE	0.04	0.025	0.020	0.50	≤0.40	22.0～26.0	≤0.60	5.0～7.0	余	La+Ce、Co、Ti、Nb、Y、Zr、Hf 等元素当中的一种或几种加入总量的 0.04～1.00
0Cr27Al7Mo2	0.05	0.025	0.020	0.20	≤0.40	26.5～27.8	≤0.60	6.0～7.0	余	Mo 加入量 1.8～2.2

5.2 冶炼方法

除非用户有特殊要求，冶炼方法由供方选择。

5.3 交货状态

合金材以退火、退火加酸洗、退火加磨光或车削、光亮退火、冷拉或固溶热处理状态交货，具体要求应在合同中注明。

5.4 物理性能

5.4.1 电阻率

5.4.1.1 软态丝材的室温电阻率应符合表12的规定。考核每米电阻值的丝材，其室温电阻率不考核。

表12 软态丝材的室温电阻率

合金牌号	公称直径范围/mm	电阻率(20 ℃)/μΩ·m
Cr20Ni80	<0.50 0.50～3.00 >3.00	1.09±0.05 1.13±0.05 1.14±0.05
Cr30Ni70	<0.50 ≥0.50	1.18±0.05 1.20±0.05
Cr15Ni60	<0.50 ≥0.50	1.12±0.05 1.15±0.05
Cr20Ni35 Cr20Ni30	—	1.04±0.05
1Cr13Al4 0Cr20Al3 0Cr23Al5 0Cr20Al6RE 0Cr25Al5 0Cr21Al6Nb 0Cr24Al6RE 0Cr27Al7Mo2	0.020～10.00	1.25±0.08 1.23±0.07 1.35±0.06 1.40±0.07 1.42±0.07 1.45±0.07 1.48±0.07 1.53±0.07

5.4.1.2 软态带材的室温电阻率应符合表13的规定。考核每米电阻值的带材，其室温电阻率不考核。

表 13　软态带材的室温电阻率

合金牌号	合金带厚度/mm	电阻率(20 ℃)/μΩ·m
Cr20Ni80	≤0.80 >0.80～3.00 >3.00	1.09±0.05 1.13±0.05 1.14±0.05
Cr30Ni70	≤0.80 >0.80～3.00 >3.00	1.18±0.05 1.19±0.05 1.20±0.05
Cr15Ni60	≤0.80 >0.80～3.00 >3.00	1.11±0.05 1.14±0.05 1.15±0.05
Cr20Ni35 Cr20Ni30		1.04±0.05
1Cr13Al4 0Cr20Al3 0Cr23Al5 0Cr20Al6RE 0Cr25Al5 0Cr21Al6Nb 0Cr24Al6RE 0Cr27Al7Mo2	0.050～4.00	1.25±0.08 1.23±0.07 1.35±0.07 1.40±0.07 1.42±0.07 1.45±0.07 1.48±0.07 1.53±0.07

5.4.2　每米电阻值及其允许偏差

公称直径为 0.020 mm～5.50 mm 的软态丝材的每米电阻值及其允许偏差应符合表 14 的规定。其他尺寸的每米电阻值可由式(1)计算而得，其允许偏差由供需双方协商确定。

$$R=\rho\frac{L}{S} \quad \cdots\cdots(1)$$

式中：

R ——电阻值，单位为欧姆(Ω)；

L ——长度，单位为米(m)；

ρ ——电阻率，单位为微欧姆米(μΩ·m)；

S ——截面面积，单位为平方毫米(mm²)。

表 14 软态丝材的每米电阻值及其允许偏差

公称直径/mm	每米电阻/Ω						每米电阻允许偏差/%
	Cr20Ni80	Cr30Ni70	Cr15Ni60	Cr20Ni35 Cr20Ni30	1Cr13Al4	0Cr20Al3	
0.02	3 471	3 757	3 566	3 312	3 980	3 917	±15
0.03	1 542	1 669	1 584	1 471	1 768	1 740	±10
0.04	867.4	939.0	891.3	827.6	994.7	978.8	±10
0.05	555.1	601.0	570.4	529.7	636.6	626.4	±10
0.06	385.5	417.3	396.1	367.8	442.1	435.0	±10
0.07	283.2	306.6	291.0	270.2	324.8	319.6	±8
0.08	216.8	234.8	222.8	206.9	248.7	244.7	±8
0.09	171.3	185.5	176.1	163.5	196.5	193.3	±8
0.10	138.8	150.2	142.6	132.4	159.2	156.6	±8
0.11	114.7	124.2	117.9	109.4	131.5	129.4	±8
0.12	96.38	104.3	99.03	91.96	110.5	108.8	±8
0.13	82.12	88.90	84.38	78.35	94.17	92.67	±7
0.14	70.81	76.65	72.76	67.56	81.20	79.90	±7
0.15	61.68	66.77	63.38	58.85	70.74	69.60	±7
0.16	54.21	58.69	55.70	51.73	62.17	61.18	±7
0.17	48.02	51.99	49.34	45.82	55.07	54.19	±7
0.18	42.83	46.37	44.01	40.87	49.12	48.34	±6
0.19	38.44	41.62	39.50	36.68	44.09	43.38	±6
0.20	34.70	37.56	35.65	33.10	39.79	39.15	±6
0.22	28.67	31.04	29.46	27.36	32.88	32.36	±6
0.25	22.21	24.04	22.82	21.19	25.46	25.06	±6
0.28	17.70	19.16	18.19	16.89	20.30	19.98	±6
0.30	15.42	16.69	15.84	14.71	17.68	17.40	±6
0.32	13.55	14.67	13.93	12.93	15.54	15.29	±6

表 14（续）

<table>
<tr><th rowspan="2">公称直径/mm</th><th colspan="6">每米电阻/Ω</th><th rowspan="2">每米电阻允许偏差/%</th></tr>
<tr><th>Cr20Ni80</th><th>Cr30Ni70</th><th>Cr15Ni60</th><th>Cr20Ni35
Cr20Ni30</th><th>1Cr13Al4</th><th>0Cr20Al3</th></tr>
<tr><td>0.35</td><td>11.33</td><td>12.26</td><td>11.64</td><td>10.81</td><td>12.99</td><td>12.78</td><td>±5</td></tr>
<tr><td>0.38</td><td>9.611</td><td>10.40</td><td>9.876</td><td>9.170</td><td>11.02</td><td>10.85</td><td>±5</td></tr>
<tr><td>0.40</td><td>8.674</td><td>9.390</td><td>8.913</td><td>8.276</td><td>9.947</td><td>9.788</td><td>±5</td></tr>
<tr><td>0.42</td><td>7.868</td><td>8.517</td><td>8.084</td><td>7.50</td><td>9.002</td><td>8.878</td><td>±5</td></tr>
<tr><td>0.45</td><td>6.853</td><td>7.419</td><td>7.042</td><td>6.539</td><td>7.860</td><td>7.734</td><td>±5</td></tr>
<tr><td>0.48</td><td>6.024</td><td>6.521</td><td>6.189</td><td>5.747</td><td>6.908</td><td>6.797</td><td>±5</td></tr>
<tr><td>0.50</td><td>5.551</td><td>6.010</td><td>5.704</td><td>5.297</td><td>6.366</td><td>6.364</td><td>±5</td></tr>
<tr><td>0.55</td><td>4.756</td><td>5.051</td><td>4.840</td><td>4.378</td><td>5.261</td><td>5.177</td><td>±5</td></tr>
<tr><td>0.60</td><td>3.997</td><td>4.244</td><td>4.067</td><td>3.678</td><td>4.421</td><td>4.350</td><td>±5</td></tr>
<tr><td>0.65</td><td>3.405</td><td>3.616</td><td>3.466</td><td>3.134</td><td>3.767</td><td>3.707</td><td>±5</td></tr>
<tr><td>0.70</td><td>2.936</td><td>3.118</td><td>2.988</td><td>2.703</td><td>3.248</td><td>3.196</td><td>±5</td></tr>
<tr><td>0.75</td><td>2.558</td><td>2.716</td><td>2.603</td><td>2.355</td><td>2.829</td><td>2.784</td><td>±5</td></tr>
<tr><td>0.80</td><td>2.248</td><td>2.387</td><td>2.288</td><td>2.069</td><td>2.487</td><td>2.447</td><td>±5</td></tr>
<tr><td>0.85</td><td>1.991</td><td>2.115</td><td>2.027</td><td>1.833</td><td>2.203</td><td>2.168</td><td>±5</td></tr>
<tr><td>0.90</td><td>1.776</td><td>1.886</td><td>1.808</td><td>1.635</td><td>1.965</td><td>1.933</td><td>±5</td></tr>
<tr><td>0.95</td><td>1.594</td><td>1.693</td><td>1.622</td><td>1.467</td><td>1.763</td><td>1.735</td><td>±5</td></tr>
<tr><td>1.00</td><td>1.439</td><td>1.528</td><td>1.464</td><td>1.324</td><td>1.592</td><td>1.566</td><td>±5</td></tr>
<tr><td>1.50</td><td>0.639 4</td><td>0.679 1</td><td>0.650 8</td><td>0.588 5</td><td>0.707 4</td><td>0.696 1</td><td>±5</td></tr>
<tr><td>2.00</td><td>0.359 7</td><td>0.382 0</td><td>0.366 1</td><td>0.331 0</td><td>0.397 9</td><td>0.391 5</td><td>±5</td></tr>
<tr><td>2.50</td><td>0.230 2</td><td>0.244 5</td><td>0.234 3</td><td>0.211 9</td><td>0.254 7</td><td>0.250 6</td><td>±5</td></tr>
<tr><td>3.00</td><td>0.159 9</td><td>0.169 8</td><td>0.162 7</td><td>0.147 1</td><td>0.176 8</td><td>0.174 0</td><td>±5</td></tr>
<tr><td>3.50</td><td>0.118 5</td><td>0.124 7</td><td>0.119 5</td><td>0.108 1</td><td>0.129 9</td><td>0.127 8</td><td>±5</td></tr>
<tr><td>4.00</td><td>0.090 7</td><td>0.095 5</td><td>0.091 5</td><td>0.082 8</td><td>0.099 5</td><td>0.097 9</td><td>±5</td></tr>
<tr><td>4.50</td><td>0.071 7</td><td>0.075 5</td><td>0.072 3</td><td>0.065 4</td><td>0.078 6</td><td>0.077 3</td><td>±5</td></tr>
<tr><td>5.00</td><td>0.058 1</td><td>0.061 1</td><td>0.058 6</td><td>0.053 0</td><td>0.063 7</td><td>0.062 6</td><td>±5</td></tr>
<tr><td>5.50</td><td>0.048 0</td><td>0.050 5</td><td>0.048 4</td><td>0.043 8</td><td>0.052 6</td><td>0.051 8</td><td>±5</td></tr>
</table>

表 14（续）

公称直径/mm	每米电阻/Ω						每米电阻允许偏差/%
	0Cr23Al5	0Cr20Al16RE	0Cr25Al5	0Cr21Al6Nb	0Cr24Al6RE	0Cr27Al7Mo2	
0.020	4 299	4 456	4 522	4 617	4 710	4 872	±15
0.030	1 910	1 981	2 009	2 051	2 094	2 165	±10
0.040	1 074	1 114	1 130	1 154	1 178	1 218	±10
0.050	687.5	713.0	723.2	738.5	753.8	779.2	±10
0.060	477.5	495.1	502.2	512.8	523.4	541.1	±10
0.070	350.8	363.8	369.0	376.8	384.6	397.6	±8
0.080	268.6	278.5	282.5	288.5	294.4	304.4	±8
0.090	212.2	220.1	223.2	227.9	232.6	240.5	±8
0.10	171.9	178.3	180.8	184.6	188.4	194.8	±8
0.11	142.1	147.3	149.4	152.6	155.7	161.0	±8
0.12	119.4	123.8	125.6	128.2	130.9	135.3	±8
0.13	101.7	105.5	107.0	109.2	111.5	115.3	±7
0.14	87.70	90.95	92.24	94.19	96.14	99.39	±7
0.15	76.39	79.22	80.36	82.05	83.75	86.58	±7
0.16	67.14	69.63	70.63	72.12	73.61	76.10	±7
0.17	59.48	61.68	62.56	63.88	65.20	67.41	±7
0.18	53.05	55.02	55.80	56.98	58.16	60.13	±6
0.19	47.61	49.38	50.08	51.14	52.20	53.96	±6
0.20	42.97	44.56	45.20	46.15	47.11	48.70	±6
0.22	35.51	36.83	37.36	38.14	38.93	40.25	±6
0.25	27.50	28.52	28.93	29.54	30.15	31.17	±6
0.28	21.92	22.74	23.06	23.55	24.04	24.85	±6
0.30	19.10	19.81	20.09	20.51	20.94	21.65	±6
0.32	16.79	17.41	17.66	18.03	18.40	19.02	±6
0.35	14.03	14.55	14.76	15.07	15.38	15.90	±6

表 14（续）

公称直径/mm	每米电阻/Ω						每米电阻允许偏差/%
	0Cr23Al5	0Cr20Al16RE	0Cr25Al5	0Cr21Al6Nb	0Cr24Al6RE	0Cr27Al7Mo2	
0.38	11.90	12.34	12.52	12.79	13.05	13.49	±5
0.40	10.74	11.14	11.30	11.54	11.78	12.18	±5
0.42	9.744	10.11	10.25	10.47	10.68	11.04	±5
0.45	8.488	8.803	8.928	9.117	9.306	9.620	±5
0.48	7.460	7.737	7.847	8.013	8.179	8.455	±5
0.50	6.875	7.130	7.232	7.385	7.538	7.792	±5
0.55	5.682	5.893	5.977	6.103	6.229	6.440	±5
0.60	4.775	4.951	5.022	5.128	5.234	5.411	±5
0.65	4.068	4.219	4.279	4.370	4.460	4.611	±5
0.70	3.508	3.638	3.690	3.768	3.846	3.976	±5
0.75	3.056	3.169	3.214	3.282	3.350	3.463	±5
0.80	2.686	2.785	2.825	2.885	2.944	3.044	±5
0.85	2.379	2.467	2.502	2.555	2.608	2.696	±5
0.90	2.122	2.201	2.232	2.279	2.326	2.405	±5
0.95	1.905	1.975	2.003	2.046	2.088	2.159	±5
1.00	1.719	1.783	1.808	1.846	1.884	1.948	±5
1.50	0.763 9	0.792 2	0.803 6	0.820 5	0.837 5	0.865 8	±5
2.00	0.429 7	0.445 6	0.452 0	0.461 5	0.471 1	0.487 0	±5
2.50	0.275 0	0.285 2	0.289 3	0.295 4	0.301 5	0.311 7	±5
3.00	0.191 0	0.198 1	0.200 9	0.205 1	0.209 4	0.216 5	±5
3.50	0.140 3	0.145 5	0.147 6	0.150 7	0.153 8	0.159 0	±5
4.00	0.107 4	0.111 4	0.113 0	0.115 4	0.117 8	0.121 8	±5
4.50	0.084 8	0.088 0	0.089 2	0.091 1	0.093 1	0.096 2	±5
5.00	0.068 7	0.071 3	0.072 3	0.073 8	0.075 4	0.077 9	±5
5.50	0.056 8	0.058 9	0.059 7	0.061 0	0.062 3	0.064 4	±5

5.4.3 电阻均匀性

5.4.3.1 合金材每米电阻均匀性的计算按式(2)进行：

$$R_{JY}=\frac{2(R_1-R_2)}{R_1+R_2}\times 100\% \qquad \cdots\cdots(2)$$

式中：

R_{JY}　电阻均匀性；

R_1 ——高电阻，单位为欧姆(Ω)；

R_2 ——低电阻，单位为欧姆(Ω)。

5.4.3.2 每轴(盘)丝材任意部位每米电阻均匀性应不超过4%，每卷冷轧带材任意部位每米电阻均匀性应不超过5%。

5.4.3.3 供方如能保证电阻均匀性符合本标准规定时，可不作检查或部分抽检。

5.5 快速寿命

合金丝材在规定温度下的快速寿命应符合表15的规定。

表15 合金丝材在规定温度下的快速寿命

合金牌号	试验温度/℃	快速寿命值/h 不小于
Cr20Ni80	1 200	80
Cr30Ni70	1 250	50
Cr15Ni60	1 150	80
Cr20Ni35	1 100	80
Cr20Ni30	1 100	80
0Cr20Al3	1 250	80
0Cr23Al5	1 300	80
0Cr20Al6RE	1 300	80
0Cr25Al5	1 300	80
0Cr21Al6Nb	1 350	50
0Cr24Al6RE	1 350	80
0Cr27Al7Mo2	1 350	50

5.6 力学性能

5.6.1 合金材推荐的热处理制度参见表16。

表16 合金材推荐的热处理制度

<table>
<tr><th>合金牌号</th><th colspan="2">推荐热处理制度[a]</th></tr>
<tr><td>Cr20Ni80</td><td rowspan="5">固溶</td><td>980 ℃～1 150 ℃，水冷或空冷</td></tr>
<tr><td>Cr30Ni70</td><td>980 ℃～1 100 ℃，水冷或空冷</td></tr>
<tr><td>Cr15Ni60</td><td>980 ℃～1 100 ℃，水冷或空冷</td></tr>
<tr><td>Cr20Ni35</td><td>900 ℃～1 100 ℃，水冷或空冷</td></tr>
<tr><td>Cr20Ni30</td><td>900 ℃～1 100 ℃，水冷或空冷</td></tr>
</table>

表 16（续）

合金牌号	推荐热处理制度[a]	
1Cr13Al4	退火	730 ℃～830 ℃，水冷
0Cr20Al3		730 ℃～830 ℃，水冷
0Cr23Al5		750 ℃～850 ℃，水冷
0Cr20Al6RE		750 ℃～850 ℃，水冷
0Cr25Al5		750 ℃～850 ℃，水冷
0Cr21Al6Nb		750 ℃～850 ℃，水冷
0Cr24Al6RE		750 ℃～850 ℃，水冷
0Cr27Al7Mo2		750 ℃～850 ℃，缓冷
[a] 适用于直径或厚度大于 2 mm 合金丝材和带材，铁铬铝合金除 0Cr27Al7Mo2 外，热处理后应迅速淬水，不应在低于零度的大气中冷却。		

5.6.2　软态合金材的力学性能应符合表 17 的规定。

表 17　软态合金材的力学性能

合金牌号	合金状态	抗拉强度 R_m/MPa 不小于	断后伸长率 A/% 不小于	
			直径＞3.00 mm 全部的丝材和厚度＞0.200 mm 镍铬带材	直径 0.10 mm～3.00 mm 全部的丝材和厚度＞0.200 mm 铁铬铝带材
Cr20Ni80	固溶	650	25	20
Cr30Ni70		650	25	20
Cr15Ni60		600	25	20
Cr20Ni35		600	25	20
Cr20Ni30		600	25	20
1Cr13Al4	退火	580	15	12
0Cr20Al3		580	15	12
0Cr23Al5		600	15	12
0Cr20Al6RE		600	15	12
0Cr25Al5		600	15	12
0Cr21Al6Nb		650	12	10
0Cr24Al6RE		680	12	10
0Cr27Al7Mo2		680	10	10

5.7　工艺性能

5.7.1　公称直径为 0.50 mm～6.00 mm 的丝材应进行缠绕试验，在规定的芯棒上缠绕 5 圈后，表面不允许出现分层及裂纹。

铁铬铝丝材允许用反复弯曲试验代替缠绕试验，反复弯曲次数不得小于5次。

5.7.2 公称厚度大于0.80 mm的冷轧带材应做弯曲试验，其弯曲处不允许出现分层及裂纹。

5.7.3 供方如能保证，可不检验缠绕、弯曲。

5.8 非金属夹杂物

公称直径或厚度小于0.10 mm微细丝和箔材合金应检查非金属夹杂物，其A、B、C、D类夹杂物(粗系和细系)的合格级别均应不大于2.0级。

5.9 表面质量

5.9.1 热轧板带材、棒材及盘条表面不应有折叠、裂纹、重皮、凹陷、耳子、夹杂、磷屑及其他影响使用的缺陷存在。上述缺陷允许清理，清理深度不应超过直径或厚度公差的一半。

5.9.2 冷拉丝材和冷轧带材表面应光滑、平整，不允许有裂纹、折叠、结疤、锈斑、分层及其他影响使用的缺陷存在。但允许局部有深度不超过直径公差的一半或厚度公差的加工痕迹或划伤。

5.9.3 热轧带材、棒材及盘条表面允许有氧化膜存在。冷拉丝材和冷轧带材表面允许有均匀的氧化薄膜存在。

较高精度电热电阻器用带材表面颜色应是合金的本色，但允许有不影响使用的轻微色差存在。

5.9.4 切边冷轧带材的边缘不允许有超过厚度公差的飞边、毛刺，不切边冷轧带材的边缘不允许有明显的裂边。

6 试验方法

6.1 尺寸测量

6.1.1 尺寸测量工具

合金材的尺寸测量采用能满足本标准精度要求的通用量具进行测量。

6.1.2 尺寸测量方法

测量冷拉丝材、热轧棒材和盘条的直径时，每轴(盘)测量不少于3处。

测量带材厚度时，当带材宽度不大于20.0 mm时，应于宽度的中心处进行测量；宽度大于20.0 mm时，应于距宽度边缘不小于5 mm处进行测量。

6.2 外形测量

6.2.1 不圆度的测量

丝材的不圆度采用能保证相应精度要求的通用标准量具进行测量。

6.2.2 不平度的测量

合金板材在自重状态下平放于平台上，测量板材任意位置的下表面与平台间的最大距离。

6.2.3 镰刀弯的测量

带材平稳的放于平面上，将钢板米尺宽度边缘紧靠带材宽度边缘，测量其之间的最大间隙。

6.3 化学成分分析

合金的化学成分分析用试样按 GB/T 20066 的规定取样，化学成分分析方法按 GB/T 223 的规定进行，允许采用能保证相应分析精度的其他方法进行分析。

6.4 每米电阻和电阻率的测量

6.4.1 测量合金材的每米电阻采用能保证精度不低于 0.2%的测量仪器，按 GB/T 6146 的规定进行。

6.4.2 测量合金材的电阻率时，冷拉丝材的横截面积以实际直径计算，切边冷轧带材的横截面积可视为矩形，不切边冷轧带材横截面积应是实际厚度与实际宽度的乘积再乘以修正系数，其修正系数视宽度不同分别是：

——宽度小于 10.0 mm 的为 0.95；

——宽度大于或等于 10.0 mm 的为 0.98。

6.5 快速寿命试验

合金丝材快速寿命试验按 GB/T 13300 标准规定进行。当 3 个试样的快速寿命值均达到本标准规定最小值时，可不再继续进行试验。以 3 个试样的快速寿命值的算术平均值为试样的快速寿命值。

6.6 拉伸试验

合金材拉伸试验按 GB/T 228.1 的规定进行。

6.7 工艺性能试验

合金材的弯曲试验、反复弯曲试验及缠绕试验分别按 GB/T 232、GB/T 238 和 GB/T 2976 的规定进行。

6.7.1 缠绕试验

6.7.1.1 公称直径为 0.50 mm～4.50 mm 丝材缠绕试验用的芯棒直径：

——镍铬、镍铬铁合金为 4 倍丝材直径；

——铁铬铝合金为 5 倍丝材直径。

6.7.1.2 公称直径大于 4.50 mm 的所有牌号丝材缠绕试验用的芯棒直径为 6 倍丝材直径。

6.7.1.3 0Cr27Al7Mo2 合金丝缠绕试验应在 300 ℃～400 ℃下进行。

6.7.2 弯曲试验

公称厚度大于 2.00 mm 带材弯曲角度为 90°，弯曲芯棒直径为 30 mm；公称厚度为 0.80 mm～2.00 mm的带材，弯曲角为 180°，弯曲芯棒直径为 10 mm；公称厚度小于 0.8 mm 带材采用弯曲至两面接触的重合弯曲法。

6.8 非金属夹杂物

从分别合金坯料的头、尾取样检验非金属夹杂物，试验方法按 GB/T 10561—2005 的 A 法进行。

6.9 表面质量

合金材的表面质量用目视进行检查。

7 检验规则

7.1 检查与验收

合金材的检查与验收由供方技术监督部门进行,需方也可按本标准的规定进行检查。

7.2 检验分类

本标准采用型式检验和出厂检验。

7.2.1 型式检验

7.2.1.1 本标准规定的所有要求为型式检验项目。在正常生产情况下,同一炉冷拉丝材或同一牌号、同一熔炼方法,但不同炉号,总锭重小于 5 t 的丝材可进行一次型式检验。

在下列情况之一时,应进行型式检验:

a) 更新关键生产工艺;

b) 主要原料有变化;

c) 停产又恢复生产;

d) 合同规定。

7.2.1.2 合金材的检验项目、取样数量、取样部位以及相应要求和试验方法应符合表 18 的规定。

7.2.1.3 当快速寿命或/和非金属夹杂物的检验不合格时,则该轴(盘、卷、支)合金材判为不合格。允许从未检验的轴(盘、卷、支)合金材上切取双倍数量的试样进行复验,复验结果只要有一个试样不合格,则该批合金材判为不合格或该型式检验不通过。允许供方逐轴(盘、卷、支)进行检验,合格者可交货。

合金材的其他检验项目的合格判定规则按 7.2.2.3 进行。

7.2.2 出厂检验

7.2.2.1 组批规则

合金材应按批检查和验收,每批由同一合金牌号、同一熔炼炉号、同一规格、同一加工方法、同一热处理制度(或炉批)的合金材组成。采用电渣重熔冶炼的合金,在工艺稳定、且能保证本标准各项技术要求的条件下,允许以自耗电极的熔炼母炉号组批交货,并在质量证明书中注明。

7.2.2.2 取样部位及取样数量

7.2.2.2.1 每批合金材的检验项目、取样数量、取样部位以及相应要求和试验方法应符合表 18 的规定。

7.2.2.2.2 按每米电阻交货的丝材,应逐轴(盘)检验每米电阻值。

7.2.2.3 复验与判定规则

合金材检验结果若有一项不合格时,则该轴(盘)/卷(支)为不合格。允许从未检验的轴(盘、卷、支)中取双倍试样对不合格项目进行复验。如果复验结果仍不合格时,则该批判为不合格。但可逐轴(盘、卷、支)进行检验,合格者交货。供方可以将不合格的合金材重新加工,重新组批提交验收。

表 18　合金材的检验项目、取样数量、取样部位以及相应要求和检验方法

<table>
<tr><th>序号</th><th>检验项目</th><th>型式检验</th><th>出厂检验</th><th>取样数量[a]</th><th>取样部位</th><th>试验方法</th></tr>
<tr><td>1</td><td>化学成分</td><td>●</td><td>●</td><td>每炉 1 个</td><td>按 GB/T 20066 规定</td><td>GB/T 223(见第 2 章)、GB/T 11170</td></tr>
<tr><td>2</td><td>尺寸</td><td>●</td><td>●</td><td rowspan="2">逐轴(盘、卷、支)</td><td rowspan="2">—</td><td rowspan="2">相应精度卡尺、千分尺测量</td></tr>
<tr><td>3</td><td>外形</td><td>●</td><td>●</td></tr>
<tr><td rowspan="2">4</td><td>电阻率</td><td>●</td><td>●</td><td>3%,但不少于 2 个</td><td>不同轴(盘、卷、支)的合金材上</td><td>6.4.2</td></tr>
<tr><td>每米电阻[b]</td><td>●</td><td>●</td><td>1 个</td><td>每轴(盘、卷、支)的合金材上</td><td>GB/T 6146</td></tr>
<tr><td>5</td><td>快速寿命</td><td>●</td><td>—</td><td>3 个组</td><td>同一轴(盘)合金材上</td><td>GB/T 13300</td></tr>
<tr><td>6</td><td>电阻均匀性</td><td>●</td><td>●</td><td>2 个</td><td>每轴(盘、卷、支)合金材的头、尾</td><td>5.4.3.1</td></tr>
<tr><td>7</td><td>室温拉伸</td><td>●</td><td>●</td><td>2 个</td><td>合金材上任意部位</td><td>GB/T 228.1</td></tr>
<tr><td>8</td><td>弯曲试验</td><td>●</td><td>●</td><td rowspan="2">3%,但不少于 2 个</td><td rowspan="2">不同轴(盘、卷、支)的合金材上</td><td>GB/T 232、GB/T 238</td></tr>
<tr><td>9</td><td>缠绕试验</td><td>●</td><td>●</td><td>GB/T 2976</td></tr>
<tr><td>10</td><td>非金属夹杂物</td><td>●</td><td>—</td><td>2 个</td><td>合金坯料的头、尾</td><td>GB/T 10561—2005 的 A 法</td></tr>
<tr><td>11</td><td>表面质量</td><td>●</td><td>●</td><td>逐轴(盘、卷、支)</td><td>—</td><td>目视检查,必要时用不大于 10 倍的放大镜检查</td></tr>
<tr><td colspan="7">注:●为必检项目;—为不检项目。</td></tr>
<tr><td colspan="7">[a] 当合金取样数量少于表中规定时应逐轴(盘、卷、支)进行检验。
[b] 按每米电阻交货的合金材检验。</td></tr>
</table>

8　包装、标志和质量证明书

8.1　合金材的包装、标志和质量证明书应符合 YB/T 5242 的规定。

8.2　经供需双方协议,供方可用能保证在运输和贮存中保持合金材表面质量和性能不受影响的其他材料进行包装。

附 录 A
（资料性附录）
高电阻电热合金电阻温度因数(修正系数)

高电阻电热合金电阻温度因数(修正系数)见表 A.1。

表 A.1 高电阻电热合金电阻温度因数(修正系数)

合金牌号	20 ℃	100 ℃	200 ℃	300 ℃	400 ℃	500 ℃	600 ℃	700 ℃	800 ℃	900 ℃	1 000 ℃	1 100 ℃	1 200 ℃	1 300 ℃
Cr20Ni80	1.000	1.006	1.012	1.018	1.025	1.026	1.018	1.010	1.008	1.010	1.014	1.021	1.025	—
Cr30Ni70	1.000	1.007	1.016	1.028	1.038	1.044	1.036	1.030	1.028	1.029	1.033	1.037	1.043	—
Cr15Ni60	1.000	1.011	1.024	1.038	1.052	1.064	1.069	1.073	1.078	1.088	1.095	1.109	—	—
Cr20Ni35	1.000	1.029	1.061	1.090	1.115	1.139	1.157	1.173	1.188	1.208	1.219	1.228	—	—
Cr20Ni30	1.000	1.023	1.052	1.079	1.103	1.125	1.141	1.158	1.173	1.187	1.201	1.214	1.226	—
1Cr13Al4	1.000	1.005	1.014	1.028	1.044	1.064	1.090	1.120	1.132	1.142	1.150	—	—	—
0Cr20Al3	1.000	1.011	1.025	1.042	1.061	1.085	1.120	1.142	1.154	1.164	1.172	1.180	1.186	—
0Cr23Al5	1.000	1.002	1.007	1.014	1.024	1.036	1.056	1.064	1.070	1.074	1.078	1.081	1.084	1.084
0Cr20Al6RE	1.000	1.002	1.005	1.010	1.015	1.021	1.029	1.035	1.039	1.042	1.044	1.046	1.047	1.047
0Cr25Al5	1.000	1.002	1.005	1.008	1.013	1.021	1.030	1.038	1.040	1.042	1.044	1.046	1.047	1.047
0Cr21Al6Nb	1.000	0.997	0.996	0.994	0.991	0.990	0.990	0.990	0.990	0.990	0.990	0.990	0.990	0.990
0Cr24Al6RE	1.000	0.995	0.993	0.990	0.988	0.986	0.984	0.982	0.980	0.978	0.976	0.976	0.975	0.975
0Cr27Al7Mo2	1.000	0.992	0.986	0.981	0.978	0.976	0.974	0.972	0.970	0.969	0.968	0.968	0.967	0.967

附　录　B
（资料性附录）
电热合金主要物理性能

电热合金主要物理性能见表 B.1。

表 B.1　电热合金主要物理性能

合金牌号	元件最高使用温度 ℃	熔点（近似） ℃	密度 g/cm³	电阻率（20 ℃） μΩ·m	比热容 J/(g·K)	导热系数（20 ℃） W/(m·K)	平均线膨胀系数 α（20 ℃～1 000 ℃） 10⁻⁶/K	组织	磁性
Cr20Ni80	1 200	1 400	8.40	1.09	0.46	15	18.0	奥氏体	非磁性
Cr30Ni70	1 250	1 380	8.10	1.18	0.46	14	17.0	奥氏体	非磁性
Cr15Ni60	1 150	1 390	8.20	1.12	0.46	13	17.0	奥氏体	弱磁性
Cr20Ni35	1 100	1 390	7.90	1.04	0.50	13	19.0	奥氏体	非磁性
Cr20Ni30	1 100	1 390	7.90	1.04	0.50	13	19.0	奥氏体	非磁性
1Cr13Al4	950	1 450	7.40	1.25	0.49	15	15.4	铁素体	磁性
0Cr20Al3	1 100	1 500	7.35	1.23	0.49	13	13.5	铁素体	磁性
0Cr23Al5	1 300	1 500	7.25	1.35	0.46	13	15.0	铁素体	磁性
0Cr20Al6RE	1 300	1 500	7.20	1.40	0.48	13	14.0	铁素体	磁性
0Cr25Al5	1 300	1 500	7.25	1.42	0.46	13	15.0	铁素体	磁性
0Cr21Al6Nb	1 350	1 510	7.10	1.45	0.49	13	16.0	铁素体	磁性
0Cr24Al6RE	1 400	1 520	7.10	1.48	0.49	13	16.0	铁素体	磁性
0Cr27Al7Mo2	1 400	1 520	7.10	1.53	0.49	13	16.0	铁素体	磁性

ICS 77.160
H 70

中华人民共和国国家标准

GB/T 1480—2012/ISO 4497:1983
代替 GB/T 1480—1995

金属粉末　干筛分法测定粒度

Metallic powders—Determination of particle size by dry sieving

(ISO 4497:1983,IDT)

2012-12-31 发布　　2013-10-01 实施

中华人民共和国国家质量监督检验检疫总局
中国国家标准化管理委员会　发布

前　言

本标准按照GB/T 1.1—2009给出的规则起草。

本标准代替GB/T 1480—1995《金属粉末粒度组成的测定　干筛分法》。

本标准与GB/T 1480—1995相比，主要变化如下：

——增加了对筛子进行校正的要求；

——增加了机械筛分机的要求；

——将天平的称量精度从±0.1 g提高至±0.05 g；

——删除了附录A；

——对标准的部分章节内容做了改动。

本标准采用翻译法等同采用ISO 4497:1983《金属粉末　干筛分法测定粒度》。

本标准由全国有色金属标准化技术委员会(SAC/TC 243)归口。

本标准起草单位：济宁市无界科技有限公司、钢铁研究总院。

本标准主要起草人：蒋永善、贺兆书、李俊峰 。

本标准所代替标准的历次版本发布情况为：

——GB/T 1480—1995；

——GB/T 1480—1984。

金属粉末　干筛分法测定粒度

1　范围

本标准规定了用干筛分法测定金属粉末粒度的分布。

本标准适用于干的、不含润滑剂的金属粉末。

本标准不适用于形状明显不等轴的(如片状)金属粉末及颗粒尺寸全部或大部分小于 45 μm 的金属粉末。

2　规范性引用文件

下列文件对于本文件的应用是必不可少的。凡是注日期的引用文件,仅注日期的版本适用于本文件。凡是不注日期的引用文件,其最新版本(包括所有的修改单)适用于本文件。

ISO 565　试验筛　金属丝编织网、穿孔板及电成型薄板　筛孔的公称尺寸(Test sieves—woven metal wire cloth,perforated and electroformed sheet—Nominal sizes of openings)

ISO 2591　筛分试验(Test sieving)

3　原理

通过震动按筛孔尺寸大小依次组合的一套试验筛,将金属粉末分成不同的筛分粒级。称量每层筛子上和底盘上的粉末组分量。

4　设备

4.1　非磁性金属丝网标准套筛

4.1.1　该套筛具有不同的公称孔径,每个筛网均装在非磁性的金属筛框上,筛框的公称直径为 200 mm,公称深度为 25 mm～50 mm。

注:ISO 2591 中规定的公称深度为 50 mm。

4.1.2　试验筛由彼此能够紧密地套在一起的筛框、顶盖和底筛下面的底盘组成。筛子的校正应按 ISO 2591 中的相关要求进行。

4.1.3　试验筛的孔径尺寸应从 ISO 565 中选取主要尺寸系列(R20/3),如果不合适,可以部分或全部从补充尺寸系列(R40/3 或 R20)中任选一种尺寸系列取代。试验筛孔径的选择要能保证测定试料的粒度分布(见第 7 章)。

注:若供需双方同意,可以部分或全部选择标准中未规定的试验筛。

4.2　机械筛分机

如使用机械筛分见 6.2。

4.3　天平

所用天平的量程应大于 100 g,精确度±0.05 g。

4.4　软毛刷

软毛刷无特别要求。

5 试料的制备

5.1 粉末通常按接收状态进行试验。必要的话，可对粉末进行干燥处理；若粉末易于氧化，则干燥处理应在真空或惰性气氛下进行。

5.2 对于松装密度大于 1.50 g/cm^3 的粉末，其试料量为 100 g；松装密度等于或小于 1.50 g/cm^3 的粉末，其试料量为 50 g。

6 步骤

6.1 将选好的一套试验筛，按孔径尺寸的大小顺序将筛框套在一起，底盘套在最下层，试料放在顶部最大孔径的筛子内并用盖子盖紧。

6.2 可用手工筛分也可用机械筛分机进行筛分。

注：在筛子相同、粉末相同的条件下，用不同类型的筛分机筛分时，会得到不同的结果。因此，对某一特定粉末而言，通常可确定出不同筛分机之间的这种对应关系。

6.3 筛分过程可继续到筛分的终点，也可进行到供需双方协商同意的时间。当筛分进行到每分钟通过最大组份的筛面上的数量小于试料量的 0.1%时，即为达到筛分终点(见 ISO 2591 规定)。

6.4 筛分完后，称量每个筛面和底盘的粉末。用 100 g 试料情况下，称量精确到 0.1 g；用 50 g 试料的情况下，称量精确到 0.05 g。

按最粗的组份到底盘上的组份的顺序，按以下方法收集每个筛面上的粉末组份以供称量之用：

从筛套中取出一个筛子，将里面的粉末倾倒至光洁的纸上。再将贴附在筛网和筛框底部的粉末用软毛刷扫到下一个较细的筛子中。然后将筛子反扣在光洁的纸上，轻轻地敲打筛框，清出筛子中所有的粉末。底盘上的粉末组份也按上述方法收集。

6.5 所收集的全部组份量的总和应不小于试料量的 98%。

7 结果的表示

用每个筛子上和底盘上的组份量除以全部组份量总和的百分数表示，以精确至 0.1%的结果报出。小于 0.1%的任何组份应以“痕量”报出。筛分结果的示例见表 1。

表 1

筛孔尺寸范围 μm	筛分组份量	
	g	质量分数/%
≥180	痕量	痕量
<180～≥150	0.2	0.2
<150～≥106	21.3	21.6
<106～≥75	25.5	25.9
<75～≥63	11.6	11.8
<63～≥45	14.1	14.3
<45	25.8	26.2
总量	98.5	100.0
试料量	99.9	—
损失量	1.4	

8 试验报告

试验报告应包括以下内容：

a) 本标准编号；

b) 识别试样的所有必要细节；

c) 干燥工艺(如粉末是否已经干燥)；

d) 筛分方法以及筛分机(如使用)；

e) 筛分时间；

f) 所得结果；

g) 本标准或引用标准中未规定的操作和选项；

h) 可能影响结果的任何细节。

ICS 77.160
H 16

中华人民共和国国家标准

GB/T 1481—2012/ISO 3927:2011
代替 GB/T 1481—1998

金属粉末(不包括硬质合金粉末)在单轴压制中压缩性的测定

Metallic powders(excluding powders for hardmetals)—Determination of compressibility in uniaxial compression

(ISO 3927:2011,IDT)

2012-12-31 发布　　2013-10-01 实施

中华人民共和国国家质量监督检验检疫总局
中国国家标准化管理委员会　发布

前言

本标准按照 GB/T 1.1—2009 给出的规则起草。

本标准代替 GB/T 1481—1998《金属粉末(不包括硬质合金粉末)在单轴压制中压缩性的测定》。本标准与 GB/T 1481—1998 相比主要变化如下:

——将压强单位由 MPa 改为 N/mm^2;

——4.1 中增加了矩形模具的要求及图;

——4.2 中的"试验机的压制力为 300～600 kN,力值精度不低于±2%"改为"压制力约 500 kN,精度±1%";

——4.3 中对称量粉末和压坯用的天平精度的要求统一到±0.01 g;

——6.1 中删除挥发性溶剂乙醇;

——增加了 6.3.1,其后条款的序号顺延;

——6.3.3(1998 年版的 6.3.2)中增加了固体润滑剂合成蜡;

——将 6.4 中的"施加预负荷(5～20 kN)"改为"施加大约 20 kN 的预负载";

——将 6.5 中的"应施加压力 300、400、500、600、700、800 MPa"改为"宜施加 200 N/mm^2、400 N/mm^2、500 N/mm^2、600 N/mm^2 和 800 N/mm^2 的压力";

——增加了第 8 章,原第 8 章顺延为第 9 章;

——删除原图 1,增加了图 2,其他图示也有技术性改变。

本标准采用翻译法等同采用 ISO 3927:2011《金属粉末(不包括硬质合金粉末)在单轴压制中压缩性的测定》。

为便于使用,本标准做了下列编辑性修改:

——在第 4 章中增加了条款的标题。

本标准由全国有色金属标准化技术委员会(SAC/TC 243)归口。

本标准负责起草单位:莱芜钢铁集团粉末冶金有限公司、西安宝德粉末冶金有限责任公司、钢铁研究总院。

本标准主要起草人:李普明、刘增林、张德金、于永亮、董领峰、李红云。

本标准所代替标准的历次版本发布情况为:

——GB/T 1481—1998;

——GB/T 1481—1984。

金属粉末(不包括硬质合金粉末)在单轴压制中压缩性的测定

1 范围

本标准规定了金属粉末在规定条件下,在封闭的模具中,受到单向压制时,测定其压缩性的方法。

本标准不适用于硬质合金粉末。

2 符号

本标准所使用的符号见表1。

表1 符号

符号	定义	单位
ρ_p	压缩性[a]	g/cm^3
m	压坯质量	g
V	压坯体积	cm^3
[a] 如果压缩性是在某一压力下测定,例如在400 N/mm^2,则符号写为$\rho_{p(400)}$。		

3 原理

粉末在密闭的模具内受双向压力的单轴压制。粉末试样可以在规定的单一压力下压制,也可以在规定的一组压力下压制。从模具内取出压坯后,应测定压坯的密度。

在单一压制压力下所获得的密度值,表示在规定的压力下粉末的压缩性;在一组压制压力下所获得的一组密度值,可用来绘制粉末压缩性曲线,即密度与压制力函数关系曲线。

4 设备

4.1 模具

模具材料采用硬质合金或工具钢,模冲分为圆柱形模冲和矩形模冲。圆柱形模冲可压出直径20 mm~26 mm,高径比为0.8~1.0的压坯,其模具示意图见图1。矩形模冲可压出30 mm×12 mm×(5 mm~7 mm)的压坯,其模具示意图见图2。配件应装配好。

4.2 压机

压制力约500 kN,精度±1%,可调控压力以不大于50 kN/s的速度加压。

4.3 天平

量程至少100 g,精度为±0.01 g。

4.4 测量工具

用千分尺或其他的测量工具，用于测量压坯的尺寸，精度为±0.01 mm。

5 取样

选取的试样，尺寸应符合4.1中的要求，数量应符合第7章的要求。如有必要，应通过做预先试验，确定所需粉末的量，以满足上述要求。

6 步骤

6.1 模具的清理

用软而清洁的软布，蘸上适量挥发性溶剂（如丙酮），擦净模腔和模冲。

6.2 粉末试验条件

注意：在高压制压力下试验，可能出现卡模和模具磨损现象。

6.2.1 不含润滑剂的粉末有以下压制方法：

a) 干模压制；

b) 模壁润滑压制（见6.3.2）；

c) 粉末中掺入润滑剂（见6.3.3）后干模压制。

6.2.2 含润滑剂的粉末有以下压制方法：

a) 干模压制；

b) 粉末中再加入润滑剂（见6.3.3）后干模压制。

6.3 润滑

6.3.1 一般要求

使用下列两种润滑方法之一。

6.3.2 模壁润滑

将掺有润滑剂的混合物或掺有润滑剂的挥发性有机溶液（如1 000 cm^3 的丙酮中加入100 g的硬脂酸锌）涂于模壁上。待多余的液体挥发后，让附着在模壁上的溶液形成一层很薄的润滑膜。

6.3.3 粉末润滑

在粉末中混入适量（如0.5%～1.5%）的固体润滑剂（如硬脂酸锌或合成蜡）。

6.4 压制和脱模

将下模冲插入模腔内，用支垫调整下模冲与模腔内的填充高度。将粉末倒入模腔内，要注意确保模腔内的粉末分布均匀。对准上模冲并把模具置于压机的平台上。施加大约20 kN的预负载，然后卸载。撤出支垫。如果模具是用弹簧或类似的方式支撑，则没有必要施加预负载。

以不超过50 kN/s的恒定速度施加压力，当压力达到预定的压力值时，卸载。通过下模冲将压坯从模具中脱出。压制和脱模步骤见图3。脱模后，压坯如有毛刺，可去除。称量压坯的重量精确至0.01 g。测量压坯的尺寸，精确至0.01 mm。

6.5 压制压力

为确定一组压力下的粉末压缩性曲线，宜施加200 N/mm^2、400 N/mm^2、500 N/mm^2、600 N/mm^2

和 800 N/mm² 的压力。如果只在某一压力下测定粉末压缩性，最好是采用上述的某一压力或由双方协商确定。

单位为毫米

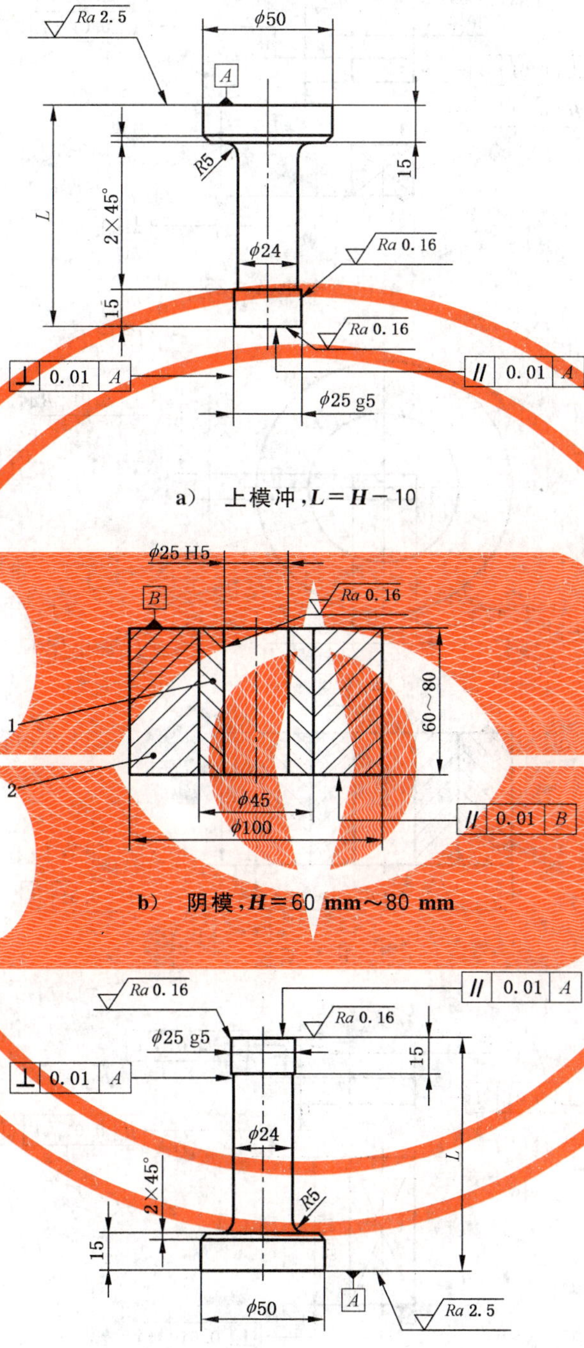

a） 上模冲，$L=H-10$

b） 阴模，$H=60$ mm～80 mm

c） 下模冲，$L=H+35$

说明：

1 ——硬质合金；

2 ——收缩环；

H——模具高度。

图 1 圆柱形试样的模具图

单位为毫米

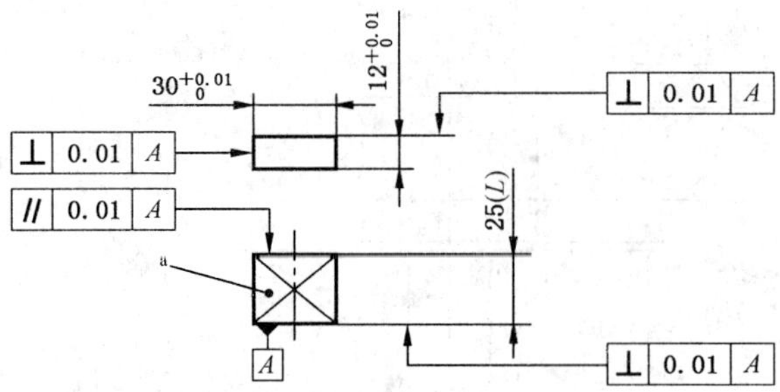

a） 上模冲，$L=25$

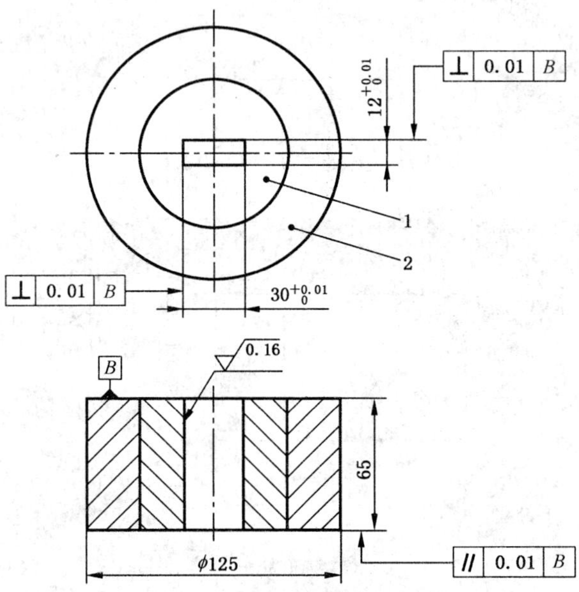

b） 阴模

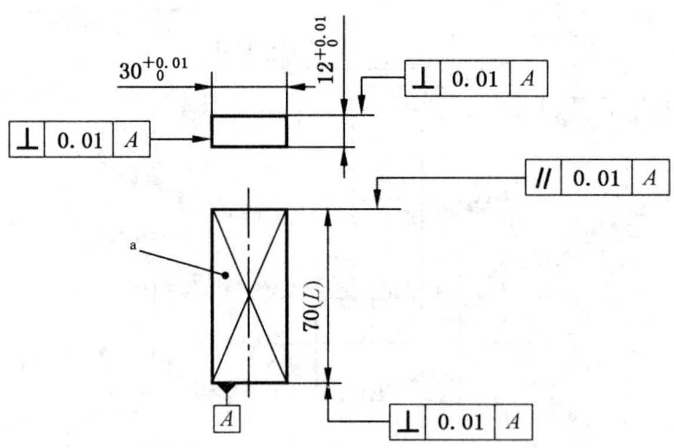

c） 下模冲，$L=70$

说明：

1——硬质合金；

2——收缩环；

[a] ——钢，60～62HRC。

图 2 矩形试样的模具图

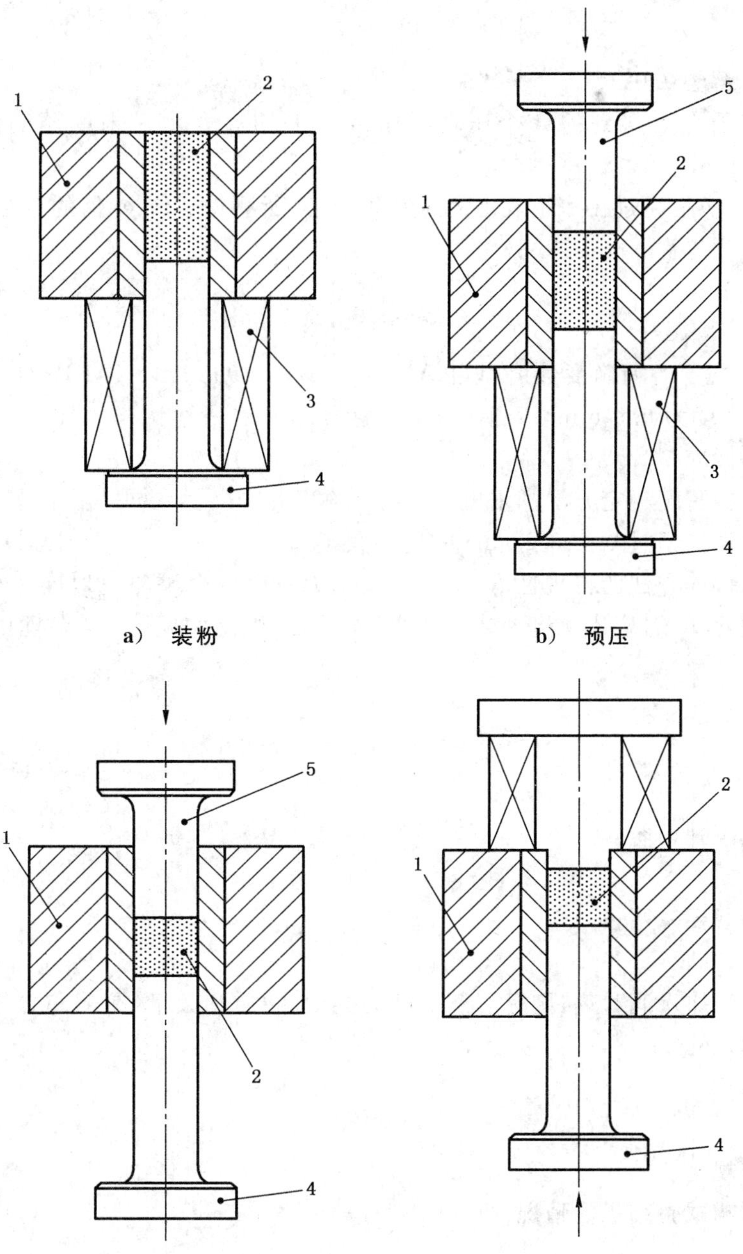

a） 装粉　　b） 预压

c） 压制　　d） 脱模

说明：

1——阴模；

2——样品粉末；

3——垫块；

4——下模冲；

5——上模冲。

图 3　压制和脱模过程

7　结果的表示

7.1　压坯的密度由以下公式求出：

$$\rho_p = \frac{m}{V}$$

求出的密度值精确至 0.01 g/cm^3。

7.2 在规定的压制压力下得到的 3 个压坯的密度的平均值表示粉末的压缩性，计算结果精确至 0.01 g/cm^3。

7.3 粉末的压缩性曲线是通过在一组规定的压制压力下，所测得对应 ρ_p 值的点绘制的。

8 精确度

8.1 8.2 及 8.3 中所规定的精确度数值引自 ASTM B331—1995。ASTM B331—1995 中所规定试样的直径为 25.4 mm、高度为 6.9 mm～7.4 mm。尽管与本标准所述试样的尺寸存在差别，但该精确度值仍被视为适用于本标准。

8.2 对金属粉末来讲，密度测定方法的重复性 r 为 0.025 g/cm^3。在同一试验室对同一材料所测定的各个试验结果的绝对误差超过 0.025 g/cm^3 的应不大于 5%。

8.3 对金属粉末来讲，本方法的再现性 R 为 0.07 g/cm^3。在两个试验室对同一材料所测定的各个试验结果的绝对误差超过 R 的应不大于 5%。因此，如果出现较大偏差，则有理由对其试验结果进行质疑。

9 试验报告

试验报告应包括下列内容：

a) 本标准编号；
b) 鉴别试样的必要说明；
c) 试件的类型；
d) 如果在粉末中加入润滑剂，则标明润滑剂的类型、性质和数量(在某些情况下，可在报告中说明其是如何加入的)；
e) 压制压力；
f) 计算结果；
g) 本标准未作规定的操作或选项；
h) 任何可能影响试验结果的情况。

参 考 文 献

[1] ASTM B331—1995 金属粉末在单轴压制时测定其压缩性的标准方法(Standard Test Method for Compressibility of Metal Powders in Uniaxial Compaction)

ICS 71.100.01;87.060.10
G 56

中华人民共和国国家标准

GB/T 1646—2012
代替 GB/T 1646—2003

2-萘　酚

2-Naphthol

2012-06-29 发布　　2012-12-01 实施

中华人民共和国国家质量监督检验检疫总局
中国国家标准化管理委员会　发布

前　言

本标准按照 GB/T 1.1—2009 给出的规则起草。

本标准代替 GB/T 1646—2003《2-萘酚》。

本标准与 GB/T 1646—2003 相比，除编辑性修改外主要技术变化如下：

——增加了 CAS RN(见第 1 章)；

——增加了质量要求中一等品指标，提高了优等品指标(见第 3 章)；

——增加了低沸物、高沸物控制项目及检验方法(见第 3 章、5.3)；

——取消了干品初熔点控制项目及检验方法(2003 年版的第 3 章、5.2)；

——取消乙醇中溶解度控制项目及检验方法(2003 年版的第 3 章、5.5)；

——2-萘酚及其有机杂质的测定方法由液相色谱法修改为毛细管柱气相色谱法(见 5.3，2003 年版的 5.3.1)；

——2-萘酚及其有机杂质的定量方法由峰面积内标法修改为峰面积归一化法(见 5.3.6，2003 年版的 5.3.1.6)。

本标准由中国石油和化学工业联合会提出。

本标准由全国染料标准化技术委员会(SAC/TC 134)归口。

本标准起草单位：重庆川庆化工厂、山东济宁阳光煤化公司、沈阳化工研究院有限公司。

本标准主要起草人：蒲爱军、廖天华、张景宏、何敬华。

本标准所代替的标准历次版本发布情况为：

GB 1646—1979、GB 1646—1989、GB/T 1646—1994、GB/T 1646—2003。

2-萘　酚

警告——使用本标准的人员应有正规实验室工作的实践经验。本标准并未指出所有可能的安全问题。使用者有责任采取适当的安全和健康措施，并保证符合国家有关法规规定的条件。

1　范围

本标准规定了2-萘酚的要求、采样、试验方法、检验规则以及标志、标签、包装、运输和贮存。

本标准适用于2-萘酚的产品质量控制。

结构式：

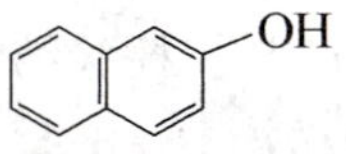

分子式：$C_{10}H_8O$

相对分子质量：144.17(按2007年国际相对原子质量)

CAS RN：135-19-3

2　规范性引用文件

下列文件对于本文件的应用是必不可少的。凡是注日期的引用文件，仅注日期的版本适用于本文件。凡是不注日期的引用文件，其最新版本(包括所有的修改单)适用于本文件。

GB/T 2386—2006　染料及染料中间体　水分的测定

GB/T 6678—2003　化工产品采样总则

GB/T 8170—2008　数值修约规则与极限数值的表示和判定

GB/T 9722—2006　化学试剂　气相色谱法通则

3　要求

2-萘酚的质量要求应符合表1的规定。

表1　2-萘酚的质量要求

项　目	指　标			试验方法
	优等品	一等品	合格品	
(1)　外观	灰白色薄片或粉末(贮存时允许变暗黄色或暗红色)			5.2
(2)　2-萘酚纯度/%	≥99.50	≥99.00	≥98.50	5.3
(3)　低沸物含量/%	≤0.05	≤0.10	≤0.10	5.3
(4)　萘含量/%	≤0.02	≤0.10	≤0.40	5.3
(5)　1-萘酚含量/%	≤0.10	≤0.30	≤0.30	5.3
(6)　2,2′-联萘酚含量/%	≤0.10	≤0.20	≤0.30	5.3
(7)　高沸物含量/%	≤0.20	≤0.30	≤0.40	5.3
(8)　水分的质量分数/%	≤0.10			5.4

4 采样

以批为单位采样，生产厂以均匀产品为一批。每批采样数应符合 GB/T 6678—2003 中 7.6 的规定，所采样品的包装应完好，采样时勿使外界杂质落入产品中。采样时用探管采取包括上、中、下三部分的样品，所采样品总量不得少于 500 g。将采取的样品充分混匀后，分装于两个清洁、干燥、密封良好的容器中，其上粘贴标签。注明：产品名称、批号、生产厂名称、取样日期、地点。一个供检验，一个保存备查。

5 试验方法

5.1 一般规定

除非另有规定，仅使用确认为分析纯的试剂。检验结果的判定按 GB/T 8170—2008 中的 4.3.3 修约值比较法进行。

5.2 外观的评定

在自然光线下采用目视评定。

5.3 2-萘酚纯度及有机杂质含量的测定

5.3.1 测定原理

采用毛细管柱气相色谱法，分离 2-萘酚及有机杂质，用氢火焰离子化检测器检测，采用峰面积归一化法定量。

5.3.2 试剂

三氯甲烷。

5.3.3 仪器

a) 气相色谱仪：仪器灵敏度应符合 GB/T 9722—2006 中 6.3 的规定，稳定性应符合 GB/T 9722—2006 中 6.4.2 的规定；
b) 检测器：氢火焰离子化检测器(FID)；
c) 色谱工作站或积分仪；
d) 进样器：微量注射器或自动进样器；
e) 色谱柱：长 30 m，内径 0.32 mm，膜厚 0.25 μm；
f) 固定相：(5%苯基)甲基聚硅氧烷，如 DB-5 或能达到同等分离效果的其他毛细管柱。

5.3.4 色谱仪操作条件

色谱操作条件如表 2 所示。

可根据仪器设备不同，选择最佳操作条件。

表 2　色谱操作条件

控制参数		操作条件
载气		氮气
载气压力/kPa		60
检测器温度/℃		300
汽化室温度/℃		300
燃烧气(氢气)流量/(mL/min)		30
助燃气(空气)流量/(mL/min)		300
补偿气(氮气)流量/(mL/min)		20
分流比		30∶1
程序升温	初始柱温/℃	120
	保持时间/min	2
	一阶升温速度/(℃/min)	5
	终止温度/℃	180
	终温保持时间/min	0
	二阶升温速度/(℃/min)	30
	终止温度/℃	280
	终温保持时间/min	8

5.3.5　测定步骤

称取样品约 0.1 g(精确至 0.001 g)于 10 mL 棕色容量瓶中,用三氯甲烷溶解并稀释至刻度。

开启色谱仪。待仪器各项操作条件稳定后,用进样器吸取上述样品溶液 1.0 μL 进样,待出峰完毕后,用色谱工作站或积分仪进行结果处理。

5.3.6　结果计算

2-萘酚纯度及有机杂质含量以 w_i 计,数值用%表示,按式(1)计算:

$$w_i=\frac{A_i}{\sum A_i}\times 100\% \qquad \cdots\cdots(1)$$

式中:

A_i ——试样中 2-萘酚及其有机杂质的峰面积数值;

$\sum A_i$——试样中 2-萘酚及其有机杂质的峰面积数值之和。

计算结果表示到小数点后两位。

注:低沸物为溶剂峰后主峰前除 1-萘酚和萘以外所有流出组分,高沸物为 2-萘酚之后除 2,2′-联萘酚所有流出组分。

5.3.7　允许差

2-萘酚纯度两次测定结果之差应不大于 0.10%,各有机杂质两次测定结果之差应不大于 0.02%,取其算术平均值作为测定结果。

5.3.8 色谱图

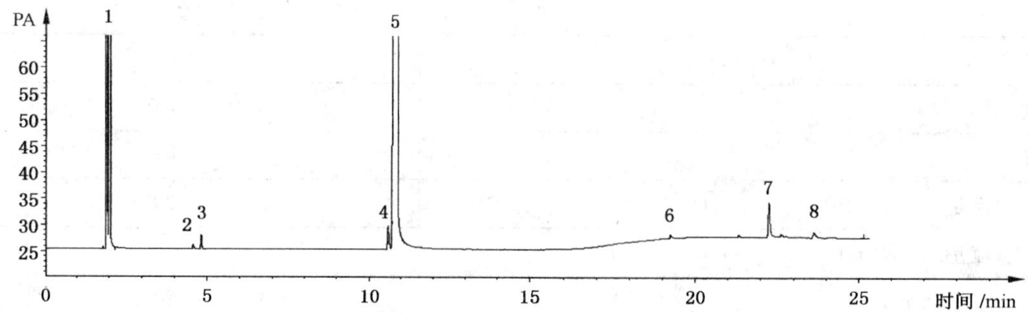

1——溶剂；
2——低沸物；
3——萘；
4——1-萘酚；
5——2-萘酚；
6——高沸物；
7——2,2′-联萘酚；
8——高沸物。

图 1 2-萘酚气相色谱示意图

5.4 水分的测定

按 GB/T 2386—2006 中的 3.4 的规定进行。2-萘酚的称样量为 2 g。

两次测定结果之差应不大于 0.02%(质量分数)，取其算术平均值作为测定结果。

6 检验规则

6.1 检验分类

本标准第 3 章表 1 中规定的所有项目为出厂检验项目。

6.2 出厂检验

2-萘酚应经生产厂的质检部门检验合格，附合格证明后方可出厂。生产厂应保证所有出厂的 2-萘酚都符合本标准的要求。

6.3 复验

如果检验结果中有一项指标不符合本标准的规定时，应重新自两倍量的包装中取样进行检验，重新检验的结果，即使只有一项指标不符合本标准的要求，则整批产品为不合格。

7 标志、标签、包装、运输和贮存

7.1 标志

2-萘酚的每个包装容器上都应涂印耐久、清晰的标志，标志内容至少应有：

a) 产品名称；

b) 生产厂名称、地址；

c) 生产日期/批号；

d) 生产许可证编号；

e) 净含量。

7.2 标签

产品应有标签，标签上应注明产品生产日期、合格证明、执行标准编号、批号。

7.3 包装

2-萘酚用内衬塑料袋的塑料编织袋或内衬塑料袋的铁桶或塑料桶包装，每袋(桶)净含量 25 kg±0.2 kg 或 50 kg±0.2 kg。其他包装可与用户协商确定。

7.4 运输

运输时不能接近火源，搬运时应小心轻放，避免重压，以免包装损坏。2-萘酚对人的皮肤及眼睛有刺激作用，搬运时应戴防护用具。

7.5 贮存

2-萘酚应贮存在清洁、干燥、通风的库房内，不得接近火源。

ICS 87.060.10
G 54

中华人民共和国国家标准

GB/T 1707—2012
代替 GB/T 1707—1995

立德粉

Lithopone

(ISO 473:1982,Lithopone pigments for paints—Specifications and methods of test,MOD)

2012-12-31 发布

2013-08-01 实施

中华人民共和国国家质量监督检验检疫总局
中国国家标准化管理委员会 发布

前　言

本标准按照 GB/T 1.1—2009 给出的规则起草。

本标准代替 GB/T 1707—1995《立德粉》，与 GB/T 1707—1995 相比，除编辑性修改外主要技术变化如下：

——增加了“C201”产品品种及相应的技术要求(见第 3 章和第 4 章)；

——本标准根据硫化锌含量的不同，产品分为 20%立德粉和 30%立德粉两类；20%立德粉对应的品种为 C201；30%立德粉根据表面处理方式的不同分为四个品种，分别为：B301、B302、B311 和 B312。前版 GB/T 1707—1995 中将产品分为四个品种(B301、B302、B311 和 B312)，每个品种又分三个等级(优等品、一等品和合格品)(见第 3 章，1995 版第 3 章)；

——本标准中颜色和水萃取液酸碱度要求为“与商定的参照颜料相近”，消色力、遮盖力、吸油量要求为“商定”，其余项目按品种规定了具体要求，前版 GB/T 1707—1995 中所有项目均按品种和等级规定了具体要求(见第 4 章，1995 版第 4 章)；

——颜色、消色力测定时采用了商定的参照颜料，GB/T 1707—1995 中采用了选定的国家标准样品(见第 4 章，1995 版第 4 章)；

——增加了总锌含量测定的 B 法(Na_2EDTA 滴定法)(见 6.1.3)；

——增加了仪器法测定颜色的试验方法(见 6.6.3)；

——增加了资料性附录 A(见附录 A)。

本标准使用重新起草法修改采用国际标准 ISO 473:1982《色漆用锌钡白颜料　规格和试验方法》。

本标准与 ISO 473:1982 相比存在技术性差异，这些差异涉及的条款已通过在其外侧页边空白位置的垂直单线(|)进行了标示，附录 A 中给出了相应技术性差异及其原因的一览表。

本标准还做了下列编辑性修改：

——改变了标准的名称。

——删除了国际标准的“前言”和“第 8 章 试验报告”。

本标准由中国石油和化学工业联合会提出。

本标准由全国涂料和颜料标准化技术委员会(SAC/TC 5)归口。

本标准起草单位：中海油常州涂料化工研究院、湖南出入境检验检疫局、湖南京燕化工有限公司、湘潭红燕化工有限公司。

本标准主要起草人：肖家勇、黄逸东、陈泳、陈新焕、周建光、肖凤喜。

本标准所代替标准的历次版本发布情况为：

——GB/T 1707—1979、GB/T 1707—1986、GB/T 1707—1995。

立德粉

1 范围

本标准规定了立德粉的产品分类、要求、试验方法、检验规则、标志、包装和贮存等。

本标准适用于由近似等分子比的硫化锌和硫酸钡共沉淀物经煅烧而成的白色颜料。产品主要用于涂料、油墨、橡胶和塑料等工业。

2 规范性引用文件

下列文件对于本文件的应用是必不可少的。凡是注日期的引用文件，仅注日期的版本适用于本文件。凡是不注日期的引用文件，其最新版本(包括所有的修改单)适用于本文件。

GB/T 1864—2012 颜料和体质颜料通用试验方法 颜料颜色的比较(ISO 787-1:1982,MOD)

GB/T 3186 色漆、清漆和色漆与清漆用原材料 取样(GB/T 3186—2006,ISO 15528:2000,IDT)

GB/T 5211.2—2003 颜料水溶物测定 热萃取法(ISO 787-3:2000,IDT)

GB/T 5211.3 颜料在105 ℃挥发物的测定(GB/T 5211.3—1985,eqv ISO 787-2:1981)

GB/T 5211.13 颜料水萃取液酸碱度的测定(GB/T 5211.13—1986,eqv ISO 787-4:1981)

GB/T 5211.15 颜料吸油量的测定(GB/T 5211.15—1988,eqv ISO 787-5:1980)

GB/T 5211.16—2008 白色颜料消色力的比较(ISO 787-17:2002,IDT)

GB/T 5211.17—1988 白色颜料对比率(遮盖力)的比较(neq ISO 2814:1973)

GB/T 5211.18—1988 颜料筛余物的测定 水法 手工操作(neq ISO 787-7:1981)

GB/T 5211.20—1999 在本色体系中白色、黑色和着色颜料颜色的比较 色度法(eqv ISO 787-25:1993)

GB/T 6682 分析实验室用水规格和试验方法(GB/T 6682—2008,ISO 3696:1987,MOD)

GB/T 8170 数值修约规则与极限数值的表示和判定

3 产品分类

根据硫化锌含量的不同，产品分为20%立德粉和30%立德粉两类：

20%立德粉对应的品种为C201；

30%立德粉根据表面处理方式的不同分为四个品种，分别为：B301、B302(表面处理)、B311和B312(表面处理)。

4 要求

产品应符合表1的要求。

表 1　要求

<table>
<tr><th rowspan="2">项目</th><th colspan="5">要求</th></tr>
<tr><th>B301</th><th>B302</th><th>B311</th><th>B312</th><th>C201</th></tr>
<tr><td>以硫化锌计的总锌和硫酸钡的总和的质量分数/%　≥</td><td colspan="4">99</td><td>93</td></tr>
<tr><td>以硫化锌计的总锌的质量分数/%　≥</td><td colspan="2">28</td><td colspan="2">30</td><td>18</td></tr>
<tr><td>氧化锌的质量分数/%　≤</td><td>0.8</td><td>0.3</td><td>0.3</td><td>0.2</td><td>0.5</td></tr>
<tr><td>105 ℃挥发物的质量分数/%　≤</td><td colspan="5">0.3</td></tr>
<tr><td>水溶物的质量分数/%　≤</td><td colspan="5">0.5</td></tr>
<tr><td>筛余物(63 μm 筛孔)的质量分数/%　≤</td><td colspan="3">0.1</td><td>0.05</td><td>0.1</td></tr>
<tr><td>颜色</td><td colspan="5">与商定的参照颜料相近</td></tr>
<tr><td>水萃取液酸碱度</td><td colspan="5">与商定的参照颜料相近</td></tr>
<tr><td>吸油量/(g/100 g)</td><td colspan="5">商定</td></tr>
<tr><td>消色力(与商定的参照颜料比)/%</td><td colspan="5">商定</td></tr>
<tr><td>遮盖力(对比率)</td><td colspan="5">商定</td></tr>
</table>

5　取样

产品按 GB/T 3186 的规定取样，也可按商定方法取样。取样量根据检验需要确定。

6　试验方法

6.1　硫酸钡和总锌含量的测定

6.1.1　总则

硫酸钡含量测定使用重量法，总锌含量测定可选用 A 法(六氰铁酸钾滴定法)和 B 法(Na_2EDTA 滴定法)。总锌含量仲裁检验用 A 法(六氰铁酸钾滴定法)。

6.1.2　硫酸钡含量测定和总锌含量测定 A 法(六氰铁酸钾滴定法)

6.1.2.1　原理

用盐酸将试样中硫化锌和氧化锌溶解，然后加硫酸让溶液保持一定的酸度，并进行固液分离，固体用重量法测定硫酸钡含量，液体在 pH 1.5～3.0，以二苯胺作指示剂用六氰铁(Ⅱ)酸钾滴定总锌含量。

6.1.2.2　试剂

所用试剂未注明要求时均应采用分析纯试剂，并使用符合 GB/T 6682 规定的纯度至少为三级的水。

警告——应按适当的健康和安全规则来使用试剂。

6.1.2.2.1 **盐酸：1+2**

1体积的浓盐酸(质量分数约37%，$\rho \approx 1.19$ g/mL)加入到2体积的水中。

6.1.2.2.2 **硫酸：1+8**

小心地将1体积硫酸(质量分数约96%，$\rho \approx 1.84$ g/mL)加入到8体积水中。

6.1.2.2.3 浓氨水：密度0.9 g/mL。

6.1.2.2.4 **氨水：1+3**

1体积的浓氨水加入到3体积的水中。

6.1.2.2.5 二苯胺指示剂：50 g/L乙醇溶液。

6.1.2.2.6 刚果红试纸。

6.1.2.2.7 乙酸铅试纸。

6.1.2.2.8 氯化锌标准溶液：每升约含5 g锌(浓度c以每毫升溶液含锌的克数表示)。

称取约5 g高纯锌(精确至0.1 mg)，溶于300 mL盐酸溶液(6.1.2.2.1)，并移入1 000 mL容量瓶中，用水稀释至刻度，摇匀。

6.1.2.2.9 六氰铁(Ⅱ)酸钾标准溶液：$c[K_4Fe(CN)_6] \approx 0.05$ mol/L(滴定度T_1以每毫升溶液相当的锌的克数表示)。

6.1.2.2.9.1 **制备**

将21.0 g六氰铁(Ⅱ)酸钾，0.3 g六氰铁(Ⅲ)酸钾和2 g无水碳酸钠(起稳定溶液作用)溶于水，并移入1 000 mL容量瓶中，用水稀释至刻度，摇匀。

6.1.2.2.9.2 **标定**

用移液管吸取25 mL氯化锌标准溶液(6.1.2.2.8)置于烧杯中，加氨水(6.1.2.2.4)至刚果红试纸(6.1.2.2.6)在溶液中刚好变成纯红色，然后小心滴加盐酸(6.1.2.2.1)进行中和，过量几滴至刚果红试纸变成稳定的蓝色(pH 1.5～3.0)。

用水稀释至150 mL，将此溶液加热至沸，加10滴二苯胺指示剂(6.1.2.2.5)。

立即用六氰铁(Ⅱ)酸钾溶液(6.1.2.2.9)滴定，直至溶液变成稳定的黄色或黄绿色。

然后，用氯化锌标准溶液(6.1.2.2.8)返滴该溶液，至溶液颜色刚好再变成蓝色。

整个滴定过程溶液温度必须控制在80 ℃以上。

6.1.2.2.9.3 **滴定度的计算**

按式(1)计算六氰铁(Ⅱ)酸钾标准溶液的滴定度T_1，以克每毫升(g/mL)表示：

$$T_1 = \frac{c(25 + V_2)}{V_1} \qquad \cdots\cdots (1)$$

式中：

c ——氯化锌标准溶液的浓度，单位为克每毫升(g/mL)；

V_2——返滴时耗用氯化锌标准溶液的体积，单位为毫升(mL)；

V_1——滴定时耗用六氰铁(Ⅱ)酸钾标准溶液的体积，单位为毫升(mL)。

6.1.2.3 **操作步骤**

称取预先在(105±2)℃烘干的试样约0.6 g(精确至0.1 mg)置于烧杯中，加入25 mL盐酸溶液

(6.1.2.2.1),立即盖上表面皿,煮沸至不再放出硫化氢[用乙酸铅试纸(6.1.2.2.7)检验],用 100 mL 水稀释,加入 5 mL 硫酸溶液(6.1.2.2.2),再次煮沸该溶液。

让沉淀物沉降,趁热将上层溶液用慢速定量滤纸过滤,把沉淀物移至滤纸上,并用含有硫酸的热水(约 3%)洗涤烧杯及滤纸,直到洗涤液无锌离子[洗涤液滴与六氰铁(Ⅱ)酸钾溶液(6.1.2.2.9)不起反应]为止,然后将沉淀物连同滤纸趁湿移至一已恒重的瓷坩埚中,在低温下灰化,并在(800±20)℃下灼烧至恒重。

在滤液中加入稍过量的氨水(6.1.2.2.3)[以刚果红试纸(6.1.2.2.6)检验由蓝色变成红色],然后滴加盐酸溶液(6.1.2.2.1),直至刚果红试纸(6.1.2.2.6)在该溶液中刚好变成稳定的蓝色(pH 1.5～3.0)。

将此溶液加热至沸,加 10 滴二苯胺指示剂(6.1.2.2.5),立即按 6.1.2.2.9.2 标定六氰铁(Ⅱ)酸钾溶液的方法滴定该溶液。

6.1.2.4 结果的表示

按式(2)计算硫酸钡的含量 w_1,以质量分数(%)表示:

$$w_1 = \frac{100m_2}{m_1} \qquad \cdots\cdots(2)$$

按式(3)计算总锌含量 w_2,以硫化锌的质量分数(%)表示:

$$w_2 = \frac{149(T_1V_3 - cV_4)}{m_1} \qquad \cdots\cdots(3)$$

式中:

m_2——灼烧残余物的质量,单位为克(g);

m_1——试样的质量,单位为克(g);

T_1——六氰铁(Ⅱ)酸钾标准滴定溶液的滴定度,单位为克每毫升(g/mL);

V_3——滴定时耗用六氰铁(Ⅱ)酸钾标准滴定溶液的体积,单位为毫升(mL);

c ——氯化锌标准溶液的浓度,单位为克每毫升(g/mL);

V_4——回滴时耗用氯化锌标准溶液的体积,单位为毫升(mL)。

按式(4)计算以硫化锌计的总锌和硫酸钡的总和 w_3,以质量分数(%)表示:

$$w_3 = w_1 + w_2 \qquad \cdots\cdots(4)$$

6.1.2.5 允许差

平行测定两个结果之差不得大于 0.2%。

6.1.3 总锌含量测定 B 法(Na_2EDTA 滴定法)

6.1.3.1 原理

用盐酸将试样中硫化锌和氧化锌溶解,在 pH 为 6 的乙酸-乙酸钠的缓冲溶液中,以二甲酚橙为指示剂,用 Na_2EDTA 标准溶液直接滴定。

6.1.3.2 试剂

所用试剂未注明要求时均应采用分析纯试剂,并使用符合 GB/T 6682 规定的纯度至少为三级的水。

警告——应按适当的健康和安全规则来使用试剂。

6.1.3.2.1 盐酸:1+1

1 体积的浓盐酸(质量分数约 37%,$\rho \approx 1.19$ g/mL)加入到 1 体积的水中。

6.1.3.2.2 **盐酸:1+5**

1体积的浓盐酸(质量分数约37%,$\rho\approx 1.19$ g/mL)加入到5体积的水中。

6.1.3.2.3 浓氨水:密度0.9 g/mL。

6.1.3.2.4 乙酸铅试纸。

6.1.3.2.5 溴百里香酚蓝指示剂:5 g/L乙醇溶液。

6.1.3.2.6 二甲酚橙指示剂:5 g/L水溶液,限2周内使用。

6.1.3.2.7 冰乙酸溶液:3%的水溶液。

6.1.3.2.8 乙酸钠。

6.1.3.2.9 乙酸-乙酸钠缓冲液:10%的乙酸钠溶液以冰乙酸调节pH为6。

6.1.3.2.10 氟化钾:20%的水溶液。

6.1.3.2.11 高纯锌粒。

6.1.3.2.12 乙二胺四乙酸二钠(Na_2EDTA)标准溶液:$c(Na_2EDTA\cdot 2H_2O)\approx 0.05$ mol/L(滴定度T_2以每毫升溶液相当的锌的克数表示)。

6.1.3.2.12.1 **制备**

将18.6 g乙二胺四乙酸二钠盐溶于少量水中,并移入1 000 mL容量瓶中,用水稀释至刻度,摇匀。

6.1.3.2.12.2 **标定**

称取0.1 g(精确至0.1 mg)高纯锌粒(6.1.3.2.11)置于400 mL烧杯中,加入10 mL盐酸(6.1.3.2.1),盖上表面皿,低温溶解,取下冲洗表面皿,冷至室温,稀释至50 mL,加2滴溴百里香酚蓝指示剂(6.1.3.2.5),用氨水(6.1.3.2.3)中和至溶液呈蓝绿色,滴加冰乙酸溶液(6.1.3.2.7)呈黄色,再加5 mL冰乙酸溶液(6.1.3.2.7)和30 mL乙酸-乙酸钠缓冲液(6.1.3.2.9),滴加2~3滴二甲酚橙指示剂(6.1.3.2.6),用待标定的乙二胺四乙酸二钠(Na_2EDTA)溶液(6.1.3.2.12)滴定,至溶液由紫红色变为亮黄色为终点。

同时作空白试验。

6.1.3.2.12.3 **滴定度的计算**

按式(5)计算Na_2EDTA标准溶液的滴定度T_2,以克每毫升(g/mL)表示:

$$T_2=\frac{m_3}{V_5-V_0} \qquad (5)$$

式中:

m_3——高纯锌粒的质量,单位为克(g);

V_5——滴定时消耗的Na_2EDTA溶液的体积,单位为毫升(mL);

V_0——空白试验消耗的Na_2EDTA溶液的体积,单位为毫升(mL)。

6.1.3.3 **操作步骤**

称取预先在(105±2)℃烘干的试样约0.5 g(精确至0.1 mg)置于烧杯中,加入40 mL盐酸溶液(6.1.3.2.2),立即盖上表面皿,煮沸至不再放出硫化氢[用乙酸铅试纸(6.1.3.2.4)检验]。取下冷却至室温,加氟化钾溶液(6.1.3.2.10)5 mL,滴加2滴溴百里香酚蓝指示剂(6.1.3.2.5),用氨水(6.1.3.2.3)中和至溶液呈蓝绿色,滴加冰乙酸溶液(6.1.3.2.7)呈黄色,再加5 mL冰乙酸溶液(6.1.3.2.7)和30 mL乙酸-乙酸钠缓冲液(6.1.3.2.9),滴加3~4滴二甲酚橙指示剂(6.1.3.2.6),用乙二胺四乙酸二钠(Na_2EDTA)标准溶液(6.1.3.2.12)滴定,至溶液由紫红色变为柠檬黄色为终点。

6.1.3.4 结果的表示

按式(6)计算总锌含量 w_4,以硫化锌的质量分数(%)表示:

$$w_4=\frac{1.490\ 5T_2V_6}{m_4}\times 100 \qquad \cdots\cdots(6)$$

式中:

T_2—— Na_2EDTA 标准溶液的滴定度,单位为克每毫升(g/mL);

V_6—— 滴定时消耗的 Na_2EDTA 溶液的体积,单位为毫升(mL);

m_4——试样的质量,单位为克(g)。

6.1.3.5 允许差

平行测定两个结果之差不得大于0.2%。

6.2 氧化锌含量的测定

6.2.1 原理

用氨水和氯化铵将试样中的氧化锌溶解,过滤,滤液在 pH 1.5~pH 3.0 时以二苯胺作指示剂,用六氰铁(Ⅱ)酸钾滴定。

6.2.2 试剂

所用试剂未注明要求时均应采用分析纯试剂,并使用符合 GB/T 6682 规定的纯度至少为三级的水。

警告——应按适当的健康和安全规则来使用试剂。

6.2.2.1 氯化铵。

6.2.2.2 盐酸:1+2

1体积的浓盐酸(质量分数约37%,$\rho\approx$1.19 g/mL)加入到2体积的水中。

6.2.2.3 氨水:1+3

1体积的浓氨水加入到3体积的水中。

6.2.2.4 二苯胺指示剂:50 g/L 乙醇溶液。

6.2.2.5 刚果红试纸。

6.2.2.6 氯化锌标准溶液:按6.1.2.2.8规定配制。

6.2.2.7 六氰铁(Ⅱ)酸钾标准滴定溶液:按6.1.2.2.9规定制备、标定和计算。

6.2.3 操作步骤

称取预先在(105±2)℃烘干的试样约10 g(精确至1 mg),置于500 mL容量瓶中,加入100 mL氨水(6.2.2.3),加4 g氯化铵(6.2.2.1),让悬浮液置于冷处1 h,并不断摇动。用水稀释至刻度,摇匀,并用完全干燥的漏斗和滤纸进过滤,弃去最初的10 mL~20 mL滤液,其余滤液收集在干燥的烧杯中。用移液管将250 mL滤液移至烧杯中,并准确加入10 mL氯化锌标准溶液(6.2.2.6),然后滴加盐酸溶液(6.2.2.2),至刚果红试纸(6.2.2.5)在溶液中变成稳定的蓝色(pH 1.5~pH 3.0)。

将溶液加热至沸,加10滴二苯胺指示剂(6.2.2.4)立即按6.1.2.2.9.2标定六氰铁(Ⅱ)酸钾溶液的方法滴定该溶液。

6.2.4 结果的表示

按式(7)计算氧化锌含量 W_5,以质量分数(%)表示:

$$W_5 = \frac{249(T_1V_7 - cV_8 - 10c)}{m_5} \quad \cdots\cdots(7)$$

式中:

T_1——六氰铁(Ⅱ)酸钾标准滴定溶液的滴定度,单位为克每毫升(g/mL);
V_7——滴定时耗用六氰铁(Ⅱ)酸钾标准滴定溶液的体积,单位为毫升(mL);
c——氯化锌标准溶液的滴定度,单位为克每毫升(g/mL);
V_8——返滴时耗用氯化锌标准溶液的体积,单位为毫升(mL);
m_5——试样的质量,单位为克(g)。

6.2.5 允许差

平行测定两个结果之差不得大于 0.05%。

6.3 105 ℃挥发物的测定

按 GB/T 5211.3 中的规定进行。

6.4 水溶物的测定

按 GB/T 5211.2—2003 中的规定进行。试样量为 10 g。

6.5 筛余物的测定

按 GB/T 5211.18—1988 中的规定进行。分散剂为六偏磷酸钠,10 g/L,加入量 20 mL。

6.6 颜色的比较

6.6.1 总则

提供了两种方法:A 法目视法和 B 法仪器法。可商定选用其中任一方法。

注:制备颜料分散体时能达到平磨仪分散效果的其他分散设备也可使用。

6.6.2 A 法目视法

按 GB/T 1864—2012 中的规定进行。试样量为 2 g,精制亚麻仁油加量为 0.8 mL。

注:根据颜料吸油量大小可适当调整油的用量。

6.6.3 B 法仪器法

按 GB/T 5211.20—1999 中的规定进行。

6.7 水萃取液酸碱度的测定

按 GB/T 5211.13 中的规定进行,试样量取 10 g。

6.8 吸油量的测定

按 GB/T 5211.15 中的规定进行。

6.9 消色力的比较

按 GB/T 5211.16—2008 中的规定进行。

6.10 遮盖力(对比率)的比较

按 GB/T 5211.17—1988 中的规定进行,其中漆膜厚度为(50±5)μm。

7 检验规则

7.1 检验分类

7.1.1 产品检验分为出厂检验和型式检验。

7.1.2 出厂检验项目包括总锌、氧化锌、105 ℃挥发物、水溶物、筛余物、颜色、消色力共 7 个项目。

7.1.3 型式检验项目包括本标准所列的全部技术要求。在正常生产情况下以硫化锌计的总锌和硫酸钡的总和、水萃取液酸碱度、吸油量、遮盖力项目每半年至少进行一次型式检验。当遇新产品投产和主要原料改变时,应进行型式检验。

7.2 检验结果的判定

7.2.1 检验结果的判定按 GB/T 8170 中修约值比较法进行。

7.2.2 所有项目的检验结果均达到本标准要求时,该试验样品为符合本标准要求。

8 标志、包装、运输和贮存

8.1 标志

产品包装桶上应印有牢固、清晰的标志,包括生产厂名称、产品名称、注册商标、标准代号、生产批号、净含量、生产日期。

8.2 包装

产品应用塑料纺织袋内衬塑料薄膜包装。也可用其他适宜的包装材料包装。

8.3 运输

运输、装卸时要轻装、轻卸,防止包装污染和破损。产品在运输中应防止雨淋和日光暴晒。

8.4 贮存

产品应分批放在通风、干燥处,严禁与产品可发生反应的物品接触,并注意防潮。

附 录 A
（资料性附录）
本标准与 ISO 473:1982 的技术性差异及其原因

表 A.1 给出了本标准与 ISO 473:1982 的技术性差异及其原因的一览表。

表 A.1 本标准与 ISO 473:1982 的技术性差异及其原因

本标准的章条编号	技术性差异	原因
1	在范围中增加了“检验规则及标志、包装、运输和贮存”等规定	使标准适用范围更明确，符合我国习惯
2	引用了采用国际标准的我国标准和部分我国制定的国家标准，而非国际标准	适合我国国情，使用更方便
3	根据硫化锌含量的不同，产品分为 20% 立德粉和 30% 立德粉两类；20% 立德粉对应的品种为 C201；30% 立德粉根据表面处理方式的不同分为四个品种，分别为：B301、B302(表面处理)、B311 和 B312(表面处理)。ISO 473:1982 中将产品分为 30% 和 60% 两类	我国不生产 60% 这类产品，国内新增加了 20% 这类品种。根据行业习惯将产品进行了分类
表 1	删除了国际标准中“试验方法”一栏	已在第 6 章中分别详细描述
表 1	按产品品种规定了相应的要求	适合我国国情，用户需求
6.1	增加了总锌含量测定的 B 法(Na_2EDTA 滴定法)	方法操作简单，符合国内企业使用的习惯
6.6	增加了仪器法测定颜色的试验方法	仪器法测色已经得到广泛应用；用户需求
6	增加了“第 6 章 试验方法”，将国际标准中第 6 章和第 7 章内容并入第 6 章中	使标准内容更清晰，符合国内使用习惯
6	改变了计算公式的表示方式	适合我国国情，便于实际操作；符合 GB/T 1.1 的表示方式
7～8	增加了“第 7 章 检验规则”和“第 8 章 标志、包装、运输和贮存”	适合我国国情，用户需求

ICS 75.140
E 42

中华人民共和国国家标准

GB 1790—2012
代替 GB 1790—2003

医药凡士林

Medicinal vaseline

2012-12-31 发布　　　　2013-07-01 实施

中华人民共和国国家质量监督检验检疫总局
中国国家标准化管理委员会　发布

前言

本标准第6章、第7章(试验方法除外)为强制性的,其余为推荐性的。

本标准按照GB/T 1.1—2009给出的规则起草。

本标准代替GB 1790—2003《医药凡士林》。本标准与GB 1790—2003的主要差异如下:

——增加了"术语和定义"、"特性"和"识别"章(见3、5和6);

——增加"外观"技术要求(见7);

——删除了"性状"、"紫外吸光度"、"异性有机物"技术要求(见2003年版的4);

——对"滴点"、"锥入度"和"硫酸盐灰分"的质量指标进行了修改(见7,2003年版的4)。

本标准使用重新起草法修改采用英国药典BP-2008中《白凡士林》、《黄凡士林》(英文版)编制。考虑到我国国情,在采用BP-2008时,本标准做了一些修改。本标准与BP-2008版的主要差异:

——增加了"范围"、"规范性引用文件"、"取样"、"包装、标志、贮运及交货验收"等章;

——本标准引用标准采用了我国相应的国家标准和行业标准;

——为增加可操作性,对英国药典BP-2008进行了细化,将英国药典BP-2008版中的"颜色"和"酸碱度"试验方法作为本标准的附录。

本标准由全国石油产品和润滑剂标准化技术委员会提出。

本标准由全国石油产品和润滑剂标准化技术委员会石油蜡类产品分技术委员会(SAC/TC 280/SC 3)归口。

本标准起草单位:中国石油化工股份有限公司抚顺石油化工研究院、南京长江江宇石油化工有限责任公司。

本标准主要起草人:赵彬、齐邦峰、赵岩。

本标准于1979年首次发布,1986年8月第一次修订,1994年8月第二次修订,2003年6月第三次修订。

医药凡士林

1 范围

本标准规定了医药凡士林的定义、分类、特性、识别、技术要求和试验方法、取样、包装、标志、贮运及交货验收。

本标准适用于由石油馏分,经精制而得到的医药凡士林。本标准所属产品适用于配制医药的药膏及皮肤保护用油膏。

2 规范性引用文件

下列文件对于本文件的应用是必不可少的。凡是注日期的引用文件,仅注日期的版本适用于本文件。凡是不注日期的引用文件,其最新版本(包括所有的修改单)适用于本文件。

GB/T 269 润滑脂和石油脂锥入度测定法(GB/T 269—1991,eqv ISO 2137:1985)

GB/T 6040 红外光谱分析方法通则

SH/T 0131 石油蜡和石油脂硫酸盐灰分测定法

SH 0164 石油产品包装、贮运及交货验收规则

SH/T 0229 固体和半固体石油产品取样法

SH/T 0655 凡士林稠环芳烃试验法

SH/T 0678 凡士林滴点测定法

3 术语和定义

下列术语和定义适用于本文件。

3.1

白凡士林 white soft paraffin, white petroleum jelly

从石油中经精制获得的白色的多种烃的半固体混合物。本品可含一种适当的抗氧剂,本品不适合于口服。

3.2

黄凡士林 yellow soft paraffin, yellow petroleum jelly

从石油中经精制获得的多种烃的半固体混合物。本品可含一种适当的抗氧剂,本品不适合于口服。

4 产品分类

本标准所属产品按精制深度分为白凡士林和黄凡士林两种。

5 特性

医药凡士林的特性见表 1。

表 1 医药凡士林的特性

项　　目	白凡士林	黄凡士林
性　状	白色或近乎白色、半透明、油质软膏，熔化后日光下呈轻微荧光	黄色、半透明、油质软膏，熔化后日光下呈轻微荧光
溶解性	几乎不溶于水、乙醇和丙三醇，微溶于二氯甲烷	

6 识别

首要识别：A，B，D；

次要识别：A，C，D。

A：滴点

白凡士林　滴点 35 ℃～70 ℃，与标签标明滴点之差不大于 5 ℃。按 SH/T 0678 方法测定并将装填脂杯做如下修正：将待测试样加热至不超过 80 ℃，搅拌确保均匀。将金属杯在烘箱中加热至不超过 80 ℃。

黄凡士林　滴点 40 ℃～60 ℃，与标签标明滴点之差不大于 5 ℃。按 SH/T 0678 方法测定。

B：按 GB/T 6040 进行红外光谱测试，并与典型的凡士林红外光吸收谱图（见附录 A）比较，其主要峰的位置和强度与红外光吸收谱图相似。

C：取 2 g 样品加热熔化，当获得均匀流动相时，加入 2 mL 蒸馏水和 0.2 mL 0.05 mol/L 碘液（碘液的制备：用少量水溶解 13 g 碘和 20 g 碘化钾，加水至 1 000 mL，摇匀），摇动后冷却，上部固态层为紫粉色（或浅棕色）。

D：符合技术要求（见表 2）中外观要求。

7 技术要求和试验方法

医药凡士林技术要求和试验方法见表 2。

表 2 医药凡士林技术要求和试验方法

项　　目	质量指标		试验方法
	白凡士林	黄凡士林	
外观	呈白色，熔化后颜色不深于参比液 A	呈黄色，熔化后颜色不深于参比液 B	附录 B
酸碱度	无		附录 C
滴点/℃	35～70	40～60	SH/T 0678
稠环芳烃	通过	通过	SH/T 0655
锥入度（150 g，25 ℃）/0.1 mm	60～300	100～300	GB/T 269
硫酸盐灰分（质量分数）/%　不大于	0.05		SH/T 0131

8 取样

取样按 SH/T 0229 进行，取 2.5 kg 作为检验和留样用。

9 包装、标志、贮运及交货验收

本产品的包装、标志、贮运及交货验收按 SH 0164 进行，避光保存，并标明滴点、用途、添加的抗氧剂名称和含量。

附 录 A
（规范性附录）
典型的凡士林红外光谱图

典型的白、黄凡士林红外光吸收谱图分别见图 A.1 和图 A.2。

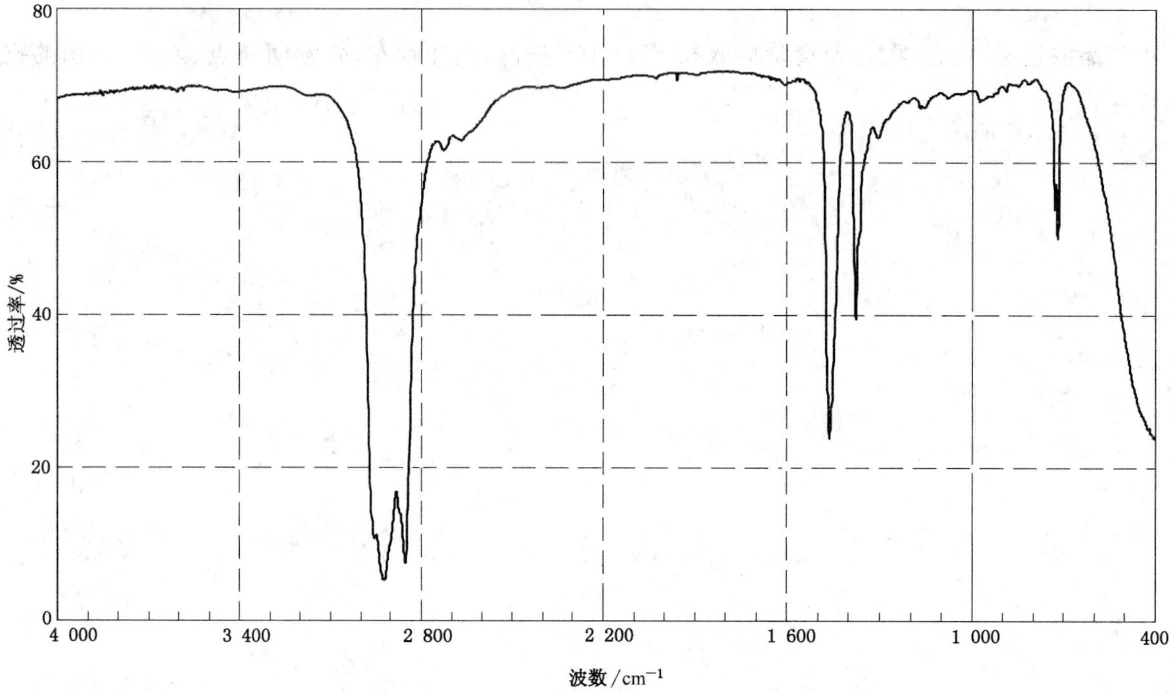

图 A.1 典型的白凡士林红外光吸收谱图

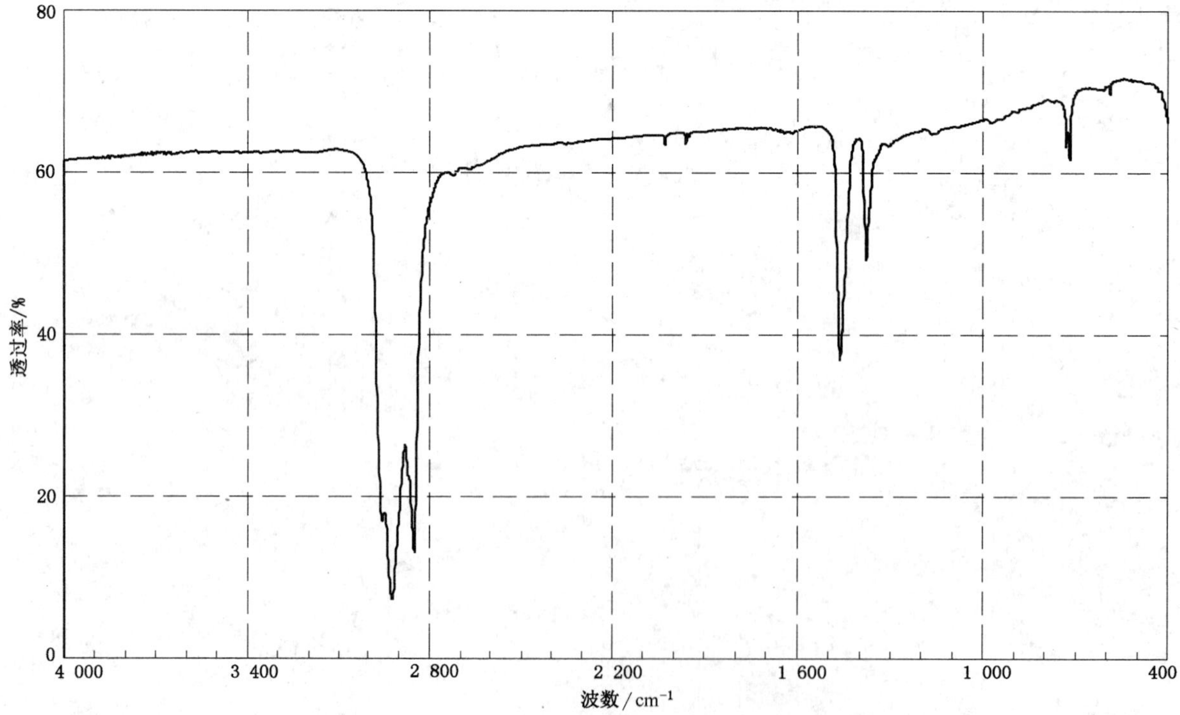

图 A.2 典型的黄凡士林红外光吸收谱图

附　录　B
（规范性附录）
颜色试验法

B.1　范围

本附录规定了医药凡士林颜色试验法。

本附录适用于医药凡士林。

B.2　方法概要

在平底试管中装入一定量的试样，置于水浴中熔化。观察试样颜色并与参比液比较。

B.3　试剂与材料

B.3.1　三氯化铁：分析纯。

B.3.2　氯化钴：分析纯。

B.3.3　浓盐酸：分析纯，含量（质量分数）36%～38%，配成2.5%（体积分数）稀盐酸溶液和10 g/L的盐酸溶液。

B.3.4　氢氧化钠：分析纯，配成300 g/L溶液。

B.3.5　硫酸：分析纯，配成硫酸与水体积比为1∶4的稀硫酸溶液。

B.3.6　硫代硫酸钠：分析纯，配成0.1 mol/L标准溶液。

B.3.7　过氧化氢：配成3%（体积分数）的稀溶液。

B.3.8　可溶性淀粉：分析纯，配成1.0%（质量分数）水溶液。

B.3.9　碘化钾：分析纯。

B.3.10　蒸馏水。

B.4　仪器与设备

B.4.1　试管：平底、无色透明、中性玻璃管，内径为15 mm～25 mm。

B.4.2　锥形瓶：250 mL，带磨口塞。

B.4.3　容量瓶：1 000 mL。

B.4.4　移液管：5.0 mL，10.0 mL，25.0 mL。

B.4.5　烧杯：100 mL。

B.4.6　量筒：100 mL。

B.4.7　滴定管：25 mL。

B.4.8　天平。

B.5 参比液的配制

B.5.1 黄色基本溶液(0.166 7 mol/L $FeCl_3 \cdot 6H_2O$ 溶液)

B.5.1.1 配制:称取 46 g 氯化铁($FeCl_3 \cdot 6H_2O$),加入约 900 mL 2.5%(体积分数)稀盐酸溶液溶解,继续添加,并定容 1 000 mL。滴定并以上述稀盐酸溶液调整,使黄色液每毫升含 45.0 mg $FeCl_3 \cdot 6H_2O$。避光保存。

B.5.1.2 滴定:在一个配有磨口塞的 250 mL 锥形瓶内,加入 10.0 mL 黄色液,15 mL 水,5 mL 浓盐酸和 4 g 碘化钾,塞上瓶塞,在暗处放置 15 min,再加 100mL 水。用 0.1 mol/L 的硫代硫酸钠标准溶液滴定游离的碘,在滴定接近终点时加 0.5 mL 淀粉液作指示剂。1 mL 0.1 mol/L 的硫代硫酸钠标准溶液相当于 27.03 mg $FeCl_3 \cdot 6H_2O$。

B.5.2 红色基本溶液(0.25 mol/L $CoCl_2 \cdot 6H_2O$ 溶液)

B.5.2.1 配制:称取 60 g 氯化钴($CoCl_2 \cdot 6H_2O$),加入约 900 mL 2.5%(体积分数)稀盐酸溶液溶解,继续添加,并定容 1 000 mL。滴定并以上述稀盐酸溶液调整,使红色液每毫升含 59.5 mg $CoCl_2 \cdot 6H_2O$。

B.5.2.2 滴定:在一个配有磨口塞的 250 mL 锥形瓶内,加入 5.0 mL 红色液,5 mL 稀过氧化氢溶液和 10 mL 300 g/L 的氢氧化钠溶液,缓慢煮沸 10 min,冷却后,加 60 mL 稀硫酸和 2 g 碘化钾,塞上瓶塞,缓慢摇动锥形瓶,使沉淀溶解完全。用 0.1 mol/L 的硫代硫酸钠标准溶液滴定游离的碘,在滴定接近终点时加入 0.5 mL 淀粉水溶液作为指示剂。溶液变成粉红色时到达滴定终点。1 mL 0.1 mol/L 的硫代硫酸钠标准溶液相当于 23.79 mg $CoCl_2 \cdot 6H_2O$。

B.5.3 参比液 A:使用前直接从基本溶液配制,为 1.0 体积黄色基本溶液(B.5.1.1)和 9.0 体积 10 g/L 盐酸溶液的混合物。

B.5.4 参比液 B:使用前直接从基本溶液配制,为 7.6 体积黄色基本溶液(B.5.1.1)和 2.4 体积红色基本溶液(B.5.2.1)的混合物。

B.6 试验步骤

B.6.1 取本品 12 g 置于洁净、干燥的平底试管中,在水浴中熔化。

B.6.2 在同规格的平底试管中装入同体积的参比液,在散射自然光下,将熔化试样与参比液同时置于白色背景下,垂直观察,比较颜色。

B.7 试验结果表述

用"深于"或"不深于"参比液表示试样的颜色结果。

附　录　C
（规范性附录）
酸碱度试验法

C.1　范围

本附录规定了医药凡士林酸碱度试验法。

本附录适用于医药凡士林。

C.2　方法概要

将试样与沸水混合振荡，冷却后过滤水层，于滤过的水溶液中先后滴加酚酞指示剂和氢氧化钠溶液，观察水溶液颜色变化，判断其酸碱度。

C.3　试剂与材料

C.3.1　酚酞指示剂：称取 1.0 g 酚酞，溶于乙醇(95%)，用乙醇(95%)稀释至 100 mL。

C.3.2　氢氧化钠：分析纯，配成 0.01 mol/L 的水溶液。

C.4　仪器与设备

C.4.1　分液漏斗：梨形，125 mL。

C.4.2　试管：无色玻璃制，直径 15 mm～20 mm，高 140 mm～150 mm。

C.4.3　定性滤纸。

C.4.4　移液管：1.0 mL，分度 0.01 mL。

C.4.5　烧杯：100 mL。

C.4.6　量筒：10 mL，25 mL。

C.5　试验步骤

C.5.1　称取 10 g(精确至 0.1 g) 试样置于洁净、干燥的分液漏斗中。

C.5.2　将 20 mL 沸腾蒸馏水加入到已称好试样的分液漏斗中，用力振荡 1 min，静置冷却分层，用滤纸过滤水溶液。

C.5.3　取 10 mL 过滤后的水溶液置于试管中，滴加 0.1 mL 酚酞指示剂，然后再滴加至多 0.5 mL 0.01 mol/L 氢氧化钠溶液，观察此过程中水溶液颜色的变化。

C.6　试验结果的判断与表述

C.6.1　试验结果判断

试验结果的判断见表 C.1。

表 C.1 试验结果的判断

滴加酚酞指示剂水溶液颜色变化	再滴加氢氧化钠溶液水溶液颜色变化	试验结果
不变色	粉红色	无
不变色	不变色	有酸
粉红色	粉红色	有碱

C.6.2 试验结果的表述

用“有酸”、“有碱”或“无”表示酸碱度试验的结果。

ICS 87.060.10
G 53

中华人民共和国国家标准

GB/T 1864—2012
代替 GB/T 1864—1989

颜料和体质颜料通用试验方法 颜料颜色的比较

General methods of test for pigments and extenders—Comparison of colour of pigments

(ISO 787-1:1982,General methods of test for pigments and extenders—Part 1:Comparison of colour of pigments,MOD)

2012-12-31 发布　　　　2013-08-01 实施

中华人民共和国国家质量监督检验检疫总局
中国国家标准化管理委员会　发布

前　言

本标准按照GB/T 1.1—2009给出的规则起草。

本标准代替GB/T 1864—1989《颜料颜色的比较》，与GB/T 1864—1989相比，除编辑性修改外主要技术变化如下：

——前版为等效采用ISO 787-1:1982《颜料和体质颜料通用试验方法　第1部分：颜料颜色的比较》，本版本为修改采用ISO 787-1:1982；

——分散介质由"材料：精制亚麻仁油"改为"基料：由有关方面商定。如未商定，建议使用符合ISO 150要求的精制亚麻仁油"（见第3章和1989版的第3章）；

——增加了"用手工研磨器或调刀制备颜料分散体"的步骤（见6.2）；

——试验结果的表示方法作了修改（见第7章和1989版的第7章）。

本标准使用重新起草法修改采用国际标准ISO 787-1:1982。

本标准与ISO 787-1:1982相比存在技术性差异，这些差异涉及的条款已通过在其外侧页边空白位置的垂直单线（|）进行了标示，附录A中给出了相应技术性差异及其原因的一览表。

本标准还做了下列编辑性修改：

——为与现有国家标准编号方式一致，将标准名称改为《颜料和体质颜料通用试验方法　颜料颜色的比较》；

——增加了资料性附录A；

——第1章、第6章和第8章中文字表述作了修改。

本标准由中国石油和化学工业联合会提出。

本标准由全国涂料和颜料标准化技术委员会（SAC/TC 5）归口。

本标准起草单位：中海油常州涂料化工研究院、江苏双乐化工颜料有限公司、山东东佳集团股份有限公司、百合花集团有限公司、嘉宝莉化工集团股份有限公司。

本标准主要起草人：沈苏江、毛顺明、李化全、王峰、林霞。

本标准所代替标准的历次版本发布情况为：

——GB/T 1864—1980、GB/T 1864—1989。

颜料和体质颜料通用试验方法 颜料颜色的比较

1 范围

本标准规定了颜料的颜色与同类型商定参照颜料的颜色进行比较的通用试验方法。

本标准第6章提供了两种制备分散体的方法，用自动研磨机制备分散体的方法为仲裁法。

本标准适用于颜料与同类型商定参照颜料颜色的比较。

当本通用方法不适用于某特定颜料时，应规定一个专用方法来进行颜色的比较。

2 规范性引用文件

下列文件对于本文件的应用是必不可少的。凡是注日期的引用文件，仅注日期的版本适用于本文件。凡是不注日期的引用文件，其最新版本(包括所有的修改单)适用于本文件。

GB/T 3186　色漆、清漆和色漆与清漆用原材料　取样(GB/T 3186—2006，ISO 15528:2000，IDT)

GB/T 9761　色漆和清漆　色漆的目视比色(GB/T 9761—2008，ISO 3668:1998，IDT)

ISO 150　色漆和清漆用生、精制的和熟亚麻仁油　规范和试验方法(Raw，refined and boiled linseed oil for paints and varnishes—Specifications and methods of test)

3 基料

由有关方面商定。如未商定，建议使用符合ISO 150要求的精制亚麻仁油。

4 仪器

4.1　调刀：钢制，锥形刀身，长约140 mm～150 mm，最宽处为20 mm～25 mm，最窄处不小于12.5 mm。

4.2　底材：无色透明玻璃板，尺寸为150 mm×150 mm或其他合适尺寸。

4.3　吸管：容量1 mL的注射器。

4.4　自动研磨机：带有磨砂玻璃磨盘，直径为180 mm～250 mm，使用时施加的压力最大约1 000 N，磨盘转速为70 r/min～120 r/min。有每25转为一挡的计数装置。最好可通冷却水，如果自动研磨机不能通冷却水，应保证在研磨过程中温度不变。

4.5　手工研磨器。

4.6　平板：磨砂玻璃板或大理石板，当没有研磨机可用时使用。

4.7　天平：精度1 mg。

4.8　湿膜制备器：湿膜100 μm。

5 取样

按GB/T 3186的规定取受试颜料的代表性样品。

6 步骤

6.1 用自动研磨机制备颜料分散体

6.1.1 试验颜料量

所取颜料的量要使其与足够量的基料混合,得到的分散体形成的浆状物足以铺展到研磨机板的边上,称取试验颜料量应精确至 1 mg。

注:建议试验颜料量为 0.5 g~2.0 g。

6.1.2 颜料分散体的制备

将试验颜料(6.1.1)置于研磨机(4.4)下层玻璃板的中间,用吸管(4.3)吸取一定量的基料放在颜料中,用调刀(4.1)慢慢地将颜料和基料混合均匀。将浆状物在下层板上铺展成约 50 mm 宽的条带,该条带大约在下层板的边缘至中心的中间处,在上层板上交替抹擦来清除调刀上的浆状物,合上玻璃板,施加约 1 000 N 的力,以每遍 50 转研磨浆状物,每遍操作后用同一调刀收集浆状物至板中间,再铺展成约 50 mm 宽的条带,置于下层板的边缘至中心的中间处。研磨结束后可根据需要再加少量基料,用调刀调和以得到合适的稠度。合上玻璃板,再研磨 25 转,收集浆状物贮存于合适容器中备用。

注:建议研磨 4 遍,研磨机施加的力和研磨的遍数取决于试验颜料,如果发现研磨机施加的力和研磨转数不合适时可作调整,但试验颜料和商定参照颜料必须在相同条件下进行。

称取相同量的商定参照颜料,以相同方法制备分散体。

6.1.3 颜色的比较

将试验颜料和商定参照颜料两个浆状物以同一方向用湿膜制备器(4.8)刮涂在底材(4.2)上制成不透明条带,其宽度不小于 25 mm,接触边长不小于 40 mm,刮涂后立即在散射日光下观察不透明条带表面的颜色差异,或经有关双方商定按 GB/T 9761 的规定通过玻璃板比较其颜色差异。若无法利用良好的日光,则可在人造日光下按 GB/T 9761 规定的操作进行比较。

注:经有关双方商定,也可用一合适的测色仪来比较颜色。

6.2 用手工研磨器或调刀制备颜料分散体

6.2.1 试验颜料量

根据试验颜料的吸油量,称取 0.1 g~1.0 g 试验颜料,精确至 1 mg。

6.2.2 颜料分散体的制备

将试验颜料(6.2.1)置于平板(4.6)上,用吸管(4.3)滴加数滴基料到颜料中,用调刀将颜料和基料混合。当颜料已被基料均匀润湿时,用调刀或手工研磨器来回研磨,研磨时混合物铺展的面积约为 200 mm×75 mm。研磨 100 次后(1 次包括 1 次向前和 1 次向后的运动)把混合物刮在板的中间,并确保调刀上没有未研磨的颜料。再研磨 100 次,并再滴加适量基料使其混匀得到一合适稠度的浆状物。收集浆状物贮存于合适容器中备用。

称取相同量的商定参照颜料,以相同方法制备分散体。

6.2.3 颜色的比较

按 6.1.3 规定的方法比较试验颜料和商定参照颜料的颜色。

7 结果的表示

试验结果以试验颜料和商定参照颜料的颜色差异程度表示。可以用试验颜料的颜色等于或不等于商定参照颜料的颜色来表示。

注：颜色差异程度也可以采用其他合适的术语或仪器测定得到的色差值等来表示。例如可以用近似、微、稍、较四个等级来描述，其中微、稍、较之后需列入色相及鲜、暗的评语。对于白色颜料，还可以用优于、等于或差于等术语来描述。

8 试验报告

试验报告至少应包括下列内容：

a) 试验颜料的类型和名称；

b) 本标准编号；

c) 制备颜料分散体所使用的分散介质(精制亚麻仁油或其他材料)；

d) 所采用的操作步骤(6.1 或 6.2)；

e) 比较颜色时所用的方法(光源、观察方向等)；

f) 与本试验方法规定操作的差异；

g) 试验结果；

h) 试验日期。

附 录 A
（资料性附录）
本标准与ISO 787-1:1982技术性差异及其原因

表A.1给出了本标准与ISO 787-1:1982的技术性差异及其原因的一览表。

表A.1 本标准与ISO 787-1:1982技术性差异及其原因

本标准的章条编号	技术性差异	原因
2	“ISO 842”改为与其修订版ISO 15528对应的我国文件“GB/T 3186”，“ISO 3668”改为与之对应的我国文件“GB/T 9761”	采用国家标准使用更方便
4	“滴管:1 mL基料约为35滴”改为“吸管:容量1 mL的注射器”，增加了4.7和4.8	更切合实际应用
6	删除了国际标准6.1.2和6.2.2中制备商定参照颜料分散体时“为达到与试验颜料分散体相当稠度，可以适当增减基料用量”的描述	便于操作； 所用基料如油或树脂大多数是有色的，其用量增减会影响试验结果
7	增加了“第7章　结果的表示”，国际标准中第7章改为本标准的第8章	表述更加清晰并满足实际应用

ICS 71.100.01;87.060.10
G 55

中华人民共和国国家标准

GB/T 1866—2012
代替 GB/T 1866—2003

中性染料　染色色光和强度的测定

Neutral dyes—Determination of dyeing shade and relative strength

2012-06-29 发布　　2012-12-01 实施

中华人民共和国国家质量监督检验检疫总局
中国国家标准化管理委员会　发布

前　言

本标准按照 GB/T 1.1—2009 给出的规则起草。

本标准代替 GB/T 1866　2003《中性染料　染色色光和强度的测定》。

本标准与 GB/T 1866—2003 相比,除编辑性修改外主要技术变化如下:

——把结果评定内容合并为色光和强度的评定一条,明确了结果评定的两种方法(见 6.4,2003 年版的 6.1.5、6.2.5 和 6.3.5);

——修改了锦纶染色的方法(见 6.3,2003 年版的 6.3);

——修改了试验报告的内容(见第 7 章,2003 年版的第 7 章)。

请注意本文件的某些内容可能涉及专利。本文件的发布单位不承担识别这些专利的责任。

本标准由中国石油和化学工业联合会提出。

本标准由全国染料标准化技术委员会(SAC/TC 134)归口。

本标准起草单位:金华双宏化工有限公司、沈阳化工研究院有限公司。

本标准主要起草人:徐建成、杨桂芳、唐沛兰、毛法明。

本标准所代替标准的历次版本发布情况为:

——GB 1866—1980、GB/T 1866—2003。

中性染料　染色色光和强度的测定

1　范围

本标准规定了中性染料染色色光和强度的测定方法。

本标准适用于中性染料染色色光和强度的测定。

2　规范性引用文件

下列文件对于本文件的应用是必不可少的。凡是注日期的引用文件，仅注日期的版本适用于本文件。凡是不注日期的引用文件，其最新版本(包括所有的修改单)适用于本文件。

GB/T 2374—2007　染料　染色测定的一般条件规定

GB/T 6688—2008　染料　相对强度和色差的测定　仪器法

3　原理

用中性染料试样与同品种的标准样品于同一条件下，在各种纤维(羊毛、锦纶或丝绸)上进行染色。然后以标准样品的染色强度为100分，以标准样品的色光为标准，进行目测比较，评定试样的色光和强度。或用测色仪进行测色，然后计算出试样的色光和强度。

4　试剂和材料

试剂和材料应符合GB/T 2374—2007中第3章的有关规定。

5　仪器和设备

仪器和设备应符合GB/T 2374—2007中第4章的有关规定。

6　试验方法

6.1　羊毛染色方法

6.1.1　一般条件

染色一般条件应符合GB/T 2374—2007的有关规定。染色方法的选择须根据具体品种、性能，以给色力最高为原则。染色深度根据具体品种选定，以符合分档清晰为原则。

6.1.2　染料溶液配制

称取试样及标准样品各若干克(精确至0.000 5 g)，各置于400 mL烧杯中，分别加入20 mL～30 mL热水(80 ℃～90 ℃)，用玻璃棒搅拌成浆状，然后再各加入约200 mL热水(80 ℃～90 ℃)，搅拌，使之溶解(必要时可加热煮沸 10 min),待染料完全溶解后冷却至室温,分别移入 500 mL 容量瓶中。烧杯用水冲洗 3～4 次,一并倒入容量瓶中,然后用水稀释至刻度,摇匀,备用。

6.1.3 染色条件

中性染料在羊毛织物上染色,一般条件如下:

——染色深度:0.5%(owf)～3%(owf)(具体深度由各染料产品标准中规定);

——无水硫酸钠:5%(owf);

——乙酸铵:5%(owf);

——纯羊毛线或羊毛凡力丁:4 g;

——染色浴比:1∶50。

6.1.4 染浴配方

以染色深度为 1%(owf)为例,染浴配方如表 1。

表 1 染浴配方

单位为毫升

染浴组分	染样编号及染浴中各组分的体积				
	1	2	3	4	5
1 g/L 标样溶液	38	40	42	—	—
1 g/L 试样溶液	—	—	—	38	40
50 g/L 乙酸铵溶液	4	4	4	4	4
100 g/L 硫酸钠溶液	2	2	2	2	2
蒸馏水	156	154	152	156	154

6.1.5 染色过程

按表 1 规定配制染浴,然后用 10 g/L 乙酸溶液调节染液 pH 至 6～7,加热至 40 ℃,将预先用沸水浸透过的纯羊毛线或羊毛凡力丁浸入染缸中染色,在 40 min 内使染浴温度升到 95 ℃～100 ℃,在此温度下保温染色 60 min,染色过程中勤加翻动,染毕,取出染样,以流水冲洗至洗涤水无色为止,晾干或于 60 ℃以下烘干。

6.2 丝绸染色法

6.2.1 一般条件

染色一般条件应符合 GB/T 2374—2007 的有关规定。染色方法的选择须根据具体品种、性能,以给色力最高为原则。染色深度根据具体品种选定,以符合分档清晰为原则。

6.2.2 染料溶液配制

按本标准 6.1.2 规定的方法配制。

6.2.3 染色条件

中性染料在丝绸织物上染色,一般条件如下:

——染色深度:0.5%(owf)~3%(owf)(具体深度由各染料产品标准中规定);
——无水硫酸钠:5%(owf);
——乙酸铵:1%(owf);
——平平加 O:1%(owf);
——丝织物:2 g;
——染色浴比:1∶100。

6.2.4 染浴配方

以染色深度为1%(owf)为例,染浴配方如表2。

表 2 染浴配方

单位为毫升

染浴组分	染样编号及染浴中各组分的体积				
	1	2	3	4	5
0.5 g/L 标样溶液	38	40	42	—	—
0.5 g/L 试样溶液	—	—	—	38	40
10 g/L 乙酸铵溶液	2	2	2	2	2
50 g/L 硫酸钠溶液	2	2	2	2	2
10 g/L 平平加 O 溶液	2	2	2	2	2
蒸馏水	156	154	150	156	154

6.2.5 染色过程

按表2规定配制染浴,加热至40 ℃,将预先用沸水浸透过的丝织物浸入染缸中染色,在40 min内使染浴温度升到95 ℃~100 ℃,在此温度下保温染色60 min,染色过程中勤加翻动,染毕,取出染样,以流水冲洗至洗涤水无色为止,晾干或于60 ℃以下烘干。

6.3 锦纶染色方法

6.3.1 一般条件

染色一般条件应符合GB/T 2374—2007的有关规定。染色方法的选择须根据具体品种、性能,以给色力最高为原则。染色深度根据具体品种选定,以符合分档清晰为原则。

6.3.2 染料溶液配制

按本标准6.1.2规定的方法配制。

6.3.3 染色条件

中性染料在锦纶织物上染色,一般条件如下:
——纤维:锦纶织物,4 g;
——染色深度:0.5%(owf)~3%(owf);

——染色浴比：1∶50；

——乙酸铵：2%(owf)～5%(owf)；

——染色温度：90 ℃～95 ℃；

——保温染色时间：30 min。

6.3.4 染浴配方

以染色深度为1%(owf)的为例，染浴配方如表3。

表3 染浴配方

单位为毫升

染浴组分	染样编号及染浴中各组分的体积				
	1	2	3	4	5
1 g/L 标样溶液	38	40	42	—	—
1 g/L 试样溶液	—	—	—	38	40
50 g/L 乙酸铵溶液	4	4	4	4	4
蒸馏水	158	156	154	158	156

6.3.5 染色过程

按表3规定配制染浴，在室温下，把已编号并经煮沸的纤维顺序投入到各染缸中进行染色，染色过程中不断翻动。染浴于30 min～60 min内升温到90 ℃～95 ℃，并在此温度下保温染色30 min，把染缸从加热浴中取出，冷却到50 ℃～60 ℃后，把纤维从染缸中取出，用流水洗净，晾干或于60 ℃以下烘干。

6.4 色光和强度的评定

6.4.1 目测评定

按GB/T 2374—2007中7.1的有关规定进行。

6.4.2 仪器测定

按GB/T 6688—2008中5.4.2的有关规定测定强度，按GB/T 6688—2008中6.4的规定测定色差和评定色光。

7 试验报告

试验报告包括以下内容：

a) 被测染料的名称；

b) 本标准编号、年代号；

c) 染色方法及染色深度；

d) 使用仪器的名称、型号；

e) 结果评定方法；

f) 测试结果；

g) 在测试过程中的特殊情况；

h) 与本方法的差异；

i) 试验日期。

ICS 77.040.10
H 22

中华人民共和国国家标准

GB/T 2039—2012
代替 GB/T 2039—1997

金属材料　单轴拉伸蠕变试验方法

Metallic materials—Uniaxial creep testing method in tension

(ISO 204:2009,Metallic materials—Uniaxial creep testing in tension—Method of test,MOD)

2012-06-29 发布　　　2013-03-01 实施

中华人民共和国国家质量监督检验检疫总局
中国国家标准化管理委员会　发布

前　言

本标准按照 GB/T 1.1—2009 给出的规则起草。

本标准代替 GB/T 2039—1997《金属拉伸蠕变及持久试验方法》，与 GB/T 2039—1997 相比，主要技术变化如下：

——修改了标准名称；
——明确了本标准适用的两大试验类别：连续试验和不连续试验，同时包括持久试验和缺口试样（见第 1 章，1997 版第 1 章）；
——修改了规范性引用文件（见第 2 章，1997 版第 2 章）；
——增加了对试验机同轴度的要求（见 6.1）；
——对于蠕变试验增加了在读取蠕变伸长率时试验机环境温度的要求（见 6.3.1）；
——增加了对热电偶校准的要求（见 6.3.3.1）；
——增加了温度测量装置的校准要求（见 6.3.3.2）；
——增加了对加热炉均温带的校准要求（见 6.3.4）；
——增加了试验结果的表示（见 11.1）；
——增加了试验结果的不确定度（见 11.2）；
——增加了资料性附录 A“关于不同热电偶的相关信息”；
——增加了资料性附录 B“热电偶校准方法”；
——增加了规范性附录 C“V 形和钝环形缺口试样的蠕变试验”；
——增加了资料性附录 D“依据不确定度评定指南（GUM）来估计不确定度的方法”；
——增加了资料性附录 E“结果的表示和图解法外推”。

本标准使用重新起草法修改采用 ISO 204:2009《金属材料　单轴拉伸蠕变　试验方法》。

本标准的整体结构、层次划分、章条与 ISO 204:2009 完全一致。

本标准与 ISO 204:2009 相比在以下方面存在技术性差异，这些差异涉及的条款已通过在其外侧页边空白位置的垂直线（|）进行了标示：

——关于规范性引用文件，本标准做了具有技术性差异的调整，以适应我国的技术条件，调整的情况集中反映在第 2 章“规范性引用文件”中，具体调整如下：
  - 增加了规范性引用文件 GB/T 2975《钢及钢产品　力学性能试验取样位置及试样制备》、GB/T 8170《数值修约规则与极限数值的表示和判定》、GB/T 10623《金属材料　力学性能试验术语》、GB/T 16839.1《热电偶　第 1 部分：分度表》和 GB/T 16839.2《热电偶　第 2 部分：允差》、ASTM E1012《在拉伸和压缩轴向力下的试验机和试样同轴度的校验》、JJG 141《工作用贵金属热电偶检定规程》、JJG 276《高温蠕变、持久强度试验机检定规程》、JJG 351《工作用廉金属热电偶检定规程》、JJG 617《数字温度指示调节仪检定规程》；
  - 直接引用与国际标准相对应的我国国家标准；

——在 6.1 中增加了对试验机同轴度的要求以及试验机的校验周期要求；
——在 6.2 中对应变测量装置——引伸计的校准周期由三年修改为一年；
——增加了 6.3.4 加热炉均温带的校准；
——根据我国国情修改了附录 D 测量不确定度的评定方法。

本标准还做了下列编辑性修改：

——用“本标准”代替“本国际标准”；

——删除了国际标准引言和前言。

本标准由中国钢铁工业协会提出。

本标准由全国钢标准化技术委员会(SAC/TC 183)归口。

本标准起草单位：钢铁研究总院、上海电气集团、冶金工业标准信息研究院。

本标准起草人：朱林茂、高怡斐、朱月梅、刘正东、董莉。

本标准所代替标准的历次版本发布情况为：

——GB/T 2039—1980，GB/T 6395—1986；

——GB/T 2039—1997。

金属材料　单轴拉伸蠕变试验方法

1　范围

本标准规定了连续和不连续的单轴拉伸蠕变试验方法，用于测定金属材料的性能，尤其是在指定温度下的蠕变伸长和蠕变断裂时间。

本标准适用于光滑试样和缺口试样的持久试验。

注：持久试验通常在试验过程中不记录试样的伸长，只记录在给定试验力下的断裂时间或者在给定试验力下超出的预计试验时间。

2　规范性引用文件

下列文件对于本文件的应用是必不可少的。凡是注日期的引用文件，仅注日期的版本适用于本文件。凡是不注日期的引用文件，其最新版本(包括所有的修改单)适用于本文件。

GB/T 1800.2　产品几何技术规范(GPS)极限与配合　第2部分：标准公差等级和孔、轴极限偏差表(GB/T 1800.2—2009，ISO 286-2：1988，MOD)

GB/T 2975　钢及钢产品　力学性能试验取样位置及试样制备(GB/T 2975—1998，eqv ISO 377：1997)

GB/T 4338　金属材料　高温拉伸试验方法(GB/T 4338—2006，ISO 783：1999，MOD)

GB/T 4989　热电偶用补偿导线(GB/T 4989—1994，eqv IEC 584-3：1989)

GB/T 8170　数值修约规则与极限数值的表示和判定

GB/T 10623　金属材料　力学性能试验术语(GB/T 10623—2008，ISO 23718：2007，MOD)

GB/T 12160　单轴试验用引伸计的标定(GB/T 12160—2002，ISO 9513：1999，IDT)

GB/T 16825.2　静力单轴试验机的检验　第2部分：拉力蠕变试验机　施加力的检验(GB/T 16825.2—2005，ISO 7500-2：1996，MOD)

GB/T 16839.1　热电偶　第1部分：分度表(GB/T 16839.1—1997，idt IEC 60584-1：1995)

GB/T 16839.2　热电偶　第2部分：允差(GB/T 16839.2—1997，idt IEC 60584-2：1982)

JJG 141　工作用贵金属热电偶检定规程

JJG 276　高温蠕变、持久强度试验机检定规程

JJG 351　工作用廉金属热电偶检定规程

JJG 617　数字温度指示调节仪检定规程

ASTM E1012-05　在拉伸和压缩轴向力下的试验机和试样同轴度的校验(Standard practice for verification of test frame and specimen alignment under tensile and compressive axial force application)

3　术语和定义

GB/T 10623界定的以及下列术语和定义适用于本文件。

注：本标准规定了几种不同的标距长度和参考长度。这些长度反映了不同实验室的实际使用习惯。在某些情况下，用刻线或凸台的形式在试样上直接标记这些长度，而在其他情况下，测定蠕变伸长的标记长度可能是依据计算得出的一个虚拟长度。对于某些试样，其 L_r、L_o 和 L_e 的值相同(见3.1、3.2、3.5)。

3.1

参考长度　reference length

L_r

用于计算伸长的基本长度。

注：对于引伸计安装在试样平行长度上的两个脊或者凸台上的参考长度可按7.5中给出的方法计算得出。

3.1.1

原始参考长度　original reference length

L_{ro}

试验开始前在室温情况下测定的参考长度。

注：通常情况下：$L_{ro} \geqslant 5D$。

3.1.2

断后参考长度　final reference length

L_{ru}

在室温下将断裂试样仔细对齐并保证其轴线在同一直线上时测定的参考长度。

3.2

原始标距　original gauge length

L_o

试验开始前，在室温下试样上标记之间的距离。

注1：通常情况下：$L_o \geqslant 5D$。

注2：L_o 也可以用于计算伸长。

3.3

断后标距　final gauge length after rupture

L_u

在室温下将断裂试样仔细对齐并保证其轴线在同一直线上时试样上标记之间的距离。

3.4

平行长度　parallel length

L_c

试样平行部分的长度。

3.5

引伸计标距　extensometer gauge length

L_e

引伸计两测量点之间的距离。

注：在某些情况下 $L_e = L_o$，L_e 也可用于计算伸长。

3.6

原始横截面积　original cross-sectional area

S_o

试验开始前，室温下测定的试样平行段的横截面积。

3.7

断后最小横截面积　minimum cross-sectional area after rupture

S_u

试样断裂后，在室温下将试样断裂部分仔细对齐，使其轴线处于同一直线上时测定的平行段内的最小横截面积。

3.8

初始应力 initial stress

σ_o

施加在试样上的试验力与试样的原始横截面积 S_o 之比。

3.9

伸长 elongation

ΔL_r

参考长度的增量。

注：见 6.2。

3.10

伸长率 percentage elongation

A

伸长与原始参考长度(L_{ro})之比的百分率。

注 1：见图 1；

注 2：关于伸长的术语在 3.10～3.16 中，可以用符号“ε”代替符号“A”。然而，当使用符号 ε 时应遵循以下惯例：

ε%——应变或伸长百分率；

ε ——绝对应变。

3.11

初始塑性伸长率 percentage initial plastic elongation

A_i

施加试验力后，原始参考长度(L_{ro})的非比例增量和原始参考长度(L_{ro})之比的百分率。

3.12

蠕变伸长率 percentage creep elongation

A_f

在规定温度下，t 时刻参考长度的增量(ΔL_{rt})和原始参考长度(L_{ro})之比的百分率，见式(1)。

$$A_f = \frac{\Delta L_{rt}}{L_{ro}} \times 100 \quad \cdots\cdots(1)$$

注 1：可以将以℃为单位的规定试验温度 T 以上脚标形式、以 MPa 为单位的初始应力 σ_o 和以 h 为单位的试验时间 t 在 A_f 中以下脚标的形式表示；

注 2：依照惯例，以初始应力(σ_o)施加在试样上为测量蠕变伸长开始时间(见图 1)；

注 3：下标 f 为法文中蠕变的意思。

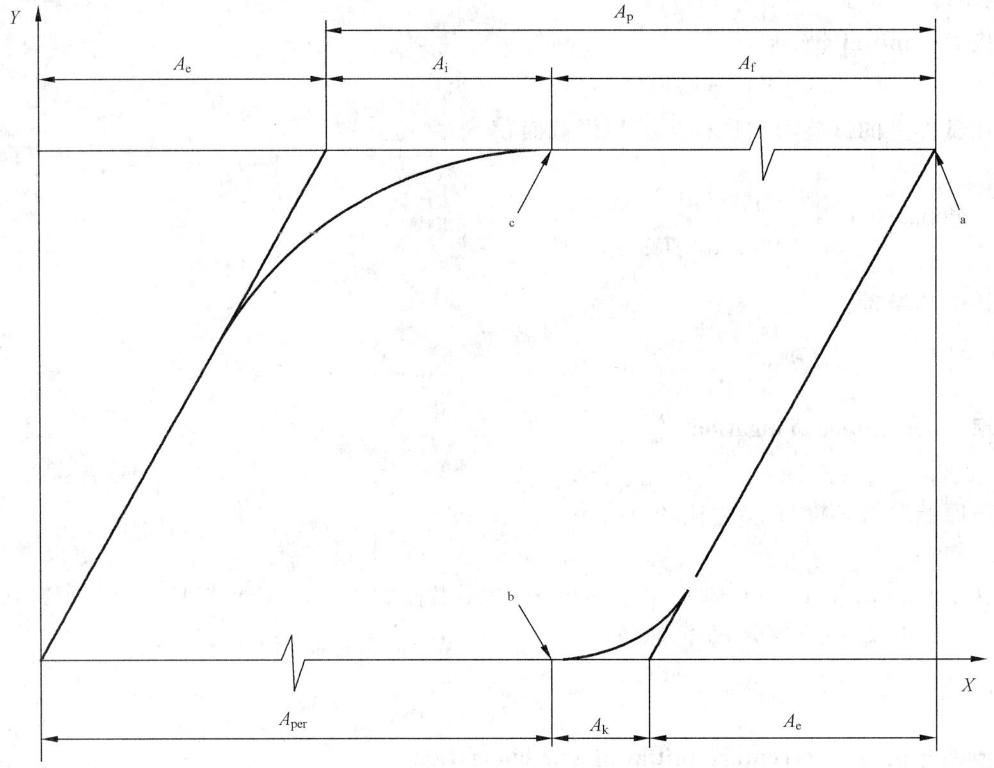

说明：

X——伸长率；

Y——应力；

A_e——弹性伸长率；

A_f——蠕变伸长率；

A_i——初始塑性伸长率；

A_k——滞弹性伸长率；

A_p——总塑性伸长率；

A_{per}——残余伸长率；

[a] 卸载开始；

[b] 卸载结束；

[c] 加载结束[$t=0$(0 时刻)]。

图 1 应力-伸长率示意图

3.13

塑性伸长率 percentage plastic elongation

A_p

在 t 时刻原始参考长度(L_{ro})的非比例增量和原始参考长度(L_{ro})之比的百分率，见式(2)。

$$A_p = A_i + A_f \quad \cdots\cdots(2)$$

3.14

滞弹性伸长率 percentage anelastic elongation

A_k

由于卸除试验力，在 t 时刻原始参考长度非比例减少量和原始参考长度(L_{ro})之比的百分率。

3.15

残余伸长率　percentage permanent elongation

A_{per}

卸除试验力后，在 t 时刻测定的原始参考长度(L_{ro})总的增加量和原始参考长度(L_{ro})之比的百分率，见式(3)。

$$A_{per}=A_p-A_k \quad \cdots\cdots(3)$$

3.16

蠕变断裂后的伸长率　percentage elongation after creep rupture

A_u

试样断裂后原始参考长度的永久增量($L_{ru}-L_{ro}$)与原始参考长度(L_{ro})之比的百分率，见式(4)。

$$A_u=\frac{L_{ru}-L_{ro}}{L_{ro}}\times 100 \quad \cdots\cdots(4)$$

注：可以将以℃为单位的规定试验温度 T 以上角标形式和以 MPa 为单位的初始应力 σ_o 在 A_u 中以下角标的形式表示。

3.17

蠕变断裂后的断面收缩率　percentage elongation after creep rupture

Z_u

试样断裂后测得的横截面积最大变化量(S_o-S_u)与原始横截面积(S_o)之比的百分率，见式(5)。

$$Z_u=\frac{S_o-S_u}{S_o}\times 100 \quad \cdots\cdots(5)$$

注：以℃为单位的规定试验温度 T 和以 MPa 为单位的初始应力 σ_o 可以在 Z_u 中以上角标的形式表示。

3.18

蠕变伸长时间　creep elongation time

t_{fx}

在规定温度(T)和初始应力(σ_o)条件下，试样应变量达到规定蠕变伸长率(x)时所需时间。

例如：$t_{f0.2}$。

3.19

塑性伸长时间　plastic elongation time

t_{px}

在规定温度(T)和初始应力(σ_o)条件下，试样应变量达到规定塑性伸长率(x)时所需时间。

3.20

蠕变断裂时间　creep rupture time

t_u

在规定温度(T)和初始应力(σ_o)条件下，试样发生断裂时所持续的时间。

注：以℃为单位的规定试验温度 T 和以 MPa 为单位的初始应力 σ_o 可以在 t_u 中以上角标的形式表示。

3.21

单头试验机　single test piece machine

可以进行单个试样试验的试验机。

3.22

多头试验机　multiple test piece machine

在相同温度下可以同时进行多于一个试样试验的试验机。

4　符号及说明

符号及说明见表 1。

表 1 符号及说明

符 号[a]	单 位	说 明
D	mm	圆形试样平行长度部分的直径
D_n	mm	标距内缺口底径
d	mm	缺口-无缺口复合试样无缺口部分的标距段内的直径(见图 C.1)
d_n	mm	圆形缺口试样的缺口底径 对于缺口-无缺口复合试样 $d=d_n$
b	mm	方形或矩形横截面试样平行段的横截面的宽度
L_r	mm	参考长度
a	mm	方形或矩形横截面试样的厚度(见图 2b)
L_{ro}	mm	原始参考长度
L_{ru}	mm	断后参考长度
ΔL_r	mm	伸长
ΔL_{rt}	mm	t 时刻参考长度的增量
L_o	mm	原始标距
L_n	mm	包含缺口的平行长度
L_u	mm	断后标距
L_c	mm	平行长度
L_e	mm	引伸计标距
R	mm	过渡弧半径
r_n	mm	缺口底部半径
S_o	mm^2	平行长度内原始横截面积
S_u	mm^2	断后最小横截面积
σ_o	MPa	初始应力
A_e[b]	%	弹性伸长率
A_i[b]	%	初始塑性伸长率
A_k[b]	%	滞弹性伸长率
A_p[b]	%	塑性伸长率
A_{per}[b]	%	残余伸长率
A_f[b]	%	蠕变伸长率: $A_f=\frac{\Delta L_{rt}}{L_{ro}}\times 100$ **注**:符号可以如下例形式表示: $A_{f\,50/5\,000}^{375}$:在试验温度为 375 ℃、初始应力为 50 MPa 的条件下 5 000 h 的蠕变伸长率

表 1（续）

符号[a]	单位	说明
A_u[b]	%	蠕变断裂后的伸长百分率 $A_u=\frac{L_{ru}-L_{ro}}{L_{ro}}\times 100$ **注**：符号可以如下例形式表示： $A_{u\,50}^{375}$：在试验温度为 375 ℃、初始应力为 50 MPa 的条件下蠕变断裂后的伸长率
Z_u	%	蠕变断裂后的断面收缩率 $Z_u=\frac{S_o-S_u}{S_o}\times 100$ **注**：符号可以用如下例形式表示： $Z_{u\,50}^{375}$：在试验温度为 375 ℃、初始应力为 50 MPa 的条件下蠕变断裂后的断面收缩率。
t_{fx}	h	蠕变伸长时间
t_{px}	h	塑性伸长时间
t_u	h	蠕变断裂时间 **注**：符号可以用如下例形式表示： $t_{u\,50}^{375}$：在试验温度为 375 ℃、初始应力为 50 MPa 的条件下蠕变断裂时间。
t_{ue}	h	缺口试样蠕变断裂时间
T	℃	规定温度
T_i	℃	显示温度
x	%	规定蠕变或塑性伸长率
n		应力指数

[a] 符号的下标(r、o、u)依据以下说明使用：
——r：对应于参考条件；
——o：对应于初始条件；
——u：对应于最终条件(断裂后)。

[b] 见 3.10 注 2。

5 试验原理

将试样加热至规定温度，沿试样轴线方向施加恒定拉伸力或恒定拉伸应力(见注)并保持一定时间获得以下结果：

——规定蠕变伸长(连续试验)；

——通过试验获得适当间隔的残余塑性伸长值(不连续试验)；

——蠕变断裂时间(连续或不连续试验)。

注："恒定应力"是指在整个试验过程中任一时刻施加在试样上的试验力与试样横截面积之比保持恒定。通常来说，恒定应力和恒定试验力的试验所获得的结果不同。

6 试验设备

6.1 试验机

试验机应能提供施加轴向试验力并使试样上产生的弯矩和扭矩最小。试验前应对试验机进行外观检查以确保试验机的加力杆、夹具、万向节和连接装置都处于良好状态。

试验力应均匀平稳无震动地施加在试样上。

试验机应远离外界的震动和冲击。试验机应具有试样断裂时将震动降到最小的缓冲装置。

试验机至少应符合 GB/T 16825.2 中 1 级试验机的要求。

为了保证试验机和夹具能够对试样准确地施加试验力，应定期校准试验机的力值和加载同轴度，试验机的加载同轴度应不超过 10%。试验设备两次校准/检定的时间间隔依据设备类型、试验条件、维护水平和使用频次而定，除非另有规定，校准/检定周期不超过 12 个月，试验机的校准/检定参考 JJG 276。如果能够证明试验设备在更长的时间内能够满足相关规定的要求，那么可以延长两次校准/检定之间的时间。

注：可参考 ASTM E1012 进行加载同轴度的校准。

6.2 伸长测量装置

对于连续试验，应使用引伸计测量试样的伸长，引伸计系统应满足 GB/T 12160 中 1 级或优于 1 级准确度的要求或者能够满足相同准确度要求的其他设备。可以采用直接安装在试样上的引伸计，也可以采用非接触式的引伸计(例如：光学或激光引伸计)。

建议引伸计校准的范围应包含预期的蠕变应变量。

引伸计应每年校准一次，除非试验时间超过 1 年。如果预期试验时间超过校准周期，应在蠕变试验开始前对引伸计重新校准。

引伸计的标距不应小于 10 mm。

引伸计应该可以测量试样单侧或双侧的伸长，双侧引伸计作为优先选择。

在报告中应注明所使用的引伸计类型(例如：单侧、双侧、轴向、径向)。当使用双侧引伸计测量试样伸长时，应报告平均伸长。

注 1：对于连续蠕变试验，引伸计直接安装在试样的平行部分，依据引伸计标距 L_e 测量蠕变伸长率。

当引伸计安装在试样的夹持末端来测量蠕变伸长时，末端的外形和尺寸应保证能够在试样的参考长度内完全准确的测定伸长。依据参考长度 L_r 测量蠕变伸长率。

通常，引伸计的标距应尽可能地接近参考长度。为了提高测量准确度，标距应尽可能的大。

注 2：如果仅仅测量蠕变断裂后的残余伸长或规定时间的残余伸长，则不必使用引伸计。

对于不连续试验，试样卸载后冷却到室温，采用合适的工具测量标距长度的残余伸长。测量工具的精度应达到 0.01 ΔL_r 或 0.01 mm，取其大者。完成测量后，试样可以再次升温和加载。

注 3：对于采用短标距试样的小应变试验，例如应变小于等于 1%，需要仔细选用足够分辨力的测量装置。

当使用镍基合金材料的引伸计时应注意避免虚假的负蠕变。

6.3 加热装置

6.3.1 加热装置温度的允许偏差

采用加热装置加热试样至规定温度(T)。规定温度(T)和显示温度(T_i)之间的允许偏差和试样长度方向上允许的最大偏差见表 2。

表 2 T_i 与 T 的允许偏差和试样长度方向上允许的最大偏差

规定温度 T ℃	T_i 与 T 的允许偏差 ℃	试样长度方向上允许的最大温度偏差 ℃
$T \leqslant 600$	±3	3
$600 < T \leqslant 800$	±4	4
$800 < T \leqslant 1\ 000$	±5	5
$1\ 000 < T \leqslant 1\ 100$	±6	6

对于规定温度超过 1 100 ℃的试验，应由双方协商确定温度的允许偏差。

显示温度(T_i)是在试样的平行段表面测得，应考虑所有来源的误差并对系统误差进行修正。

注：允许采用加热炉各个加热区间温度的间接测量方式来代替直接测量试样表面温度，这种方式必须证实能满足上述偏差的要求。

如果使用引伸计，则应考虑某种方法保护炉外的引伸计部分不会由于炉外空气温度的波动而对长度测量产生太大影响。

读取引伸计测量数值时，试验机环境温度波动不应超过±3 ℃。

对于不连续试验，标距测量时的环境温度波动不应超过±2 ℃。如果超过这个范围，应考虑环境温度变化带来的影响。

6.3.2 温度测量

6.3.2.1 总则

温度显示装置的分辨力至少应为 0.5 ℃，测温装置的准确度应等于或优于 1 ℃。

6.3.2.2 单头试验机

对于单头试验机，试样的平行长度小于或等于 50 mm 的应至少使用 2 支热电偶。对于平行长度超过 50 mm 的试样，应至少使用 3 支热电偶。任何情况下应将热电偶固定在试样平行长度的两端，如果使用 3 支热电偶，应在试样平行长度的中段固定 1 支热电偶。

如果证实加热炉能够使试样上的温度波动不超过 6.3.1 的规定，那么热电偶的数量可以减少为 1 支。

6.3.2.3 多头试验机

对于多头试验机，建议每个试样上至少固定 1 支热电偶。如果只用一支热电偶，应固定在试样平行长度的中间位置。如果仅在炉内安装 3 支控温热电偶，必须要有充分的数据证明每个试样的温度满足 6.3.1 的要求。

对于间接测温装置，要求有规律地测量每个加热区间内热电偶与给定区间内一定数量试样上的温度差值数据。对于温度差的非系统部分，800 ℃以下不超过±2 ℃、800 ℃以上不超过±3 ℃。

6.3.2.4 缺口试样

缺口试样的温度测量应满足 6.3.2.2 或者 6.3.2.3 的要求。建议在缺口底部固定一支热电偶。

6.3.2.5 热电偶

热电偶的测量端与试样表面应保持良好的热接触，并应该屏蔽以避免热源的直接辐射。炉内电偶丝其余部分应该有热防护和电绝缘。

注：此条款不适用于间接测量装置。

6.3.3 热电偶和测温系统的校准

注：不同热电偶的相关信息见附录 A。

6.3.3.1 热电偶的校准/检定

对于试验时间较短(通常不超过 500 h)的热电偶至少应每 12 个月校准/检定一次。对于试验时间超过 12 个月的贵金属热电偶应按以下要求校准/检定：

——规定温度小于等于 600 ℃的每 4 年校准/检定一次；

——规定温度大于 600 ℃而小于等于 800 ℃的每 2 年校准/检定一次；

——规定温度大于 800 ℃的每 1 年校准/检定一次。

如果试验时间超过校准/检定周期的应在试验完成后立即校准/检定。如果热电偶重新焊接，则应在使用前再次校准/检定。

应对试验温度或者包含试验温度的典型区间对热电偶的偏差进行标定。

如果能够证明热电偶的偏差不影响 6.3.1 中规定允许的温度波动的，那么可以延长两次校准/检定之间的时间。

由于热电偶污染造成化学成分变化导致的温度漂移以及人为处置的物理损伤都会导致热电偶输出值的变化，这些变化应该被记录并且如果有要求应该是可获得的。

注 1：温度波动是由所使用的热电偶类型以及在试验温度下的暴露时间决定的。

如果热电偶的漂移影响超出温度的允许偏差，则应提高校准/检定的频次或者通过热电偶的显示值对温度进行修正。

注 2：热电偶校准的相关信息参见附录 B。

6.3.3.2 温度测量装置的校准

温度测量装置(包括补偿导线、接点、冷端、显示器或记录仪、数据线等)应该按照可以追溯至温度国际单位的校准方法进行校准。

如果可行，应在相关温度范围内对测温装置仪表按照 JJG 617 每年校准一次，校准结果应在校准报告中给出。

6.3.4 加热炉均温带的校准

加热装置的均温带应按照 JJG 276 进行校准。

7 试样

7.1 形状和尺寸

一般情况下，试样加工成圆形比例试样($L_{ro}=k\sqrt{S_o}$)(见图 2)。k 值应大于或等于 5.65 并在试验报告中记录 k 的取值，例如：$L_{ro}\geqslant 5D$。

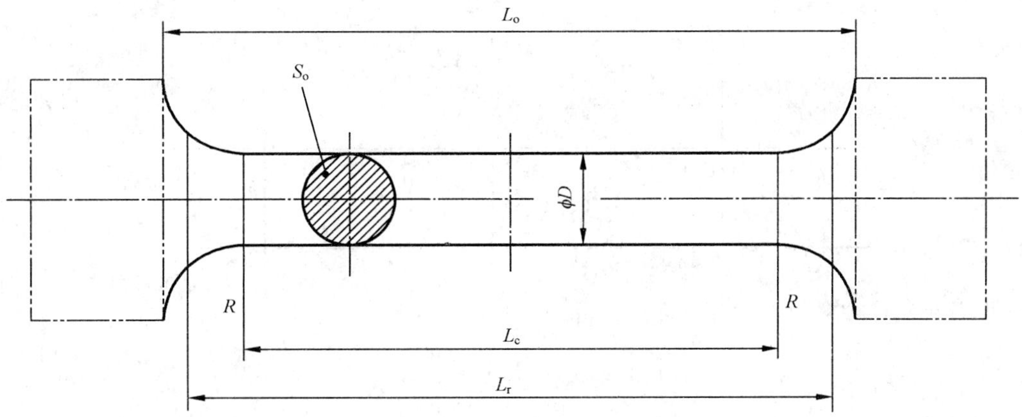

注：L_r 应根据公式(6)计算得出。

a） 标距在平行长度以外的台肩试样

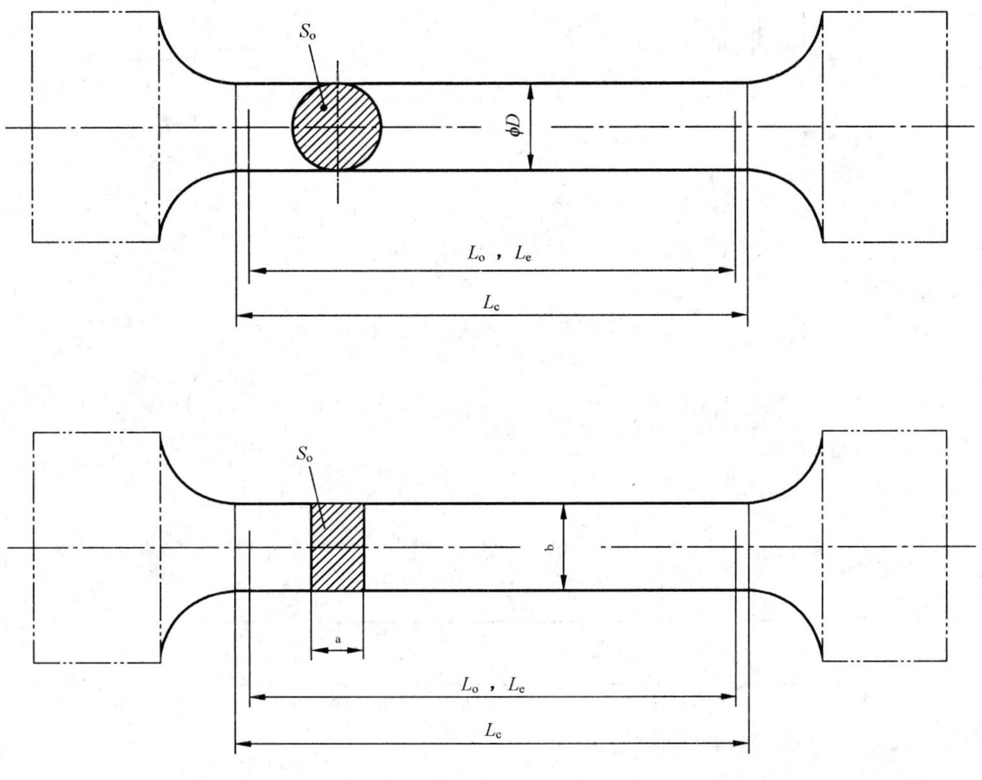

b） 标距在平行长度以内的台肩试样

图 2 试样示例图

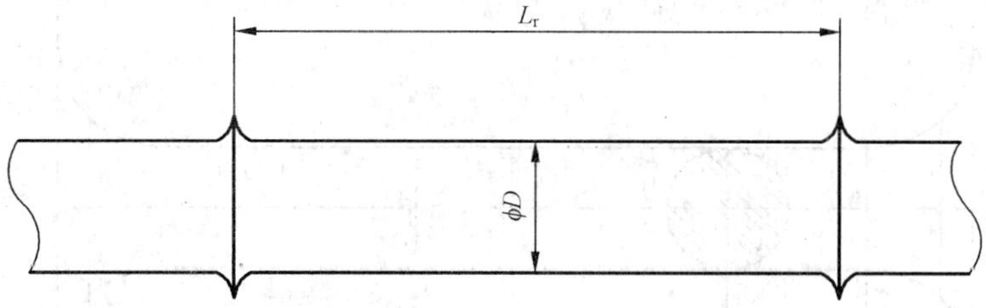

注：通常 $L_r = L_o$ 或 L_e。

c) 带小凸台试样

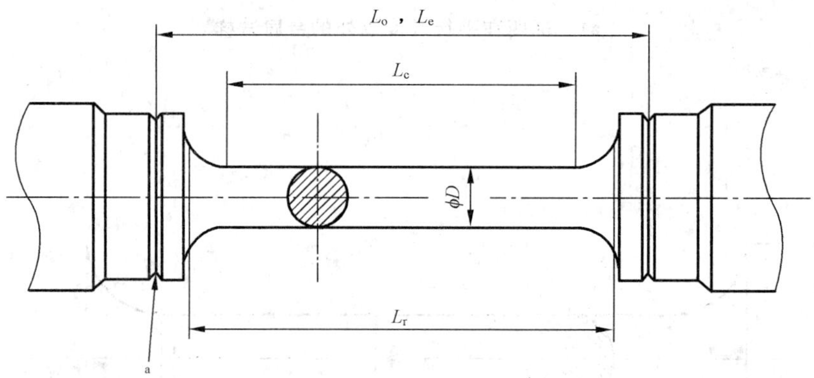

说明：

[a]——V 形缺口(角度 55°～90°,缺口深度 0.15 mm)。

注：L_r 由公式(6)计算得出。

d) 试样标距在平行长度以外的台肩试样

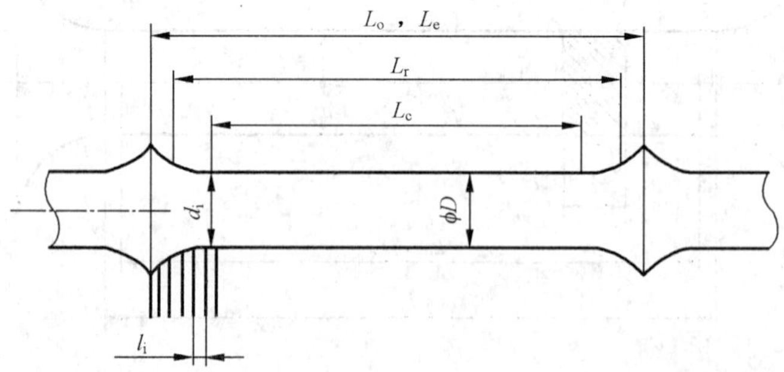

e) 凸台试样

图 2(续)

特殊情况下，还有矩形、方形或其他形状横截面的试样。对于圆形试样的要求不适用于特殊试样。

通常情况下，对于圆形试样 L_{ro} 应不大于 1.1 倍的 L_c，对于方形或矩形横截面试样 L_{ro} 应不大于 1.15 倍的 L_c。

平行段应用过渡弧与试样夹持端连接，夹持端的形状应和试验机的夹持端相适应。对于圆柱形试样过渡弧半径 R 应在 0.25 D～1 D 之间，对于方形或矩形截面试样，过渡弧半径 R 应在 0.25 b～1 b 之间。

除非试样尺寸不够，原始横截面积（S_o）应大于等于 7 mm^2。

注：在特殊情况尤其是对于脆性材料，过渡弧半径可以大于 1 D。

当采用在平行段的凸台上安装引伸计时，凸台的过渡弧半径可以小于 0.25 d；凸台过渡弧的选择必须尽量减小应力集中并且应检验确保圆弧没有过切。对于有凸台试样，凸台和夹持端之间的试样直径可能比原始标距内直径大 10%。这是为了确保试样断裂发生在试样标距之内。

试样夹持端与试样平行段的同轴度误差为：

——对于圆形试样，0.005 D 或者 0.03 mm，取二者中较大者；

——对于方形或矩形试样，0.005 b 或者 0.03 mm，取二者中较大者。

当氧化成为重要影响因素时，可以选择较大原始横截面积（S_o）的试样。

原始参考长度的测量应准确至±1%。断后参考长度与原始参考长度的差值应准确至 0.25 mm。

对于缺口试样，缺口的位置和几何尺寸应由双方协商确定。

7.2 试样制备

试样应通过机加工的方法使得试样表面缺陷或残余变形降到最低。

圆形截面试样的形状公差见表 3，方形或矩形截面试样的形状公差见表 4。

表 3 圆形截面试样的形状公差

单位为毫米

公称直径 D	形状公差[a]
$3<D\leqslant 6$	0.02
$6<D\leqslant 10$	0.03
$10<D\leqslant 18$	0.04
$18<D\leqslant 30$	0.05

[a] 在整个平行长度，横向上测量试样直径的最大偏差。

表 4 方形或矩形截面试样的形状公差

单位为毫米

公称尺寸 b	形状公差[a]
$3<b\leqslant 6$	0.02
$6<b\leqslant 10$	0.03
$10<b\leqslant 18$	0.04
$18<b\leqslant 30$	0.05

[a] 在整个平行长度上，横向上测量试样宽度的最大偏差。

建议最小原始横截面积处于平行长度或参考长度的中间 2/3 以内，取二者较小值。

对于缺口试样（见附录 C），应检查缺口尺寸是否满足相关产品标准中对尺寸偏差的要求。

7.3 原始横截面积的测定

原始横截面积(S_o)是通过测定试样平行长度内的横截面尺寸计算而得到的。每个尺寸的测量应准确到±0.1%或0.01 mm,取二者中的较大值。

应在标距长度方向上的3个位置测定试样的横截面积,取最小横截面积来计算试样上按规定应力所施加的试验力。

7.4 原始标距(L_o)的标记

使用打点、标线以及其他方法标记原始标距的两端,应注意不能使用导致试样提前断裂的缺口来标记原始标距。

经标记的原始标距应准确至±1%。

注:有些情况下,为了帮助标记标距,会在试样表面画一条平行于试样纵轴的线,来标记原始标距。当使用带小凸台的试样时(见图2c)),标距 L_o 可以不做标记。

7.5 参考长度(L_r)的测定

当引伸计安装在平行段的凸台或试样的肩部时,见图2e),参考长度应按式(6)计算:

$$L_r = L_c + 2\sum_i [(D/d_i)^{2n} l_i] \quad \cdots\cdots(6)$$

式中:

n ——试验温度下试验材料的应力指数,如果未知的话,通常取 $n=5$;

l_i ——过渡部分的长度增量。经验表明,$l_i=0.1$ mm 适合计算。

对于设计的每个试样图都应计算。如果提供的试样尺寸在7.1和7.2极限规定的范围内,则不必对每个试样都重新计算。

8 试验程序

8.1 试样的加热

试样应加热至规定的试验温度。试样、夹持装置和引伸计都应达到热平衡。

试样应在试验力施加前至少保温1 h,除非产品标准另有规定。对于连续试验保温时间不得超过24 h。对于不连续试验,试样保温时间不得超过3 h,卸载后试样保温时间不得超过1 h。

升温过程中,任何时间试样温度不得超过规定温度(T)所允许的偏差。如果超出,应在报告中注明。

对于安装引伸计的蠕变试验,可以在升温过程中施加一定的初负荷(小于试验力的10%)来保持试样加载链的同轴(例如在 $t=0$ 之前)。

8.2 施加试验力

试验力应以产生最小的弯矩和扭矩的方式在试样的轴向上施加。

试验力至少应准确到±1%。试验力的施加过程应无振动并尽可能地快速。

应特别注意软金属和面心立方材料的加力过程,因为这些材料可能会在非常低的负荷下或室温下发生蠕变。

当初始应力对应的载荷全部施加在试样上时作为蠕变试验开始($t=0$)并记录蠕变伸长(见图1)。

8.3 试验中断

8.3.1 总则

为了获得足够多伸长数据可以多次周期性地中断试验。

8.3.2 多试样串联试验

一支试样断裂后，允许将其从试样链中取出并更换为新试样后按8.1和8.2规定继续试验。

8.3.3 意外中断

对于每次试验意外中断的原因——例如：加热中断或停电，应在试验条件恢复后，记录在试验报告中。应确保不因试样收缩而导致试样上试验力的超载。建议在中断期间保持试样上的初始负荷。

8.4 温度和伸长的记录

8.4.1 温度

在整个试验过程中充分记录试样的温度来证实温度条件满足6.3.1的要求是非常重要的。

8.4.2 伸长

整个试验过程中应连续记录或记录足够多的伸长数据来绘制伸长率-时间曲线（见图3）。

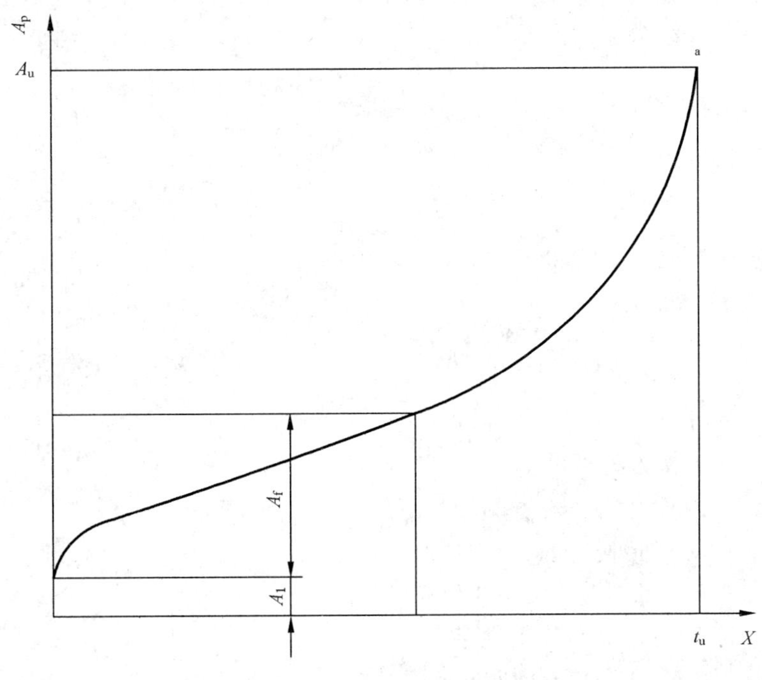

说明：

X——从加载结束时计时。

[a] 试样断裂。

图3 伸长率-时间图

当只测定规定时间的蠕变伸长时，不必绘制伸长率-时间曲线。只测量初始和最终的伸长量。

对于不连续试验，周期性间断的次数应力求通过在伸长率-时间曲线（见图 3）采用内插的方法测定残余伸长率时保证足够的精度。

对于连续试验，应测定初始塑性伸长率 A_i。

注 1：如果测量弹性和初始塑性伸长之和，在采用逐步加载的方法测量时应减去弹性伸长，或者在试验过程中卸除部分载荷，或者依据 GB/T 4338 按照蠕变试验类似的加载速率通过高温拉伸试验得到。

对于不连续试验，可依据 GB/T 4338 采用与蠕变试验相同的加载速度以及试验温度为蠕变温度的高温拉伸试验来测定初始塑性伸长率 A_i。

注 2：对于长时间试验可按以下次序间隔时间来记录不连续蠕变应变量：100 h、250 h、1 000 h、2 500 h、5 000 h、10 000 h 以后直至 40 000 h 每 5 000 h 记录一次。

低于 3 000 h 的试验应增加 50 h 的测量间隔，对于低于 1 000 h 的试验应增加 25 h 的测量间隔。

8.4.3 伸长-时间曲线

依据所记录的伸长和时间数据绘制伸长率-时间曲线（见图 3）。

9 试验结果的处理

根据标准第 3 章给出的定义处理相关试验结果。

10 试验有效性

除非试验结果满足产品标准或客户规定，如果试样断裂位置发生在平行长度（L_c）或引伸计标距（L_e）以外则认为断后伸长结果无效。

11 试验结果

11.1 结果的表示

试验结果的表示应按以下规定和 GB/T 8170 进行修约：

——规定温度（T）：1 ℃；

——直径（D）：0.01 mm；

——长径比（L_{ro}/D）：1 位小数；

——原始参考长度（L_{ro}）：0.1 mm；

——初始应力（σ_o）：3 位有效数字；

——时间（t_{fx}、t_{px}）：3 位有效数字；

——时间（t_u、t_{un}）：1% 或最接近的整小时（取较小值）；

——伸长率（A_e、A_i、A_f、A_p、A_{per}、A_k）：3 位有效数字；

——蠕变断后伸长率（A_u）：2 位有效数字；

——蠕变断面收缩率（Z_u）：2 位有效数字；

——蠕变速率：3 位有效数字。

11.2 不确定度

由于不确定度是依据试验材料本身特性以及试验条件得出，所以不可能得出一个准确的结果。

附录 D 给出了某些材料不确定度的评估范例。

12 试验报告

12.1 在 12.2 或者 12.2 和 12.3 中要求报告的信息，即使在产品标准中没有相应的要求，也应该在试验报告中报告。试验结果的表示和外推图表见附录 E。

12.2 试验报告应包括以下信息：

——本试验标准编号；

——试验类型(连续或不连续试验)；

——材料和试样标识；

——试样的类型和尺寸(包括比例系数 k)，包括使用的参考长度；

——规定温度以及如果超出偏差范围的显示温度；

——施加的初始应力；

——施加的恒试验力或者恒应力；

——试验结果；

——断裂位置(当断在平行段中间 2/3 以外时)；

——初始塑性伸长率；

——试验意外中断和恢复情况；

——任何影响试验结果的情况，例如：偏离了规定允差。

12.3 也可以包括以下信息，在试验委托时要求的信息：

——试验机类型(单头试验机、多头试验机等)；

——加力时间；

——依据足够数据绘制的伸长-时间曲线；

——加力产生的弹性伸长率(见 8.4.2)；

——卸载和空载时间产生的弹性和滞弹性伸长率(见 8.4.2)；

——记录任何超出 6.3.1 中规定的温度允许范围的显示温度值；

——引伸计类型；

——试验期间热电偶的漂移值；

——附录 E.6 中建议的有关试样材料的附加信息。

12.4 本标准定义的试验条件和限定不应受测量结果的不确定度而调整(见附录 D)。

12.5 不应将试验结果与估测的测量不确定度组合起来评定产品是否符合相关产品标准(见附录 D)。

附 录 A
（资料性附录）
不同热电偶的相关信息

在JJG 141和JJG 351中给出了关于不同类型热电偶的资料，GB/T 4989给出了热电偶用补偿导线的信息。

对于使用的贵金属热电偶，择优使用S或R型热电偶，建议使用温度大于等于400 ℃。

对于廉价的K型热电偶宜在低于400 ℃温度下使用，或高温下、时间小于1 000 h的情况下使用，并且不宜重复使用。

对于廉价的N型热电偶宜在低于600 ℃温度下使用，或高温下、时间小于3 000 h的情况下使用，并且不宜重复使用。

热电偶在校准周期内的温度漂移不宜超过以下要求：

——当温度小于等于600 ℃时为±1 ℃；

——当温度小于等于800 ℃，大于600 ℃时为±1.5 ℃；

——当温度小于等于1 100 ℃，大于800 ℃时为±2 ℃。

对于贵金属热电偶，在以下的校准周期内这些要求通常可以满足：

——当温度小于等于600 ℃时为4年；

——当温度小于等于800 ℃，大于600 ℃时为2年；

——当温度小于等于1 100 ℃，大于800 ℃时为1年。

附 录 B
（资料性附录）
热电偶校准方法

对于热电偶的校准，推荐两种方法。两种方法的目的都是为了保证在校准温度下热电偶显示的电动势尽可能地与 GB/T 16839.1 在该温度下的参考表保持一致（必要时对所有系统误差进行修正）。两种方法都使用标准热电偶，这可直接溯源到国家标准。新的热电偶应满足 GB/T 16839.2 中的 1 级要求或相同级别。测温装置的校准应该分开进行或在热电偶校准期间进行。

第一种方法是基于热电偶的原位校准，即热电偶的校准是在实际使用的炉子或热电偶插入至校准炉中至相同的深度且沿热电偶丝的温度梯度也相同。原位校准确定的误差用于修正指定热电偶温度。如果误差超过与插入深度相关的不确定度关联的误差极限，则热电偶废弃。在热电偶校准过程中宜观察并尽量减小由于不同的埋入深度造成的参考热电偶的漂移。

第二种方法是在校准炉中将热电偶埋入与试验炉相近的深度。在校准时，如果误差超出实验室的允差（必须包括插入深度的影响）时，应剪去热电偶末端并重新焊接和/或退火后，再重新校准。如果再次校准后，仍然超出校准允差，则热电偶废弃。

附　录　C
（规范性附录）
V 形和钝环形缺口试样的蠕变试验

C.1　总则

在拉伸蠕变试验中采用环形缺口试样可用于：

a)　在较大应力集中的条件下反映材料性能的特征，例如：螺纹根部、零部件截面的急剧变化；

b)　多轴应力条件下的材料性能。

在 C.2 中讨论的采用 V 形缺口的试样可用于 a)，而在 C.3 中讨论的钝或者半环形缺口试样用于 b)。

C.2　V 形缺口试样

在拉伸和蠕变试验中测定 V 形缺口试样的试验时间，来反映诸如零件螺纹部分的材料特性。通常，采用的是同一试样上的较大直径处加工出与试样平行段相同横截面积的缺口的复合试样，见图 C.1。此类试样主要用于测定材料是否“缺口强化”也就是首先断在试样的平行段，或者“缺口弱化”也就是试样断在缺口部分。显然，使用复合试样不能测定具体的缺口敏感性系数，如果要测定缺口敏感性系数必须在相同的净截面应力条件下对光滑和缺口试样分别试验。

表 C.1　弹性应力集中系数 $K_t=4.5\pm0.5$ 环形缺口试样尺寸　　单位为毫米

缺口底径 d_n 允许偏差±0.02	过渡段直径 D_n 允许偏差±0.02	缺口半径 r_n	缺口半径允许偏差
$3<d_n\leqslant6$	$4<D_n\leqslant8$	$0.07<r_n\leqslant0.14$	±0.02
$6<d_n\leqslant10$	$8<D_n\leqslant13.3$	$0.14<r_n\leqslant0.24$	±0.03
$10<d_n\leqslant18$	$13.3<D_n\leqslant23.9$	$0.24<r_n\leqslant0.43$	±0.05
$18<d_n\leqslant30$	$23.9<D_n\leqslant40$	$0.43<r_n\leqslant0.72$	±0.09

对于表 C.1 规定以外的试样尺寸应制成 D_n 与 d_n 之比在 1.33～1.34 之间，d_n 与 r_n 之比在 38～46 之间，缺口半径 r_n 的允许偏差为±12.5%。

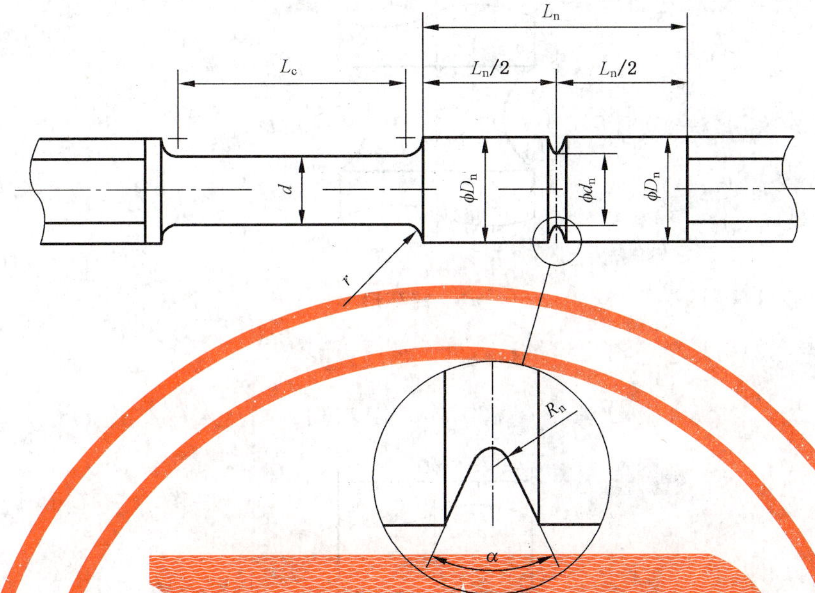

图 C.1　缺口和无缺口复合试样

原先各国标准对缺口几何尺寸有不同规定，本标准建议使用图 C.2 中 E 类型缺口尺寸，以适用于缺口强化与缺口弱化的性能评定。

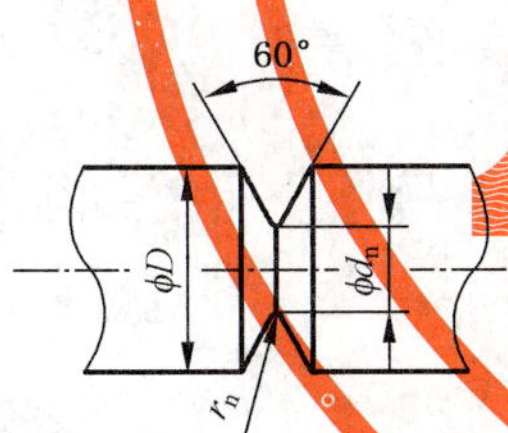

类　型	DIN	BS	E
D/d_n	1.25	1.41	$\sqrt{1.25 \cdot 1.41}=1.33$
D_n/r_n	50	35	$\sqrt{50.35}=42$

图 C.2　DIN、BS 和 E 类型的试样几何尺寸

C.3　钝环形缺口

钝环形缺口的拉伸蠕变试样是在多轴应力下评价材料行为的简易低成本方法，此外这种应力状态也与工业制成零部件的服役条件相类似。

工业生产中需要研究材料在三轴拉伸应力条件下材料的蠕变性能时，钝环形试样可以提供比 V 形缺口试样更宽的范围，并给出在这些情况下蠕变变形是如何累积的。缺口拉伸试验是实现这个目的的最直接的方法，尤其是通过改变缺口轮廓来获得较宽的应力水平的范围。三种经典的缺口轮廓见图 C.3。

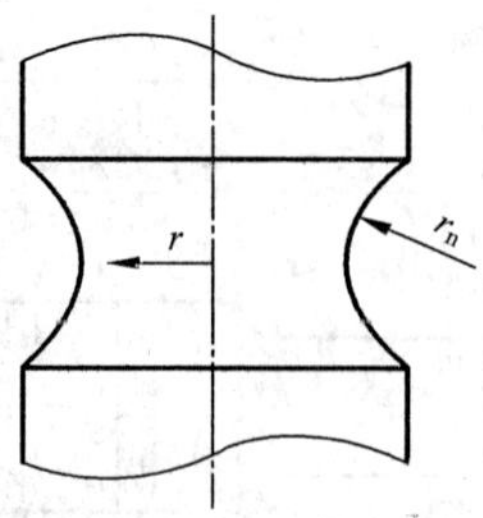

a） 钝环形

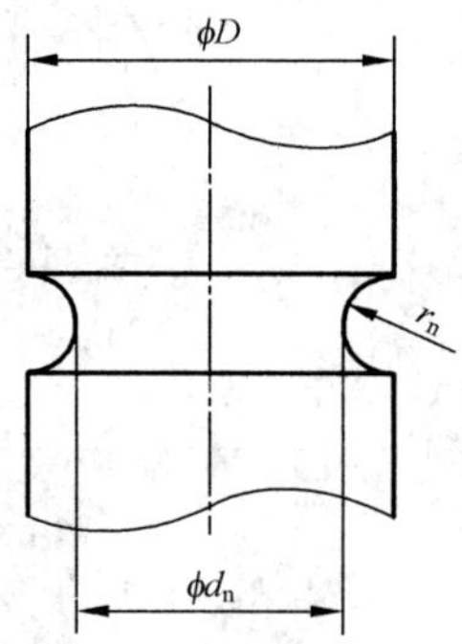

b） 半环形

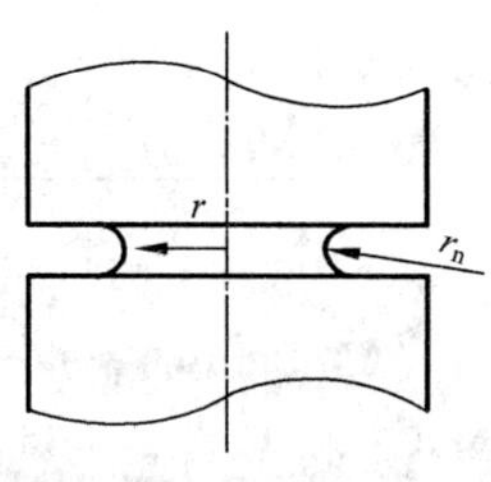

c） 平行边形

图 C.3 三种可能的 Bridgman 缺口

附 录 D
（资料性附录）
依据不确定度评定指南（GUM）来估计不确定度的方法

D.1 总则

测量不确定度的分析对于识别测量结果的不一致性的主要来源是有用的，而不恰当地根据测量不确定度进行调整而判断产品不合格是很有风险的。因此，根据下面的步骤推导不确定度仅供参考，除非客户有特别要求。

D.2 引言

本附录给出了利用已知蠕变性能的材料根据本标准评估测量不确定度的例子。应该指出利用本方法是不可能给出标准的不确定度值的，因为不确定度的分量既有与材料相关的也有与材料不相关的。因此，在能够进行测量不确定度的计算之前，有必要对该种材料与温度和应力的关系有一定的了解。

欧洲有证蠕变参考物质 CRM 425 应用于测量不确定度的评定，来评估满足本标准的符合性。

D.3 不确定度的说明

D.3.1 背景

以下分析是基于 GUM 的概念提出的一种评定蠕变不确定度的简便方法，如图 D.1 所示。一次测量的总的不确定度是用适当方法对所有不确定度分量求和。因此很有必要对所有分量进行量化，在最初的评估阶段，要决定哪些分量是可以忽略的。对于材料领域的大多数实际测量，可以忽略的分量可以定义为小于最大不确定度分量五分之一。GUM 概括了两种评定不确定度分量的方法：A 类和 B 类。A 类通过重复测量足够多次测得，例如多于 9 次，传统的数学分析可以用于标准偏差的测定。

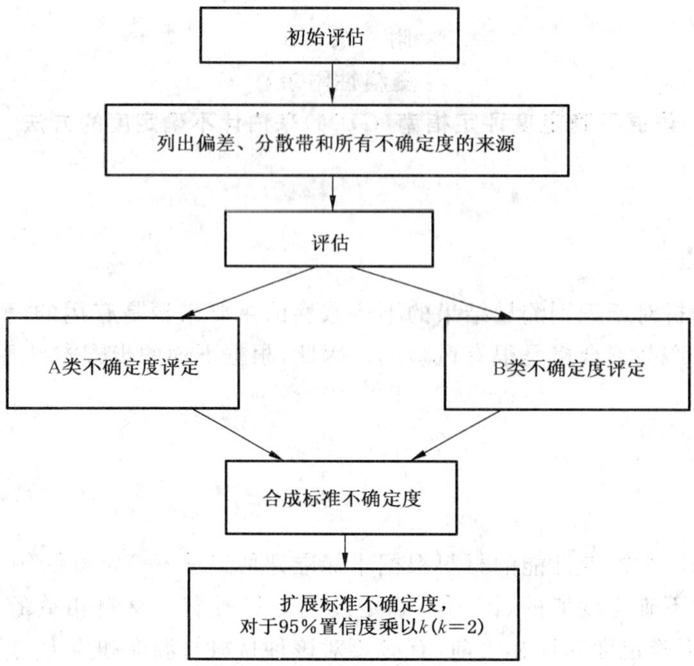

图 D.1 测量不确定度的评估步骤

B类不确定度评估方法不同于A类，例如利用标准中规定的允差、测量数据、厂商的说明书、校准证书以及大多数情况下对于不同分量之间关系的简单模型和分量的类似分布模型。例如对于标准中规定的允差$\pm a$，如果缺乏其他了解，可以适当地利用矩形分布模型来考虑，其标准不确定度为$u_s=a/\sqrt{3}$。如果用三角分布考虑更合适，其标准不确定度变成$u_s=a/\sqrt{6}$。下一步通常是计算合成不确定度。扩展不确定度U_E是将合成不确定度乘以包含因子k。对于95%置信度水平，$k=2$，$U_E=2u$。

D.3.2 蠕变试验不确定度的说明

欧洲通过组织不确定度的专项研究，针对不连续和连续蠕变得到0.2%和1%的塑性应变对应的时间，由应变测量系统的准确度得到了不确定度。研究的材料主要包括两类铁素体钢：500 ℃下的2¼Cr-1Mo和550 ℃下的1Cr-1Mo-0.5Ni-0.25V，一类马氏体钢600 ℃下的12Cr-1Mo-0.3V和一类奥氏体钢600 ℃下的17Cr-13Ni-2Mo-0.2N，试验时间在30 000 h以内。测量不确定度将允差按矩形分布来处理并用95%的置信区间来表达(见表D.1)。

表 D.1 $t_{p0.2}$和t_{p1}的不确定度范围

不连续试验/%	连续试验/%
27～38	27～32

应该注意还有其他因素影响蠕变性能的测量，例如：试样弯曲、试样的夹持方法等。然而由于没有足够的数据用于评价这些影响，目前在评定不确定度时考虑他们的影响是不可能的。还应该注意到这仅仅是对测量技术不确定度的估测，不能成为是否接受对由于材料的不均匀性而导致的试验结果内禀分散性的依据。

这里给出的不确定度可以认为是判断一个实验室进行试验是否满足本标准的上限。

D.4 一种蠕变试验的参考材料

D.4.1 总则

近几年，在力学性能试验领域使用有证参考物质的好处已被大家所接受。一种用于蠕变试验的参考物质见附表 D.2。

表 D.2 CRM 425 蠕变参考物质的有证值

性能[a]	有证值[b]	不确定度[c]
400 h 下的蠕变速率	$71.8\times10^{-6}h^{-1}$	$5\times10^{-6}h^{-1}$
t_{p2}	278 h	16 h
t_{p4}	557 h	30 h

[a] 试验条件：T=600 ℃，σ_o=160 MPa。

[b] 该值为 9 个实验室，每个实验室分别进行了 5 次独立测量的算术平均值。

[c] 该不确定度为 b 中定义的平均值 95% 置信度下的不确定度。

D.4.2 利用 CRM 425 评估不确定度

利用 CRM 425 进行不确定度评估的结果详见表 D.3。

表 D.3 利用 CRM 425 蠕变参考物质来评价蠕变试验可接受的范围

参数	有证值	95%置信度下的不确定度	试验允许误差[a]	合成不确定度(约为 21%)	
				值	范围
400 h 下的蠕变速率 $10^{-6}h^{-1}$	72	5	±14.5	±15.3	56.7～87.3
t_{p2} (h)	278	16	±56.2	±58.4	219.6～336.4
t_{p4} (h)	557	30	±112.5	±116.4	440.6～673.4

[a] 假定温度允许偏差 ΔT=±3 ℃，$\Delta\sigma$=1%。

D.5 镍基单晶在 1 100 ℃ 下蠕变试验的不确定度

针对 TMS-82＋镍基单晶合金在 1 100 ℃ 和 137 MPa 下 5 个实验室的蠕变断裂数据，每个实验室重复 3 根试样，详见表 D.4。

表 D.4 TMS-82＋镍基单晶合金在 1 100 ℃ 和 137 MPa 下 5 个实验室的蠕变断裂数据

性能	n	数据范围	平均值
蠕变断裂时间	19	238.6～460.8(h)	333.9(h)
伸长率	19	6.3～13.4(%)	10.3(%)
断面收缩率	19	24.7～38.9(%)	33.7(%)

对于通常 95%置信度下，包含因子为 2 的不确定度如下：

TMS-82＋镍基单晶合金在 1 100 ℃和 137 MPa 下：

——蠕变断裂时间：　　(334 h±59 h)；

——伸长率：　　(10.0±5.2)%；

——断面收缩率：　　(34.0±8.2)%。

附 录 E
（资料性附录）
结果的表示和图解法外推

E.1 总则

本附录所归纳的内容有助于使用者应用已建立的方法。

E.2 强度值的符号及其计算

E.2.1 应变

除蠕变断后伸长率用符号 A_u 表示以外，应变用符号 ε 表示。

在大多数情况下，滞弹性应变 ε_k 是忽略不计的，塑性应变 ε_p 与残余应变 ε_{per} 之间没有差异。

E.2.2 蠕变断裂强度(持久强度)

蠕变断裂强度是指在规定的试验温度 T，依据应力 σ_o 在试样上施加恒定的拉伸力，经过一定的试验时间(蠕变断裂时间 t_u)所引起断裂的应力 σ_o。

蠕变断裂强度用符号 R_u 表示，并以蠕变断裂时间 t_u/h 作为第二角标，试验温度 T/℃为第三角标的符号来表示。

例：对于蠕变断裂时间 t_u=100 000 h、试验温度 T=550 ℃(550 ℃下 10 000 h 蠕变断裂强度)所测定的蠕变断裂强度用以下简短符号表示：

$R_{u\,100\,000/550}$

E.2.3 规定塑性应变强度

规定塑性应变强度是指在规定的试验温度 T，依据应力 σ_o 在试样上施加恒定的拉伸力，经过一定的试验时间(达到规定塑性应变的时间，t_{px})所能产生预计塑性应变的应力 σ_o。

规定塑性应变强度用符号 R_p 表示，并以最大塑性应变量 x/%作为第二角标，达到应变量的时间为第三角标，试验温度 T/℃为第四角标的符号 R_p 来表示。

例：对于最大塑性应变量为 0.2%，达到应变时间为 1 000 h，试验温度 T=650 ℃的规定塑性应变强度用以下简短符号表示：

$R_{p\,0.2,1\,000/650}$

E.3 试样

E.3.1 光滑试样的形状及尺寸

为了避免试样的断裂位置接近标距的端部，建议采用允许形状公差的一半来使标距中部变细。

E.3.2 缺口试样的形状及尺寸

通常使用圆形横截面试样，对于非圆形横截面试样的形状及尺寸必须注明。

如果没有其他协议,环形横截面缺口试样的缺口几何尺寸应满足图 E.1 要求。缺口与直径为 D_n 的过渡段的长度至少应等于缺口底径 d_n。

表 E.1 弹性应力集中系数 K_t=4.5±0.5 的圆形横截面缺口试样尺寸 单位为毫米

缺口底径 d_n±0.01	6	8	10	12
过渡段直径 D_n±0.01	8	10.6	13.3	16
缺口半径 r_n	0.14	0.20	0.25	0.3
缺口底径允许偏差 r_n	±0.02	±0.03	±0.03	±0.05

对于表 E.1 规定以外的试样尺寸应制成 D_n 与 d_n 之比在 1.33～1.34 之间,d_n 与 r_n 之比在 38～46 之间,缺口半径 r_n 的允许偏差为±12.5%。

弹性应力集中系数按式(E.1)计算:

$$K_t=1+\left(\frac{1}{2}\cdot\frac{r_n/d_n}{D_n/d_n-1}+\frac{r_n}{d_n}\cdot\left(1+2\cdot\frac{r_n}{d_n}\right)^2\right)^{-1/2} \quad \cdots\cdots(E.1)$$

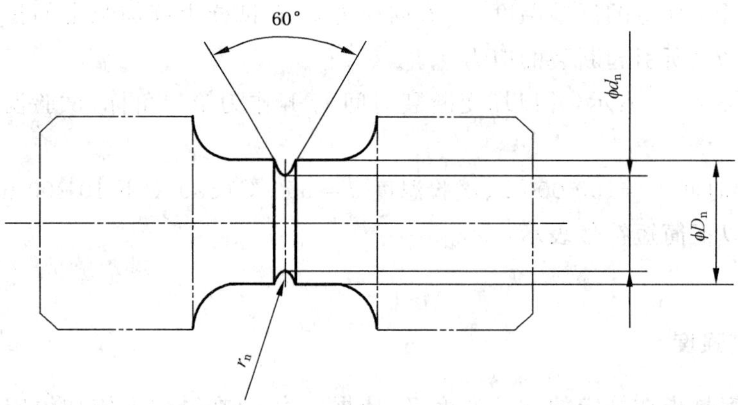

图 E.1 圆形横截面缺口试样示意图

E.4 评价

E.4.1 总则

应将在一个试验温度下单个材料的试验结果置于一系列的图表中进行评价(见图 E.2 和图 E.3)。在这些图中外推曲线用虚线表示,外推点用圆括号表示。在 E.5 给出了外推数据的注意事项。

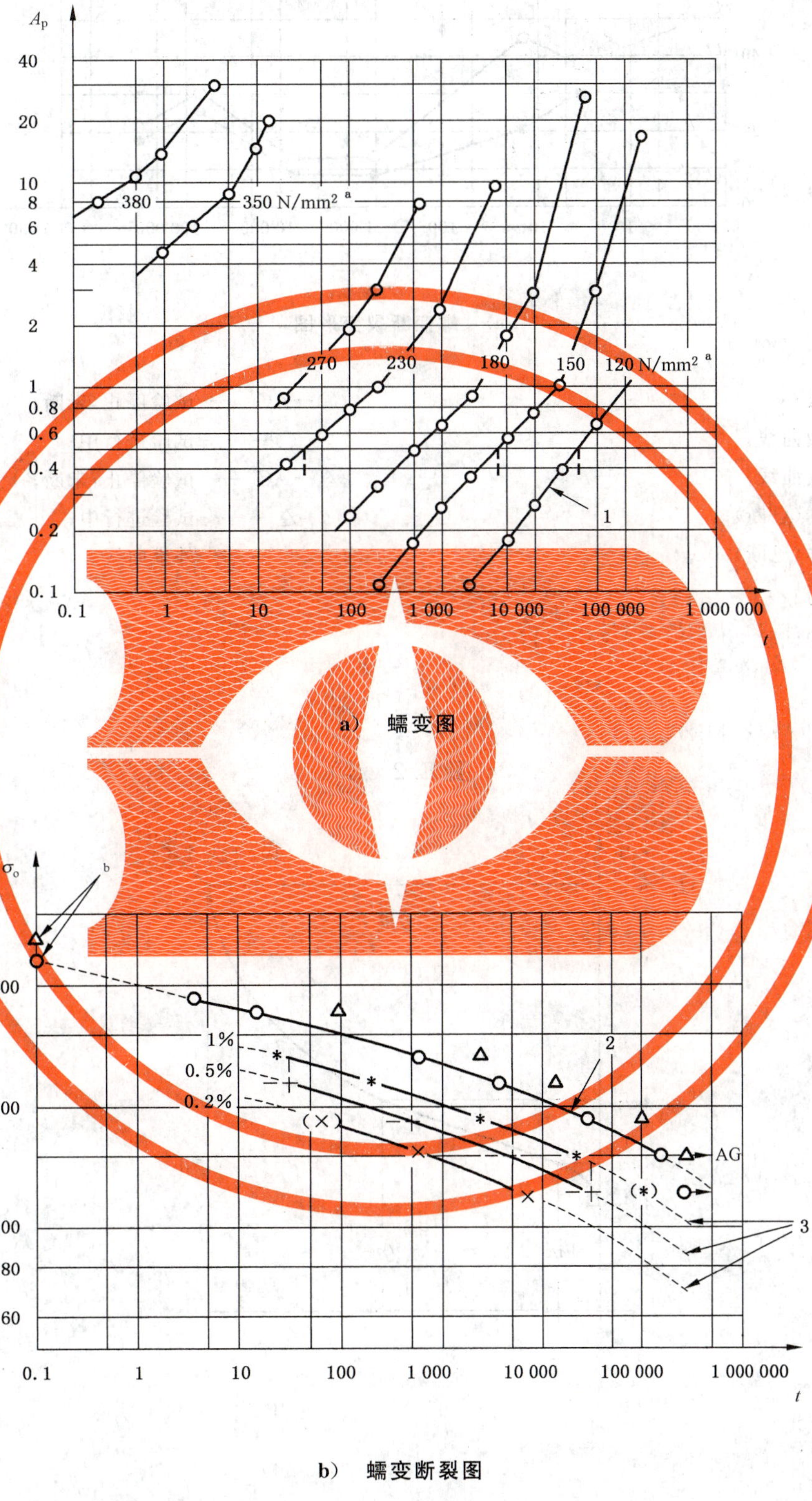

a) 蠕变图

b) 蠕变断裂图

图 E.2 恒定温度和恒定试验力的结果表达示例图

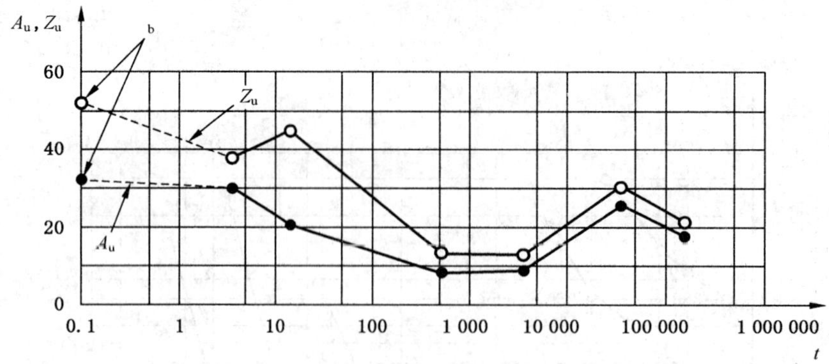

c) 蠕变断裂变形图

说明：

1——蠕变曲线；

2——蠕变断裂曲线；

3——蠕变应变曲线；

○——光滑试样(已断)；

△——缺口试样(已断)；

○→AG ——试验停止,未断；

○→ ——试验进行中；

△→AG ——试验停止,未断；

△→ ——试验进行中；

-- ——外推曲线。

[a]——初始应力。

[b]——高温拉伸试验。

图 E.2（续）

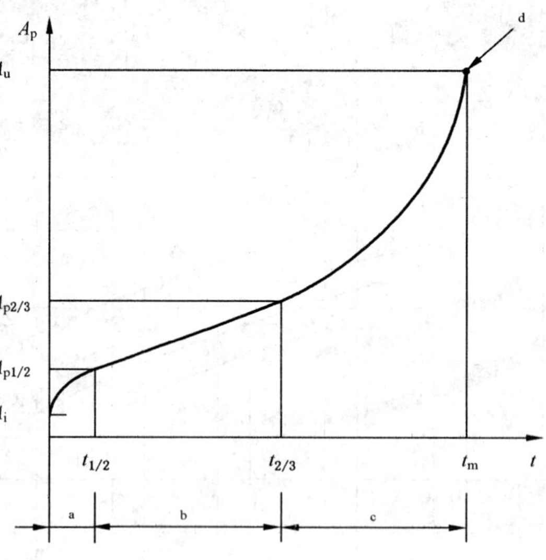

说明：

[a]——第一阶段；

[b]——第二阶段；

[c]——第三阶段；

[d]——断裂。

图 E.3 线性坐标的蠕变示意图

E.4.2 对数坐标蠕变图

为了描述蠕变曲线，在双对数坐标图上绘制塑性应变 ε_p 与时间 t 对应曲线图（见图 E.2a））。

蠕变曲线也可用光滑曲线或一系列与试验数据有关的直线绘制。可从图中得到规定塑性应变的时间 t_{px}。

E.4.3 蠕变断裂图

将应变时间与对应的应变量——例如 $t_{p0.2}$，与试验初始应力 σ_o，在双对数坐标上绘制蠕变应变图（见图 E.2.b））。该曲线应是光滑曲线，从图中可以得到规定应变强度 $R_{x,t,T}$。

蠕变断裂时间 t_u 与初始应力 σ_o 绘制蠕变断裂图，图中应做平滑处理。

从图中可以得到蠕变断裂强度 $R_{u,t,T}$。

高温拉伸试验得到的断裂强度以及达到各个应变的应力值也可示于图中某个时间点，如 $t=0.1$ h。在这种情况下，图中必须有适当的指示。

此外，缺口试样的断裂时间和初始应力 σ_o 也可作为提示在图中绘制。通过这种方法可以对材料性能进行附加评价。

E.4.4 蠕变断裂伸长图

蠕变断裂伸长图表示了蠕变断后伸长率 A_u 和断面收缩率 Z_u 与断裂时间 t_u 的关系。

通过高温拉伸试验获得的断后伸长率和断面收缩率可与图中特定时间例如 $t=0.1$ h 对应。用这个方法可以验证图形的正确与否。

E.4.5 线性坐标蠕变图

为了描述蠕变曲线，在横纵线性坐标图上绘制塑性应变 ε_p 与时间 t 对应曲线图（见图 E.3）。蠕变曲线也可用光滑曲线或一系列与试验数据有关的直线绘制。

从曲线的斜率可得出与时间 t 相关的蠕变速率 $\dot{\varepsilon}$，以及总的最小蠕变速率 $\dot{\varepsilon}_{p,min}$。从图中可以得到蠕变从第一阶段到第二阶段的转变时间 $t_{1/2}$ 以及从第二阶段到第三阶段的转变时间 $t_{2/3}$。不是从所有线性坐标下的蠕变曲线都能分辨出蠕变的第 1、2、3 阶段的。

E.5 外推方法

E.5.1 总则

在处理蠕变数据时经常需要确定蠕变断裂强度或应变强度超出最长试验时间系数 q_e。系数 q_e 是外推时间与试验时间的比值，通常不超过 3。

如果外推的蠕变强度低于同一材料的最小初始应力时，建议注明外推时间与试验时间的比值 q_e。这种外推的不确定度通常较大。

在外推过程中应考虑试验时间和/或试验温度会改变微观结构和断裂延伸值。选取外推方法时应注意此类问题。

在蠕变数据处理过程中往往需要确定最长试验时间的 q_e 倍所对应的蠕变断裂强度或规定应变强度值。系数 q_e 称为外推时间比，通常不超过 3。

对于相同材料建议标明外推时间比 q_e 并且指出外推蠕变强度是否低于最小初始应力水平 σ_{omin}。当外推蠕变强度低于最小初始应力水平 σ_{omin} 时，外推结果的不确定度通常较大。

在外推过程中应考虑微结构或蠕变断裂变形值的变化，它们与时间和/或试验温度有关。外推过程须作说明。

E.5.2 图解法外推和蠕变断裂图

通常采用蠕变断裂曲线和/或蠕变应力曲线的延长的图解法来外推结果。相同试验温度下的邻近曲线随时间的转变(见图 E.4b))或不同试验温度,择优选较高试验温度的不同曲线(见图 E.4c)),都是有助于外推的有用提示。从蠕变应变曲线的延长线可以获得相同的信息。从欧洲蠕变联合协会(ECCC)中可以得到更多的建议。

如果已经借助相邻曲线进行了图解法外推,应采用较小的外推时间与试验时间的比值 q_e(见图 E.4b)和 E.4c))。

E.5.3 时间-温度参数外推法

通常,将应力 σ_o 的对数与时间-温度参数绘图。时间-温度参数由试验温度、蠕变断裂时间或达到规定应变的时间导出。数据点由所谓"主曲线"拟合。

建议依据时间和试验温度所获得的试验结果来得到最佳的时间温度参数。此外,较长试验时间的结果对曲线的拟合起着重要作用。应该注意的是分散小的数据不能保证外推结果的准确性。

可以从主曲线上相关的蠕变断裂强度或应变时间的结果外推至给定的试验温度下的蠕变断裂强度或应变时间。为了提高外推结果的准确性,外推结果应绘制在蠕变(断裂)图中,同时与测量结果相比较。

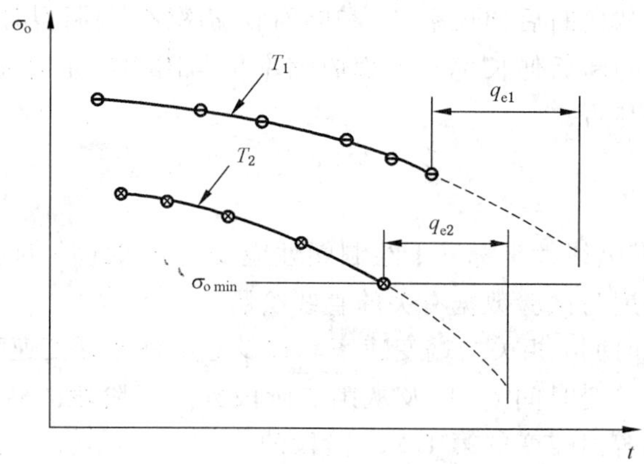

a) 蠕变断裂曲线 $T_1 < T_2$

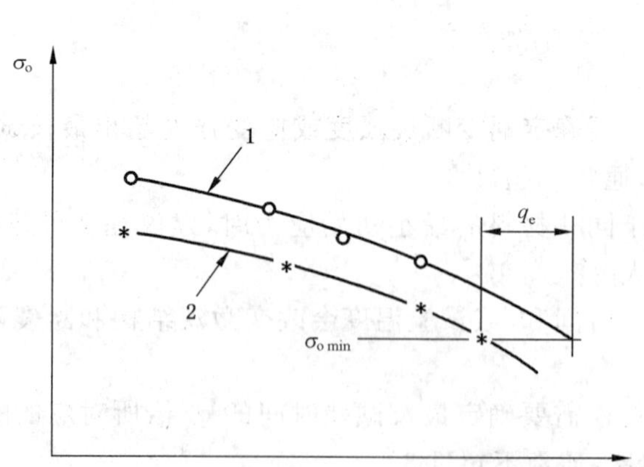

b) 蠕变断裂和蠕变应变曲线,T 为常数

图 E.4 蠕变应变(断裂)图解法外推示例

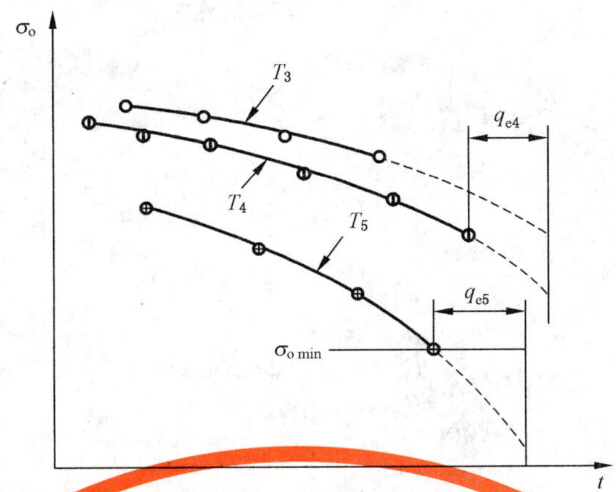

c）蠕变断裂曲线，$T_3 < T_4 << T_5$

说明：

1——蠕变断裂曲线；

2——时间应变曲线。

图 E.4（续）

E.6 试验报告及附加信息

试验报告建议包含以下附加信息：

——关于试样材料的信息；

——制造厂；

——铸件数量，铸件重量；

——生产过程；

——铸造板坯坯料重量，零件重量；

——测量装置规格，半成品；特性测量，半成品型式；

——试样在铸造板坯/零件的位置（取样位置参见 GB/T 2975）；

——化学成分，热处理制度；

——室温拉伸试验结果；

——冲击试验结果（夏比、艾氏等）；

——高温拉伸试验结果；

——微观结构；

——适用时：外推过程及外推时间比。

ICS 33.160
M 60

中华人民共和国国家标准

GB/T 2097—2012
代替 GB 2097—1997

模拟彩色电视广播测试图

Test charts for analog colour television broadcasting

2012-06-29 发布　　　　2012-10-01 实施

中华人民共和国国家质量监督检验检疫总局
中国国家标准化管理委员会　发布

前　言

本标准按照 GB/T 1.1—2009 给出的规则起草。

本标准代替 GB 2097—1997《彩色电视广播测试图》，与 GB 2097—1997 相比主要变化如下：

——将原标准 6.1.1 中垂直护边框的文字描述“宽度——1.66 μs；”改为：“宽度——1.66 μs(不包括白线)；”；

——将原标准 6.1.1 中垂直护边框的文字描述“高度——顶端 16 行，中间黑块 40 行，白块 44 行(13 个)，底端 15 行，共计 575 行。”改为：“高度——顶端 16 行(包括其下方白线)，中间黑块 40 行(7 个)，白块 44 行(6 个)，底端 15 行(包括其上方白线)，共计 575 行。”；

——将原标准 6.1.1 中水平护边框的文字描述“高度——顶端 14 行，底端 13 行；”改为：“高度——顶端 14 行(不包括白线)，底端 13 行(不包括白线)；”；

——将原标准 6.1.1 中水平护边框的文字描述“宽度——两边 1.775 μs，中间 2.85 μs±0.23 μs (17 个)，共计 52 μs。”改为：“宽度——两边各 1.89 μs(包括白线)，中间黑块 2.62 μs(9 个)，白块 3.08 μs(8 个)，共计 52 μs。”；

——将原标准 6.3.2.3.1 中的文字描述“分五级，高 63 行。1.8，2.8，3.8，4.8，5.625 MHz；140，220，300，380，450 线。”改为：“分五级，高 63 行。频率分别为 1.8 MHz(140 电视线)、2.8 MHz(218 电视线)、3.8 MHz(296 电视线)、4.8 MHz(374 电视线)和 5.625 MHz(439 电视线)。”；

——对标准的题目和适用范围做了限定，将“彩色电视广播测试图”改为“模拟彩色电视广播测试图”，以区别数字电视广播测试图。

本标准由国家广播电影电视总局提出。

本标准由全国广播电影电视标准化技术委员会(SAC/TC 239)归口。

本标准起草单位：国家广播电影电视总局广播电视规划院、北京北电科林电子有限公司。

本标准主要起草人：宁金辉、李若霜、肖辉、王惠明、武世鹏、卢桂兰。

模拟彩色电视广播测试图

1 范围

本标准规定了模拟彩色电视广播测试图中所包含的各种图形、技术要求和用途。

本标准适用于符合我国电视广播制式的电视中心、发射台、有线电视台中的模拟彩色电视广播测试图信号发生器和电视观众正确调整彩色电视接收机。

2 规范性引用文件

下列文件对于本文件的应用是必不可少的。凡是注日期的引用文件，仅注日期的版本适用于本文件。凡是不注日期的引用文件，其最新版本(包括所有的修改单)适用于本文件。

GB/T 3175.3—1987 透射式彩条测试图

GB/T 3175.4—1987 透射式肤色测试图

GY/T 127—1995 中央、省、自治区、直辖市广播电台和电视台代码

3 用途

本标准主要供模拟彩色电视中心台、发射台播出节目使用。本标准可以直观地估计模拟广播电视系统及电视接收机的质量，电视观众可用本标准将接收机调整到满意的收看状态。

4 标准图样

模拟彩色电视广播测试图标准图样见图1。

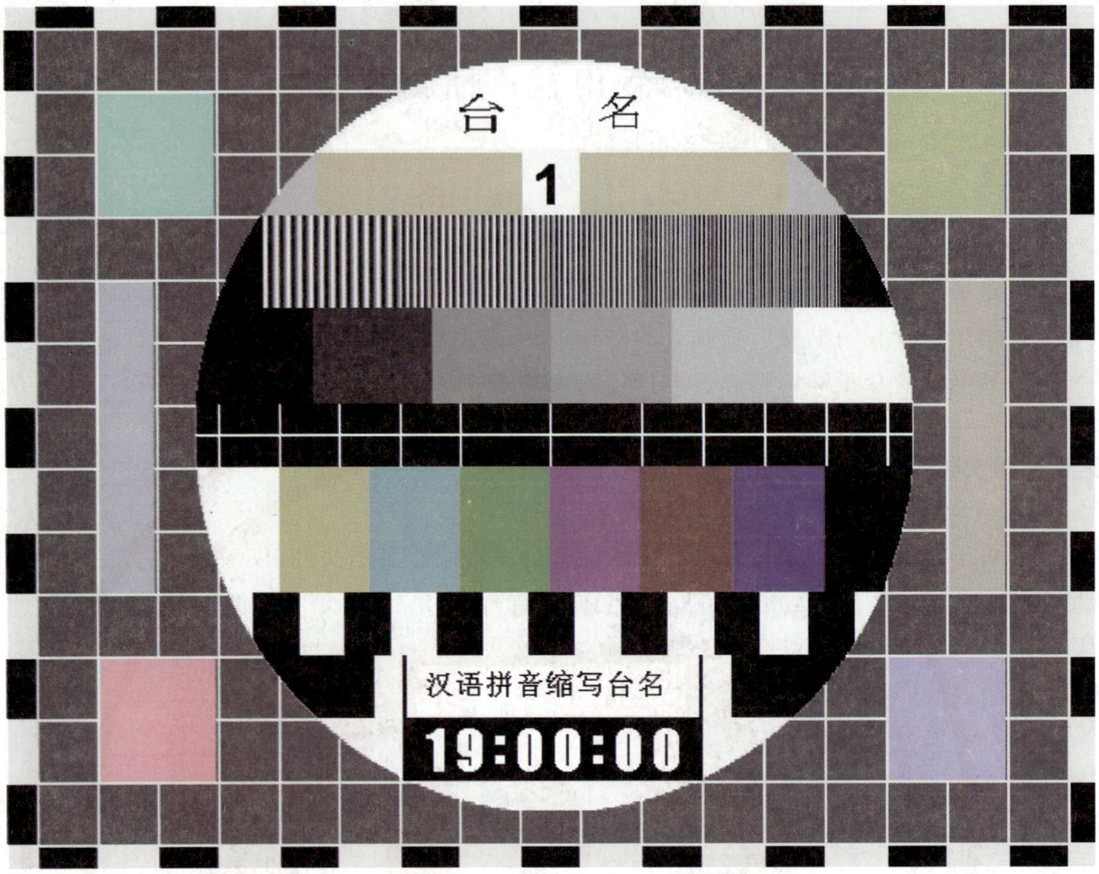

图 1 模拟彩色电视广播测试图标准图样

5 测试图信号技术要求及用途

5.1 概述

本测试图四周是黑白矩形组成的护边框，护边框外框提供正确的 4∶3 宽高尺寸比的最大尺寸。护边框内是灰底白方格线。测试图的正中央是大圆，圆内有 9 种必要的测试图形。

5.2 黑白矩形护边框

5.2.1 描述

垂直护边框：

宽度——1.66 μs(不包括白线)；

高度——顶端 16 行(包括其下方白线)，中间黑块 40 行(7 个)，白块 44 行(6 个)，底端 15 行(包括其上方白线)，共计 575 行。

水平护边框：

高度——顶端 14 行(不包括白线)，底端 13 行(不包括白线)；

宽度——两边各 1.89 μs(包括白线)，中间黑块 2.62 μs(9 个)，白块 3.08 μs(8 个)，共计 52 μs。

5.2.2 用途

检查标准 4∶3 宽高尺寸比及最大尺寸，图像中心和扫描幅度，垂直边框还可检查同步分离和箝位。

5.3 灰底白格背景

5.3.1 描述

水平 14 条白线,线宽为 1 行/场,共 2 行。垂直 18 条白线,线宽为 230 ns±23 ns,灰色背景亮度为黑色到白色的 30%。

5.3.2 用途

检查几何失真、非线性失真。

检查“动会聚”、“色纯”是否良好。

5.4 圆和圆内图形

5.4.1 圆

5.4.1.1 描述

垂直方向——圆的幅度为 504 行(占全图垂直方向的 87.65%);

水平方向——圆的幅度为 34.2 μs。

5.4.1.2 用途

检查几何失真、非线性失真。

5.4.2 圆内图形(由上而下按顺序要求)

5.4.2.1 白色背景上的黑色汉字台名

5.4.2.1.1 描述

白色背景为弧形,垂直方向最大幅度 63 行,台名中心对称排列,字高 40 行。

二字台名:字宽 2.85 μs 或以上;字距约 2.85 μs。

三字台名:字宽 2.85 μs 或以上;字距约 1.4 μs。

四字台名:字宽 2.85 μs 或以上;字距约 0.7 μs。

5.4.2.1.2 用途

电视台名称。

5.4.2.2 肤色和台号

5.4.2.2.1 描述

肤色应符合 GB/T 3175.4—1987 的规定,高度为 42 行。中间为白底黑字阿拉伯字台号,白底宽度为 2.85 μs(1 位数字)或 5.7 μs(2 位数字),高度为 42 行。黑色阿拉伯字台号的字高约 40 行,字宽 2.13 μs(在标准图样中用数字“1”为例表示台号)。

5.4.2.2.2 用途

检查电视系统的肤色还原能力。台号为电视台序号。

5.4.2.3 清晰度线

5.4.2.3.1 描述

分五级，高 63 行。频率分别为 1.8 MHz(140 电视线)、2.8 MHz(218 电视线)、3.8 MHz(296 电视线)、4.8 MHz(374 电视线)和 5.625 MHz(439 电视线)。

5.4.2.3.2 用途

检查接收机或监示器亮度部分的清晰度；检查色度部分的带宽；检查副载频(4.43 MHz)与行频的锁定关系。

5.4.2.4 灰度信号

5.4.2.4.1 描述

高 63 行，从黑到白按电信号幅度等分为 6 级。

5.4.2.4.2 用途

检查调整线性和白色平衡。

5.4.2.5 黑色背景上的白色中心十字线

5.4.2.5.1 描述

水平白线——线宽 1 行/场，共 2 行，与圆外背景线的扫描场顺序相反；

垂直白线——正中心一根，两边对称各分布 5 根，共 11 根，高 42 行，线宽 230 ns。

5.4.2.5.2 用途

确定全图中心，检查隔行扫描，检查静会聚。

5.4.2.6 彩条信号

5.4.2.6.1 描述

彩条——白、黄、青、绿、品红、红、蓝、黑。每种色块的宽度为 4.275 μs，高 84 行，亮度信号、色度信号幅度值和色度信号相位值应符合 GB/T 3175.3—1987 中关于 100/0/75/0 彩条信号的规定。

5.4.2.6.2 用途

使电视观众对彩色产生一个总体的印象，并借此调整电视显示器的“亮度”、“对比度”和“饱和度”，检查“自动消色”是否正常。

5.4.2.7 250 kHz 方波

5.4.2.7.1 描述

重复频率 250 kHz，幅度从白电平到黑电平，高 42 行。

5.4.2.7.2 用途

检查接收机亮度通道的瞬态响应。

5.4.2.8 白色矩形、汉语拼音缩写台名和黑色针状脉冲

5.4.2.8.1 描述

黑色背景上白色矩形的宽度约 17.1 μs，矩形中心对称排列黑色的汉语拼音缩写台名，缩写应符合 GY/T 127—1995 的规定，字符高 36 行；两条黑色针状脉冲宽度为 230 ns±23 ns，高 42 行。

5.4.2.8.2 用途

检查由于天线或电缆匹配不良等原因造成的高频反射。

5.4.2.9 北京标准时间信号标志

5.4.2.9.1 描述

由黑色背景上的白色阿拉伯字表示，黑色矩形宽 14.25 μs，高 42 行，白色以时、分、秒六位数字表示北京标准时间，字高 36 行，字宽约 1.6 μs，时、分、秒之间有两个白色方点隔开(在标准图样中用时间“19：00：00”为例表示)。

5.4.2.9.2 用途

供对时用。

5.5 圆周围的彩色信号

5.5.1 描述

5.5.1.1 左边

左上角方块内的信号为－(R－Y)信号(270°)；
左下角方块内的信号为＋(R－Y)信号(90°)；
左中间矩形内的信号为(G－Y)＝0，326°信号。

5.5.1.2 右边

右上角方块内的信号为－(B－Y)信号(180°)；
右下角方块内的信号为＋(B－Y)信号(0°)；
右中间矩形内的信号为(G－Y)＝0，146°信号。

5.5.2 用途

检查并借此调整色度再现。

ICS 29.120.30
K 30

中华人民共和国国家标准

GB 2099.2—2012
代替 GB 2099.2—1997

家用和类似用途插头插座 第2部分:器具插座的特殊要求

Plugs and socket－outlets for household and similar purposes—Part 2: Particular requirements for socket-outlets for appliances

(IEC 60884-2-2:2006,Plugs and socket-outlets for household and similar purposes—Part 2-2: Particular requirements for socket-outlets for appliances,MOD)

2012-12-31 发布　　　　2013-12-01 实施

中华人民共和国国家质量监督检验检疫总局
中国国家标准化管理委员会　发布

前　言

GB 2099 的本部分的全部技术内容为强制性。

GB 2099 是家用和类似用途插头插座系列标准，分为以下几部分：

第 1 部分：通用要求（GB 2099.1）

第 2 部分：特殊要求（GB 2099.2～2099.7）

——带熔断器插头的特殊要求；

——器具插座的特殊要求；

——转换器的特殊要求；

——固定式无联锁带开关插座的特殊要求；

——固定式有联锁带开关插座的特殊要求；

——安全特低电压用插头插座的特殊要求。

本部分是 GB 2099 的第 2 部分：器具插座的特殊要求。

本部分按照 GB/T 1.1—2009 给出的规则起草。

本部分代替 GB 2099.2—1997《家用和类似用途插头插座　第二部分：器具插座的特殊要求》，本部分与 GB 2099.2—1997 相比，主要变化如下：

——第 1 章范围中规定“器具插座周围的环境温度通常不超过 35 ℃，偶尔会达到 40 ℃。”

——第 2 章规范性引用文件做了修改，正文中的引用文件相应修改。删去了 IEC 320-2-2：1990、IEC 760：1983；增加了 GB/T 2423.55—2006。在相关条文中用 GB 17196《连接器件 连接铜导线用的扁形快速连接端头安全要求》代替原 IEC 760 标准。

——第 3 章标题改为“术语和定义”；第 5 章标题改为“试验概述”；第 12 章标题改为“端子和端头”；第 16 章标题改为“耐老化、由外壳提供的防护和防潮”。

——24.101 的表 103 删去了原表中第 1 栏的“75 mm”、“0.17 J±0.05 J”的数据。

——24.101 删去有关弹簧锤冲击试验装置描述的内容。

本部分使用重新起草法修改采用 IEC 60884-2-2：2006（第 2 版）《家用和类似用途插头插座　第 2-2 部分：器具插座的特殊要求》。

本部分与 IEC 60884-2-2：2006 的技术性差异及其原因如下：

——适合主标准的差异而适用的差异。由于 GB 2099.2 要与 GB 2099.1—2008《家用和类似用途插头插座　第 1 部分：通用要求》（IEC 60884-1：2006 E3.1，MOD）配合使用，凡 GB 2099.1—2008与 IEC 60884-1：2006 技术性差异的内容也适用于 GB 2099.2 部分的内容：

- 关于使用环境温度，第 1 章范围中修改为：“器具插座周围的环境温度通常不超过 35 ℃，偶尔会达到 40 ℃”；
- 关于弹性材料附加试验；
- 型式尺寸；
- 注的修改等。

——关于采用型式尺寸标准的差异。由于 GB 2099.2 是我国家用插头插座标准，型式尺寸应与 GB 1002—2008、GB 1003—2008 家用单相、三相插头插座型式、参数和尺寸标准相协调并配合使用。

本部分做了下列编辑性修改：

——第 5 章标题修改。因要与 GB 2099.1—2008 版协调并配合，第 5 章标题改为“试验概述”。

本部分由中国电器工业协会提出。

本部分由全国电器附件标准化技术委员会(SAC/TC 67)归口。

本部分起草单位:中国电器科学研究院有限公司、公牛集团有限公司、杭州鸿雁电器有限公司、广东明家科技股份有限公司、浙江正泰建筑电器有限公司、浙江跃华电讯有限公司、北京突破电气有限公司、宁波唯尔电器有限公司、北京中科可来博电子技术有限公司、惠州雷士光电科技有限公司。

本部分主要起草人:罗怀平、阮立平、吴明、黄俊、刘新春、王朝圣、丁瑞军、李红文、邵京疆、何均匀、高一盼、蔡映峰、汪凤琴、王平、黄顺亲、罗时明、胡华安。

本部分所代替标准的历次版本发布情况为:

——GB 2099.2—1997。

家用和类似用途插头插座
第2部分:器具插座的特殊要求

1 范围

GB 2099.1—2008的本章作下述修改后适用。

将第一段替换为:

本部分规定了家用和类似用途器具插座的端子和端头、结构要求、机械性能、电气性能的技术要求。

本部分仅适用于交流电、额定电压不超过250 V,额定电流不超过16 A、带或不带接地插套、嵌装或打算安装在器具内或固定到器具上的插座,以下简称为器具插座。

在第四段后增加:

如果也打算用于固定式装置,器具插座上应装有用于固定至适当的安装盒的装置。

器具插座打算用在驻立式器具和办公设备、电脑、视听摄像设备、吸油烟机、炉灶等器具内。

如必要,在有关器具或设备的标准中对器具插座的使用进行说明。

器具插座周围的环境温度通常不超过35 ℃,偶尔会达到40 ℃。

2 规范性引用文件

下列文件对于本文件的应用是必不可少的。凡是注日期的引用文件,仅注日期的版本适用于本文件。凡是不注日期的引用文件,其最新版本(包括所有的修改单)适用于本文件。

GB 2099.1—2008的本章作下述修改后适用。

增加:

GB/T 2423.55—2006 电工电子产品环境试验 第2部分:环境测试 试验Eh:锤击试验(IEC 60068-2-75:1997, Environmental testing—Part 2-75:Tests—Test Eh:Hammer tests,IDT)

GB 17196 连接器件 连接铜导线用的扁形快速连接端头 安全要求(GB 17196—1997, idt IEC 61210:1993)

3 术语和定义

GB 2099.1—2008的本章作下述修改后适用。

3.6 替换为:

器具插座 socket-outlet for appliances

与电气装置连成一体或打算装入或固定到电气装置上的插座。

增加定义:

3.101

扁形快速连接端头 flat quick-connect termination

一种由插片和插套组成的并且不用工具就可很容易地插拔的电气连接器件。

注：有时也用其他术语，例如“搭锁连接器”“扁形推入式连接器”等。

3.102

插套 female connector

扁形快速连接端头中与插片插接的部分。

3.103

插片 male tab

扁形快速连接端头中接纳插套的部分。

4 一般要求

GB 2099.1—2008 的本章适用。

5 试验概述

GB 2099.1—2008 的本章作下述修改后适用。

增加：

5.101 如果器具插座装有扁形快速连接端头的插片，则按第 19 章、第 20 章和第 21 章进行的各个试验均应使用新的插套。

这些插套应由无镀层的铜合金制成。

6 额定值

GB 2099.1—2008 的本章作下述修改后适用。

6.1 增加：

对于器具插座，表 1 适用于额定电流不大于 16 A、额定电压不大于 250 V。

7 分类

GB 2099.1—2008 的本章适用。

8 标志

GB 2099.1—2008 的本章适用。

9 尺寸检查

GB 2099.1—2008 的本章适用。

10 防触电保护

GB 2099.1—2008 的本章适用。

11 接地措施

GB 2099.1—2008 的本章适用。

12 端子和端头

GB 2099.1—2008 的本章作下述修改后适用。

12.1.1 在第一段后增加：

器具插座应装有螺纹型端子、无螺纹端子或扁形快速连接端头用的插片。

表 3 的注 a 和 b 不适用。

增加：

12.101 扁形快速连接端头

用于试验的插片和插套应符合 GB 17196 的要求。

12.101.1 结构要求

12.101.1.1 插片应是标称尺寸：

2.8 mm×0.8 mm 或

4.8 mm×0.8 mm 或

6.3 mm×0.8 mm

如 GB 17196 中所列。

是否合格，通过测量 3 个试样进行检查，三个试样均应符合 GB 17196 的尺寸要求。

圆形凹槽、矩形凹槽和孔型凹槽以及不可逆的扁形快速连接端头的结构，如有，也应符合 GB 17196 的要求。

12.101.1.2 插片应使用（裸露或镀锡）铜或铜合金制成。只要其电气与机械性能可靠程度不降低，尤其在耐腐蚀性、接触电阻稳定性和机械强度方面满足要求，也可以使用除上述规定以外的某些材料和镀层。

12.101.1.3 插片应有足够的强度，以使在插入或拔出插套时不损伤插座，不导致不符合本部分要求的损坏。

是否合格，通过施加如表 101 所示的非冲击（非爆发力）的轴向力来检查。

应不出现有损于进一步使用的位移和损坏。

表 101 施加到插片上的力

插片尺寸（标称） mm	推插力[a] N	拉拔力[a] N
2.8×0.8	50	40
4.8×0.8	60	50
6.3×0.8	80	70

[a] 这些值是插片插入和拔出插套所允许的最大值。

12.101.1.4

插片间应有足够的空间，以便连接相应的插套。

是否合格，通过用一个相应的插套插到各个插片上进行检查，在操作期间任何接头和其邻近的零部件不应出现弯曲和扭曲，也不应使爬电距离或电气间隙降低至低于第27章的规定值。

12.101.2　电气要求

插片尺寸应与插座的额定电流有关，如表102所示。

表102　插片尺寸和额定电流之间的关系

插片尺寸(标称) mm	最大额定电流 A
2.8×0.8	6
4.8×0.8	10
6.3×0.8	16

13　固定式插座的结构

GB 2099.1—2008的本章作下述修改后适用。

13.21　代替：

器具插座应设计成其元件的装配不受将插座安装到器具上的方法的影响。

固定的方式应做到不借助于工具，插座就无法转动，也不能从器具上被取下。

14　插头和移动式插座的结构

GB 2099.1—2008的本章不适用。

15　联锁插座

GB 2099.1—2008的本章适用。

16　耐老化、由外壳提供的防护和防潮

GB 2099.1—2008的本章适用。

17　绝缘电阻和电气强度

GB 2099.1—2008的本章适用。

18　接地触头的工作

GB 2099.1—2008的本章适用。

19 温升

GB 2099.1—2008 的本章适用。

20 分断容量

GB 2099.1—2008 的本章适用。

21 正常操作

GB 2099.1—2008 的本章适用。

22 拔出插头所需的力

GB 2099.1—2008 的本章适用。

23 软缆及其连接

GB 2099.1—2008 的本章不适用。

24 机械强度

GB 2099.1—2008 的本章作下述修改后适用。

增加：

对于器具插座而言，下面的 24.101 适用。

增加：

24.101 器具插座可用如 GB/T 2423.55 规定的弹簧锤试验装置对试样施加冲击的方法来进行检验。

器具插座按正常使用安装时，所有可能触及到的表面，均要用上述试验装置进行试验。

与器具成一整体或设计成用于装入器具的插座，按正常使用方式进行试验。

用于固定到器具上的插座要安装在厚 8 mm、长宽均为 175 mm 的垂直胶合板上，该胶合板没有金属垫板。胶合板要安装在固定到砖、混凝土或类似固体壁的刚性架上。

对所有易接触表面施加冲击，试验装置要校准到输送的能量对应于冲击摆的冲击元件所输送的能量，如 GB 2099.1 相关图和表 21 所示。

对所有这样的表面，找出三个最薄弱点，对各个点施加 3 次冲击(最多 9 次冲击)。

注：下列弹簧锤的能量值视作对应于冲击摆所输送的能量值。见表 103。

表 103 冲击摆落下高度与弹簧锤能量值之间的关系

落下高度 mm	能量 J
100	0.22±0.05
150	0.33±0.05
200	0.44±0.05
250	0.55±0.05

应注意做到一组3个冲击的结果不影响后一组的结果。如果怀疑某缺陷是否由施加的冲击产生的，则这个缺陷可以忽略不计，并将导致该缺陷的一组3个冲击施加到一个新样品的同一位置，新样品应符合本试验要求。

试验之后，试样应无本部分规定范围内的损坏：尤其是带电部件不应被GB/T 16842中的B型测试指(标准试验指)触及。

注：对镀层的损坏，不使爬电距离和电气间隙降低至低于27.1规定值的小凹坑和对防触电保护和防有害进水无不利影响的小缺口可以忽略不计。

在不加放大情况下，凭正常视力和矫正视力看不见的裂纹，以及在纤维增强模压件和类似材料件上的表面裂纹可以忽略不计。

如果即使插座某一部件被省略后，仍符合标准，则插座这些部件外表面上的裂纹或孔都可忽略不计。

25 耐热

GB 2099.1—2008的本章适用。

26 螺钉、载流部件及其连接

GB 2099.1—2008的本章适用。

27 爬电距离、电气间隙和通过密封胶的距离

GB 2099.1—2008的本章作下述修改后适用。

27.1 增加：

器具插座有带金属框架(如有)，如果这个框架作为一个支撑体，并可移动，应放在最不利的位置上进行试验。

28 绝缘材料的耐非正常热、耐燃和耐电痕化

GB 2099.1—2008的本章作下述修改后适用。

在28.1前增加：

就本试验而言，器具插座视为固定式插座。

29 防锈性能

GB 2099.1—2008的本章适用。

30 带绝缘护套的插销的附加试验

GB 2099.1—2008的本章不适用。

检22